高等学校数学基础课程系列教材

矩　阵　论

主　编　王　震　任水利　吴　静
副主编　惠小健　邵　勇　田怀谷
参　编　陈　瑶　王娇凤　章培军
　　　　李建辉　李小敏　刘小刚

机械工业出版社

本书比较全面地介绍了矩阵论的基本理论、基本方法以及典型应用，包括线性空间与线性变换、方阵的相似化简与内积空间、矩阵分解、赋范线性空间与矩阵范数、矩阵分析及其应用、矩阵的广义逆、几类特殊矩阵与矩阵积、矩阵在工程中的应用。每章都有适量的例题，其中部分例题还配有 Maple 计算程序，便于读者学习相关软件。

本书可作为理工科院校高年级本科生和研究生的教材，同时可供高校教师、工程技术人员和科技工作者参考使用。

图书在版编目（CIP）数据

矩阵论/王震，任水利，吴静主编. —北京：机械工业出版社，2023. 10
高等学校数学基础课程系列教材
ISBN 978-7-111-74456-6

Ⅰ. ①矩…　Ⅱ. ①王…　②任…　③吴…　Ⅲ. ①矩阵论-高等学校-教材
Ⅳ. ①O151. 21

中国国家版本馆 CIP 数据核字（2023）第 238408 号

机械工业出版社（北京市百万庄大街 22 号　邮政编码 100037）
策划编辑：韩效杰　　责任编辑：韩效杰　李　乐
责任校对：甘慧彤　李　杉　　封面设计：王　旭
责任印制：常天培
北京机工印刷厂有限公司印刷
2024 年 6 月第 1 版第 1 次印刷
184mm×260mm · 17. 5 印张 · 420 千字
标准书号：ISBN 978-7-111-74456-6
定价：58. 00 元

电话服务　　网络服务
客服电话：010-88361066　　机　工　官　网：www. cmpbook. com
010-88379833　　机　工　官　博：weibo. com/cmp1952
010-68326294　　金　书　网：www. golden-book. com
机工教育服务网：www. cmpedu. com

前　言

矩阵论作为大学数学的一个重要分支，具有极为丰富的内容，是现代科技领域不可或缺的工具，在数值分析、最优化理论、运筹学、控制理论、力学、电学、信息科学与技术等领域发挥着重要的作用。因此，学习和掌握矩阵的基本理论和方法对于工科研究生来说是必不可少的。

矩阵论具有高度的抽象性、严密的逻辑性、完整的系统性、计算的繁杂性等特点，知识点环环相扣，作为科学研究的工具和基础，受到越来越多的科研人员的重视和关注。通过矩阵论的学习，一方面可以培养学生的抽象思维能力和逻辑推理能力，另一方面可以培养其运用矩阵理论分析并解决复杂工程问题的能力，同时也为学习数值理论、泛函分析、控制理论等课程提供重要的理论基础。本书的编写力求做到：论述详尽严谨，表达通俗易懂，适合广大的本科生、研究生、青年教师自行学习；同时为了满足不同专业工科研究生的编程计算需要，运用数学软件 Maple 对部分例题进行了编程，符合国家对数学类课程改革的要求和基础课程“金课行动”的改革要求。

全书共分为 8 章：线性空间与线性变换、方阵的相似化简与内积空间、矩阵分解、赋范线性空间与矩阵范数、矩阵分析及其应用、矩阵的广义逆、几类特殊矩阵与矩阵积、矩阵在工程中的应用。本书比较全面地介绍了矩阵论的基本理论、基本方法和典型应用。每章都配有例题，特别是给出了若干矩阵论在工程实际中的应用案例，拓展了学习者的视野，提高了学习者的兴趣。同时，为了弘扬科学精神，精选了部分国内外著名数学家的简介和学术贡献等科学事迹作为教材的补充。

本书获西京学院研究生教材建设项目资助（2020YJC-03），在此致以感谢。另外，在编写本书过程中，编者向校内外同行广泛征求了意见，在此感谢各位专家提出的宝贵意见。

由于编者水平有限，书中疏漏甚至错误之处在所难免，恳请广大读者批评指正。

编　者

目　录

第 1 章

线性空间与线性变换

从以前的学习中知道，三维几何空间 $\mathbb{R}^3$、n 维向量的集合 $\mathbb{C}^n$、$m\times n$ 矩阵的集合 $\mathbb{C}^{m\times n}$ 等代数系统，其基础都是对加法与数乘运算封闭并且满足一些运算规律。这些代数系统各自定义了相应的线性运算，虽然这些运算与数的代数运算有所不同，但都可以像数那样去运算，并且满足与数大体相同的运算规律。现在要讨论一种新的代数系统，叫作线性空间，它的代数运算及其运算规律与数域有关。不同的是，将熟悉的许多研究对象的具体属性先舍弃，只考虑这些对象可以进行的“线性运算”及其共有的运算规律，从中抽象出线性空间的概念，然后讨论它的一般性基础理论。线性空间已成为近代数学中最基本的概念之一，它的理论和方法已渗透到自然科学、工程技术、经济管理等各个领域。

1.1 线性空间及其性质

1.1.1 线性空间的定义

定义 1.1.1(数域) 设 P 是包含 0 和 1 的数集，如果 P 中任意两个数的和、差、积、商(除数不为零)均在 P 内，则称 P 为一个数域。

显然有理数集 $\mathbb{Q}$、实数集 $\mathbb{R}$ 和复数集 $\mathbb{C}$ 都是数域。

定义 1.1.2(线性空间) 设 V 是一个非空集合，且 V 上定义一个二元加法运算“$\oplus$”($V\times V\to V$)，又设 P 为数域，V 中的元素与 P 中的元素定义数量乘法运算“$\otimes$”($P\times V\to V$)，且“$\oplus$”和“$\otimes$”满足以下性质：

(1) 加法交换律：$\forall \boldsymbol{\alpha}, \boldsymbol{\beta}\in V$，$\boldsymbol{\alpha}\oplus\boldsymbol{\beta}=\boldsymbol{\beta}\oplus\boldsymbol{\alpha}$；

(2) 加法结合律：$\forall \boldsymbol{\alpha}, \boldsymbol{\beta}, \boldsymbol{\gamma}\in V$，$(\boldsymbol{\alpha}\oplus\boldsymbol{\beta})\oplus\boldsymbol{\gamma}=\boldsymbol{\alpha}\oplus(\boldsymbol{\beta}\oplus\boldsymbol{\gamma})$；

(3) 存在“零元”：即 $\exists \mathbf{0}\in V$，$\forall \boldsymbol{\alpha}\in V$，$\boldsymbol{\alpha}\oplus\mathbf{0}=\boldsymbol{\alpha}$；

(4)存在负元：即 $\forall \boldsymbol{\alpha} \in V$，$\exists \boldsymbol{\beta} \in V$，$\boldsymbol{\alpha} \oplus \boldsymbol{\beta} = \mathbf{0}$，称 $\boldsymbol{\beta}$ 是 $\boldsymbol{\alpha}$ 的一个负向量；

(5)“1 律”：$1 \otimes \boldsymbol{\alpha} = \boldsymbol{\alpha}$；

(6) 数乘结合律：$\forall l, k \in P$，$\boldsymbol{\alpha} \in V$，$(kl) \otimes \boldsymbol{\alpha} = k \otimes (l \otimes \boldsymbol{\alpha}) = l \otimes (k \otimes \boldsymbol{\alpha})$；

(7)分配律：$\forall l, k \in P$，$\boldsymbol{\alpha} \in V$，$(k+l) \otimes \boldsymbol{\alpha} = (k \otimes \boldsymbol{\alpha}) \oplus (l \otimes \boldsymbol{\alpha})$；

(8)分配律：$\forall k \in P$，$\boldsymbol{\alpha}, \boldsymbol{\beta} \in V$，$k \otimes (\boldsymbol{\alpha} \oplus \boldsymbol{\beta}) = (k \otimes \boldsymbol{\alpha}) \oplus (k \otimes \boldsymbol{\beta})$，

则称 V 为 P 上的一个线性空间。

线性空间中满足上述 8 条规律的加法及数乘运算，统称为**线性运算**。线性空间中的元素称为**向量**，也把线性空间称为向量空间。当 $P=\mathbb{R}$ 时，称线性空间为实线性空间；当 $P=\mathbb{C}$ 时，称线性空间为复线性空间。

例 1.1.1 全体正实数 $\mathbb{R}_+$ 关于加法“$\oplus$” $a \oplus b = ab$ 和数量乘法“$\otimes$” $k \otimes a = a^k$ 为实数域 $\mathbb{R}$ 上的线性空间。

证 首先验证对定义的加法和数乘运算封闭。

对加法封闭：对任意的 $a, b \in \mathbb{R}_+$，有 $a \oplus b = ab \in \mathbb{R}_+$；

对数乘封闭：对任意的 $k \in \mathbb{R}, a \in \mathbb{R}_+$，有 $k \otimes a = a^k \in \mathbb{R}_+$。

下面验证定义的运算是线性运算。

(1) $a \oplus b = ab = ba = b \oplus a$；

(2) $(a \oplus b) \oplus c = (ab) \oplus c = (ab)c = a(bc) = a \oplus (b \oplus c)$；

(3) 在 $\mathbb{R}_+$ 中存在零元素 1，对于任何 $a \in \mathbb{R}_+$，都有 $a \oplus 1 = a \cdot 1 = a$；

(4) 对于任何 $a \in \mathbb{R}_+$，都有 a 的负元素 $a^{-1} \in \mathbb{R}_+$，使得 $a \oplus a^{-1} = a \cdot a^{-1} = 1$；

(5) $1 \otimes a = a^1 = a$；

(6) $(kl) \otimes a = a^{kl} = (a^l)^k = k \otimes (a^l) = k \otimes (l \otimes a)$；

(7) $(k+l) \otimes a = a^{k+l} = a^k a^l = (k \otimes a) \oplus (l \otimes a)$；

(8) $k \otimes (a \oplus b) = (ab)^k = a^k b^k = (k \otimes a) \oplus (k \otimes b)$。

因此，$\mathbb{R}_+$ 对于所定义的加法和数乘运算在数域 $\mathbb{R}$ 上构成线性空间。

例 1.1.2 全体 n 维实向量依照向量的加法和向量与实数的数乘构成实线性空间，称为 n **维实向量空间**，记为 $\mathbb{R}^n$。

例 1.1.3　设 $\mathbb{R}^{m\times n}$ 为所有 $m\times n$ 实矩阵构成的集合，对于矩阵的加法运算及任意实数与矩阵的数乘运算，构成实数域上的线性空间，称为**矩阵空间**。

例 1.1.4　设 $\mathbb{R}[x]_n$ 表示系数在实数域 $\mathbb{R}$ 上次数小于 n 的多项式集合，在通常意义的多项式加法和实数与多项式乘法的运算下，构成一个实数域 $\mathbb{R}$ 上的线性空间。

例 1.1.5　设 $\boldsymbol{A}_{m\times n}\in\mathbb{R}^{m\times n}$，记

$$N(\boldsymbol{A})=\{\boldsymbol{x}\mid \boldsymbol{A}\boldsymbol{x}=\boldsymbol{0},\boldsymbol{x}\in\mathbb{R}^n\},$$

则 $N(\boldsymbol{A})$ 构成实数域 $\mathbb{R}$ 上的线性空间，称为齐次线性方程组 $\boldsymbol{A}\boldsymbol{x}=\boldsymbol{0}$ 的解空间，也称为矩阵 $\boldsymbol{A}$ 的**核**或**零空间**。

例 1.1.6　设 $\boldsymbol{A}_{m\times n}\in\mathbb{R}^{m\times n}$，记

$$R(\boldsymbol{A})=\{\boldsymbol{y}\mid \boldsymbol{y}=\boldsymbol{A}\boldsymbol{x},\boldsymbol{x}\in\mathbb{R}^n\},$$

则 $R(\boldsymbol{A})$ 构成实数域 $\mathbb{R}$ 上的线性空间，称为矩阵 $\boldsymbol{A}$ 的**值域空间**。

例 1.1.7　全体实函数，按照函数加法和函数与实数的乘法，构成一个实数域上的线性空间。

注　(1) 掌握线性空间中线性组合和线性表示的定义，向量组的线性相关与线性无关的定义以及等价表述，向量组的秩，向量组的线性等价；极大线性无关组同向量空间的概念。

(2) 单个向量 $\boldsymbol{\alpha}$ 线性相关的充要条件是 $\boldsymbol{\alpha}=\boldsymbol{0}$。两个以上的向量 $\boldsymbol{\alpha}_1,\boldsymbol{\alpha}_2,\cdots,\boldsymbol{\alpha}_r$ 线性相关的充要条件是其中有一个向量是其余向量的线性组合。

(3) 如果向量组 $\boldsymbol{\alpha}_1,\boldsymbol{\alpha}_2,\cdots,\boldsymbol{\alpha}_r$ 线性无关，而且可以被 $\boldsymbol{\beta}_1,\boldsymbol{\beta}_2,\cdots,\boldsymbol{\beta}_s$ 线性表示，那么 $r\leqslant s$。由此推出，两个等价的线性无关的向量组，必含有相同个数的向量。

(4) 如果向量组 $\boldsymbol{\alpha}_1,\boldsymbol{\alpha}_2,\cdots,\boldsymbol{\alpha}_r$ 线性无关，但 $\boldsymbol{\alpha}_1,\boldsymbol{\alpha}_2,\cdots,\boldsymbol{\alpha}_r,\boldsymbol{\beta}$ 线性相关，那么 $\boldsymbol{\beta}$ 可以由 $\boldsymbol{\alpha}_1,\boldsymbol{\alpha}_2,\cdots,\boldsymbol{\alpha}_r$ 线性表示，而且表示法是唯一的。

定义 1.1.3(线性空间的维数)　线性空间 V 中线性无关向量组所含向量最多的个数 n 称为线性空间 V 的维数，记为 $\dim(V)=n$，同时线性空间 V 记为 V^n，当 $n=+\infty$ 时，称线性空间为无限维线性空间。

例 1.1.8　实系数多项式集合在普通多项式加法与数乘运算下构成无限维多项式线性空间。

1.1.2 线性空间的性质

性质 1 线性空间 V 的零元素是唯一的。

证 设 $\mathbf{0}_1$ 和 $\mathbf{0}_2$ 是 V 的两个零元素，则

$$\mathbf{0}_1=\mathbf{0}_1+\mathbf{0}_2=\mathbf{0}_2+\mathbf{0}_1=\mathbf{0}_2。$$

性质 2 线性空间 V 中任一元素的负元素是唯一的。

证 设 V 的元素 $\boldsymbol{\alpha}$ 有两个负元素 $\boldsymbol{\beta}$ 和 $\boldsymbol{\gamma}$，则

$$\boldsymbol{\alpha}+\boldsymbol{\beta}=\mathbf{0}，\boldsymbol{\alpha}+\boldsymbol{\gamma}=\mathbf{0}$$

于是

$$\boldsymbol{\beta}=\boldsymbol{\beta}+\mathbf{0}=\boldsymbol{\beta}+(\boldsymbol{\alpha}+\boldsymbol{\gamma})=(\boldsymbol{\beta}+\boldsymbol{\alpha})+\boldsymbol{\gamma}=\mathbf{0}+\boldsymbol{\gamma}=\boldsymbol{\gamma}。$$

由于负向量的唯一性，我们可以将 $\boldsymbol{\alpha}$ 的负向量记为 $-\boldsymbol{\alpha}$。

性质 3 $0\boldsymbol{\alpha}=\mathbf{0}$，$(-1)\boldsymbol{\alpha}=-\boldsymbol{\alpha}$，$k\mathbf{0}=\mathbf{0}$。

证 因为

$$\boldsymbol{\alpha}+0\boldsymbol{\alpha}=1\boldsymbol{\alpha}+0\boldsymbol{\alpha}=(1+0)\boldsymbol{\alpha}=1\boldsymbol{\alpha}=\boldsymbol{\alpha},$$

所以 $0\boldsymbol{\alpha}=\mathbf{0}$；而

$$\boldsymbol{\alpha}+(-1)\boldsymbol{\alpha}=1\boldsymbol{\alpha}+(-1)\boldsymbol{\alpha}=[1+(-1)]\boldsymbol{\alpha}=0\boldsymbol{\alpha}=\mathbf{0},$$

于是 $(-1)\boldsymbol{\alpha}=-\boldsymbol{\alpha}$；又由于

$$k\mathbf{0}=k[\boldsymbol{\alpha}+(-1)\boldsymbol{\alpha}]=k\boldsymbol{\alpha}+(-k)\boldsymbol{\alpha}=[k+(-k)]\boldsymbol{\alpha}=0\boldsymbol{\alpha}=\mathbf{0},$$

即 $k\mathbf{0}=\mathbf{0}$。

性质 4 若 $k\boldsymbol{\alpha}=\mathbf{0}$，则有 $k=0$ 或者 $\boldsymbol{\alpha}=\mathbf{0}$。

证 假设 $k\neq0$，则

$$k^{-1}(k\boldsymbol{\alpha})=k^{-1}\mathbf{0}=\mathbf{0},$$

另一方面，有

$$k^{-1}(k\boldsymbol{\alpha})=(k^{-1}k)\boldsymbol{\alpha}=1\boldsymbol{\alpha}=\boldsymbol{\alpha},$$

即有 $\boldsymbol{\alpha}=\mathbf{0}$。

1.2 线性空间的基与坐标

1.2.1 基与坐标的定义

在线性空间中同样可以引入线性组合、线性相关性、极大线性无关组等概念，并得到与向量空间中类似的结论。在此基础上

可以定义线性空间的基与坐标等概念。

定义 1.2.1(线性空间的基)　设 V 是数域 P 上的线性空间，$\boldsymbol{\alpha}_1,\boldsymbol{\alpha}_2,\cdots,\boldsymbol{\alpha}_r(r\geqslant 1)$ 是 V 的任意 r 个向量，如果满足:

(1) $\boldsymbol{\alpha}_1,\boldsymbol{\alpha}_2,\cdots,\boldsymbol{\alpha}_r$ 线性无关;

(2) V 中的任一向量都可由 $\boldsymbol{\alpha}_1,\boldsymbol{\alpha}_2,\cdots,\boldsymbol{\alpha}_r$ 线性表示,

那么称 $\boldsymbol{\alpha}_1,\boldsymbol{\alpha}_2,\cdots,\boldsymbol{\alpha}_r$ 为 V 的一个**基**；称 $\boldsymbol{\alpha}_i(i=1,2,\cdots,r)$ 为**基向量**。

注　线性空间的基是不唯一的。如 $\mathbb{R}^n$ 中有基

$$\boldsymbol{\alpha}_1=(1,0,\cdots,0)^{\mathrm{T}},\boldsymbol{\alpha}_2=(0,1,\cdots,0)^{\mathrm{T}},\cdots,\boldsymbol{\alpha}_n=(0,0,\cdots,1)^{\mathrm{T}},$$

还有基

$$\boldsymbol{\beta}_1=(1,1,\cdots,1)^{\mathrm{T}},\boldsymbol{\beta}_2=(0,1,\cdots,1)^{\mathrm{T}},\cdots,\boldsymbol{\beta}_n=(0,0,\cdots,1)^{\mathrm{T}}。$$

定义 1.2.2(向量在一组基下的坐标)　设 $\boldsymbol{\alpha}_1,\boldsymbol{\alpha}_2,\cdots,\boldsymbol{\alpha}_n$ 是线性空间 V^n 的一组基，对于任一元素 $\boldsymbol{\alpha}\in V^n$，若

$$\boldsymbol{\alpha}=\sum_{i=1}^{n}x_i\boldsymbol{\alpha}_i=x_1\boldsymbol{\alpha}_1+x_2\boldsymbol{\alpha}_2+\cdots+x_n\boldsymbol{\alpha}_n,$$

则称有序数组 $x_1,x_2,\cdots,x_n$ 为 $\boldsymbol{\alpha}$ 在基 $\boldsymbol{\alpha}_1,\boldsymbol{\alpha}_2,\cdots,\boldsymbol{\alpha}_n$ 下的坐标，记为 $(x_1,x_2,\cdots,x_n)^{\mathrm{T}}$。

定理 1.2.1　若 $\boldsymbol{\alpha}_1,\boldsymbol{\alpha}_2,\cdots,\boldsymbol{\alpha}_n$ 是线性空间 V^n 的一组基，且 $\boldsymbol{\alpha}\in V^n$，则 $\boldsymbol{\alpha}$ 可唯一表示成 $\boldsymbol{\alpha}_1,\boldsymbol{\alpha}_2,\cdots,\boldsymbol{\alpha}_n$ 的线性组合。

证　假设 $\boldsymbol{\alpha}$ 在 $\boldsymbol{\alpha}_1,\boldsymbol{\alpha}_2,\cdots,\boldsymbol{\alpha}_n$ 下有两种线性组合表示，其坐标分别为 $x_1,x_2,\cdots,x_n$ 和 $y_1,y_2,\cdots,y_n$，则

$$\boldsymbol{\alpha}=x_1\boldsymbol{\alpha}_1+x_2\boldsymbol{\alpha}_2+\cdots+x_n\boldsymbol{\alpha}_n,\quad \boldsymbol{\alpha}=y_1\boldsymbol{\alpha}_1+y_2\boldsymbol{\alpha}_2+\cdots+y_n\boldsymbol{\alpha}_n,$$

从而

$$(x_1-y_1)\boldsymbol{\alpha}_1+(x_2-y_2)\boldsymbol{\alpha}_2+\cdots+(x_n-y_n)\boldsymbol{\alpha}_n=\mathbf{0},$$

由于 $\boldsymbol{\alpha}_1,\boldsymbol{\alpha}_2,\cdots,\boldsymbol{\alpha}_n$ 为 V^n 的一组基，则

$$x_1-y_1=0,x_2-y_2=0,\cdots,x_n-y_n=0,$$

故 $\boldsymbol{\alpha}$ 可唯一表示成 $\boldsymbol{\alpha}_1,\boldsymbol{\alpha}_2,\cdots,\boldsymbol{\alpha}_n$ 的线性组合。

反之，任给一组有序数组 $x_1,x_2,\cdots,x_n$，总有唯一的元素 $\boldsymbol{\alpha}\in V^n$ 可以由 $\boldsymbol{\alpha}_1,\boldsymbol{\alpha}_2,\cdots,\boldsymbol{\alpha}_n$ 线性表示。这样，V^n 的元素 $\boldsymbol{\alpha}$ 与有序数组 $(x_1,x_2,\cdots,x_n)^{\mathrm{T}}$ 之间存在着一种一一对应关系，因此可以用这样的有序数组来表示元素 $\boldsymbol{\alpha}$。

例 1.2.1　在 n 维线性空间 $\mathbb{R}^n$ 中，它的一组基为

$$\boldsymbol{\alpha}_1=(1,0,\cdots,0)^{\mathrm{T}},\boldsymbol{\alpha}_2=(0,1,\cdots,0)^{\mathrm{T}},\cdots,\boldsymbol{\alpha}_n=(0,0,\cdots,1)^{\mathrm{T}},$$

对于任一向量 $\boldsymbol{\alpha}=(x_1,x_2,\cdots,x_n)^{\mathrm{T}}\in\mathbb{R}^n$，有

$$\boldsymbol{\alpha}=x_1\boldsymbol{\alpha}_1+x_2\boldsymbol{\alpha}_2+\cdots+x_n\boldsymbol{\alpha}_n,$$

所以向量 $\boldsymbol{\alpha}$ 在基 $\boldsymbol{\alpha}_1,\boldsymbol{\alpha}_2,\cdots,\boldsymbol{\alpha}_n$ 下的坐标为 $(x_1,x_2,\cdots,x_n)^{\mathrm{T}}$。

而在 $\mathbb{R}^n$ 中取另一组基

$$\boldsymbol{\beta}_1=(1,1,\cdots,1)^{\mathrm{T}},\boldsymbol{\beta}_2=(0,1,\cdots,1)^{\mathrm{T}},\cdots,\boldsymbol{\beta}_n=(0,0,\cdots,1)^{\mathrm{T}},$$

向量 $\boldsymbol{\alpha}$ 可以表示为

$$\boldsymbol{\alpha}=x_1\boldsymbol{\beta}_1+(x_2-x_1)\boldsymbol{\beta}_2+\cdots+(x_n-x_{n-1})\boldsymbol{\beta}_n,$$

向量 $\boldsymbol{\alpha}$ 在基 $\boldsymbol{\beta}_1,\boldsymbol{\beta}_2,\cdots,\boldsymbol{\beta}_n$ 下的坐标为 $(x_1,x_2-x_1,\cdots,x_n-x_{n-1})^{\mathrm{T}}$。

例 1.2.2 次数小于 n 的实系数多项式构成的线性空间 $\mathbb{R}[x]_n$ 是一个 n 维线性空间，可以选取它的一组基 $\xi_1=1,\xi_2=x,\cdots,\xi_n=x^{n-1}$，这时对于任何一个次数小于 n 的实多项式 $f=a_0+a_1x+\cdots+a_{n-1}x^{n-1}$，均可表示为

$$f=a_0\xi_1+a_1\xi_2+\cdots+a_{n-1}\xi_n,$$

因此它在该组基下的坐标为 $(a_0,a_1,\cdots,a_{n-1})^{\mathrm{T}}$。

如果在 $\mathbb{R}[x]_n$ 中取另一组基 $\boldsymbol{\eta}_1=1,\boldsymbol{\eta}_2=x-a,\cdots,\boldsymbol{\eta}_n=(x-a)^{n-1}$，则根据 f 在 $x=a$ 处的泰勒展开式，可得 f 在基 $\boldsymbol{\eta}_1,\boldsymbol{\eta}_2,\cdots,\boldsymbol{\eta}_n$ 下的坐标为

$$\left(f(a),f'(a),\cdots,\frac{f^{(n-1)}(a)}{(n-1)!}\right)^{\mathrm{T}}。$$

1.2.2 基变换与坐标变换

在 n 维线性空间 V^n 中，任何含有 n 个向量的线性无关组都可以作为该线性空间的一组基，所以线性空间的基不唯一；因为同一向量在不同基下的坐标一般是不同的，所以需要讨论基向量组发生改变时，向量的坐标如何发生变化。

定义 1.2.3(过渡矩阵) 设 $\boldsymbol{\alpha}_1,\boldsymbol{\alpha}_2,\cdots,\boldsymbol{\alpha}_n$ 为 V^n 的一组基，$\boldsymbol{\beta}_1,\boldsymbol{\beta}_2,\cdots,\boldsymbol{\beta}_n$ 为 V^n 的另一组基，且两组基的关系为

$$\begin{cases}\boldsymbol{\beta}_1=c_{11}\boldsymbol{\alpha}_1+c_{21}\boldsymbol{\alpha}_2+\cdots+c_{n1}\boldsymbol{\alpha}_n,\\ \boldsymbol{\beta}_2=c_{12}\boldsymbol{\alpha}_1+c_{22}\boldsymbol{\alpha}_2+\cdots+c_{n2}\boldsymbol{\alpha}_n,\\ \qquad\vdots\\ \boldsymbol{\beta}_n=c_{1n}\boldsymbol{\alpha}_1+c_{2n}\boldsymbol{\alpha}_2+\cdots+c_{nn}\boldsymbol{\alpha}_n,\end{cases}\tag{1.2.1}$$

即

$$(\boldsymbol{\beta}_1,\boldsymbol{\beta}_2,\cdots,\boldsymbol{\beta}_n)=(\boldsymbol{\alpha}_1,\boldsymbol{\alpha}_2,\cdots,\boldsymbol{\alpha}_n)\boldsymbol{C},\tag{1.2.2}$$

其中，$C=\begin{pmatrix} c_{11} & c_{12} & \cdots & c_{1n} \\ c_{21} & c_{22} & \cdots & c_{2n} \\ \vdots & \vdots & & \vdots \\ c_{n1} & c_{n2} & \cdots & c_{nn} \end{pmatrix}$。式(1.2.1)和式(1.2.2)称为从基 $\boldsymbol{\alpha}_1,\boldsymbol{\alpha}_2,\cdots,\boldsymbol{\alpha}_n$ 到基 $\boldsymbol{\beta}_1,\boldsymbol{\beta}_2,\cdots,\boldsymbol{\beta}_n$ 的**基变换公式**，矩阵 $\boldsymbol{C}$ 称为由基 $\boldsymbol{\alpha}_1,\boldsymbol{\alpha}_2,\cdots,\boldsymbol{\alpha}_n$ 到基 $\boldsymbol{\beta}_1,\boldsymbol{\beta}_2,\cdots,\boldsymbol{\beta}_n$ 的**过渡矩阵**，由于向量组 $\boldsymbol{\alpha}_1,\boldsymbol{\alpha}_2,\cdots,\boldsymbol{\alpha}_n$ 和 $\boldsymbol{\beta}_1,\boldsymbol{\beta}_2,\cdots,\boldsymbol{\beta}_n$ 都是线性无关的，所以过渡矩阵 $\boldsymbol{C}$ 可逆。

若 $\boldsymbol{\alpha}\in V^n$，则有

$$\boldsymbol{\alpha}=\sum_{i=1}^{n} x_i\boldsymbol{\alpha}_i=\sum_{i=1}^{n} y_i\boldsymbol{\beta}_i,$$

故**坐标变换**为

$$\begin{pmatrix} y_1 \\ y_2 \\ \vdots \\ y_n \end{pmatrix}=\boldsymbol{C}^{-1}\begin{pmatrix} x_1 \\ x_2 \\ \vdots \\ x_n \end{pmatrix},\begin{pmatrix} x_1 \\ x_2 \\ \vdots \\ x_n \end{pmatrix}=\boldsymbol{C}\begin{pmatrix} y_1 \\ y_2 \\ \vdots \\ y_n \end{pmatrix}。\tag{1.2.3}$$

例 1.2.3　已知 $\mathbb{R}^3$ 的两组基为

$$\text{Ⅰ}:\boldsymbol{\alpha}_1=(1,1,1)^{\mathrm{T}},\boldsymbol{\alpha}_2=(1,0,-1)^{\mathrm{T}},\boldsymbol{\alpha}_3=(1,0,1)^{\mathrm{T}},$$

$$\text{Ⅱ}:\boldsymbol{\beta}_1=(1,2,1)^{\mathrm{T}},\boldsymbol{\beta}_2=(2,3,4)^{\mathrm{T}},\boldsymbol{\beta}_3=(3,4,3)^{\mathrm{T}},$$

求由基 $\boldsymbol{\alpha}_1,\boldsymbol{\alpha}_2,\boldsymbol{\alpha}_3$ 到基 $\boldsymbol{\beta}_1,\boldsymbol{\beta}_2,\boldsymbol{\beta}_3$ 的过渡矩阵。

解　设 $(\boldsymbol{\beta}_1,\boldsymbol{\beta}_2,\boldsymbol{\beta}_3)=(\boldsymbol{\alpha}_1,\boldsymbol{\alpha}_2,\boldsymbol{\alpha}_3)\boldsymbol{C}$，则过渡矩阵为

$$\boldsymbol{C}=(\boldsymbol{\alpha}_1,\boldsymbol{\alpha}_2,\boldsymbol{\alpha}_3)^{-1}(\boldsymbol{\beta}_1,\boldsymbol{\beta}_2,\boldsymbol{\beta}_3)=\begin{pmatrix} 1 & 1 & 1 \\ 1 & 0 & 0 \\ 1 & -1 & 1 \end{pmatrix}^{-1}\begin{pmatrix} 1 & 2 & 3 \\ 2 & 3 & 4 \\ 1 & 4 & 3 \end{pmatrix}$$

$$=\begin{pmatrix} 0 & 1 & 0 \\ \frac{1}{2} & 0 & -\frac{1}{2} \\ \frac{1}{2} & -1 & \frac{1}{2} \end{pmatrix}\begin{pmatrix} 1 & 2 & 3 \\ 2 & 3 & 4 \\ 1 & 4 & 3 \end{pmatrix}=\begin{pmatrix} 2 & 3 & 4 \\ 0 & -1 & 0 \\ -1 & 0 & -1 \end{pmatrix}。$$

例 1.2.3 的 Maple 源程序

```
> #example1.2.3
> with(linalg):with(LinearAlgebra):
> alpha1:=Matrix(3,1,[1,1,1]);alpha2:=Matrix(3,
1,[1,0,-1]);alpha3:=Matrix(3,1,[1,0,1]);
```

$$\alpha 1:=\begin{bmatrix}1\\1\\1\end{bmatrix}$$

$$\alpha 2:=\begin{bmatrix}1\\0\\-1\end{bmatrix}$$

$$\alpha 3:=\begin{bmatrix}1\\0\\1\end{bmatrix}$$

```
> beta1:=Matrix(3,1,[1,2,1]);beta2:=Matrix(3,1,
[2,3,4]);
beta3:=Matrix(3,1,[3,4,3]);
```

$$\beta 1:=\begin{bmatrix}1\\2\\1\end{bmatrix}$$

$$\beta 2:=\begin{bmatrix}2\\3\\4\end{bmatrix}$$

$$\beta 3:=\begin{bmatrix}3\\4\\3\end{bmatrix}$$

```
> C:=multiply(inverse(concat(alpha1,alpha2,alpha3)),
concat(beta1,beta2,beta3));
```

$$C:=\begin{bmatrix}2&3&4\\0&-1&0\\-1&0&-1\end{bmatrix}$$

例 1.2.4 计算矩阵空间 $\mathbb{R}^{2\times2}$ 的基（Ⅰ）到基（Ⅱ）的过渡矩阵。其中，

$$（Ⅰ）：\boldsymbol{A}_1=\begin{pmatrix}1&0\\0&1\end{pmatrix}，\boldsymbol{A}_2=\begin{pmatrix}1&0\\0&-1\end{pmatrix}，\boldsymbol{A}_3=\begin{pmatrix}0&1\\1&0\end{pmatrix}，\boldsymbol{A}_4=\begin{pmatrix}0&1\\-1&0\end{pmatrix}；$$

$$（Ⅱ）：\boldsymbol{B}_1=\begin{pmatrix}1&1\\1&1\end{pmatrix}，\boldsymbol{B}_2=\begin{pmatrix}1&1\\1&0\end{pmatrix}，\boldsymbol{B}_3=\begin{pmatrix}1&1\\0&0\end{pmatrix}，\boldsymbol{B}_4=\begin{pmatrix}1&0\\0&0\end{pmatrix}。$$

解 另取 $\mathbb{R}^{2\times2}$ 的一组基为

$$（Ⅲ）\boldsymbol{E}_1=\begin{pmatrix}1&0\\0&0\end{pmatrix}，\boldsymbol{E}_2=\begin{pmatrix}0&1\\0&0\end{pmatrix}，\boldsymbol{E}_3=\begin{pmatrix}0&0\\1&0\end{pmatrix}，\boldsymbol{E}_4=\begin{pmatrix}0&0\\0&1\end{pmatrix}，$$

则基(Ⅲ)到基(Ⅰ)的过渡矩阵为 $\boldsymbol{A}$，基(Ⅲ)到基(Ⅱ)的过渡矩阵为 $\boldsymbol{B}$，有

$$(\boldsymbol{A}_1,\boldsymbol{A}_2,\boldsymbol{A}_3,\boldsymbol{A}_4)=(\boldsymbol{E}_1,\boldsymbol{E}_2,\boldsymbol{E}_3,\boldsymbol{E}_4)\boldsymbol{A},(\boldsymbol{B}_1,\boldsymbol{B}_2,\boldsymbol{B}_3,\boldsymbol{B}_4)=(\boldsymbol{E}_1,\boldsymbol{E}_2,\boldsymbol{E}_3,\boldsymbol{E}_4)\boldsymbol{B}。$$

其中

$$\boldsymbol{A}=\begin{pmatrix}1&1&0&0\\0&0&1&1\\0&0&1&-1\\1&-1&0&0\end{pmatrix},\quad \boldsymbol{B}=\begin{pmatrix}1&1&1&1\\1&1&1&0\\1&1&0&0\\1&0&0&0\end{pmatrix},$$

设矩阵空间 $\mathbb{R}^{2\times2}$ 的基(Ⅰ)到基(Ⅱ)的过渡矩阵为 $\boldsymbol{C}$，则

$$(\boldsymbol{B}_1,\boldsymbol{B}_2,\boldsymbol{B}_3,\boldsymbol{B}_4)=(\boldsymbol{A}_1,\boldsymbol{A}_2,\boldsymbol{A}_3,\boldsymbol{A}_4)\boldsymbol{C}$$
$$=(\boldsymbol{E}_1,\boldsymbol{E}_2,\boldsymbol{E}_3,\boldsymbol{E}_4)\boldsymbol{B}=(\boldsymbol{A}_1,\boldsymbol{A}_2,\boldsymbol{A}_3,\boldsymbol{A}_4)\boldsymbol{A}^{-1}\boldsymbol{B},$$

故

$$\boldsymbol{C}=\boldsymbol{A}^{-1}\boldsymbol{B}=\begin{pmatrix}1&1&0&0\\0&0&1&1\\0&0&1&-1\\1&-1&0&0\end{pmatrix}^{-1}\begin{pmatrix}1&1&1&1\\1&1&1&0\\1&1&0&0\\1&0&0&0\end{pmatrix}=\begin{pmatrix}1&\frac{1}{2}&\frac{1}{2}&\frac{1}{2}\\0&\frac{1}{2}&\frac{1}{2}&\frac{1}{2}\\1&1&\frac{1}{2}&0\\0&0&\frac{1}{2}&0\end{pmatrix}。$$

例 1.2.4 的 Maple 源程序

```
> #example1.2.4
> with(linalg):with(LinearAlgebra):
> A:=Matrix(4,4,[1,1,0,0,0,0,1,1,0,0,1,-1,1,-1,0,
0]);B:=Matrix(4,4,[1,1,1,1,1,1,1,0,1,1,0,0,1,0,0,
0]);
```

$$A:=\begin{bmatrix}1&1&0&0\\0&0&1&1\\0&0&1&-1\\1&-1&0&0\end{bmatrix}$$

$$B:=\begin{bmatrix}1&1&1&1\\1&1&1&0\\1&1&0&0\\1&0&0&0\end{bmatrix}$$

```
> C:=multiply(inverse(A),B);
```

$$C:=\begin{bmatrix} 1 & \frac{1}{2} & \frac{1}{2} & \frac{1}{2} \\ 0 & \frac{1}{2} & \frac{1}{2} & \frac{1}{2} \\ 1 & 1 & \frac{1}{2} & 0 \\ 0 & 0 & \frac{1}{2} & 0 \end{bmatrix}$$

例 1.2.5 设线性空间 $\mathbb{R}^4$ 中的向量 $\boldsymbol{\xi}$ 在基 $\boldsymbol{\alpha}_1,\boldsymbol{\alpha}_2,\boldsymbol{\alpha}_3,\boldsymbol{\alpha}_4$ 下的坐标为 $(1,-2,3,1)^{\mathrm{T}}$，若另一组基 $\boldsymbol{\beta}_1,\boldsymbol{\beta}_2,\boldsymbol{\beta}_3,\boldsymbol{\beta}_4$ 可以由基 $\boldsymbol{\alpha}_1,\boldsymbol{\alpha}_2,\boldsymbol{\alpha}_3,\boldsymbol{\alpha}_4$ 线性表示，且

$$\begin{cases} \boldsymbol{\beta}_1=\boldsymbol{\alpha}_1+3\boldsymbol{\alpha}_2-5\boldsymbol{\alpha}_3+7\boldsymbol{\alpha}_4, \\ \boldsymbol{\beta}_2=\boldsymbol{\alpha}_2+2\boldsymbol{\alpha}_3-3\boldsymbol{\alpha}_4, \\ \boldsymbol{\beta}_3=\boldsymbol{\alpha}_3+2\boldsymbol{\alpha}_4, \\ \boldsymbol{\beta}_4=\boldsymbol{\alpha}_4, \end{cases}$$

求向量 $\boldsymbol{\xi}$ 在基 $\boldsymbol{\beta}_1,\boldsymbol{\beta}_2,\boldsymbol{\beta}_3,\boldsymbol{\beta}_4$ 下的坐标。

解 设从基 $\boldsymbol{\alpha}_1,\boldsymbol{\alpha}_2,\boldsymbol{\alpha}_3,\boldsymbol{\alpha}_4$ 到基 $\boldsymbol{\beta}_1,\boldsymbol{\beta}_2,\boldsymbol{\beta}_3,\boldsymbol{\beta}_4$ 的过渡矩阵为 $\boldsymbol{C}$，则

$$(\boldsymbol{\beta}_1,\boldsymbol{\beta}_2,\boldsymbol{\beta}_3,\boldsymbol{\beta}_4)=(\boldsymbol{\alpha}_1,\boldsymbol{\alpha}_2,\boldsymbol{\alpha}_3,\boldsymbol{\alpha}_4)\boldsymbol{C},$$

其中

$$\boldsymbol{C}=\begin{pmatrix} 1 & 0 & 0 & 0 \\ 3 & 1 & 0 & 0 \\ -5 & 2 & 1 & 0 \\ 7 & -3 & 2 & 1 \end{pmatrix},$$

其逆矩阵

$$\boldsymbol{C}^{-1}=\begin{pmatrix} 1 & 0 & 0 & 0 \\ -3 & 1 & 0 & 0 \\ 11 & -2 & 1 & 0 \\ -38 & 7 & -2 & 1 \end{pmatrix},$$

由于向量 $\boldsymbol{\xi}$ 在基 $\boldsymbol{\alpha}_1,\boldsymbol{\alpha}_2,\boldsymbol{\alpha}_3,\boldsymbol{\alpha}_4$ 下的坐标为 $(1,\ -2,\ 3,\ 1)^{\mathrm{T}}$，即

$$\boldsymbol{\xi}=(\boldsymbol{\alpha}_1,\boldsymbol{\alpha}_2,\boldsymbol{\alpha}_3,\boldsymbol{\alpha}_4)\boldsymbol{\alpha},\ \boldsymbol{\alpha}=(1,-2,3,1)^{\mathrm{T}},$$

所以设 $\boldsymbol{\xi}$ 在基 $\boldsymbol{\beta}_1,\boldsymbol{\beta}_2,\boldsymbol{\beta}_3,\boldsymbol{\beta}_4$ 下的坐标为 $\boldsymbol{x}$，则

$$\boldsymbol{x}=\boldsymbol{C}^{-1}\boldsymbol{\alpha}=(1,-5,18,-57)^{\mathrm{T}},$$

即

$$\boldsymbol{\xi}=\boldsymbol{\beta}_1-5\boldsymbol{\beta}_2+18\boldsymbol{\beta}_3-57\boldsymbol{\beta}_4。$$

例 1.2.5 的 Maple 源程序

```
> #example1.2.5
> with(linalg):with(LinearAlgebra):
> C:=Matrix(4,4,[1,0,0,0,3,1,0,0,-5,2,1,0,7,-3,2,
1]);
alpha:=Matrix(4,1,[1,-2,3,1]);
```

$$C:=\begin{bmatrix}1&0&0&0\\3&1&0&0\\-5&2&1&0\\7&-3&2&1\end{bmatrix}$$

$$\alpha:=\begin{bmatrix}1\\-2\\3\\1\end{bmatrix}$$

```
> x:=multiply(inverse(C),alpha);
```

$$x:=\begin{bmatrix}1\\-5\\18\\-57\end{bmatrix}$$

例 1.2.6　在线性空间 $\mathbb{R}[x]_3$ 中取两组基，分别为

$$\boldsymbol{\alpha}_1=1,\boldsymbol{\alpha}_2=-1+x,\boldsymbol{\alpha}_3=-1-x+x^2;\boldsymbol{\beta}_1=1+x+x^2,\boldsymbol{\beta}_2=x+x^2,\boldsymbol{\beta}_3=x^2,$$

求坐标变换公式。

解　首先求出从基 $\boldsymbol{\alpha}_1,\boldsymbol{\alpha}_2,\boldsymbol{\alpha}_3$ 到 $\boldsymbol{\beta}_1,\boldsymbol{\beta}_2,\boldsymbol{\beta}_3$ 的过渡矩阵，另取一组基

$$\varepsilon_1=1,\varepsilon_2=x,\varepsilon_3=x^2,$$

则

$$(\boldsymbol{\alpha}_1,\boldsymbol{\alpha}_2,\boldsymbol{\alpha}_3)=(\boldsymbol{\varepsilon}_1,\boldsymbol{\varepsilon}_2,\boldsymbol{\varepsilon}_3)\boldsymbol{A},\boldsymbol{A}=\begin{pmatrix}1&-1&-1\\0&1&-1\\0&0&1\end{pmatrix},$$

$$(\boldsymbol{\beta}_1,\boldsymbol{\beta}_2,\boldsymbol{\beta}_3)=(\boldsymbol{\varepsilon}_1,\boldsymbol{\varepsilon}_2,\boldsymbol{\varepsilon}_3)\boldsymbol{B},\boldsymbol{B}=\begin{pmatrix}1&0&0\\1&1&0\\1&1&1\end{pmatrix},$$

于是

$$(\boldsymbol{\beta}_1,\boldsymbol{\beta}_2,\boldsymbol{\beta}_3)=(\boldsymbol{\alpha}_1,\boldsymbol{\alpha}_2,\boldsymbol{\alpha}_3)\boldsymbol{A}^{-1}\boldsymbol{B}=(\boldsymbol{\alpha}_1,\boldsymbol{\alpha}_2,\boldsymbol{\alpha}_3)\begin{pmatrix}4&3&2\\2&2&1\\1&1&1\end{pmatrix},$$

则坐标变换公式为

$$\begin{pmatrix}x_1\\x_2\\x_3\end{pmatrix}=\begin{pmatrix}4&3&2\\2&2&1\\1&1&1\end{pmatrix}\begin{pmatrix}y_1\\y_2\\y_3\end{pmatrix} \text{或} \begin{pmatrix}y_1\\y_2\\y_3\end{pmatrix}=\begin{pmatrix}1&-1&-1\\-1&2&0\\0&-1&2\end{pmatrix}\begin{pmatrix}x_1\\x_2\\x_3\end{pmatrix}。$$

例 1.2.6 的 Maple 源程序

```
> #example1.2.6
> with(linalg):with(LinearAlgebra):
> A:=Matrix(3,3,[1,-1,-1,0,1,-1,0,0,1]);
B:=Matrix(3,3,[1,0,0,1,1,0,1,1,1]);
```

$$A:=\begin{bmatrix}1&-1&-1\\0&1&-1\\0&0&1\end{bmatrix}$$

$$B:=\begin{bmatrix}1&0&0\\1&1&0\\1&1&1\end{bmatrix}$$

```
> C:=multiply(inverse(A),B);
```

$$C:=\begin{bmatrix}4&3&2\\2&2&1\\1&1&1\end{bmatrix}$$

```
>> E:=multiply(inverse(B),A);
```

$$E:=\begin{bmatrix}1&-1&-1\\-1&2&0\\0&-1&2\end{bmatrix}$$

1.3 线性子空间与同构

1.3.1 线性子空间的定义

定义 1.3.1(线性子空间) 设 V 是数域 P 上的线性空间，W 是 V 的一个非空子集，若 W 对于 V 上的加法和数乘运算，也构成一个线性空间，则称 W 为 V 的一个**线性子空间**，简称**子空间**。

V 的一个子集 W 要满足什么条件才能成为 V 的子空间？按定义 W 应满足：

（1）W 是 V 的非空子集；

（2）$\forall \boldsymbol{\alpha},\boldsymbol{\beta}\in W,\boldsymbol{\alpha}+\boldsymbol{\beta}\in W$（加法封闭）；

(3) $\forall k \in P, \forall \boldsymbol{\alpha} \in W, k\boldsymbol{\alpha} \in W$(数乘封闭);

(4) 适合线性空间中加法和数乘条件的 8 条运算规律。

首先要指出的是，W 中的向量也是线性空间 V 中的向量，那么 W 中的元素满足线性空间中加法和数乘条件(1)、(2)、(5)、(6)、(7)、(8)，因此只要 W 满足条件(3)、(4)，同时对线性运算封闭即可。于是有如下定理。

定理 1.3.1　线性空间 V 的非空子集 W 构成 V 的一个子空间的充分必要条件是：W 对于 V 上的线性运算封闭。

定义 1.3.2(零子空间)　每个非零线性空间 V，仅由零向量构成的子集合，称为**零子空间**。

定义 1.3.3(平凡子空间)　设 V 是数域 P 上的线性空间，由零向量单独组成的集合$\{0\}$，以及 V 自身均为 V 的子空间，这两个子空间称为 V 的**平凡子空间**。而其他子空间称为**非平凡子空间**(或称**真子空间**)。

例 1.3.1　设线性空间 $\mathbb{R}[x]_n$ 中次数小于 $r(r \leqslant n)$ 的多项式全体为 $\mathbb{R}[x]_r$，构成 $\mathbb{R}[x]_n$ 的一个线性子空间。

例 1.3.2　设 $\boldsymbol{A}$ 是数域 P 上的 $m \times n$ 矩阵，记齐次线性方程组 $\boldsymbol{Ax}=\boldsymbol{0}$ 解的全体为 W。容易直接验证：W 非空(至少有零解)，且若 $\boldsymbol{\xi}_1, \boldsymbol{\xi}_2$ 是 $\boldsymbol{Ax}=\boldsymbol{0}$ 的解，则 $\boldsymbol{\xi}_1+\boldsymbol{\xi}_2, k\boldsymbol{\xi}_1$ 均为 $\boldsymbol{Ax}=\boldsymbol{0}$ 的解。这表明：W 是 P^n 的非空子集，且运算封闭，故 W 是线性空间 P^n 的子空间，称为齐次线性方程组 $\boldsymbol{Ax}=\boldsymbol{0}$ 的**解空间**。

例 1.3.3　设 V 是数域 P 上的线性空间，$\boldsymbol{\alpha}_1, \boldsymbol{\alpha}_2, \cdots, \boldsymbol{\alpha}_t$ 是线性空间 V 中的一组向量，记

$$L(\boldsymbol{\alpha}_1, \boldsymbol{\alpha}_2, \cdots, \boldsymbol{\alpha}_t) = \{k_1\boldsymbol{\alpha}_1 + k_2\boldsymbol{\alpha}_2 + \cdots + k_t\boldsymbol{\alpha}_t \mid k_i \in P, i=1,2,\cdots,t\},$$

则可直接验证$\{\boldsymbol{\alpha}_1, \boldsymbol{\alpha}_2, \cdots, \boldsymbol{\alpha}_t\} \subset L(\boldsymbol{\alpha}_1, \boldsymbol{\alpha}_2, \cdots, \boldsymbol{\alpha}_t)$。故 $L(\boldsymbol{\alpha}_1, \boldsymbol{\alpha}_2, \cdots, \boldsymbol{\alpha}_t)$非空，且可验证关于 V 中加法、数乘封闭，从而 $L(\boldsymbol{\alpha}_1, \boldsymbol{\alpha}_2, \cdots, \boldsymbol{\alpha}_t)$为 V 的子空间，称为由 $\boldsymbol{\alpha}_1$，$\boldsymbol{\alpha}_2$，$\cdots$，$\boldsymbol{\alpha}_t$ **生成的子空间**。

容易看出若 $\boldsymbol{\alpha}_1, \boldsymbol{\alpha}_2, \cdots, \boldsymbol{\alpha}_t$ 是线性空间 V 的一组基，则 $V = L(\boldsymbol{\alpha}_1, \boldsymbol{\alpha}_2, \cdots, \boldsymbol{\alpha}_t)$。这表明线性空间可看作是由一组基生成的。

线性空间 V 的子空间 W 自身也是线性空间，故有基和维数，如 $W=\{0\}$ 时，规定 $\dim W=0$。下面来具体讨论子空间 $L(\boldsymbol{\alpha}_1, \boldsymbol{\alpha}_2, \cdots, \boldsymbol{\alpha}_t)$的基和维数。

性质 设$\boldsymbol{\alpha}_1,\boldsymbol{\alpha}_2,\cdots,\boldsymbol{\alpha}_t$与$\boldsymbol{\beta}_1,\boldsymbol{\beta}_2,\cdots,\boldsymbol{\beta}_s$是线性空间$V$中的两个向量组。

（1）$L(\boldsymbol{\alpha}_1,\boldsymbol{\alpha}_2,\cdots,\boldsymbol{\alpha}_t)=L(\boldsymbol{\beta}_1,\boldsymbol{\beta}_2,\cdots,\boldsymbol{\beta}_s)\Leftrightarrow\boldsymbol{\alpha}_1,\boldsymbol{\alpha}_2,\cdots,\boldsymbol{\alpha}_t$与$\boldsymbol{\beta}_1,\boldsymbol{\beta}_2,\cdots,\boldsymbol{\beta}_s$等价。

（2）$\dim L(\boldsymbol{\alpha}_1,\boldsymbol{\alpha}_2,\cdots,\boldsymbol{\alpha}_t)=\operatorname{rank}(\boldsymbol{\alpha}_1,\boldsymbol{\alpha}_2,\cdots,\boldsymbol{\alpha}_t)$，且$\boldsymbol{\alpha}_1,\boldsymbol{\alpha}_2,\cdots,\boldsymbol{\alpha}_t$的极大线性无关组均可作为$L(\boldsymbol{\alpha}_1,\boldsymbol{\alpha}_2,\cdots,\boldsymbol{\alpha}_t)$的一组基。

证 （1）必要性：因$L(\boldsymbol{\alpha}_1,\boldsymbol{\alpha}_2,\cdots,\boldsymbol{\alpha}_t)=L(\boldsymbol{\beta}_1,\boldsymbol{\beta}_2,\cdots,\boldsymbol{\beta}_s)$，故每一个向量$\boldsymbol{\alpha}_i(i=1,2,\cdots,t)$都是$L(\boldsymbol{\beta}_1,\boldsymbol{\beta}_2,\cdots,\boldsymbol{\beta}_s)$中的向量，从而都可经$\boldsymbol{\beta}_1,\boldsymbol{\beta}_2,\cdots,\boldsymbol{\beta}_s$线性表示；同样地，每一个向量$\boldsymbol{\beta}_j(j=1,2,\cdots,s)$都是$L(\boldsymbol{\alpha}_1,\boldsymbol{\alpha}_2,\cdots,\boldsymbol{\alpha}_t)$中的向量，从而都可经$\boldsymbol{\alpha}_1,\boldsymbol{\alpha}_2,\cdots,\boldsymbol{\alpha}_t$线性表示。这就证明了两个向量组等价。

充分性：此时两个向量组等价，故凡可被$\boldsymbol{\alpha}_1,\boldsymbol{\alpha}_2,\cdots,\boldsymbol{\alpha}_t$线性表示的向量均可经$\boldsymbol{\beta}_1,\boldsymbol{\beta}_2,\cdots,\boldsymbol{\beta}_s$线性表示。即

$$L(\boldsymbol{\alpha}_1,\ \boldsymbol{\alpha}_2,\ \cdots,\ \boldsymbol{\alpha}_t)\subset L(\boldsymbol{\beta}_1,\ \boldsymbol{\beta}_2,\ \cdots,\ \boldsymbol{\beta}_s),$$

反之亦然，故

$$L(\boldsymbol{\alpha}_1,\boldsymbol{\alpha}_2,\cdots,\boldsymbol{\alpha}_t)=L(\boldsymbol{\beta}_1,\boldsymbol{\beta}_2,\cdots,\boldsymbol{\beta}_s)。$$

（2）不妨设$\boldsymbol{\alpha}_1,\boldsymbol{\alpha}_2,\cdots,\boldsymbol{\alpha}_t$的极大线性无关组为$\boldsymbol{\alpha}_1$，$\boldsymbol{\alpha}_2$，$\cdots$，$\boldsymbol{\alpha}_k$，则两者等价，据(1)有$L(\boldsymbol{\alpha}_1,\boldsymbol{\alpha}_2,\cdots,\boldsymbol{\alpha}_t)=L(\boldsymbol{\alpha}_1,\boldsymbol{\alpha}_2,\cdots,\boldsymbol{\alpha}_k)$。因$\boldsymbol{\alpha}_1,\boldsymbol{\alpha}_2,\cdots,\boldsymbol{\alpha}_k$线性无关，知$\boldsymbol{\alpha}_1,\boldsymbol{\alpha}_2,\cdots,\boldsymbol{\alpha}_k$就是$L(\boldsymbol{\alpha}_1,\boldsymbol{\alpha}_2,\cdots,\boldsymbol{\alpha}_k)$的基，从而也是$L(\boldsymbol{\alpha}_1,\boldsymbol{\alpha}_2,\cdots,\boldsymbol{\alpha}_t)$的基。故

$$\dim L(\boldsymbol{\alpha}_1,\boldsymbol{\alpha}_2,\cdots,\boldsymbol{\alpha}_t)=\dim L(\boldsymbol{\alpha}_1,\boldsymbol{\alpha}_2,\cdots,\boldsymbol{\alpha}_k)=k=\operatorname{rank}(\boldsymbol{\alpha}_1,\boldsymbol{\alpha}_2,\cdots,\boldsymbol{\alpha}_t)。$$

例 1.3.4 线性空间P^4中，求$L(\boldsymbol{\alpha}_1,\boldsymbol{\alpha}_2,\boldsymbol{\alpha}_3,\boldsymbol{\alpha}_4)$的基和维数，其中

$$\boldsymbol{\alpha}_1=(1,0,2,1)^{\mathrm{T}},\boldsymbol{\alpha}_2=(1,1,1,1)^{\mathrm{T}},\boldsymbol{\alpha}_3=(2,1,3,2)^{\mathrm{T}},\boldsymbol{\alpha}_4=(2,5,-1,4)^{\mathrm{T}}。$$

解 此问题可归结为求$\boldsymbol{\alpha}_1,\boldsymbol{\alpha}_2,\boldsymbol{\alpha}_3,\boldsymbol{\alpha}_4$的极大线性无关组。由初等变换得出$\boldsymbol{\alpha}_1,\boldsymbol{\alpha}_2,\boldsymbol{\alpha}_3,\boldsymbol{\alpha}_4$的极大线性无关组为$\boldsymbol{\alpha}_1,\boldsymbol{\alpha}_2,\boldsymbol{\alpha}_4$或$\boldsymbol{\alpha}_1,\boldsymbol{\alpha}_3,\boldsymbol{\alpha}_4$，故$\dim L(\boldsymbol{\alpha}_1,\boldsymbol{\alpha}_2,\boldsymbol{\alpha}_3,\boldsymbol{\alpha}_4)=3$。且向量组$\boldsymbol{\alpha}_1,\boldsymbol{\alpha}_2,\boldsymbol{\alpha}_4$或$\boldsymbol{\alpha}_1,\boldsymbol{\alpha}_3,\boldsymbol{\alpha}_4$均可作为$L(\boldsymbol{\alpha}_1,\boldsymbol{\alpha}_2,\boldsymbol{\alpha}_3,\boldsymbol{\alpha}_4)$的基。

例 1.3.4 的 Maple 源程序

```
> #example1.3.4
> with(linalg):with(LinearAlgebra):
> alpha1:=Matrix(4,1,[1,0,2,1]);alpha2:=Matrix
(4,1,[1,1,1,1]);
```

```
alpha3:=Matrix(4,1,[2,1,3,2]);alpha4:=Matrix(4,
1,[2,5,-1,4]);
```

$$\alpha 1:=\begin{bmatrix}1\\0\\2\\1\end{bmatrix}$$

$$\alpha 2:=\begin{bmatrix}1\\1\\1\\1\end{bmatrix}$$

$$\alpha 3:=\begin{bmatrix}2\\1\\3\\2\end{bmatrix}$$

$$\alpha 4:=\begin{bmatrix}2\\5\\-1\\4\end{bmatrix}$$

```
> B:=<alpha1|alpha2|alpha3|alpha4>;
```

$$B:=\begin{bmatrix}1&1&2&2\\0&1&1&5\\2&1&3&-1\\1&1&2&4\end{bmatrix}$$

```
> colspace(B,'d'):
> d;
```

$$3$$

```
> alpha1:=vector([1,0,2,1]):alpha2:=vector([1,1,
1,1]):
alpha3:=vector([2,1,3,2]):alpha4:=vector([2,5,
-1,4]):
> sumbasis(alpha1,alpha2,alpha3,alpha4);
```

$$[\alpha 1,\alpha 2,\alpha 4]$$

1.3.2 线性子空间的交与和

前面讨论了由线性空间的元素生成子空间的方法和理论，接下来将要讨论的子空间的交与和，可以视为由子空间生成的子空间，先证明下面的定理。

定义 1.3.4(线性子空间的交与和) 设 V_1,V_2 是数域 P 上的线性空间 V 的两个子空间，称 $V_1\cap V_2=\{\boldsymbol{v}\mid \boldsymbol{v}\in V_1,\boldsymbol{v}\in V_2\}$ 为子空间的**交**；称 $V_1+V_2=\{\boldsymbol{v}_1+\boldsymbol{v}_2\mid \boldsymbol{v}_1\in V_1,\boldsymbol{v}_2\in V_2\}$ 为子空间的**和**。

定理 1.3.2 如果 V_1,V_2 是数域 P 上的线性空间 V 的两个子空间，那么它们的交 $V_1\cap V_2$ 也是 V 的子空间。

证 因为 $\boldsymbol{0}\in V_1,\boldsymbol{0}\in V_2$，所以 $\boldsymbol{0}\in V_1\cap V_2$，于是 $V_1\cap V_2$ 非空。若 $\boldsymbol{\alpha},\boldsymbol{\beta}\in V_1\cap V_2$，则 $\boldsymbol{\alpha},\boldsymbol{\beta}\in V_1$ 且 $\boldsymbol{\alpha},\boldsymbol{\beta}\in V_2$，由于 V_1,V_2 都是子空间，故

$$\boldsymbol{\alpha}+\boldsymbol{\beta}\in V_1,\ k\boldsymbol{\alpha}\in V_1,$$
$$\boldsymbol{\alpha}+\boldsymbol{\beta}\in V_2,\ k\boldsymbol{\alpha}\in V_2,$$

因此 $\boldsymbol{\alpha}+\boldsymbol{\beta}\in V_1\cap V_2$，$k\boldsymbol{\alpha}\in V_1\cap V_2$。从而，$V_1\cap V_2$ 是 V 的子空间。

定理 1.3.3 如果 V_1,V_2 是数域 P 上的线性空间 V 的两个子空间，那么它们的和 V_1+V_2 也是 V 的子空间。

证 显然，V_1+V_2 是非空子集。若 $\boldsymbol{\alpha},\boldsymbol{\beta}\in V_1+V_2$，则 $\boldsymbol{\alpha},\boldsymbol{\beta}$ 可表示为

$$\boldsymbol{\alpha}=\boldsymbol{\alpha}_1+\boldsymbol{\alpha}_2(\boldsymbol{\alpha}_1\in V_1,\boldsymbol{\alpha}_2\in V_2),$$
$$\boldsymbol{\beta}=\boldsymbol{\beta}_1+\boldsymbol{\beta}_2(\boldsymbol{\beta}_1\in V_1,\boldsymbol{\beta}_2\in V_2),$$

于是

$$\boldsymbol{\alpha}+\boldsymbol{\beta}=(\boldsymbol{\alpha}_1+\boldsymbol{\beta}_1)+(\boldsymbol{\alpha}_2+\boldsymbol{\beta}_2),$$
$$k\boldsymbol{\alpha}=k\boldsymbol{\alpha}_1+k\boldsymbol{\alpha}_2,$$

由于 V_1,V_2 都是子空间，所以

$$\boldsymbol{\alpha}_1+\boldsymbol{\beta}_1\in V_1,\boldsymbol{\alpha}_2+\boldsymbol{\beta}_2\in V_2,$$
$$k\boldsymbol{\alpha}_1\in V_1,k\boldsymbol{\alpha}_2\in V_2,$$

按照 V_1+V_2 的定义可知 $\boldsymbol{\alpha}+\boldsymbol{\beta}\in V_1+V_2$，$k\boldsymbol{\alpha}\in V_1+V_2$。因此，$V_1+V_2$ 是 V 的子空间。

推论 设 $V_1,V_2,\cdots,V_m$ 是 V 的子空间，则 $V_1\cap V_2\cap\cdots\cap V_m$ 和 $V_1+V_2+\cdots+V_m$ 均为 V 的子空间。

注 V 的两子空间的并集未必为 V 的子空间。

性质 1 设 V_1,V_2,W 为线性空间 V 的子空间，

1）若 $W\subset V_1,W\subset V_2$，则 $W\subset V_1\cap V_2$；

2）若 $V_1\subset W,V_2\subset W$，则 $V_1+V_2\subset W$。

性质 2　对于子空间 V_1,V_2，以下三个论断是等价的：$V_1 \subset V_2$；$V_1 \cap V_2 = V_1$；$V_1+V_2=V_2$。

性质 3　在一个线性空间 V 中，有
$L(\boldsymbol{\alpha}_1,\boldsymbol{\alpha}_2,\cdots,\boldsymbol{\alpha}_s)+L(\boldsymbol{\beta}_1,\boldsymbol{\beta}_2,\cdots,\boldsymbol{\beta}_t)=L(\boldsymbol{\alpha}_1,\boldsymbol{\alpha}_2,\cdots,\boldsymbol{\alpha}_s,\boldsymbol{\beta}_1,\boldsymbol{\beta}_2,\cdots,\boldsymbol{\beta}_t)$。

定理 1.3.4(维数公式)　设 V 为有限维线性空间，V_1,V_2 为子空间，则

$$\dim(V_1+V_2)=\dim V_1+\dim V_2-\dim(V_1 \cap V_2)。$$

证　设 $\dim V_1=s$，$\dim V_2=t$，$\dim(V_1\cap V_2)=r$，取 $V_1\cap V_2$ 的一组基 $\boldsymbol{\varepsilon}_1,\boldsymbol{\varepsilon}_2,\cdots,\boldsymbol{\varepsilon}_r$(若 $V_1\cap V_2=\mathbf{0}$，则 $r=0$，基为空集)，将此基分别扩充为 V_1,V_2 的基：

$$\boldsymbol{\varepsilon}_1,\boldsymbol{\varepsilon}_2,\cdots,\boldsymbol{\varepsilon}_r,\boldsymbol{\alpha}_1,\boldsymbol{\alpha}_2,\cdots,\boldsymbol{\alpha}_{s-r};\boldsymbol{\varepsilon}_1,\boldsymbol{\varepsilon}_2,\cdots,\boldsymbol{\varepsilon}_r,\boldsymbol{\beta}_1,\boldsymbol{\beta}_2,\cdots,\boldsymbol{\beta}_{t-r},$$

只需要证明 $\boldsymbol{\varepsilon}_1,\boldsymbol{\varepsilon}_2,\cdots,\boldsymbol{\varepsilon}_r,\boldsymbol{\alpha}_1,\boldsymbol{\alpha}_2,\cdots,\boldsymbol{\alpha}_{s-r},\boldsymbol{\beta}_1,\boldsymbol{\beta}_2,\cdots,\boldsymbol{\beta}_{t-r}$ 是 V_1+V_2 的一组基即可。

首先，易见 V_1+V_2 中的任一向量都可以被 $\boldsymbol{\varepsilon}_1,\boldsymbol{\varepsilon}_2,\cdots,\boldsymbol{\varepsilon}_r,\boldsymbol{\alpha}_1,\boldsymbol{\alpha}_2,\cdots,\boldsymbol{\alpha}_{s-r},\boldsymbol{\beta}_1,\boldsymbol{\beta}_2,\cdots,\boldsymbol{\beta}_{t-r}$线性表出。

事实上，$\forall \boldsymbol{\gamma}\in V_1+V_2$，则 $\boldsymbol{\gamma}=\boldsymbol{\gamma}_1+\boldsymbol{\gamma}_2$，其中 $\boldsymbol{\gamma}_1\in V_1,\boldsymbol{\gamma}_2\in V_2$，而
$\boldsymbol{\gamma}_1=k_1\boldsymbol{\varepsilon}_1+k_2\boldsymbol{\varepsilon}_2+\cdots+k_r\boldsymbol{\varepsilon}_r+k_{r+1}\boldsymbol{\alpha}_1+k_{r+2}\boldsymbol{\alpha}_2+\cdots+k_s\boldsymbol{\alpha}_{s-r},k_i\in P(i=1,2,\cdots,s)$，
$\boldsymbol{\gamma}_2=l_1\boldsymbol{\varepsilon}_1+l_2\boldsymbol{\varepsilon}_2+\cdots+l_r\boldsymbol{\varepsilon}_r+l_{r+1}\boldsymbol{\beta}_1+l_{r+2}\boldsymbol{\beta}_2+\cdots+l_t\boldsymbol{\beta}_{t-r},l_j\in P(j=1,2,\cdots,t)$，
于是 $\boldsymbol{\gamma}=\boldsymbol{\gamma}_1+\boldsymbol{\gamma}_2$ 可被 $\boldsymbol{\varepsilon}_1,\boldsymbol{\varepsilon}_2,\cdots,\boldsymbol{\varepsilon}_r,\boldsymbol{\alpha}_1,\boldsymbol{\alpha}_2,\cdots,\boldsymbol{\alpha}_{s-r},\boldsymbol{\beta}_1,\boldsymbol{\beta}_2,\cdots,\boldsymbol{\beta}_{t-r}$线性表出。只要再证明向量组 $\boldsymbol{\varepsilon}_1,\boldsymbol{\varepsilon}_2,\cdots,\boldsymbol{\varepsilon}_r,\boldsymbol{\alpha}_1,\boldsymbol{\alpha}_2,\cdots,\boldsymbol{\alpha}_{s-r},\boldsymbol{\beta}_1,\boldsymbol{\beta}_2,\cdots,\boldsymbol{\beta}_{t-r}$线性无关即可。

设 $k_1\boldsymbol{\varepsilon}_1+k_2\boldsymbol{\varepsilon}_2+\cdots+k_r\boldsymbol{\varepsilon}_r+a_1\boldsymbol{\alpha}_1+a_2\boldsymbol{\alpha}_2+\cdots+a_{s-r}\boldsymbol{\alpha}_{s-r}+b_1\boldsymbol{\beta}_1+b_2\boldsymbol{\beta}_2+\cdots+b_{t-r}\boldsymbol{\beta}_{t-r}=\mathbf{0}$，其中，$k_i$，$a_j$，$b_h\in P(i=1,2,\cdots,r;j=1,2,\cdots,s-r;h=1,2,\cdots,t-r)$，则

$$\begin{aligned}&k_1\boldsymbol{\varepsilon}_1+k_2\boldsymbol{\varepsilon}_2+\cdots+k_r\boldsymbol{\varepsilon}_r+a_1\boldsymbol{\alpha}_1+a_2\boldsymbol{\alpha}_2+\cdots+a_{s-r}\boldsymbol{\alpha}_{s-r}=\\&-b_1\boldsymbol{\beta}_1-b_2\boldsymbol{\beta}_2-\cdots-b_{t-r}\boldsymbol{\beta}_{t-r},\end{aligned}\tag{$*$}$$

因为　$k_1\boldsymbol{\varepsilon}_1+k_2\boldsymbol{\varepsilon}_2+\cdots+k_r\boldsymbol{\varepsilon}_r+a_1\boldsymbol{\alpha}_1+a_2\boldsymbol{\alpha}_2+\cdots+a_{s-r}\boldsymbol{\alpha}_{s-r}\in V_1$，

$$-b_1\boldsymbol{\beta}_1-b_2\boldsymbol{\beta}_2-\cdots-b_{t-r}\boldsymbol{\beta}_{t-r}\in V_2,$$

于是 $k_1\boldsymbol{\varepsilon}_1+k_2\boldsymbol{\varepsilon}_2+\cdots+k_r\boldsymbol{\varepsilon}_r+a_1\boldsymbol{\alpha}_1+a_2\boldsymbol{\alpha}_2+\cdots+a_{s-r}\boldsymbol{\alpha}_{s-r}\in V_1\cap V_2$，记为 $\boldsymbol{\alpha}$。则 $\boldsymbol{\alpha}$ 可被 $\boldsymbol{\varepsilon}_1,\boldsymbol{\varepsilon}_2,\cdots,\boldsymbol{\varepsilon}_r$ 线性表示，则 $\boldsymbol{\alpha}=h_1\boldsymbol{\varepsilon}_1+h_2\boldsymbol{\varepsilon}_2+\cdots+h_r\boldsymbol{\varepsilon}_r$，代入式($*$)，有

$$h_1\boldsymbol{\varepsilon}_1+h_2\boldsymbol{\varepsilon}_2+\cdots+h_r\boldsymbol{\varepsilon}_r+b_1\boldsymbol{\beta}_1+b_2\boldsymbol{\beta}_2+\cdots+b_{t-r}\boldsymbol{\beta}_{t-r}=\mathbf{0},$$

由于 $\boldsymbol{\varepsilon}_1,\boldsymbol{\varepsilon}_2,\cdots,\boldsymbol{\varepsilon}_r,\boldsymbol{\beta}_1,\boldsymbol{\beta}_2,\cdots,\boldsymbol{\beta}_{t-r}$ 是 V_2 的一组基，所以线性无

关，则

$$h_1=h_2=\cdots=h_r=b_1=b_2=\cdots=b_{t-r}=0,$$

代回式(*)，又有

$$k_1=k_2=\cdots=k_r=a_1=a_2=\cdots=a_{s-r}=0,$$

于是向量组 $\boldsymbol{\varepsilon}_1,\boldsymbol{\varepsilon}_2,\cdots,\boldsymbol{\varepsilon}_r,\boldsymbol{\alpha}_1,\boldsymbol{\alpha}_2,\cdots,\boldsymbol{\alpha}_{s-r},\boldsymbol{\beta}_1,\boldsymbol{\beta}_2,\cdots,\boldsymbol{\beta}_{t-r}$ 线性无关。

推论 1 如果 n 维线性空间 V 中两个子空间 V_1,V_2 的维数之和大于 n，那么 V_1,V_2 必含有非零的公共向量。

推论 2 设 $V_1,V_2,\cdots,V_t$ 都是有限维线性空间 V 的子空间，则

$$\dim(V_1+V_2+\cdots+V_t)\leqslant\dim V_1+\dim V_2+\cdots+\dim V_t。$$

例 1.3.5 在 P^n 中，用 V_1,V_2 分别表示齐次线性方程组

$$\begin{pmatrix}a_{11}&\cdots&a_{1n}\\ \vdots&&\vdots\\ a_{s1}&\cdots&a_{sn}\end{pmatrix}\begin{pmatrix}x_1\\ \vdots\\ x_n\end{pmatrix}=\mathbf{0},\quad\begin{pmatrix}b_{11}&\cdots&b_{1n}\\ \vdots&&\vdots\\ b_{t1}&\cdots&b_{tn}\end{pmatrix}\begin{pmatrix}x_1\\ \vdots\\ x_n\end{pmatrix}=\mathbf{0}$$

的解空间，那么 $V_1\cap V_2$ 就是齐次线性方程组 $\begin{pmatrix}\boldsymbol{A}\\ \boldsymbol{B}\end{pmatrix}\boldsymbol{x}=\mathbf{0}$ 的解空间。

例 1.3.6 在 $\mathbb{R}^4$ 中，设 $\boldsymbol{\alpha}_1=(1,2,1,0)$，$\boldsymbol{\alpha}_2=(-1,1,1,1)$，$\boldsymbol{\beta}_1=(2,-1,0,1)$，$\boldsymbol{\beta}_2=(1,-1,3,7)$，求：

(1) $L(\boldsymbol{\alpha}_1,\boldsymbol{\alpha}_2)\cap L(\boldsymbol{\beta}_1,\boldsymbol{\beta}_2)$ 的维数与一组基；

(2) $L(\boldsymbol{\alpha}_1,\boldsymbol{\alpha}_2)+L(\boldsymbol{\beta}_1,\boldsymbol{\beta}_2)$ 的维数与一组基。

解 (1) 设向量 $\boldsymbol{\alpha}\in L(\boldsymbol{\alpha}_1,\boldsymbol{\alpha}_2)\cap L(\boldsymbol{\beta}_1,\boldsymbol{\beta}_2)$，则有 k_1,k_2,l_1,l_2，使得

$$\boldsymbol{\alpha}=k_1\boldsymbol{\alpha}_1+k_2\boldsymbol{\alpha}_2=l_1\boldsymbol{\beta}_1+l_2\boldsymbol{\beta}_2,$$

即

$$k_1\boldsymbol{\alpha}_1+k_2\boldsymbol{\alpha}_2-l_1\boldsymbol{\beta}_1-l_2\boldsymbol{\beta}_2=\mathbf{0},$$

由此得到关于 k_1,k_2,l_1,l_2 的齐次线性方程组

$$\begin{cases}k_1-k_2-2l_1-l_2=0,\\ 2k_1+k_2+l_1+l_2=0,\\ k_1+k_2-3l_2=0,\\ k_2-l_1-7l_2=0,\end{cases}$$

其基础解系为$(1,-4,3,-1)^{\mathrm{T}}$，即

$$k_1=1,k_2=-4,l_1=3,l_2=-1。$$

又因为

$$\boldsymbol{\alpha}=\boldsymbol{\alpha}_1-4\boldsymbol{\alpha}_2=3\boldsymbol{\beta}_1-\boldsymbol{\beta}_2=(5,-2,-3,-4),$$

故

$$\dim(L(\boldsymbol{\alpha}_1,\boldsymbol{\alpha}_2)\cap L(\boldsymbol{\beta}_1,\boldsymbol{\beta}_2))=1,$$

而 $\boldsymbol{\alpha}=(5,-2,-3,-4)$ 是 $L(\boldsymbol{\alpha}_1,\boldsymbol{\alpha}_2)\cap L(\boldsymbol{\beta}_1,\boldsymbol{\beta}_2)$ 的一个基，即

$$L(\boldsymbol{\alpha}_1,\boldsymbol{\alpha}_2)\cap L(\boldsymbol{\beta}_1,\boldsymbol{\beta}_2)=L(\boldsymbol{\alpha})。$$

（2）因为和

$$L(\boldsymbol{\alpha}_1,\boldsymbol{\alpha}_2)+L(\boldsymbol{\beta}_1,\boldsymbol{\beta}_2)=L(\boldsymbol{\alpha}_1,\boldsymbol{\alpha}_2,\boldsymbol{\beta}_1,\boldsymbol{\beta}_2),$$

向量组 $\boldsymbol{\alpha}_1,\boldsymbol{\alpha}_2,\boldsymbol{\beta}_1,\boldsymbol{\beta}_2$ 的秩为 3，且 $\boldsymbol{\alpha}_1,\boldsymbol{\alpha}_2,\boldsymbol{\beta}_1$ 是它的一个极大无关组，所以

$$\dim(L(\boldsymbol{\alpha}_1,\boldsymbol{\alpha}_2)+L(\boldsymbol{\beta}_1,\boldsymbol{\beta}_2))=3,$$

而 $\boldsymbol{\alpha}_1,\boldsymbol{\alpha}_2,\boldsymbol{\beta}_1$ 是 $L(\boldsymbol{\alpha}_1,\boldsymbol{\alpha}_2)+L(\boldsymbol{\beta}_1,\boldsymbol{\beta}_2)$ 的一个基，即

$$L(\boldsymbol{\alpha}_1,\boldsymbol{\alpha}_2)+L(\boldsymbol{\beta}_1,\boldsymbol{\beta}_2)=L(\boldsymbol{\alpha}_1,\boldsymbol{\alpha}_2,\boldsymbol{\beta}_1)。$$

例 1.3.6 的 Maple 源程序

```
> #example1.3.6
> with(linalg):with(LinearAlgebra):
> alpha1:=vector([1,2,1,0]);alpha2:=vector([-1,
1,1,1]);
beta1:=vector([2,-1,0,1]);beta2:=vector([1,-1,3,
7]);
                    α1:=[1,2,1,0]
                    α2:=[-1,1,1,1]
                    β1:=[2,-1,0,1]
                    β2:=[1,-1,3,7]
> intbasis({alpha1,alpha2},{beta1,beta2});
                    {[-5,2,3,4]}
> sumbasis([alpha1,alpha2],[beta1,beta2]);
                    [α1,α2,β1]
```

定义 1.3.5（直和） 设 V_1，V_2 是数域 P 上的线性空间 V 的两个子空间，若其和 V_1+V_2 中每个向量 $\boldsymbol{\alpha}$ 的分解式

$$\boldsymbol{\alpha}=\boldsymbol{\alpha}_1+\boldsymbol{\alpha}_2(\boldsymbol{\alpha}_1\in V_1,\boldsymbol{\alpha}_2\in V_2)$$

是唯一的，则和 V_1+V_2 称为**直和**，记为 $V_1\oplus V_2$。

定理 1.3.5 V_1+V_2 是 $V_1\oplus V_2$ 的充要条件是 $V_1\cap V_2=\{\mathbf{0}\}$。

证 **必要性** 任取 $\boldsymbol{\alpha}\in V_1\cap V_2$，则零向量 $\mathbf{0}$ 可表示为

$$\mathbf{0}=\boldsymbol{\alpha}+(-\boldsymbol{\alpha})(\boldsymbol{\alpha}\in V_1,\boldsymbol{\alpha}\in V_2),$$

因为 V_1+V_2 是直和，所以 $\boldsymbol{\alpha}=-\boldsymbol{\alpha}=\mathbf{0}$，于是有

$$V_1 \cap V_2 = \{\mathbf{0}\}。$$

充分性 如果 V_1+V_2 中某个向量 $\boldsymbol{\alpha}$ 有两种表示方法，即

$$\boldsymbol{\alpha}=\boldsymbol{\alpha}_1+\boldsymbol{\alpha}_2=\boldsymbol{\beta}_1+\boldsymbol{\beta}_2(\boldsymbol{\alpha}_1,\boldsymbol{\beta}_1\in V_1,\boldsymbol{\alpha}_2,\boldsymbol{\beta}_2\in V_2),$$

则必有

$$(\boldsymbol{\alpha}_1-\boldsymbol{\beta}_1)+(\boldsymbol{\alpha}_2-\boldsymbol{\beta}_2)=\mathbf{0},$$

如果 $\boldsymbol{\alpha}_2\neq\boldsymbol{\beta}_2$，则

$$(\boldsymbol{\alpha}_1-\boldsymbol{\beta}_1)+(\boldsymbol{\alpha}_2-\boldsymbol{\beta}_2)\neq\mathbf{0},$$

这说明 V_1 和 V_2 的公共元素 $\boldsymbol{\alpha}_1-\boldsymbol{\beta}_1$ 和 $\boldsymbol{\alpha}_2-\boldsymbol{\beta}_2$ 不为 $\mathbf{0}$，这与 $V_1\cap V_2=\{\mathbf{0}\}$ 矛盾，故必有

$$\boldsymbol{\alpha}_1=\boldsymbol{\beta}_1,\ \boldsymbol{\alpha}_2=\boldsymbol{\beta}_2,$$

这说明了 $\boldsymbol{\alpha}$ 的分解式是唯一的，从而 V_1+V_2 是 $V_1\oplus V_2$。

由维数公式及定理 1.3.5 有以下结论。

定理 1.3.6 V_1+V_2 是 $V_1\oplus V_2$ 的充要条件是 $\dim(V_1+V_2)=\dim(V_1)+\dim(V_2)$。

综上所述，若 V_1，V_2 为 V 的子空间，则下述四条等价：

（1）V_1+V_2 是直和；

（2）零向量的分解式唯一；

（3）$V_1\cap V_2=\{\mathbf{0}\}$；

（4）$\dim(V_1+V_2)=\dim V_1+\dim V_2$。

1.3.3 线性空间的同构

引入了线性空间中向量坐标的概念后，不仅将抽象的向量 $\boldsymbol{\alpha}$ 与具体的数组向量$(x_1,x_2,\cdots,x_n)^{\mathrm{T}}$ 联系在一起；同时也将线性空间 V^n 中抽象的线性运算与具体的数组向量的线性运算联系在一起。

设 $\boldsymbol{\alpha},\boldsymbol{\beta}\in V^n$，

$$\boldsymbol{\alpha}=(\boldsymbol{\alpha}_1,\boldsymbol{\alpha}_2,\cdots,\boldsymbol{\alpha}_n)\begin{pmatrix}x_1\\x_2\\\vdots\\x_n\end{pmatrix},\boldsymbol{\beta}=(\boldsymbol{\alpha}_1,\boldsymbol{\alpha}_2,\cdots,\boldsymbol{\alpha}_n)\begin{pmatrix}y_1\\y_2\\\vdots\\y_n\end{pmatrix},$$

$\lambda\in\mathbb{R}$，规定如下的向量之间的线性运算

$$\boldsymbol{\alpha}+\boldsymbol{\beta}=(\boldsymbol{\alpha}_1,\boldsymbol{\alpha}_2,\cdots,\boldsymbol{\alpha}_n)\begin{pmatrix}x_1+y_1\\x_2+y_2\\\vdots\\x_n+y_n\end{pmatrix},\lambda\boldsymbol{\alpha}=(\boldsymbol{\alpha}_1,\boldsymbol{\alpha}_2,\cdots,\boldsymbol{\alpha}_n)\begin{pmatrix}\lambda x_1\\\lambda x_2\\\vdots\\\lambda x_n\end{pmatrix}。$$

总之，在给定 n 维线性空间 V^n 的一组基 $\boldsymbol{\alpha}_1,\boldsymbol{\alpha}_2,\cdots,\boldsymbol{\alpha}_n$ 后，不

仅 V^n 中的向量 $\boldsymbol{\alpha}$ 与 n 维数组向量空间 $\mathbb{R}^n$ 中的向量 $(x_1,x_2,\cdots,x_n)^{\mathrm{T}}$ 之间有一个一一对应的关系，而且这个对应关系还保持线性运算的对应。因此，n 维线性空间 V^n 与 n 维数组向量空间 $\mathbb{R}^n$ 有相同的结构，我们称 V^n 与 $\mathbb{R}^n$ **同构**。一般地，我们有：

定义 1.3.6(线性空间的同构)　如果两个线性空间满足下面的条件：

(1) 它们的元素之间存在一一对应关系；

(2) 这种对应关系保持线性运算的对应，

则称这两个线性空间**同构**。

同构是线性空间之间的一种关系。显然任何一个 n 维线性空间都与 $\mathbb{R}^n$ 同构，即维数相等的线性空间都同构，这样线性空间的结构就完全由它的维数决定。

1.4 线性变换及其运算

1.4.1 线性变换的定义

定义 1.4.1(映射)　设有两个非空集合 A,B，若对 A 中任一元素 $\boldsymbol{\alpha}\in A$，按照一定规则，总有 B 中一个确定的元素 $\boldsymbol{\beta}$ 和它对应，则这个对应法则被称为从集合 A 到集合 B 的映射，记作 T，并记 $\boldsymbol{\beta}=T(\boldsymbol{\alpha})$ 或 $\boldsymbol{\beta}=T\boldsymbol{\alpha}(\boldsymbol{\alpha}\in A)$。

设 $\boldsymbol{\alpha}\in A$，$T(\boldsymbol{\alpha})=\boldsymbol{\beta}$，则说映射 T 把元素 $\boldsymbol{\alpha}$ 变为元素 $\boldsymbol{\beta}$，$\boldsymbol{\beta}$ 称为 $\boldsymbol{\alpha}$ 在映射 T 下的像，$\boldsymbol{\alpha}$ 称为 $\boldsymbol{\beta}$ 在映射 T 下的原像，A 称为映射的原像集，像的全体构成的集合称为像集，记作 $T(A)$，即 $T(A)=\{T(\boldsymbol{\alpha})\mid\boldsymbol{\alpha}\in A\}$，显然 $T(A)\subset B$。

定义 1.4.2(线性变换)　线性空间 V 到自身的映射通常称为 V 的一个变换。线性空间 V 的一个变换 T 称为线性变换，如果对于 V 中的任意元素 $\boldsymbol{\alpha}$，$\boldsymbol{\beta}$ 和数域 P 中任意数 k，都有 $T(\boldsymbol{\alpha}+\boldsymbol{\beta})=T(\boldsymbol{\alpha})+T(\boldsymbol{\beta})$，$T(k\boldsymbol{\alpha})=kT(\boldsymbol{\alpha})$。

例 1.4.1　线性空间 V 中有恒等变换(或称单位变换)E：$E(\boldsymbol{\alpha})=\boldsymbol{\alpha}$，$\boldsymbol{\alpha}\in V$ 是线性变换。

证　设 $\boldsymbol{\alpha},\boldsymbol{\beta}\in V$，$k\in P$，则有 $E(\boldsymbol{\alpha}+\boldsymbol{\beta})=\boldsymbol{\alpha}+\boldsymbol{\beta}=E(\boldsymbol{\alpha})+E(\boldsymbol{\beta})$，$E(k\boldsymbol{\alpha})=k\boldsymbol{\alpha}=kE(\boldsymbol{\alpha})$，所以恒等变换 E 是线性变换。

例 1.4.2 线性空间 V 中的零变换 0：$0(\boldsymbol{\alpha})=\mathbf{0}$，是线性变换。

证 设 $\boldsymbol{\alpha},\boldsymbol{\beta}\in V$，$k\in P$，则有

$$0(\boldsymbol{\alpha}+\boldsymbol{\beta})=\mathbf{0}=\mathbf{0}+\mathbf{0}=0(\boldsymbol{\alpha})+0(\boldsymbol{\beta}),0(k\boldsymbol{\alpha})=\mathbf{0}=k\mathbf{0}=k0(\boldsymbol{\alpha}),$$

所以零变换 0 是线性变换。

例 1.4.3 定义在闭区间 $[a,b]$ 上的所有实连续函数的集合 $C[a,b]$ 按照普通的加法和数乘构成 $\mathbb{R}$ 上的一个线性空间，对函数求积分是变换，记为 J。在此变换下 $C[a,b]$ 中任意向量 $f(x)$ 的像为 $J(f(x))=\int_a^x f(t)\,\mathrm{d}t$，由积分法则知

$$J(f(x)+g(x))=J(f(x))+J(g(x)),$$
$$J(kf(x))=kJ(f(x)),$$

故 J 是 $C[a,b]$ 上的线性变换。

例 1.4.4 设 $\boldsymbol{A}=(a_{ij})_{n\times n}$ 是一个 n 阶方阵。定义 n 维向量空间 $\mathbb{R}^n$ 的一个变换 $T_{\boldsymbol{A}}$，满足 $T_{\boldsymbol{A}}(\boldsymbol{\alpha})=\boldsymbol{A}\boldsymbol{\alpha}$，$\forall\boldsymbol{\alpha}\in\mathbb{R}^n$，显然 $T_{\boldsymbol{A}}$ 确实是 $\mathbb{R}^n$ 上的一个变换。

定理 1.4.1 设 T 为 V 上的线性变换，则

(1) $T(\mathbf{0})=\mathbf{0}$；

(2) $T(-\boldsymbol{\alpha})=-T(\boldsymbol{\alpha})$；

(3) 线性变换保持线性组合与线性关系式不变，即

$$T(k_1\boldsymbol{\alpha}_1+k_2\boldsymbol{\alpha}_2+\cdots+k_r\boldsymbol{\alpha}_r)=k_1T(\boldsymbol{\alpha}_1)+k_2T(\boldsymbol{\alpha}_2)+\cdots+k_rT(\boldsymbol{\alpha}_r);$$

(4) 若 $\boldsymbol{\alpha}_1,\boldsymbol{\alpha}_2,\cdots,\boldsymbol{\alpha}_r$ 线性相关，则 $T(\boldsymbol{\alpha}_1),T(\boldsymbol{\alpha}_2),\cdots,T(\boldsymbol{\alpha}_r)$ 也线性相关。

证 由线性变换的定义，可直接得(1)，(2)，(3)。以下只证明(4)。

因为 $\boldsymbol{\alpha}_1,\boldsymbol{\alpha}_2,\cdots,\boldsymbol{\alpha}_r$ 线性相关，则存在一组不全为零的数 $k_1,k_2,\cdots,k_r$，使得

$$k_1\boldsymbol{\alpha}_1+k_2\boldsymbol{\alpha}_2+\cdots+k_r\boldsymbol{\alpha}_r=\mathbf{0},$$

两边同时用 T 作用，得

$$T(k_1\boldsymbol{\alpha}_1+k_2\boldsymbol{\alpha}_2+\cdots+k_r\boldsymbol{\alpha}_r)=\mathbf{0},$$

即

$$k_1T(\boldsymbol{\alpha}_1)+k_2T(\boldsymbol{\alpha}_2)+\cdots+k_rT(\boldsymbol{\alpha}_r)=\mathbf{0},$$

所以 $T(\boldsymbol{\alpha}_1),T(\boldsymbol{\alpha}_2),\cdots,T(\boldsymbol{\alpha}_r)$ 也线性相关。

定义 1.4.3(线性变换的秩与核) T 为线性空间 V 的一个线性变换，T 的全体像组成的集合称为 T 的值域，记为 $T(V)$，且

$T(V)=\{T(\boldsymbol{\xi})|\boldsymbol{\xi}\in V\}$。所有被 T 变成零向量的向量组成的集合称为 T 的**核**，记为 $T^{-1}(\mathbf{0})$，且 $T^{-1}(\mathbf{0})=\{\boldsymbol{\xi}\mid T(\boldsymbol{\xi})=\mathbf{0},\boldsymbol{\xi}\in V\}$。$T(V)$的维数称为 T 的**秩**，$T^{-1}(\mathbf{0})$的维数称为 T 的零度。

定理 1.4.2　T 为线性空间 V^n 的一个线性变换，则 $T(V)$的一组基的原像与 $T^{-1}(\mathbf{0})$的一组基合起来就是 V^n 的一组基。由此还有，T 的秩+T 的零度=n。

证　假设 $T(V)$ 的一组基为 $\boldsymbol{\beta}_1,\boldsymbol{\beta}_2,\cdots,\boldsymbol{\beta}_r$，其原像为 $\boldsymbol{\alpha}_1,\boldsymbol{\alpha}_2,\cdots,\boldsymbol{\alpha}_r$，又取 $T^{-1}(\mathbf{0})$的一组基为 $\boldsymbol{\alpha}_{r+1},\boldsymbol{\alpha}_{r+2},\cdots,\boldsymbol{\alpha}_s$，下面我们证明：$\boldsymbol{\alpha}_1,\boldsymbol{\alpha}_2,\cdots,\boldsymbol{\alpha}_r,\boldsymbol{\alpha}_{r+1},\boldsymbol{\alpha}_{r+2},\cdots,\boldsymbol{\alpha}_s$ 线性无关，且 V 中的任一向量都可以用它们线性表示，则问题得证。

如果 $\sum\limits_{i=1}^{s}l_i\boldsymbol{\alpha}_i=\mathbf{0}$，则 $\sum\limits_{i=1}^{s}l_iT(\boldsymbol{\alpha}_i)=\mathbf{0}$，即 $\sum\limits_{i=1}^{r}l_i\boldsymbol{\beta}_i=\mathbf{0}$，又 $\boldsymbol{\beta}_1,\boldsymbol{\beta}_2,\cdots,\boldsymbol{\beta}_r$ 为 $T(V)$的一组基，所以 $l_1=l_2=\cdots=l_r=0$，故有 $\sum\limits_{i=r+1}^{s}l_i\boldsymbol{\alpha}_i=\mathbf{0}$。又 $\boldsymbol{\alpha}_{r+1},\boldsymbol{\alpha}_{r+2},\cdots,\boldsymbol{\alpha}_s$ 是 $T^{-1}(\mathbf{0})$的一组基，则 $l_{r+1}=l_{r+2}=\cdots=l_s=0$，故 $\boldsymbol{\alpha}_1,\boldsymbol{\alpha}_2,\cdots,\boldsymbol{\alpha}_r,\boldsymbol{\alpha}_{r+1},\boldsymbol{\alpha}_{r+2},\cdots,\boldsymbol{\alpha}_s$ 线性无关。

假设 $\boldsymbol{\alpha}$ 是 V 中的任一向量，则存在 $l_1,l_2,\cdots,l_r$，使 $T(\boldsymbol{\alpha})=\sum\limits_{i=1}^{r}l_iT(\boldsymbol{\alpha}_i)$，故 $T\left(\boldsymbol{\alpha}-\sum\limits_{i=1}^{r}l_i\boldsymbol{\alpha}_i\right)=\mathbf{0}$，则存在 $l_{r+1},l_{r+2},\cdots,l_s$，有 $\boldsymbol{\alpha}-\sum\limits_{i=1}^{r}l_i\boldsymbol{\alpha}_i=\sum\limits_{i=r+1}^{s}l_i\boldsymbol{\alpha}_i$，即 $\boldsymbol{\alpha}=\sum\limits_{i=1}^{s}l_i\boldsymbol{\alpha}_i$，所以 V 中的任一向量都可以用 $\boldsymbol{\alpha}_1,\boldsymbol{\alpha}_2,\cdots,\boldsymbol{\alpha}_r,\boldsymbol{\alpha}_{r+1},\boldsymbol{\alpha}_{r+2},\cdots,\boldsymbol{\alpha}_s$ 表示。

由于 $\dim(V)=n$，所以 $s=n$，而 $r=\dim(T(V))$，即 r 是 T 的秩，故 T 的秩+T 的零度=n。

例 1.4.5　设 n 阶矩阵

$$\boldsymbol{A}=\begin{pmatrix}a_{11}&a_{12}&\cdots&a_{1n}\\a_{21}&a_{22}&\cdots&a_{2n}\\\vdots&\vdots&&\vdots\\a_{n1}&a_{n2}&\cdots&a_{nn}\end{pmatrix}=(\boldsymbol{\alpha}_1,\boldsymbol{\alpha}_2\cdots,\boldsymbol{\alpha}_n),\text{其中}\ \boldsymbol{\alpha}_i=\begin{pmatrix}a_{1i}\\a_{2i}\\\vdots\\a_{ni}\end{pmatrix}(i=1,2,\cdots,n),$$

定义 $\mathbb{R}^n$ 中的变换为 $T(\boldsymbol{x})=\boldsymbol{A}\boldsymbol{x}(\boldsymbol{x}\in\mathbb{R}^n)$，

(1) 证明 T 为线性变换；

(2) 求 T 的像空间；

(3) 求 T 的核。

解　(1) 设 $\boldsymbol{\alpha},\boldsymbol{\beta}\in\mathbb{R}^n$，则

$$T(\boldsymbol{\alpha}+\boldsymbol{\beta})=A(\boldsymbol{\alpha}+\boldsymbol{\beta})=A\boldsymbol{\alpha}+A\boldsymbol{\beta},\ T(k\boldsymbol{\alpha})=A(k\boldsymbol{\alpha})=kA\boldsymbol{\alpha}=k(T\boldsymbol{\alpha}),$$

即 T 为 $\mathbb{R}^n$ 中的线性变换。

(2) T 的像空间就是由 $\boldsymbol{\alpha}_1,\boldsymbol{\alpha}_2,\cdots,\boldsymbol{\alpha}_n$ 所生成的向量空间

$$T(\mathbb{R}^n)=\{y=x_1\boldsymbol{\alpha}_1+x_2\boldsymbol{\alpha}_2+\cdots+x_n\boldsymbol{\alpha}_n \mid x_1,x_2,\cdots,x_n\in\mathbb{R}\}。$$

(3) T 的核 $T^{-1}(\mathbf{0})$ 就是齐次线性方程组 $A\boldsymbol{x}=\mathbf{0}$ 的解空间。

1.4.2 线性变换的运算

1. 加法

设 T_1,T_2 是 V 上的两个线性变换。定义 T_1,T_2 的和 T_1+T_2 为

$$(T_1+T_2)(\boldsymbol{\alpha})=T_1(\boldsymbol{\alpha})+T_2(\boldsymbol{\alpha}),\ \forall\boldsymbol{\alpha}\in V,$$

由线性空间中的运算法则及线性变换的定义，对于任意的 $\boldsymbol{\alpha},\boldsymbol{\beta}\in V$，$k_1,k_2\in P$，有

$$\begin{aligned}(T_1+T_2)(k_1\boldsymbol{\alpha}+k_2\boldsymbol{\beta})&=T_1(k_1\boldsymbol{\alpha}+k_2\boldsymbol{\beta})+T_2(k_1\boldsymbol{\alpha}+k_2\boldsymbol{\beta})\\&=k_1T_1(\boldsymbol{\alpha})+k_2T_1(\boldsymbol{\beta})+k_1T_2(\boldsymbol{\alpha})+k_2T_2(\boldsymbol{\beta})\\&=k_1T_1(\boldsymbol{\alpha})+k_1T_2(\boldsymbol{\alpha})+k_2T_1(\boldsymbol{\beta})+k_2T_2(\boldsymbol{\beta})\\&=k_1(T_1+T_2)(\boldsymbol{\alpha})+k_2(T_1+T_2)(\boldsymbol{\beta}),\end{aligned}$$

因此，T_1,T_2 的和 T_1+T_2 也是一个线性变换。

对于零变换 0 和任意一个变换 T，均有 $T+0=0+T=T$。也可以定义 T 的负变换 $-T$ 为 $(-T)(\boldsymbol{\alpha})=-T(\boldsymbol{\alpha})$，$\forall\boldsymbol{\alpha}\in V$。明显地，$T$ 的负变换 $-T$ 满足 $T+(-T)=0$。另外，容易验证得，线性变换的加法满足结合律和交换律，即

$$(T_1+T_2)+T_3=T_1+(T_2+T_3),\ T_1+T_2=T_2+T_1。$$

2. 乘法

设 T_1,T_2 是 V 上的两个线性变换。定义 T_1,T_2 的乘积 T_1T_2 为

$$T_1T_2(\boldsymbol{\alpha})=T_1\circ T_2(\boldsymbol{\alpha})=T_1[T_2(\boldsymbol{\alpha})],\ \forall\boldsymbol{\alpha}\in V。$$

由线性变换的定义，对于任意的 $\boldsymbol{\alpha},\boldsymbol{\beta}\in V$，$k_1,k_2\in P$，有

$$\begin{aligned}T_1T_2(k_1\boldsymbol{\alpha}+k_2\boldsymbol{\beta})&=T_1[T_2(k_1\boldsymbol{\alpha}+k_2\boldsymbol{\beta})]=T_1[k_1T_2(\boldsymbol{\alpha})+k_2T_2(\boldsymbol{\beta})]\\&=k_1T_1[T_2(\boldsymbol{\alpha})]+k_2T_1[T_2(\boldsymbol{\beta})]\\&=k_1T_1T_2(\boldsymbol{\alpha})+k_2T_1T_2(\boldsymbol{\beta}),\end{aligned}$$

因此，T_1,T_2 的乘积 T_1T_2 也是一个线性变换。

对于任意的线性变换 T，均有 $TE=ET=T$。另外，线性变换的乘积也满足结合律，以及乘法对加法的左右分配律，即

$$(T_1T_2)T_3=T_1(T_2T_3),\ (T_1+T_2)T_3=T_1T_3+T_2T_3,\ T_3(T_1+T_2)=T_3T_1+T_3T_2,$$

其中 T_1,T_2,T_3 为 V 上任意的三个变换。

注　线性变换的乘积不满足交换律。

3. 数量乘法

设 T 是 V 上的一个线性变换，$k\in P$。定义 k 和 T 的数量乘积

kT 为

$$(kT)(\boldsymbol{\alpha})=kT(\boldsymbol{\alpha}),\forall\boldsymbol{\alpha}\in V,$$

由线性变换的定义，对于任意的 $\boldsymbol{\alpha},\boldsymbol{\beta}\in V$，$k_1,k_2\in P$，有

$$\begin{aligned}(kT)(k_1\boldsymbol{\alpha}+k_2\boldsymbol{\beta})&=kT(k_1\boldsymbol{\alpha}+k_2\boldsymbol{\beta})=k[k_1T(\boldsymbol{\alpha})+k_2T(\boldsymbol{\beta})]\\&=k[k_1T(\boldsymbol{\alpha})]+k[k_2T(\boldsymbol{\beta})]=(kk_1)T(\boldsymbol{\alpha})+(kk_2)T(\boldsymbol{\beta})\\&=(k_1k)T(\boldsymbol{\alpha})+(k_2k)T(\boldsymbol{\beta})=k_1[kT(\boldsymbol{\alpha})]+k_2[kT(\boldsymbol{\beta})]\\&=k_1(kT)(\boldsymbol{\alpha})+k_2(kT)(\boldsymbol{\beta}),\end{aligned}$$

因此，k 和 T 的数量乘积 kT 也是一个线性变换。

容易验证，线性变换的数量乘法满足

$$1T=T,$$
$$(k_1k_2)T=k_1(k_2T),$$
$$(k_1+k_2)T=k_1T+k_2T,$$
$$k(T_1+T_2)=kT_1+kT_2,$$

其中 T_1,T_2 为 V 上任意的线性变换，$k_1,k_2\in P$。

如果 V 上的一个线性变换 T_1，作为 V 到 V 的映射是可逆映射，则称 T_1 为可逆的，即存在 V 上的一个映射 T_2，使得 $T_1T_2=T_2T_1=E$，将 T_2 称为 T_1 的逆变换，记作 T_1^{-1}。事实上，可逆线性变换 T_1 的逆变换 T_1^{-1} 也是一个线性变换。

1.4.3　线性变换的矩阵

定义 1.4.4(线性变换在基下的矩阵)　设 T 是线性空间 V^n 中的线性变换，$\boldsymbol{\alpha}_1,\boldsymbol{\alpha}_2,\cdots,\boldsymbol{\alpha}_n$ 为 V^n 的一组基，$\forall\boldsymbol{\alpha}\in V^n$，则

$$\boldsymbol{\alpha}=(\boldsymbol{\alpha}_1,\boldsymbol{\alpha}_2,\cdots,\boldsymbol{\alpha}_n)\begin{pmatrix}x_1\\x_2\\\vdots\\x_n\end{pmatrix}\Rightarrow T(\boldsymbol{\alpha})=(T(\boldsymbol{\alpha}_1),T(\boldsymbol{\alpha}_2),\cdots,T(\boldsymbol{\alpha}_n))\begin{pmatrix}x_1\\x_2\\\vdots\\x_n\end{pmatrix},$$

且

$$\begin{cases}T(\boldsymbol{\alpha}_1)=a_{11}\boldsymbol{\alpha}_1+a_{21}\boldsymbol{\alpha}_2+\cdots+a_{n1}\boldsymbol{\alpha}_n,\\T(\boldsymbol{\alpha}_2)=a_{12}\boldsymbol{\alpha}_1+a_{22}\boldsymbol{\alpha}_2+\cdots+a_{n2}\boldsymbol{\alpha}_n,\\T(\boldsymbol{\alpha}_3)=a_{13}\boldsymbol{\alpha}_1+a_{23}\boldsymbol{\alpha}_2+\cdots+a_{n3}\boldsymbol{\alpha}_n,\\\quad\vdots\\T(\boldsymbol{\alpha}_n)=a_{1n}\boldsymbol{\alpha}_1+a_{2n}\boldsymbol{\alpha}_2+\cdots+a_{nn}\boldsymbol{\alpha}_n,\end{cases}\tag{1.4.1}$$

记 $T(\boldsymbol{\alpha}_1,\boldsymbol{\alpha}_2,\cdots,\boldsymbol{\alpha}_n)=(T(\boldsymbol{\alpha}_1),T(\boldsymbol{\alpha}_2),\cdots,T(\boldsymbol{\alpha}_n))$，式(1.4.1)可表示为

$$T(\boldsymbol{\alpha}_1,\boldsymbol{\alpha}_2,\cdots,\boldsymbol{\alpha}_n)=(\boldsymbol{\alpha}_1,\boldsymbol{\alpha}_2,\cdots,\boldsymbol{\alpha}_n)\boldsymbol{A}\tag{1.4.2}$$

其中

$$A=\begin{pmatrix} a_{11} & a_{12} & \cdots & a_{1n} \\ a_{21} & a_{22} & \cdots & a_{2n} \\ \vdots & \vdots & & \vdots \\ a_{n1} & a_{n2} & \cdots & a_{nn} \end{pmatrix},$$

则 A 称为线性变换 T 在基 $\boldsymbol{\alpha}_1,\boldsymbol{\alpha}_2,\cdots,\boldsymbol{\alpha}_n$ 下的矩阵。

注　(1) 线性变换的和、乘积、数量乘积对应矩阵的和、乘积、数量乘积。

(2) 可逆线性变换与可逆矩阵对应，且逆变换对应逆矩阵。

定理 1.4.3　设线性变换 T 在基 $\boldsymbol{\alpha}_1,\boldsymbol{\alpha}_2,\cdots,\boldsymbol{\alpha}_n$ 下的矩阵为 A，向量 $\boldsymbol{\alpha}$ 在基 $\boldsymbol{\alpha}_1,\boldsymbol{\alpha}_2,\cdots,\boldsymbol{\alpha}_n$ 下的坐标为 $(x_1,x_2,\cdots,x_n)^{\mathrm{T}}$，$T(\boldsymbol{\alpha})$ 在基 $\boldsymbol{\alpha}_1,\boldsymbol{\alpha}_2,\cdots,\boldsymbol{\alpha}_n$ 下的坐标为 $(y_1,y_2,\cdots,y_n)^{\mathrm{T}}$，则有

$$\begin{pmatrix} y_1 \\ y_2 \\ \vdots \\ y_n \end{pmatrix}=A\begin{pmatrix} x_1 \\ x_2 \\ \vdots \\ x_n \end{pmatrix}。\tag{1.4.3}$$

证　因为

$$\boldsymbol{\alpha}=(\boldsymbol{\alpha}_1,\boldsymbol{\alpha}_2,\cdots,\boldsymbol{\alpha}_n)\begin{pmatrix} x_1 \\ x_2 \\ \vdots \\ x_n \end{pmatrix},$$

所以，

$$T(\boldsymbol{\alpha})=T\left((\boldsymbol{\alpha}_1,\boldsymbol{\alpha}_2,\cdots,\boldsymbol{\alpha}_n)\begin{pmatrix} x_1 \\ x_2 \\ \vdots \\ x_n \end{pmatrix}\right)=T(\boldsymbol{\alpha}_1,\boldsymbol{\alpha}_2,\cdots,\boldsymbol{\alpha}_n)\begin{pmatrix} x_1 \\ x_2 \\ \vdots \\ x_n \end{pmatrix}$$

$$=(\boldsymbol{\alpha}_1,\boldsymbol{\alpha}_2,\cdots,\boldsymbol{\alpha}_n)A\begin{pmatrix} x_1 \\ x_2 \\ \vdots \\ x_n \end{pmatrix},$$

又因为

$$T(\boldsymbol{\alpha})=(\boldsymbol{\alpha}_1,\boldsymbol{\alpha}_2,\cdots,\boldsymbol{\alpha}_n)\begin{pmatrix}y_1\\y_2\\\vdots\\y_n\end{pmatrix},$$

所以，

$$\begin{pmatrix}y_1\\y_2\\\vdots\\y_n\end{pmatrix}=\boldsymbol{A}\begin{pmatrix}x_1\\x_2\\\vdots\\x_n\end{pmatrix}。$$

例 1.4.6　零变换在任意一个基下的矩阵是零矩阵；恒等变换在任意一个基下的矩阵是单位矩阵。

例 1.4.7　在空间 $\mathbb{R}[x]_4$ 中，取一组基 $p_1=x^3, p_2=x^2, p_3=x$，$p_4=1$，求微分运算 D 的矩阵。

解　因为

$$\begin{cases}\mathrm{D}(p_1)=3x^2=0p_1+3p_2+0p_3+0p_4,\\\mathrm{D}(p_2)=2x=0p_1+0p_2+2p_3+0p_4,\\\mathrm{D}(p_3)=1=0p_1+0p_2+0p_3+1p_4,\\\mathrm{D}(p_4)=0=0p_1+0p_2+0p_3+0p_4,\end{cases}$$

所以微分运算 D 在这组基下的矩阵为

$$\boldsymbol{A}=\begin{pmatrix}0&0&0&0\\3&0&0&0\\0&2&0&0\\0&0&1&0\end{pmatrix}。$$

例 1.4.8　在 $\mathbb{R}^3$ 中，T 表示将向量投影到 xOy 平面的线性变换，即

$$T(x\boldsymbol{i}+y\boldsymbol{j}+z\boldsymbol{k})=x\boldsymbol{i}+y\boldsymbol{j},$$

(1) 取基为 $\boldsymbol{i},\boldsymbol{j},\boldsymbol{k}$，求 T 的矩阵；

(2) 取基为 $\boldsymbol{\alpha}=\boldsymbol{i},\boldsymbol{\beta}=\boldsymbol{j},\boldsymbol{\gamma}=\boldsymbol{i}+\boldsymbol{j}+\boldsymbol{k}$，求 T 的矩阵。

解　(1) 由于 $T(\boldsymbol{i})=\boldsymbol{i}$，$T(\boldsymbol{j})=\boldsymbol{j}$，$T(\boldsymbol{k})=\boldsymbol{0}$，则

$$T(\boldsymbol{i},\boldsymbol{j},\boldsymbol{k})=(\boldsymbol{i},\boldsymbol{j},\boldsymbol{k})\begin{pmatrix}1&0&0\\0&1&0\\0&0&0\end{pmatrix},$$

故所求 T 的矩阵为

$$\boldsymbol{A}=\begin{pmatrix}1&0&0\\0&1&0\\0&0&0\end{pmatrix}。$$

（2）由于

$$\begin{cases} T(\boldsymbol{\alpha})=\boldsymbol{i}=\boldsymbol{\alpha} \\ T(\boldsymbol{\beta})=\boldsymbol{j}=\boldsymbol{\beta} \\ T(\boldsymbol{\gamma})=\boldsymbol{i}+\boldsymbol{j}=\boldsymbol{\alpha}+\boldsymbol{\beta} \end{cases},$$

即

$$T(\boldsymbol{\alpha},\ \boldsymbol{\beta},\ \boldsymbol{\gamma})=(\boldsymbol{\alpha},\ \boldsymbol{\beta},\ \boldsymbol{\gamma})\begin{pmatrix}1&0&1\\0&1&1\\0&0&0\end{pmatrix},$$

故所求矩阵为

$$\boldsymbol{A}=\begin{pmatrix}1&0&1\\0&1&1\\0&0&0\end{pmatrix}。$$

定理 1.4.4 设 $\boldsymbol{\alpha}_1,\boldsymbol{\alpha}_2,\cdots,\boldsymbol{\alpha}_n$ 和 $\boldsymbol{\beta}_1,\boldsymbol{\beta}_2,\cdots,\boldsymbol{\beta}_n$ 为线性空间 V^n 的两个基，且基 $\boldsymbol{\alpha}_1,\boldsymbol{\alpha}_2,\cdots,\boldsymbol{\alpha}_n$ 到基 $\boldsymbol{\beta}_1,\boldsymbol{\beta}_2,\cdots,\boldsymbol{\beta}_n$ 的过渡矩阵是 $\boldsymbol{P}$，V^n 中的线性变换 T 在这两个基下的矩阵依次为 $\boldsymbol{A}$ 和 $\boldsymbol{B}$，则 $\boldsymbol{B}=\boldsymbol{P}^{-1}\boldsymbol{AP}$。

证 因为

$$(\boldsymbol{\beta}_1,\boldsymbol{\beta}_2,\cdots,\boldsymbol{\beta}_n)=(\boldsymbol{\alpha}_1,\boldsymbol{\alpha}_2,\cdots,\boldsymbol{\alpha}_n)\boldsymbol{P}(\boldsymbol{P}\text{ 可逆}),$$
$$T(\boldsymbol{\alpha}_1,\boldsymbol{\alpha}_2,\cdots,\boldsymbol{\alpha}_n)=(\boldsymbol{\alpha}_1,\boldsymbol{\alpha}_2,\cdots,\boldsymbol{\alpha}_n)\boldsymbol{A},$$

所以，

$$\begin{aligned}T(\boldsymbol{\beta}_1,\boldsymbol{\beta}_2,\cdots,\boldsymbol{\beta}_n)&=T((\boldsymbol{\alpha}_1,\boldsymbol{\alpha}_2,\cdots,\boldsymbol{\alpha}_n)\boldsymbol{P})=T(\boldsymbol{\alpha}_1,\boldsymbol{\alpha}_2,\cdots,\boldsymbol{\alpha}_n)\boldsymbol{P}\\&=(\boldsymbol{\alpha}_1,\boldsymbol{\alpha}_2,\cdots,\boldsymbol{\alpha}_n)\boldsymbol{AP}=(\boldsymbol{\beta}_1,\boldsymbol{\beta}_2,\cdots,\boldsymbol{\beta}_n)\boldsymbol{P}^{-1}\boldsymbol{AP},\end{aligned}$$

又因为

$T(\boldsymbol{\beta}_1,\boldsymbol{\beta}_2,\cdots,\boldsymbol{\beta}_n)=(\boldsymbol{\beta}_1,\boldsymbol{\beta}_2,\cdots,\boldsymbol{\beta}_n)\boldsymbol{B}$，且 $\boldsymbol{\beta}_1,\boldsymbol{\beta}_2,\cdots,\boldsymbol{\beta}_n$ 线性无关，则

$$\boldsymbol{B}=\boldsymbol{P}^{-1}\boldsymbol{AP}。$$

例 1.4.9 设线性空间 V_3 中的线性变换 T 在基 $\boldsymbol{\alpha}_1,\boldsymbol{\alpha}_2,\boldsymbol{\alpha}_3$ 下的矩阵是 $\boldsymbol{A}=\begin{pmatrix}a_{11}&a_{12}&a_{13}\\a_{21}&a_{22}&a_{23}\\a_{31}&a_{32}&a_{33}\end{pmatrix}$，求 T 在基 $\boldsymbol{\alpha}_2,\boldsymbol{\alpha}_3,\boldsymbol{\alpha}_1$ 下的矩阵。

解 因为 $(\boldsymbol{\alpha}_2,\boldsymbol{\alpha}_3,\boldsymbol{\alpha}_1)=(\boldsymbol{\alpha}_1,\boldsymbol{\alpha}_2,\boldsymbol{\alpha}_3)\begin{pmatrix}0&0&1\\1&0&0\\0&1&0\end{pmatrix}$，所以由基 $\boldsymbol{\alpha}_1$，$\boldsymbol{\alpha}_2,\boldsymbol{\alpha}_3$ 到基 $\boldsymbol{\alpha}_2,\boldsymbol{\alpha}_3,\boldsymbol{\alpha}_1$ 的过渡矩阵是 $\boldsymbol{P}=\begin{pmatrix}0&0&1\\1&0&0\\0&1&0\end{pmatrix}$，于是 T 在基

$\boldsymbol{\alpha}_2,\boldsymbol{\alpha}_3,\boldsymbol{\alpha}_1$ 下的矩阵为

$$\boldsymbol{B}=\boldsymbol{P}^{-1}\boldsymbol{A}\boldsymbol{P}=\begin{pmatrix}0&0&1\\1&0&0\\0&1&0\end{pmatrix}^{-1}\begin{pmatrix}a_{11}&a_{12}&a_{13}\\a_{21}&a_{22}&a_{23}\\a_{31}&a_{32}&a_{33}\end{pmatrix}\begin{pmatrix}0&0&1\\1&0&0\\0&1&0\end{pmatrix}=\begin{pmatrix}a_{22}&a_{23}&a_{21}\\a_{32}&a_{33}&a_{31}\\a_{12}&a_{13}&a_{11}\end{pmatrix}$$

例 1.4.9 的 Maple 源程序

```
> #example1.4.9
> with(linalg):with(LinearAlgebra):
> P:=Matrix(3,3,[0,0,1,1,0,0,0,1,0]);
```

$$P:=\begin{bmatrix}0&0&1\\1&0&0\\0&1&0\end{bmatrix}$$

```
> A:=Matrix(3,3,[a11,a12,a13,a21,a22,a23,a31,a32,
a33]);
```

$$A:=\begin{bmatrix}a11&a12&a13\\a21&a22&a23\\a31&a32&a33\end{bmatrix}$$

```
> B:=Multiply(Multiply(MatrixInverse(P),A),P);
```

$$B:=\begin{bmatrix}a22&a23&a21\\a32&a33&a31\\a12&a13&a11\end{bmatrix}$$

例 1.4.10　设 V 是数域 P 上的一个二维线性空间，$\boldsymbol{\xi}_1,\boldsymbol{\xi}_2$ 是一组基，线性变换 T 在 $\boldsymbol{\xi}_1,\boldsymbol{\xi}_2$ 下的矩阵是 $\boldsymbol{A}=\begin{pmatrix}2&1\\-1&0\end{pmatrix}$，现在要求计算出 T 在 V 的另一组基 $\boldsymbol{\eta}_1,\boldsymbol{\eta}_2$ 下的矩阵 $\boldsymbol{B}$ 及 $\boldsymbol{A}^k$，这里$(\boldsymbol{\eta}_1,\boldsymbol{\eta}_2)=(\boldsymbol{\xi}_1,\boldsymbol{\xi}_2)\begin{pmatrix}1&-1\\-1&2\end{pmatrix}$。

解　显然，T 在 $\boldsymbol{\eta}_1$，$\boldsymbol{\eta}_2$ 下的矩阵 $\boldsymbol{B}$ 为

$$\boldsymbol{B}=\begin{pmatrix}1&-1\\-1&2\end{pmatrix}^{-1}\begin{pmatrix}2&1\\-1&0\end{pmatrix}\begin{pmatrix}1&-1\\-1&2\end{pmatrix}=\begin{pmatrix}2&1\\1&1\end{pmatrix}\begin{pmatrix}2&1\\-1&0\end{pmatrix}\begin{pmatrix}1&-1\\-1&2\end{pmatrix}$$

$$=\begin{pmatrix}3&2\\1&1\end{pmatrix}\begin{pmatrix}1&-1\\-1&2\end{pmatrix}=\begin{pmatrix}1&1\\0&1\end{pmatrix},$$

显然，

$$\boldsymbol{B}^k=\begin{pmatrix}1&1\\0&1\end{pmatrix}^k=\begin{pmatrix}1&k\\0&1\end{pmatrix}。$$

再利用上面得到的关系

$$\begin{pmatrix}1&-1\\-1&2\end{pmatrix}^{-1}\begin{pmatrix}2&1\\-1&0\end{pmatrix}\begin{pmatrix}1&-1\\-1&2\end{pmatrix}=\begin{pmatrix}1&1\\0&1\end{pmatrix},$$

即

$$\begin{pmatrix} 2 & 1 \\ -1 & 0 \end{pmatrix} = \begin{pmatrix} 1 & -1 \\ -1 & 2 \end{pmatrix} \begin{pmatrix} 1 & 1 \\ 0 & 1 \end{pmatrix} \begin{pmatrix} 1 & -1 \\ -1 & 2 \end{pmatrix}^{-1},$$

我们可以得到

$$\boldsymbol{A}^k = \begin{pmatrix} 2 & 1 \\ -1 & 0 \end{pmatrix}^k = \begin{pmatrix} 1 & -1 \\ -1 & 2 \end{pmatrix} \begin{pmatrix} 1 & k \\ 0 & 1 \end{pmatrix} \begin{pmatrix} 2 & 1 \\ 1 & 1 \end{pmatrix} = \begin{pmatrix} 1 & k-1 \\ -1 & 2-k \end{pmatrix} \begin{pmatrix} 2 & 1 \\ 1 & 1 \end{pmatrix}$$

$$= \begin{pmatrix} k+1 & k \\ -k & 1-k \end{pmatrix}。$$

例 1.4.10 的 Maple 源程序

```
> #example1.4.10
> with(linalg):with(LinearAlgebra):
> A:=Matrix(2,2,[2,1,-1,0]);P:=Matrix(2,2,[1,-1,
-1,2]);
```

$$A := \begin{bmatrix} 2 & 1 \\ -1 & 0 \end{bmatrix}$$

$$P := \begin{bmatrix} 1 & -1 \\ -1 & 2 \end{bmatrix}$$

```
> B:=Multiply(Multiply(MatrixInverse(P),A),P);
```

$$B := \begin{bmatrix} 1 & 1 \\ 0 & 1 \end{bmatrix}$$

```
> Bk:=Matrix(2,2,[1,k,0,1]);
```

$$Bk := \begin{bmatrix} 1 & k \\ 0 & 1 \end{bmatrix}$$

```
> Ak:=Multiply(Multiply(P,Bk),MatrixInverse(P));
```

$$Ak := \begin{bmatrix} 1+k & k \\ -k & 1-k \end{bmatrix}$$

一个线性变换的矩阵是与线性空间的一组基联系在一起的。但是，一个线性空间的基一般不是唯一的，因此，一般来说，随着基的改变，同一个线性变换就有不同的矩阵。定理 1.4.4 告诉我们，同一个线性变换在不同基下的矩阵的关系，考虑到这个关系在以后的讨论中的重要性，下面我们对于矩阵引进相应的定义。

定义 1.4.5(相似矩阵) $\boldsymbol{A}$，$\boldsymbol{B}$ 为数域 P 上的两个 n 阶矩阵，如果存在数域 P 上的 n 阶可逆矩阵 $\boldsymbol{P}$，有 $\boldsymbol{B}=\boldsymbol{P}^{-1}\boldsymbol{A}\boldsymbol{P}$，则称 $\boldsymbol{A}$ 与 $\boldsymbol{B}$ 相似，或者说 $\boldsymbol{B}$ 是 $\boldsymbol{A}$ 的相似矩阵，记作 $\boldsymbol{A} \sim \boldsymbol{B}$。称 $\boldsymbol{P}$ 为相似变换矩阵。

矩阵之间的相似关系满足以下性质。

性质 1　$\boldsymbol{A}$ 与 $\boldsymbol{A}$ 相似(反身性)。

性质 2　若 $\boldsymbol{A}$ 与 $\boldsymbol{B}$ 相似，则 $\boldsymbol{B}$ 与 $\boldsymbol{A}$ 相似(对称性)。

性质 3　若 $\boldsymbol{A}$ 与 $\boldsymbol{B}$ 相似，$\boldsymbol{B}$ 与 $\boldsymbol{C}$ 相似，则 $\boldsymbol{A}$ 与 $\boldsymbol{C}$ 相似(传递性)，其中 $\boldsymbol{A}$，$\boldsymbol{B}$，$\boldsymbol{C}$ 均为 n 阶方阵。

性质 4　若 $\boldsymbol{A}$ 与 $\boldsymbol{B}$ 相似，则 $\boldsymbol{A}^{\mathrm{T}}$ 与 $\boldsymbol{B}^{\mathrm{T}}$ 相似、$\boldsymbol{A}^m$ 与 $\boldsymbol{B}^m$ 相似(m 为任意正整数)。

性质 5　若可逆矩阵 $\boldsymbol{A}$ 与 $\boldsymbol{B}$ 相似，则 $\boldsymbol{A}^{-1}$与 $\boldsymbol{B}^{-1}$也相似。

定理 1.4.5　设 $\boldsymbol{A}$，$\boldsymbol{B}$ 是两个 n 阶矩阵，则 $\boldsymbol{A}$ 与 $\boldsymbol{B}$ 相似的充分必要条件是 $\boldsymbol{A}$ 和 $\boldsymbol{B}$ 是数域 P 上的 n 维线性空间 V 的同一个线性变换 T 在两组基下的矩阵。

例 1.4.11　设 V 是数域 P 上的一个 3 维线性空间，$\boldsymbol{\xi}_1,\boldsymbol{\xi}_2,\boldsymbol{\xi}_3$ 和 $\boldsymbol{\eta}_1,\boldsymbol{\eta}_2,\boldsymbol{\eta}_3$ 是 V 的两组基，且从基 $\boldsymbol{\xi}_1,\boldsymbol{\xi}_2,\boldsymbol{\xi}_3$ 到基 $\boldsymbol{\eta}_1,\boldsymbol{\eta}_2,\boldsymbol{\eta}_3$ 的过渡矩阵为 $\boldsymbol{P}=\begin{pmatrix}1&2&1\\0&1&-2\\0&2&1\end{pmatrix}$，已知 V 上的线性变换 T 在基 $\boldsymbol{\xi}_1,\boldsymbol{\xi}_2,\boldsymbol{\xi}_3$ 下的矩阵 $\boldsymbol{A}=\begin{pmatrix}1&4&2\\0&-3&4\\0&4&3\end{pmatrix}$，求 $\boldsymbol{A}^k$。

解　T 在基 $\boldsymbol{\eta}_1,\boldsymbol{\eta}_2,\boldsymbol{\eta}_3$ 下的矩阵 $\boldsymbol{B}$ 为

$$\boldsymbol{B}=\boldsymbol{P}^{-1}\boldsymbol{A}\boldsymbol{P}=\begin{pmatrix}1&2&1\\0&1&-2\\0&2&1\end{pmatrix}^{-1}\begin{pmatrix}1&4&2\\0&-3&4\\0&4&3\end{pmatrix}\begin{pmatrix}1&2&1\\0&1&-2\\0&2&1\end{pmatrix}$$

$$=\frac{1}{5}\begin{pmatrix}5&0&-5\\0&1&2\\0&-2&1\end{pmatrix}\begin{pmatrix}1&4&2\\0&-3&4\\0&4&3\end{pmatrix}\begin{pmatrix}1&2&1\\0&1&-2\\0&2&1\end{pmatrix}=\begin{pmatrix}1&0&0\\0&5&0\\0&0&-5\end{pmatrix},$$

矩阵 $\boldsymbol{B}$ 是一个 3 阶对角矩阵，则

$$\boldsymbol{B}^k=\begin{pmatrix}1&0&0\\0&5^k&0\\0&0&(-5)^k\end{pmatrix}。$$

又因为

$$\boldsymbol{B}^k=(\boldsymbol{P}^{-1}\boldsymbol{A}\boldsymbol{P})^k=\underbrace{\boldsymbol{P}^{-1}\boldsymbol{A}\boldsymbol{P}\boldsymbol{P}^{-1}\boldsymbol{A}\boldsymbol{P}\cdots\boldsymbol{P}^{-1}\boldsymbol{A}\boldsymbol{P}}_{k个}=\boldsymbol{P}^{-1}\boldsymbol{A}^k\boldsymbol{P},$$

所以

$$\boldsymbol{A}^k=\boldsymbol{P}\boldsymbol{B}^k\boldsymbol{P}^{-1}=\begin{pmatrix}1&2&1\\0&1&-2\\0&2&1\end{pmatrix}\begin{pmatrix}1&0&0\\0&5^k&0\\0&0&(-5)^k\end{pmatrix}\frac{1}{5}\begin{pmatrix}5&0&-5\\0&1&2\\0&-2&1\end{pmatrix}$$

$$=\begin{pmatrix}1&2(5^{k-1}+(-5)^{k-1})&4\times5^{k-1}-(-5)^{k-1}-1\\0&5^{k-1}-4(-5)^{k-1}&2\times5^{k-1}+2\times(-5)^{k-1}\\0&2(5^{k-1}+(-5)^{k-1})&4\times5^{k-1}-(-5)^{k-1}\end{pmatrix}。$$

例 1.4.11 的 Maple 源程序

```
> #example1.4.11
> with(linalg):with(LinearAlgebra):
> A:=Matrix(3,3,[1,4,2,0,-3,4,0,4,3]);
```

$$A:=\begin{bmatrix}1&4&2\\0&-3&4\\0&4&3\end{bmatrix}$$

```
> P:=Matrix(3,3,[1,2,1,0,1,-2,0,2,1]);
```

$$P:=\begin{bmatrix}1&2&1\\0&1&-2\\0&2&1\end{bmatrix}$$

```
> B:=Multiply(Multiply(MatrixInverse(P),A),P);
```

$$B:=\begin{bmatrix}1&0&0\\0&5&0\\0&0&-5\end{bmatrix}$$

```
> Bk:=Matrix(3,3,[1,0,0,0,5^k,0,0,0,(-5)^k]);
```

$$Bk:=\begin{bmatrix}1&0&0\\0&5^k&0\\0&0&(-5)^k\end{bmatrix}$$

```
> Ak:=Multiply(Multiply(P,Bk),MatrixInverse(P));
```

$$Ak:=\begin{bmatrix}1&\frac{25^k}{5}-\frac{2\ (-5)^k}{5}&-1+\frac{45^k}{5}+\frac{(-5)^k}{5}\\0&\frac{5^k}{5}+\frac{4\ (-5)^k}{5}&\frac{25^k}{5}-\frac{2\ (-5)^k}{5}\\0&\frac{25^k}{5}-\frac{2\ (-5)^k}{5}&\frac{45^k}{5}+\frac{(-5)^k}{5}\end{bmatrix}$$

1.4.4 不变子空间

定义 1.4.6(线性变换的值域与核) 设 T 是线性空间 V 的线性变换，V 中所有向量的像形成的集合，称为 T 的**值域**，用 $R(T)$ 表示，即

$$R(T)=\{T\boldsymbol{x} \mid \boldsymbol{x}\in V\},$$

V 中所有被 T 变为零向量的原像构成的集合，称为 T 的**核**，用 $N(T)$ 表示，即

$$N(T)=\{\boldsymbol{x} \mid T\boldsymbol{x}=\boldsymbol{0},\boldsymbol{x}\in V\}。$$

定义 1.4.7(不变子空间) 设 T 是线性空间 V 的线性变换，V_1 是 V 的子空间，并且对于任意一个 $\boldsymbol{x}\in V_1$，都有 $T\boldsymbol{x}\in V_1$，则称 V_1 是 T 的**不变子空间**。

例如，任何一个子空间都是数乘变换的不变子空间，这是因为子空间对于数与向量的乘法是封闭的。

例 1.4.12 $R(T)$，$N(T)$都是 T 的不变子空间。

解　由定义知，T 的值域 $R(T)$ 是 V 中的向量在 T 下像的集合，当然它也包含 $R(T)$ 中向量的像，故 $R(T)$ 是 T 的不变子空间。又 T 的核 $N(T)$ 是被 T 变成零向量的向量的集合，$N(T)$ 中向量的像是零向量，当然还在 $N(T)$ 中，这就表明 $N(T)$ 也是 T 的不变子空间。

数学家与数学家精神 1

伟大的天才——艾萨克·牛顿

艾萨克·牛顿(Isaac Newton，1643 年 1 月 4 日—1727 年 3 月 31 日)，爵士，英国皇家学会会长，英国著名的物理学家、数学家，百科全书式的“全才”，著有《自然哲学的数学原理》《光学》。在数学上，牛顿与戈特弗里德·威廉·莱布尼茨分享了发展出微积分学的荣誉。他也证明了广义二项式定理，提出了“牛顿法”以趋近函数的零点，并为幂级数的研究做出了贡献。牛顿对解析几何与综合几何也有贡献。他在 1736 年出版的《解析几何》中引入了曲率中心，给出了密切线圆(或称曲线圆)概念，提出了曲率公式及计算曲线的曲率的方法，并将自己的许多研究成果总结成专论《三次曲线枚举》，于 1704 年发表。此外，他的数学工作还涉及数值分

析、概率论和初等数论等众多领域。

18 世纪数学界杰出人物之一——莱昂哈德·欧拉

莱昂哈德·欧拉(Leonhard Euler，1707 年 4 月 15 日—1783 年 9 月 18 日)，瑞士数学家、自然科学家。13 岁时入读巴塞尔大学，15 岁大学毕业，16 岁获得硕士学位。欧拉是 18 世纪数学界最杰出的人物之一，他不但为数学界做出贡献，更把整个数学推至物理的领域。他是数学史上最多产的数学家，平均每年写出八百多页的论文，还写了大量的有关力学、分析学、几何学、变分法等的著作，其中《无穷小分析引论》《微分学原理》《积分学原理》等都已成为数学界中的经典著作。欧拉对数学的研究如此广泛，因此在许多数学的分支中可经常见到以他的名字命名的重要常数、公式和定理。

习题 1

1. 验证以下集合对于矩阵的加法和数乘运算构成线性空间。

(1) n 阶矩阵的全体 M_n；

(2) n 阶对称矩阵的全体 S_n；

(3) n 阶反对称矩阵的全体 T_n。

2. 验证：与向量 $(0,0,1)^{\mathrm{T}}$ 不平行的全体 3 维向量，对于向量的加法和数乘运算不构成线性空间。

3. 检验以下集合对于所指定的加法和数乘运算是否构成线性空间。

(1) 数域 P 上全体 n 阶对称矩阵(或者反对称矩阵、下三角矩阵、对角矩阵)构成的集合，对于矩阵的加法和数乘运算；

(2) 数域 P 上全体 n 阶可逆矩阵构成的集合，对于矩阵的加法和数乘运算；

(3) 设 λ_0 是 n 阶方阵 $\boldsymbol{A}$ 的一个特征值，$\boldsymbol{A}$ 对应于 λ_0 的所有特征向量构成的集合，对于向量的加法和数乘运算；

(4) 微分方程 $y''-6y'+5y=0$ 的所有解构成的集合，对于函数加法和数乘运算。

4. 在线性空间 $\mathbb{R}^3$ 中，求向量 $\boldsymbol{\alpha}=(1,3,0)^{\mathrm{T}}$ 在基 $\boldsymbol{\alpha}_1=(1,0,1)^{\mathrm{T}}$，$\boldsymbol{\alpha}_2=(0,1,0)^{\mathrm{T}}$，$\boldsymbol{\alpha}_3=(1,2,2)^{\mathrm{T}}$ 下的坐标。

5. 在线性空间 $\mathbb{R}^4$ 中，向量 $\boldsymbol{\xi}$ 在基 $\boldsymbol{\alpha}_1,\boldsymbol{\alpha}_2,\boldsymbol{\alpha}_3,\boldsymbol{\alpha}_4$ 下的坐标为 $(1,0,2,2)^{\mathrm{T}}$，若另一组基 $\boldsymbol{\beta}_1,\boldsymbol{\beta}_2,\boldsymbol{\beta}_3,\boldsymbol{\beta}_4$ 可以由基 $\boldsymbol{\alpha}_1,\boldsymbol{\alpha}_2,\boldsymbol{\alpha}_3,\boldsymbol{\alpha}_4$ 表示，且

$$\begin{cases}\boldsymbol{\beta}_1=\boldsymbol{\alpha}_1+\boldsymbol{\alpha}_2+\boldsymbol{\alpha}_4,\\ \boldsymbol{\beta}_2=2\boldsymbol{\alpha}_1+\boldsymbol{\alpha}_2+3\boldsymbol{\alpha}_3+\boldsymbol{\alpha}_4,\\ \boldsymbol{\beta}_3=\boldsymbol{\alpha}_1+\boldsymbol{\alpha}_2,\\ \boldsymbol{\beta}_4=\boldsymbol{\alpha}_2-\boldsymbol{\alpha}_3-\boldsymbol{\alpha}_4。\end{cases}$$

(1) 写出基 $\boldsymbol{\alpha}_1,\boldsymbol{\alpha}_2,\boldsymbol{\alpha}_3,\boldsymbol{\alpha}_4$ 到基 $\boldsymbol{\beta}_1,\boldsymbol{\beta}_2,\boldsymbol{\beta}_3,\boldsymbol{\beta}_4$ 的过渡矩阵；

(2) 求向量 $\boldsymbol{\xi}$ 在基 $\boldsymbol{\beta}_1,\boldsymbol{\beta}_2,\boldsymbol{\beta}_3,\boldsymbol{\beta}_4$ 下的坐标。

6. 在线性空间 $\mathbb{R}^3$ 中，取两个基：

$\boldsymbol{\alpha}_1=(1,1,1)^{\mathrm{T}}$，$\boldsymbol{\alpha}_2=(1,1,0)^{\mathrm{T}}$，$\boldsymbol{\alpha}_3=(1,0,0)^{\mathrm{T}}$，

$\boldsymbol{\beta}_1=(1,0,1)^{\mathrm{T}}$，$\boldsymbol{\beta}_2=(0,1,1)^{\mathrm{T}}$，$\boldsymbol{\beta}_3=(1,1,0)^{\mathrm{T}}$。

(1) 求从基 $\boldsymbol{\alpha}_1,\boldsymbol{\alpha}_2,\boldsymbol{\alpha}_3$ 到基 $\boldsymbol{\beta}_1,\boldsymbol{\beta}_2,\boldsymbol{\beta}_3$ 的过渡矩阵；

(2) 试确定一个向量，使它在这两组基下具有相同的坐标。

7. 线性空间 $\mathbb{R}[x]_4$ 中的两组基分别为

$$\boldsymbol{\alpha}_1=1,\boldsymbol{\alpha}_2=x,\boldsymbol{\alpha}_3=x^2,\boldsymbol{\alpha}_4=x^3,$$

$$\boldsymbol{\beta}_1=1,\boldsymbol{\beta}_2=1+x,\boldsymbol{\beta}_3=1+x+x^2,\boldsymbol{\beta}_4=1+x+x^2+x^3。$$

(1) 求由前一组基到后一组基的坐标变换公式；

(2) 求多项式 $1+2x+3x^2+3x^3$ 在后一组基下的坐标；

(3) 若多项式 $p(x)$ 在后一组基下的坐标为 $(1,2,3,4)^{\mathrm{T}}$，求它在前一组基下的坐标。

8. 在线性空间 $\mathbb{R}^{2\times2}$ 中，设有两组基

$$(\mathrm{I}):\ \boldsymbol{A}_1=\begin{pmatrix}1&0\\0&1\end{pmatrix},\ \boldsymbol{A}_2=\begin{pmatrix}0&1\\1&0\end{pmatrix},$$

$$\boldsymbol{A}_3=\begin{pmatrix}0&0\\1&0\end{pmatrix},\ \boldsymbol{A}_4=\begin{pmatrix}0&0\\0&1\end{pmatrix},$$

$$(\mathrm{II}):\ \boldsymbol{B}_1=\begin{pmatrix}1&1\\1&1\end{pmatrix},\ \boldsymbol{B}_2=\begin{pmatrix}1&1\\1&0\end{pmatrix},$$

$$\boldsymbol{B}_3=\begin{pmatrix}1&1\\0&0\end{pmatrix},\ \boldsymbol{B}_4=\begin{pmatrix}1&0\\0&0\end{pmatrix}。$$

(1) 求基(Ⅰ)到基(Ⅱ)的过渡矩阵；

(2) 分别求出矩阵 $\boldsymbol{A}=\begin{pmatrix}1&2\\3&4\end{pmatrix}$ 在基(Ⅰ)、基(Ⅱ)下的坐标。

9. 判别下列集合是否为 $\mathbb{R}^3$ 的子空间，并说明几何意义。

(1) $W_1=\{(x_1,\ x_2,\ x_3)\mid x_1-x_2+x_3=0\}$；

(2) $W_2=\{(x_1,\ x_2,\ x_3)\mid x_1+x_2=1\}$；

(3) $W_3=\{(x_1,\ x_2,\ x_3)\mid x_3\geqslant 0\}$；

(4) $W_4=\{(x_1,\ x_2,\ x_3)\mid 6x_1=3x_2=2x_3\}$。

10. 设 V 是实数域上的线性空间，$\boldsymbol{\alpha}_1,\boldsymbol{\alpha}_2,\cdots,\boldsymbol{\alpha}_t$ 是 V 中的一组向量，集合 $W=\{k_1\boldsymbol{\alpha}_1+k_2\boldsymbol{\alpha}_2+\cdots+k_t\boldsymbol{\alpha}_t\mid k_1,k_2,\cdots,k_t\in\mathbb{R}\}$，证明：$W$ 是 V 的一个子空间。

11. 求下列子空间的维数和一组基。

(1) $L(\boldsymbol{\alpha}_1,\boldsymbol{\alpha}_2,\boldsymbol{\alpha}_3)\subset\mathbb{R}^3$，其中 $\boldsymbol{\alpha}_1=(2,3,1)^{\mathrm{T}}$，$\boldsymbol{\alpha}_2=(1,0,-1)^{\mathrm{T}}$，$\boldsymbol{\alpha}_3=(2,0,1)^{\mathrm{T}}$；

(2) $L(\boldsymbol{\alpha}_1,\boldsymbol{\alpha}_2,\boldsymbol{\alpha}_3,\boldsymbol{\alpha}_4)\subset\mathbb{R}^4$，其中 $\boldsymbol{\alpha}_1=(2,1,3,-1)^{\mathrm{T}}$，$\boldsymbol{\alpha}_2=(1,-1,3,-1)^{\mathrm{T}}$，$\boldsymbol{\alpha}_3=(4,5,3,-1)^{\mathrm{T}}$，$\boldsymbol{\alpha}_4=(1,5,-3,1)^{\mathrm{T}}$。

12. 求出下列线性空间的维数和坐标。

(1) 设由矩阵

$$\boldsymbol{A}=\begin{pmatrix}1&0&0\\0&0&1\\0&0&0\end{pmatrix}$$

构造线性空间 $S(\boldsymbol{A})=\{\boldsymbol{B}\mid \boldsymbol{AB}=\boldsymbol{0},\ \boldsymbol{B}\in\mathbb{R}^{3\times2}\}$；

(2) 由所有实对称二阶方阵构成线性空间 $S=\{\boldsymbol{A}\mid \boldsymbol{A}=\boldsymbol{A}^{\mathrm{T}},\ \boldsymbol{A}\in\mathbb{R}^{2\times2}\}$，求它的一组基；并写出矩阵

$$\begin{pmatrix}3&-2\\-2&1\end{pmatrix}$$

在该组基下的坐标。

13. 试求齐次线性方程组

$$\begin{cases}2x_1+x_2-x_3+x_4-3x_5=0,\\x_1+x_2-x_3+x_5=0\end{cases}$$

的解空间的维数和一组基。

14. 在 $\mathbb{R}^4$ 中，求由齐次线性方程组

$$\begin{cases}3x_1+2x_2-5x_3+4x_4=0,\\3x_1-x_2+3x_3-3x_4=0,\\3x_1+5x_2-13x_3+11x_4=0\end{cases}$$

确定的解空间的基和维数。

15. 求 $\mathbb{R}^4$ 的子空间

$$V=\{(x_1,x_2,x_3,x_4)\mid x_1-x_2-x_3+x_4=0\}$$

的基和维数，并将该组基扩充为 $\mathbb{R}^4$ 的基。

16. 在线性空间 $\mathbb{R}^4$ 中，设 $\boldsymbol{\alpha}_1=(1,2,-1,-2)$，$\boldsymbol{\alpha}_2=(3,1,1,1)$，$\boldsymbol{\alpha}_3=(-1,0,1,-1)$，$\boldsymbol{\beta}_1=(2,5,-6,-5)$，$\boldsymbol{\beta}_2=(-1,2,-7,3)$，求：

(1) $L(\boldsymbol{\alpha}_1,\boldsymbol{\alpha}_2,\boldsymbol{\alpha}_3)\cap L(\boldsymbol{\beta}_1,\boldsymbol{\beta}_2)$ 的维数与一组基；

(2) $L(\boldsymbol{\alpha}_1,\boldsymbol{\alpha}_2,\boldsymbol{\alpha}_3)+L(\boldsymbol{\beta}_1,\boldsymbol{\beta}_2)$ 的维数与一组基。

17. 设 $\boldsymbol{\alpha}=(x_1,x_2,x_3)^{\mathrm{T}}$ 是 $\mathbb{R}^3$ 中任一向量，判断满足下列条件的变换 T 是否为线性变换。

(1) $T(\boldsymbol{\alpha})=(2x_1,0,0)^{\mathrm{T}}$；

(2) $T(\boldsymbol{\alpha})=(x_1x_2,0,x_2)^{\mathrm{T}}$；

(3) $T(\boldsymbol{\alpha})=(x_1,x_2,-x_3)^{\mathrm{T}}$；

(4) $T(\boldsymbol{\alpha})=(1,1,x_3)^{\mathrm{T}}$。

18. 说明 xOy 平面上变换

$$T\begin{pmatrix}x\\y\end{pmatrix}=\boldsymbol{A}\begin{pmatrix}x\\y\end{pmatrix}$$

的几何意义，其中

(1) $\boldsymbol{A}=\begin{pmatrix}-1&0\\0&1\end{pmatrix}$；　(2) $\boldsymbol{A}=\begin{pmatrix}0&0\\0&1\end{pmatrix}$；

(3) $\boldsymbol{A}=\begin{pmatrix}0&1\\1&0\end{pmatrix}$；　(4) $\boldsymbol{A}=\begin{pmatrix}0&-1\\1&0\end{pmatrix}$。

19. 设线性变换 T：$\mathbb{R}^3\to\mathbb{R}^3$，对任一向量 $\boldsymbol{\alpha}=(x_1,x_2,x_3)^{\mathrm{T}}$，有 $T(\boldsymbol{\alpha})=(x_1,x_2+x_3,x_2-x_3)^{\mathrm{T}}$，求：

(1) T 在标准正交基 $\boldsymbol{\varepsilon}_1=(1,0,0)^{\mathrm{T}}$，$\boldsymbol{\varepsilon}_2=(0,1,0)^{\mathrm{T}}$，$\boldsymbol{\varepsilon}_3=(0,0,1)^{\mathrm{T}}$ 下的矩阵表示；

(2) T 在基 $\boldsymbol{\beta}_1=(1,0,0)^{\mathrm{T}}$，$\boldsymbol{\beta}_2=(1,1,0)^{\mathrm{T}}$，

$\boldsymbol{\beta}_3=(1,1,1)^{\mathrm{T}}$ 下的矩阵表示。

20. 已知 $\mathbb{R}^3$ 的两组基为 $\boldsymbol{\varepsilon}_1=(1,0,0)^{\mathrm{T}}$，$\boldsymbol{\varepsilon}_2=(0,1,0)^{\mathrm{T}}$，$\boldsymbol{\varepsilon}_3=(0,0,1)^{\mathrm{T}}$ 和 $\boldsymbol{\beta}_1=(-1,1,1)^{\mathrm{T}}$，$\boldsymbol{\beta}_2=(1,0,-1)^{\mathrm{T}}$，$\boldsymbol{\beta}_3=(0,1,1)^{\mathrm{T}}$。线性变换 T 在基 $\boldsymbol{\beta}_1,\boldsymbol{\beta}_2,\boldsymbol{\beta}_3$ 下的矩阵表示为

$$\boldsymbol{B}=\begin{pmatrix}1&0&1\\1&1&0\\-1&2&1\end{pmatrix},$$

求线性变换 T 在基 $\boldsymbol{\varepsilon}_1,\boldsymbol{\varepsilon}_2,\boldsymbol{\varepsilon}_3$ 下的矩阵表示。

21. 设 $\mathbb{R}^3$ 的两组基为 $\boldsymbol{\alpha}_1=(1,0,1)^{\mathrm{T}}$，$\boldsymbol{\alpha}_2=(2,1,0)^{\mathrm{T}}$，$\boldsymbol{\alpha}_3=(1,1,1)^{\mathrm{T}}$ 和 $\boldsymbol{\beta}_1=(1,2,-1)^{\mathrm{T}}$，$\boldsymbol{\beta}_2=(2,2,-1)^{\mathrm{T}}$，$\boldsymbol{\beta}_3=(2,-1,-1)^{\mathrm{T}}$。线性变换 T 为 $T(\boldsymbol{\alpha}_i)=\boldsymbol{\beta}_i$，$i=1,2,3$。

(1) 求由基 $\boldsymbol{\alpha}_1,\boldsymbol{\alpha}_2,\boldsymbol{\alpha}_3$ 到基 $\boldsymbol{\beta}_1,\boldsymbol{\beta}_2,\boldsymbol{\beta}_3$ 的过渡矩阵；

(2) 写出 T 在基 $\boldsymbol{\alpha}_1,\boldsymbol{\alpha}_2,\boldsymbol{\alpha}_3$ 下的矩阵表示；

(3) 写出 T 在基 $\boldsymbol{\beta}_1,\boldsymbol{\beta}_2,\boldsymbol{\beta}_3$ 下的矩阵表示；

(4) 求向量 $\boldsymbol{e}=(2,1,3)^{\mathrm{T}}$ 在基 $\boldsymbol{\beta}_1,\boldsymbol{\beta}_2,\boldsymbol{\beta}_3$ 下的坐标。

人民的数学家——华罗庚

第2章 方阵的相似化简与内积空间

我们知道，在有限维线性空间中，取定一组基，线性变换就可以用矩阵表示，因此可以利用矩阵来研究线性变换，然而对于同一个线性变换，基不同，一般在基下的矩阵也就不同，故我们会面临如何找到一组基使得线性变换在该基下的矩阵具有简单的形式的问题。这章我们针对一个线性变换的矩阵可以化成什么样的简单形式等问题进行讨论。首先我们介绍特征值与特征向量的概念，这在机械振动、电磁振荡等实际问题中具有很重要的作用。

2.1 特征值与特征向量

2.1.1 变换的特征值及对应特征向量

定义 2.1.1(特征值与特征向量) 设 T 是数域 P 上线性空间 V 的一个线性变换，如果对于数域 P 中的一个数 λ，线性空间 V 存在一个非零向量 $\boldsymbol{\xi}$，使得

$$T\boldsymbol{\xi}=\lambda\boldsymbol{\xi},$$

那么称 λ 为 T 的一个特征值，称 $\boldsymbol{\xi}$ 为 T 的属于特征值 λ 的一个特征向量。

从几何上来看，特征向量的方向经过线性变换后，保持在同一条直线上，方向或者不变($\lambda>0$)或者反向($\lambda<0$)。当 $\lambda=0$ 时，特征向量就被线性变换变成零向量。

如果 $\boldsymbol{\xi}$ 是线性变换 T 的属于特征值 λ 的一个特征向量，那么对于 $\boldsymbol{\xi}$ 的任意一个非零倍数 $k\boldsymbol{\xi}$，由于 $T(k\boldsymbol{\xi})=kT\boldsymbol{\xi}$，所以 $k\boldsymbol{\xi}$ 也是线性变换 T 的属于特征值 λ 的特征向量。因此可以说特征向量不是被特征值唯一决定的，然而，由于一个特征向量只能属于一个特征值，所以特征值却是被特征向量唯一决定的。

线性变换 T 在数域 P 上的 n 维线性空间 V 的基 $\boldsymbol{\alpha}_1,\boldsymbol{\alpha}_2,\cdots,\boldsymbol{\alpha}_n$

下的矩阵是$\boldsymbol{A}=(a_{ij})_{n\times n}$，$\lambda$ 为 T 的一个特征值，$\boldsymbol{\xi}$ 是属于特征值 λ 的一个特征向量，$\boldsymbol{\xi}$ 在基 $\boldsymbol{\alpha}_1,\boldsymbol{\alpha}_2,\cdots,\boldsymbol{\alpha}_n$ 下的坐标为 $\boldsymbol{x}$，即 $\boldsymbol{\xi}=(\boldsymbol{\alpha}_1,\boldsymbol{\alpha}_2,\cdots,\boldsymbol{\alpha}_n)\boldsymbol{x}$，故根据定义 2.1.1 有

$$\begin{aligned}T\boldsymbol{\xi}&=T(\boldsymbol{\alpha}_1,\boldsymbol{\alpha}_2,\cdots,\boldsymbol{\alpha}_n)\boldsymbol{x}=(\boldsymbol{\alpha}_1,\boldsymbol{\alpha}_2,\cdots,\boldsymbol{\alpha}_n)\boldsymbol{A}\boldsymbol{x}\\&=\lambda\boldsymbol{\xi}=\lambda(\boldsymbol{\alpha}_1,\boldsymbol{\alpha}_2,\cdots,\boldsymbol{\alpha}_n)\boldsymbol{x}=(\boldsymbol{\alpha}_1,\boldsymbol{\alpha}_2,\cdots,\boldsymbol{\alpha}_n)\lambda\boldsymbol{x},\end{aligned}$$

所以有

$$\boldsymbol{A}\boldsymbol{x}=\lambda\boldsymbol{x}\text{ 或}(\lambda\boldsymbol{E}-\boldsymbol{A})\boldsymbol{x}=\boldsymbol{0}。$$

由于特征向量 $\boldsymbol{\xi}$ 是非零向量，所以 $\boldsymbol{x}\neq\boldsymbol{0}$，因而齐次线性方程组$(\lambda\boldsymbol{E}-\boldsymbol{A})\boldsymbol{x}=\boldsymbol{0}$ 有非零解，故 $|\lambda\boldsymbol{E}-\boldsymbol{A}|=0$，即

$$\begin{vmatrix}\lambda-a_{11} & -a_{12} & \cdots & -a_{1n}\\ -a_{21} & \lambda-a_{22} & \cdots & -a_{2n}\\ \vdots & \vdots & & \vdots\\ -a_{n1} & -a_{n2} & \cdots & \lambda-a_{nn}\end{vmatrix}=0。$$

定义 2.1.2（特征多项式与特征方程） 设 $\boldsymbol{A}$ 是数域 P 上的一个 n 阶矩阵，λ 是一个文字，则矩阵 $\lambda\boldsymbol{E}-\boldsymbol{A}$ 的行列式 $|\lambda\boldsymbol{E}-\boldsymbol{A}|$ 称为矩阵 $\boldsymbol{A}$ 的特征多项式，方程 $|\lambda\boldsymbol{E}-\boldsymbol{A}|=0$ 称为矩阵 $\boldsymbol{A}$ 的特征方程。

事实上，令 $f(\lambda)=|\lambda\boldsymbol{E}-\boldsymbol{A}|$，则 $f(\lambda)=\lambda^n-(a_{11}+\cdots+a_{nn})\lambda^{n-1}+\cdots+(-1)^n|\boldsymbol{A}|$ 是数域 P 上的一个 n 次多项式。

2.1.2 特征值与特征向量的求法

由前面的分析可知，若 λ 为线性变换 T 的一个特征值，则 λ 为特征方程 $|\lambda\boldsymbol{E}-\boldsymbol{A}|=0$ 的一个根，反之，如果 λ 为特征方程 $|\lambda\boldsymbol{E}-\boldsymbol{A}|=0$ 的一个根，则齐次线性方程组$(\lambda\boldsymbol{E}-\boldsymbol{A})\boldsymbol{x}=\boldsymbol{0}$ 有非零解 $\boldsymbol{x}$。故在线性空间 V 中，取 $\boldsymbol{\xi}=(\boldsymbol{\alpha}_1,\boldsymbol{\alpha}_2,\cdots,\boldsymbol{\alpha}_n)\boldsymbol{x}$，有 $T\boldsymbol{\xi}=\lambda\boldsymbol{\xi}$，即 λ 为线性变换 T 的一个特征值。因此，非零解 $\boldsymbol{x}$ 也称为矩阵 $\boldsymbol{A}$ 属于（或对应于）特征值 λ 的特征向量，即如果 $\boldsymbol{\xi}$ 是线性变换 T 属于特征值 λ 的一个特征向量，则 $\boldsymbol{\xi}$ 在线性空间 V 中的一组基 $\boldsymbol{\alpha}_1,\boldsymbol{\alpha}_2,\cdots,\boldsymbol{\alpha}_n$ 下的坐标 $\boldsymbol{x}$ 就是线性变换 T 在相应基 $\boldsymbol{\alpha}_1,\boldsymbol{\alpha}_2,\cdots,\boldsymbol{\alpha}_n$ 下的矩阵 $\boldsymbol{A}$ 属于特征值 λ 的特征向量。同样地，$k\boldsymbol{x}(k\neq0)$ 也是矩阵 $\boldsymbol{A}$ 属于特征值 λ 的特征向量。

确定特征值与特征向量的步骤为：

(1) 在线性空间 V 中取一组基 $\boldsymbol{\alpha}_1,\boldsymbol{\alpha}_2,\cdots,\boldsymbol{\alpha}_n$，写出线性变换 T 在相应基 $\boldsymbol{\alpha}_1,\boldsymbol{\alpha}_2,\cdots,\boldsymbol{\alpha}_n$ 下的矩阵 $\boldsymbol{A}$；

(2) 计算矩阵 $\boldsymbol{A}$ 的特征多项式 $|\lambda\boldsymbol{E}-\boldsymbol{A}|$ 在数域 P 中的全部

根，即线性变换 T 的全部特征值；

(3) 对于每个特征值 λ，计算齐次线性方程组 $(\lambda\boldsymbol{E}-\boldsymbol{A})\boldsymbol{x}=\boldsymbol{0}$ 的基础解系，它们就是属于特征值 λ 的线性无关的特征向量在基 $\boldsymbol{\alpha}_1,\boldsymbol{\alpha}_2,\cdots,\boldsymbol{\alpha}_n$ 下的坐标，这样就可以写出属于每个特征值的全部线性无关的特征向量。

例 2.1.1　已知 3 维线性空间 V 的基 $\boldsymbol{\alpha}_1,\boldsymbol{\alpha}_2,\boldsymbol{\alpha}_3$，线性变换 T 满足

$$T\boldsymbol{\alpha}_1=\boldsymbol{\alpha}_1+2\boldsymbol{\alpha}_2+2\boldsymbol{\alpha}_3,\quad T\boldsymbol{\alpha}_2=2\boldsymbol{\alpha}_1+\boldsymbol{\alpha}_2+2\boldsymbol{\alpha}_3,\quad T\boldsymbol{\alpha}_3=2\boldsymbol{\alpha}_1+2\boldsymbol{\alpha}_2+\boldsymbol{\alpha}_3,$$

计算线性变换 T 的特征值和特征向量。

解　设 T 在基 $\boldsymbol{\alpha}_1,\boldsymbol{\alpha}_2,\boldsymbol{\alpha}_3$ 下的矩阵为 $\boldsymbol{A}$，则

$$\boldsymbol{A}=\begin{pmatrix}1&2&2\\2&1&2\\2&2&1\end{pmatrix}。$$

由

$$|\lambda\boldsymbol{E}-\boldsymbol{A}|=\begin{vmatrix}\lambda-1&-2&-2\\-2&\lambda-1&-2\\-2&-2&\lambda-1\end{vmatrix}=0,$$

有 $\lambda_{1,2}=-1,\lambda_3=5$。

当 $\lambda_{1,2}=-1$ 时，由 $(-\boldsymbol{E}-\boldsymbol{A})\boldsymbol{x}=\boldsymbol{0}$ 得基础解系

$$\boldsymbol{x}_1=\begin{pmatrix}1\\0\\-1\end{pmatrix},\boldsymbol{x}_2=\begin{pmatrix}0\\1\\-1\end{pmatrix}。$$

此即为矩阵 $\boldsymbol{A}$ 属于特征值-1 的线性无关的特征向量，所以线性变换 T 属于特征值-1 的全部特征向量为 $k_1\boldsymbol{\xi}_1+k_2\boldsymbol{\xi}_2$，其中 k_1,k_2 不全为零，$\boldsymbol{\xi}_1=(\boldsymbol{\alpha}_1,\boldsymbol{\alpha}_2,\boldsymbol{\alpha}_3)\boldsymbol{x}_1=\boldsymbol{\alpha}_1-\boldsymbol{\alpha}_3$，$\boldsymbol{\xi}_2=(\boldsymbol{\alpha}_1,\boldsymbol{\alpha}_2,\boldsymbol{\alpha}_3)\boldsymbol{x}_2=\boldsymbol{\alpha}_2-\boldsymbol{\alpha}_3$。

当 $\lambda_3=5$ 时，由 $(5\boldsymbol{E}-\boldsymbol{A})\boldsymbol{x}=\boldsymbol{0}$ 得基础解系

$$\boldsymbol{x}_3=\begin{pmatrix}1\\1\\1\end{pmatrix}。$$

此即为矩阵 $\boldsymbol{A}$ 属于特征值 5 的线性无关的特征向量，所以线性变换 T 属于特征值 5 的全部特征向量为 $k_3\boldsymbol{\xi}_3$，其中 k_3 不为零，$\boldsymbol{\xi}_3=(\boldsymbol{\alpha}_1,\boldsymbol{\alpha}_2,\boldsymbol{\alpha}_3)\boldsymbol{x}_3=\boldsymbol{\alpha}_1+\boldsymbol{\alpha}_2+\boldsymbol{\alpha}_3$。

例 2.1.1 的 Maple 源程序

```
> #example2.1.1;
> restart:with(LinearAlgebra):with(linalg):with
(polytools):
```

```
> A:=Matrix(3,3,[1,2,2,2,1,2,2,2,1]);
```

$$A:=\begin{bmatrix}1 & 2 & 2\\ 2 & 1 & 2\\ 2 & 2 & 1\end{bmatrix}$$

```
> charmat(A,lambda);
```

$$\begin{bmatrix}\lambda-1 & -2 & -2\\ -2 & \lambda-1 & -2\\ -2 & -2 & \lambda-1\end{bmatrix}$$

```
> charpoly(A,lambda);
```

$$\lambda^3-3\lambda^2-9\lambda-5$$

```
> eigenvals(A);
```

$$5,-1,-1$$

```
> eigenvectors(A);
   [-1,2,{[-1,0,1],[-1,1,0]}],[5,1,{[1,1,1]}]
```

例 2.1.2 试求上三角矩阵 $\boldsymbol{A}=\begin{pmatrix}1 & 1 & -1\\ 0 & 2 & 1\\ 0 & 0 & 3\end{pmatrix}$ 的特征值和特征向量。

解 由 $|\lambda\boldsymbol{E}-\boldsymbol{A}|=0$，即

$$|\lambda\boldsymbol{E}-\boldsymbol{A}|=\begin{vmatrix}\lambda-1 & -1 & 1\\ 0 & \lambda-2 & -1\\ 0 & 0 & \lambda-3\end{vmatrix}=(\lambda-1)(\lambda-2)(\lambda-3)=0,$$

得 $\boldsymbol{A}$ 的三个特征值分别为 $\lambda_1=1$，$\lambda_2=2$，$\lambda_3=3$。

对于 $\lambda_1=1$，由方程组 $(\boldsymbol{E}-\boldsymbol{A})\boldsymbol{x}=\boldsymbol{0}$ 得基础解系 $\boldsymbol{x}_1=(1,0,0)^{\mathrm{T}}$，进而得全部特征向量为 $\boldsymbol{\xi}_1=k_1\boldsymbol{x}_1=k_1(1,0,0)^{\mathrm{T}}$，$k_1\neq0$。

对于 $\lambda_2=2$，由方程组 $(2\boldsymbol{E}-\boldsymbol{A})\boldsymbol{x}=\boldsymbol{0}$ 得基础解系 $\boldsymbol{x}_2=(1,1,0)^{\mathrm{T}}$，进而得全部特征向量为 $\boldsymbol{\xi}_2=k_2\boldsymbol{x}_2=k_2(1,1,0)^{\mathrm{T}}$，$k_2\neq0$。

对于 $\lambda_3=3$，由方程组 $(3\boldsymbol{E}-\boldsymbol{A})\boldsymbol{x}=0$ 得基础解系 $\boldsymbol{x}_3=(0,1,1)^{\mathrm{T}}$，进而得全部特征向量为 $\boldsymbol{\xi}_3=k_3\boldsymbol{x}_3=k_3(0,1,1)^{\mathrm{T}}$，$k_3\neq0$。

注 上三角矩阵的特征值就是其主对角线上的元素。同理，对于下三角矩阵和对角矩阵，也有同样的结论。

例 2.1.2 的 Maple 源程序

```
> #example2;
> restart:with(LinearAlgebra):with(linalg):with
(polytools):
```

```
> A:=Matrix(3,3,[1,1,-1,0,2,1,0,0,3]);
```

$$A:=\begin{bmatrix}1&1&-1\\0&2&1\\0&0&3\end{bmatrix}$$

```
> charmat(A,lambda);
```

$$\begin{bmatrix}\lambda-1&-1&1\\0&\lambda-2&-1\\0&0&\lambda-3\end{bmatrix}$$

```
> charpoly(A,lambda);
```

$$(\lambda-1)(\lambda-2)(\lambda-3)$$

```
> eigenvals(A);
```

$$1,2,3$$

```
> eigenvectors(A);
[2,1,{[1,1,0]}],[3,1,{[0,1,1]}],[1,1,{[1,0,0]}]
```

例 2.1.3 求矩阵 $A=\begin{pmatrix}3&1&0\\-4&-1&0\\4&8&-2\end{pmatrix}$ 的特征值和特征向量。

解　由 $|\lambda E-A|=0$，即

$$|\lambda E-A|=\begin{vmatrix}\lambda-3&-1&0\\4&\lambda+1&0\\-4&-8&\lambda+2\end{vmatrix}=(\lambda+2)\begin{vmatrix}\lambda-3&-1\\4&\lambda+1\end{vmatrix}=(\lambda+2)(\lambda-1)^2=0,$$

得 A 的三个特征值为 $\lambda_1=-2$，$\lambda_{2,3}=1$。

对于 $\lambda_1=-2$，由方程组 $(-2E-A)x=0$ 得基础解系 $x_1=(0,0,1)^T$，进而得全部特征向量为 $\xi_1=k_1x_1=k_1(0,0,1)^T$，$k_1\neq0$。

对于 $\lambda_{2,3}=1$，由方程组 $(E-A)x=0$ 得基础解系 $x_2=(-0.5,1,2)^T$，进而得全部特征向量为 $\xi_2=k_2x_2=k_2(-0.5,1,2)^T$，$k_2\neq0$。

例 2.1.3 的 Maple 源程序

```
> #example2.1.3;
> restart:with(LinearAlgebra):with(linalg):with
(polytools):
> A:=Matrix(3,3,[3,1,0,-4,-1,0,4,8,-2]);
```

$$A:=\begin{bmatrix}3&1&0\\-4&-1&0\\4&8&-2\end{bmatrix}$$

```
> charmat(A,lambda);
```

$$\begin{bmatrix} \lambda-3 & -1 & 0 \\ 4 & \lambda+1 & 0 \\ -4 & -8 & \lambda+2 \end{bmatrix}$$

```
> charpoly(A,lambda);
```

$$\lambda^3-3\lambda+2$$

```
> eigenvals(A);
                        -2,1,1
> eigenvectors(A);
        [1,2,{[1,-2,-4]}],[-2,1,{[0,0,1]}]
```

另外，容易看出线性变换的特征值 λ 对应的全部特征向量并不构成一个线性空间，但只要添上一个零向量即可构成线性空间，也是线性空间 V 的一个子空间。

定义 2.1.3（特征子空间） 线性空间 V 上的线性变换 T 的特征值 λ 对应的全部特征向量与零向量所构成的集合称为 T 的一个特征子空间，记为 V_λ，即 $V_\lambda=\{\boldsymbol{\xi}\mid T\boldsymbol{\xi}=\lambda\boldsymbol{\xi},\boldsymbol{\xi}\in V\}$。

显然，V_λ 的维数就是属于 λ 的线性无关的特征向量的最大个数。n 阶矩阵 $\boldsymbol{A}$ 对应于 λ 的特征子空间为齐次线性方程组 $(\lambda\boldsymbol{E}-\boldsymbol{A})\boldsymbol{x}=\boldsymbol{0}$ 的解空间，记作 $N(\lambda\boldsymbol{E}-\boldsymbol{A})$，称 $N(\lambda\boldsymbol{E}-\boldsymbol{A})$ 的维数 $\dim(N(\lambda\boldsymbol{E}-\boldsymbol{A}))=n-\text{rank}(N(\lambda\boldsymbol{E}-\boldsymbol{A}))$ 为 λ 的几何重数，用 ρ_λ 表示，而称特征值 λ 在特征方程 $f(\lambda)=0$ 中出现的重根的重数为 λ 的代数重数，用 m_λ 表示。

另外，特征向量与一维不变子空间也有着紧密的联系。设 W 是一维 T-子空间，$\boldsymbol{\xi}$ 是 W 中任何一个非零向量，它构成 W 的基，按照 T-子空间的定义，$T\boldsymbol{\xi}\in W$，则 $T\boldsymbol{\xi}$ 必定是 $\boldsymbol{\xi}$ 的一个数乘，即存在 λ 满足 $T\boldsymbol{\xi}=\lambda\boldsymbol{\xi}$，故 $\boldsymbol{\xi}$ 是 T 的特征向量，而 W 是由 $\boldsymbol{\xi}$ 生成的一维 T-子空间。且 T 的属于特征值 λ 的特征子空间 V_λ 也是 T-子空间。

2.1.3 特征值与特征向量的性质

定理 2.1.1 若 n 阶矩阵 $\boldsymbol{A}=(a_{ij})_{n\times n}$ 有特征值 $\lambda_1,\lambda_2,\cdots,\lambda_n$（$k$ 重根重复 k 次），则必有

$$\prod_{i=1}^{n}\lambda_i=|\boldsymbol{A}|,\quad \sum_{i=1}^{n}\lambda_i=\sum_{i=1}^{n}a_{ii}=\text{tr}(\boldsymbol{A}),$$

其中，$\text{tr}(\boldsymbol{A})$ 为 $\boldsymbol{A}=(a_{ij})_{n\times n}$ 中的 n 个对角元素之和，称为 $\boldsymbol{A}$ 的迹。$|\boldsymbol{A}|$ 为 $\boldsymbol{A}$ 的行列式。

证　根据多项式因式分解与方程根的关系，有如下恒等式：

$$f(\lambda)=|\lambda\boldsymbol{E}-\boldsymbol{A}|=(\lambda-\lambda_1)(\lambda-\lambda_2)\cdots(\lambda-\lambda_n)。$$

由于

$$f(\lambda)=|\lambda\boldsymbol{E}-\boldsymbol{A}|=\begin{vmatrix}\lambda-a_{11} & -a_{12} & \cdots & -a_{1n}\\ -a_{21} & \lambda-a_{22} & \cdots & -a_{2n}\\ \vdots & \vdots & & \vdots\\ -a_{n1} & -a_{n2} & \cdots & \lambda-a_{nn}\end{vmatrix},$$

所以$f(\lambda)=\lambda^n-(a_{11}+\cdots+a_{nn})\lambda^{n-1}+\cdots+(-1)^n|\boldsymbol{A}|$。

又由于$f(\lambda)=(\lambda-\lambda_1)(\lambda-\lambda_2)\cdots(\lambda-\lambda_n)$，则

$$f(\lambda)=\lambda^n-(\lambda_1+\cdots+\lambda_n)\lambda^{n-1}+\cdots+(-1)^n\lambda_1\lambda_2\cdots\lambda_n,$$

所以$\prod_{i=1}^{n}\lambda_i=|\boldsymbol{A}|$，$\sum_{i=1}^{n}\lambda_i=\sum_{i=1}^{n}a_{ii}=\mathrm{tr}(\boldsymbol{A})$。

推论　方阵 $\boldsymbol{A}$ 可逆的充要条件是 $\boldsymbol{A}$ 的全部特征值都不为零。

定理 2.1.2　设方阵 $\boldsymbol{A}$ 有特征值 λ 及对应的特征向量 $\boldsymbol{\xi}$，则 $\boldsymbol{A}^k$(k 为正整数)有特征值 λ^k 及相应的特征向量 $\boldsymbol{\xi}$。反之未必成立。

证　由 $\boldsymbol{A\xi}=\lambda\boldsymbol{\xi}$，左乘 $\boldsymbol{A}$ 得 $\boldsymbol{A}^2\boldsymbol{\xi}=\lambda\boldsymbol{A\xi}$，即 $\boldsymbol{A}^2\boldsymbol{\xi}=\lambda^2\boldsymbol{\xi}$，知 $\boldsymbol{A}^2$ 有特征值 λ^2 及对应的特征向量 $\boldsymbol{\xi}$，以此类推，可得 $\boldsymbol{A}^k\boldsymbol{\xi}=\lambda^k\boldsymbol{\xi}$，故 $\boldsymbol{A}^k$(k 为正整数)有特征值 λ^k 及相应的特征向量 $\boldsymbol{\xi}$。

取 $\boldsymbol{A}^2=\begin{pmatrix}4&0\\0&4\end{pmatrix}$，则 $\boldsymbol{A}^2$ 的两个特征值均为 4，进而推出 $\boldsymbol{A}$ 的可能特征值为 2 或-2，此时满足条件的 $\boldsymbol{A}$ 就有$\begin{pmatrix}2&0\\0&2\end{pmatrix}$、$\begin{pmatrix}-2&0\\0&-2\end{pmatrix}$或$\begin{pmatrix}2&0\\0&-2\end{pmatrix}$等多种可能。另外取 $\boldsymbol{A}=\begin{pmatrix}0&1\\0&0\end{pmatrix}$，则 $\boldsymbol{A}^2=\begin{pmatrix}0&0\\0&0\end{pmatrix}$，此时，任意二维非零向量均为 $\boldsymbol{A}^2$ 的属于特征值 0 的特征向量，但 $\boldsymbol{A}$ 的特征向量的第二个分量却必须为零。例如$(0,1)^{\mathrm{T}}$ 即为 $\boldsymbol{A}^2$ 的特征向量，但它却不可能成为 $\boldsymbol{A}$ 的特征向量。所以定理 2.1.2 反之未必成立。

定理 2.1.3　设方阵 $\boldsymbol{A}$ 有特征值 λ 及对应的特征向量 $\boldsymbol{\xi}$，则 $\boldsymbol{A}$ 的矩阵多项式 $\varphi(\boldsymbol{A})=a_m\boldsymbol{A}^m+\cdots+a_1\boldsymbol{A}+a_0\boldsymbol{E}$ 有特征值 $\varphi(\lambda)=a_m\lambda^m+\cdots+a_1\lambda+a_0$ 及对应的特征向量 $\boldsymbol{\xi}$。

证　由于

$$\begin{aligned}\varphi(\boldsymbol{A})\boldsymbol{\xi}&=(a_m\boldsymbol{A}^m+\cdots+a_1\boldsymbol{A}+a_0\boldsymbol{E})\boldsymbol{\xi}=a_m\boldsymbol{A}^m\boldsymbol{\xi}+\cdots+a_1\boldsymbol{A\xi}+a_0\boldsymbol{\xi}\\&=a_m\lambda^m\boldsymbol{\xi}+\cdots+a_1\lambda\boldsymbol{\xi}+a_0\boldsymbol{\xi}=(a_m\lambda^m+\cdots+a_1\lambda+a_0)\boldsymbol{\xi}=\varphi(\lambda)\boldsymbol{\xi},\end{aligned}$$

故 $\varphi(\boldsymbol{A})$ 有特征值 $\varphi(\lambda)$ 及相应的特征向量 $\boldsymbol{\xi}$。

定理 2.1.4 可逆方阵 $\boldsymbol{A}$ 有特征值 λ 及相应特征向量 $\boldsymbol{\xi}$ 的充分必要条件是 $\boldsymbol{A}^{-1}$ 有特征值 $\dfrac{1}{\lambda}$ 及相应的特征向量 $\boldsymbol{\xi}$。

证 事实上，若 $\boldsymbol{A\xi}=\lambda\boldsymbol{\xi}$，两边左乘 $\boldsymbol{A}^{-1}$ 且同除以 λ 得 $\boldsymbol{A}^{-1}\boldsymbol{\xi}=\dfrac{1}{\lambda}\boldsymbol{\xi}$；若 $\boldsymbol{A}^{-1}\boldsymbol{\xi}=\dfrac{1}{\lambda}\boldsymbol{\xi}$，两边左乘 $\boldsymbol{A}$ 且同乘以 λ 得 $\boldsymbol{A\xi}=\lambda\boldsymbol{\xi}$。

推论 可逆方阵 $\boldsymbol{A}$ 有特征值 λ 及相应特征向量 $\boldsymbol{\xi}$ 的充分必要条件是伴随矩阵 $\boldsymbol{A}^*$ 有特征值 $\dfrac{|\boldsymbol{A}|}{\lambda}$ 及相应特征向量 $\boldsymbol{\xi}$。

定理 2.1.5 方阵 $\boldsymbol{A}$ 与 $\boldsymbol{A}^{\mathrm{T}}$ 有相同的特征值，但特征向量未必一样。

证 因为 $|\lambda\boldsymbol{E}-\boldsymbol{A}^{\mathrm{T}}|=|(\lambda\boldsymbol{E})^{\mathrm{T}}-\boldsymbol{A}^{\mathrm{T}}|=|(\lambda\boldsymbol{E}-\boldsymbol{A})^{\mathrm{T}}|=|\lambda\boldsymbol{E}-\boldsymbol{A}|=0$，所以 $\boldsymbol{A}$ 与 $\boldsymbol{A}^{\mathrm{T}}$ 有相同的特征值。

取 $\boldsymbol{A}=\begin{pmatrix}0&1\\0&0\end{pmatrix}$，则 $\lambda_{1,2}=0$，特征向量为 $\boldsymbol{\xi}=k(1,0)^{\mathrm{T}}$，$k\neq0$；而 $\boldsymbol{A}^{\mathrm{T}}=\begin{pmatrix}0&0\\1&0\end{pmatrix}$，特征值也为 $\lambda_{1,2}=0$，但特征向量却为 $\boldsymbol{x}=k(0,1)^{\mathrm{T}}$，$k\neq0$，因此，两特征向量不同。

定理 2.1.6 设 $\lambda_1,\lambda_2,\cdots,\lambda_m$ 是方阵 $\boldsymbol{A}$ 的 m 个互不相等的特征值，$\boldsymbol{\xi}_1,\boldsymbol{\xi}_2,\cdots,\boldsymbol{\xi}_m$ 是分别对应于 $\lambda_1,\lambda_2,\cdots,\lambda_m$ 的特征向量，则 $\boldsymbol{\xi}_1,\boldsymbol{\xi}_2,\cdots,\boldsymbol{\xi}_m$ 线性无关。

证 对特征值的个数作数学归纳法。由于特征向量不为零，所以单个特征向量必然线性无关。现在假设对应于 k 个互不相同特征值的特征向量 $\boldsymbol{\xi}_1,\boldsymbol{\xi}_2,\cdots,\boldsymbol{\xi}_k$ 线性无关，下面我们证明对应于 $k+1$ 个互不相同特征值 $\lambda_1,\lambda_2,\cdots,\lambda_k,\lambda_{k+1}$ 的特征向量 $\boldsymbol{\xi}_1,\boldsymbol{\xi}_2,\cdots,\boldsymbol{\xi}_k,\boldsymbol{\xi}_{k+1}$ 也线性无关。

假设有关系式

$$c_1\boldsymbol{\xi}_1+c_2\boldsymbol{\xi}_2+\cdots+c_k\boldsymbol{\xi}_k+c_{k+1}\boldsymbol{\xi}_{k+1}=\boldsymbol{0} \tag{2.1.1}$$

成立。等式两端乘以 λ_{k+1}，得

$$c_1\lambda_{k+1}\boldsymbol{\xi}_1+c_2\lambda_{k+1}\boldsymbol{\xi}_2+\cdots+c_k\lambda_{k+1}\boldsymbol{\xi}_k+c_{k+1}\lambda_{k+1}\boldsymbol{\xi}_{k+1}=\boldsymbol{0}, \tag{2.1.2}$$

式(2.1.1)两端左乘 $\boldsymbol{A}$ 得 $\boldsymbol{A}(c_1\boldsymbol{\xi}_1+c_2\boldsymbol{\xi}_2+\cdots+c_k\boldsymbol{\xi}_k+c_{k+1}\boldsymbol{\xi}_{k+1})=\boldsymbol{0}$，即

$$c_1\lambda_1\boldsymbol{\xi}_1+c_2\lambda_2\boldsymbol{\xi}_2+\cdots+c_k\lambda_k\boldsymbol{\xi}_k+c_{k+1}\lambda_{k+1}\boldsymbol{\xi}_{k+1}=\boldsymbol{0}, \tag{2.1.3}$$

式(2.1.3)减去式(2.1.2)，得

$$c_1(\lambda_1-\lambda_{k+1})\boldsymbol{\xi}_1+c_2(\lambda_2-\lambda_{k+1})\boldsymbol{\xi}_2+\cdots+c_k(\lambda_k-\lambda_{k+1})\boldsymbol{\xi}_k=\mathbf{0},$$

根据归纳假设，$\boldsymbol{\xi}_1,\boldsymbol{\xi}_2,\cdots,\boldsymbol{\xi}_k$ 线性无关，于是

$$c_i(\lambda_i-\lambda_{k+1})=0(i=1,2,\cdots,k),$$

由于 $\lambda_i-\lambda_{k+1}\neq 0(i=1,2,\cdots,k)$，所以 $c_i=0(i=1,2,\cdots,k)$。此时，式(2.1.1)变成 $c_{k+1}\boldsymbol{\xi}_{k+1}=\mathbf{0}$，因为 $\boldsymbol{\xi}_{k+1}\neq\mathbf{0}$，所以 $c_{k+1}=0$，即 $\boldsymbol{\xi}_1,\boldsymbol{\xi}_2,\cdots,\boldsymbol{\xi}_k,\boldsymbol{\xi}_{k+1}$线性无关。

推论　属于不同特征值的特征向量是线性无关的。

定理 2.1.7　若 $\boldsymbol{A}$ 与 $\boldsymbol{B}$ 相似，则 $\boldsymbol{A}$ 与 $\boldsymbol{B}$ 的特征多项式相同，从而有相同的特征值，反之未必。

证　因为 $\boldsymbol{A}$ 与 $\boldsymbol{B}$ 相似，则存在可逆矩阵 $\boldsymbol{P}$，使得 $\boldsymbol{B}=\boldsymbol{P}^{-1}\boldsymbol{A}\boldsymbol{P}$，这时有

$$\begin{aligned}|\lambda\boldsymbol{E}-\boldsymbol{B}|&=|\lambda\boldsymbol{E}-\boldsymbol{P}^{-1}\boldsymbol{A}\boldsymbol{P}|=|\boldsymbol{P}^{-1}(\lambda\boldsymbol{E}-\boldsymbol{A})\boldsymbol{P}|\\&=|\boldsymbol{P}^{-1}||\lambda\boldsymbol{E}-\boldsymbol{A}||\boldsymbol{P}|=|\lambda\boldsymbol{E}-\boldsymbol{A}|,\end{aligned}$$

所以 $\boldsymbol{A}$ 与 $\boldsymbol{B}$ 有相同的特征值。

反之，若 $\boldsymbol{A}$ 与 $\boldsymbol{B}$ 的特征多项式或所有特征值都相同，$\boldsymbol{A}$ 却不一定与 $\boldsymbol{B}$ 相似。取 $\boldsymbol{A}=\begin{pmatrix}1&0\\0&1\end{pmatrix}$，$\boldsymbol{B}=\begin{pmatrix}1&1\\0&1\end{pmatrix}$。容易算出 $\boldsymbol{A}$ 与 $\boldsymbol{B}$ 的特征多项式均为$(\lambda-1)^2$，但事实上，$\boldsymbol{A}$ 是一个单位矩阵，对任意的可逆矩阵 $\boldsymbol{P}$ 有 $\boldsymbol{P}^{-1}\boldsymbol{A}\boldsymbol{P}=\boldsymbol{P}^{-1}\boldsymbol{P}=\boldsymbol{E}$，因此，若 $\boldsymbol{B}$ 与 $\boldsymbol{A}$ 相似，则 $\boldsymbol{B}$ 必是单位矩阵，而 $\boldsymbol{B}$ 不是单位矩阵，所以 $\boldsymbol{A}$ 与 $\boldsymbol{B}$ 不相似。

推论　相似矩阵具有相同的迹及相同的行列式。

由定理 2.1.7 可知，线性变换的矩阵的特征多项式与基的选择无关，它是直接被线性变换决定的，因此以后也可以说线性变换的特征多项式。同理，既然相似矩阵有相同的特征多项式，当然特征多项式的各项系数对于相似矩阵来说都是相同的，考虑特征多项式的常数项，得到相似矩阵有相同的行列式，因此以后也可以说线性变换的行列式。

定理 2.1.8［哈密顿-凯莱(Hamilton-Cayley)定理］　设 $\boldsymbol{A}$ 是数域 P 上一个 n 阶矩阵，$f(\lambda)=|\lambda\boldsymbol{E}-\boldsymbol{A}|$ 是 $\boldsymbol{A}$ 的特征多项式，则

$$f(\boldsymbol{A})=\boldsymbol{A}^n-(a_{11}+a_{22}+\cdots+a_{nn})\boldsymbol{A}^{n-1}+\cdots+(-1)^n|\boldsymbol{A}|\boldsymbol{E}=\boldsymbol{O}。$$

例 2.1.4

设矩阵 $\boldsymbol{A}=\begin{pmatrix}2&-1\\1&3\end{pmatrix}$，计算 $\boldsymbol{A}^4-5\boldsymbol{A}^3+6\boldsymbol{A}^2+6\boldsymbol{A}-8\boldsymbol{E}$。

解 矩阵 $\boldsymbol{A}$ 的特征多项式

$$f(\lambda)=|\lambda\boldsymbol{E}-\boldsymbol{A}|=\begin{vmatrix}\lambda-2 & 1\\ -1 & \lambda-3\end{vmatrix}=\lambda^2-5\lambda+7,$$

令
$$\varphi(\lambda)=\lambda^4-5\lambda^3+6\lambda^2+6\lambda-8,$$
因为
$$\varphi(\lambda)=f(\lambda)(\lambda^2-1)+(\lambda-1),$$
由哈密顿-凯莱定理
$$f(\boldsymbol{A})=\boldsymbol{A}^2-5\boldsymbol{A}+7\boldsymbol{E}=\boldsymbol{O},$$
所以
$$\boldsymbol{A}^4-5\boldsymbol{A}^3+6\boldsymbol{A}^2+6\boldsymbol{A}-8\boldsymbol{E}=\varphi(\boldsymbol{A})=\boldsymbol{A}-\boldsymbol{E}=\begin{pmatrix}1 & -1\\ 1 & 2\end{pmatrix}。$$

定理 2.1.9 任意 n 阶矩阵与三角矩阵相似。

证 假设 $\boldsymbol{A}$ 为 n 阶矩阵，它的特征多项式为 $\varphi(\lambda)=\det(\lambda\boldsymbol{E}-\boldsymbol{A})=\prod_{i=1}^{n}(\lambda-\lambda_i)$，采用数学归纳法证明。

当 $n=1$ 时，显然成立。假设对 $n-1$ 成立，证明对 n 成立。

设 $\boldsymbol{x}_1,\boldsymbol{x}_2,\cdots,\boldsymbol{x}_n$ 是 n 个线性无关的向量，同时 $\boldsymbol{A}\boldsymbol{x}_1=\lambda_1\boldsymbol{x}_1$，记 $\boldsymbol{P}_1=(\boldsymbol{x}_1,\boldsymbol{x}_2,\cdots,\boldsymbol{x}_n)$，则 $\boldsymbol{A}\boldsymbol{P}_1=(\lambda_1\boldsymbol{x}_1,\boldsymbol{A}\boldsymbol{x}_2,\cdots,\boldsymbol{A}\boldsymbol{x}_n)$。记 $\boldsymbol{A}\boldsymbol{x}_i=\sum_{j=1}^{n}b_{ji}x_j$，$i=2,\cdots,n$，则

$$\boldsymbol{A}\boldsymbol{P}_1=(\boldsymbol{x}_1,\boldsymbol{x}_2,\cdots,\boldsymbol{x}_n)\begin{pmatrix}\lambda_1 & b_{12} & \cdots & b_{1n}\\ 0 & b_{22} & \cdots & b_{2n}\\ \vdots & \vdots & & \vdots\\ 0 & b_{n2} & \cdots & b_{nn}\end{pmatrix}=\boldsymbol{P}_1\begin{pmatrix}\lambda_1 & b_{12} & \cdots & b_{1n}\\ 0 & b_{22} & \cdots & b_{2n}\\ \vdots & \vdots & & \vdots\\ 0 & b_{n2} & \cdots & b_{nn}\end{pmatrix},$$

故

$$\boldsymbol{P}_1^{-1}\boldsymbol{A}\boldsymbol{P}_1=\begin{pmatrix}\lambda_1 & b_{12} & \cdots & b_{1n}\\ 0 & & & \\ \vdots & & \boldsymbol{A}_1 & \\ 0 & & & \end{pmatrix},$$

$\boldsymbol{A}_1$ 为 $(n-1)$ 阶，则存在 $\boldsymbol{Q}$，使得 $\boldsymbol{Q}^{-1}\boldsymbol{A}_1\boldsymbol{Q}$ 为三角矩阵，令 $\boldsymbol{P}_2=\begin{pmatrix}1 & \boldsymbol{0}\\ \boldsymbol{0} & \boldsymbol{Q}\end{pmatrix}$，$\boldsymbol{P}=\boldsymbol{P}_1\boldsymbol{P}_2$，则

$$\boldsymbol{P}_2^{-1}\boldsymbol{P}_1^{-1}\boldsymbol{A}\boldsymbol{P}_1\boldsymbol{P}_2=\begin{pmatrix}1 & \boldsymbol{0}\\ \boldsymbol{0} & \boldsymbol{Q}^{-1}\end{pmatrix}\begin{pmatrix}\lambda_1 & b_{12} & \cdots & b_{1n}\\ 0 & & & \\ \vdots & & \boldsymbol{A}_1 & \\ 0 & & & \end{pmatrix}\begin{pmatrix}1 & \boldsymbol{0}\\ \boldsymbol{0} & \boldsymbol{Q}\end{pmatrix},$$

故有 $\boldsymbol{P}^{-1}\boldsymbol{AP}$ 为三角矩阵。

例 2.1.5　计算矩阵 $\boldsymbol{A}=\begin{pmatrix}2&1&1\\-2&5&1\\-3&2&5\end{pmatrix}$ 的相似三角矩阵 $\boldsymbol{\Lambda}$，并计算相似变换 $\boldsymbol{P}$，使 $\boldsymbol{P}^{-1}\boldsymbol{AP}=\boldsymbol{\Lambda}$。

解　(1) 计算 $\boldsymbol{A}$ 的特征值与特征向量有 $\lambda_1=4$，$\boldsymbol{\xi}_1=(1,1,1)^{\mathrm{T}}$，取 $\boldsymbol{\xi}_2=(2,0,0)^{\mathrm{T}}$，$\boldsymbol{\xi}_3=(1,1,0)^{\mathrm{T}}$，使得 $\boldsymbol{P}_1=(\boldsymbol{\xi}_1,\boldsymbol{\xi}_2,\boldsymbol{\xi}_3)$ 可逆，则有

$$\boldsymbol{P}_1^{-1}\boldsymbol{AP}_1=\begin{pmatrix}4&-6&-1\\0&4&0\\0&2&4\end{pmatrix}=\boldsymbol{A}_2。$$

(2) 取 $\boldsymbol{B}=\begin{pmatrix}4&0\\2&4\end{pmatrix}$，计算 $\boldsymbol{B}$ 的特征值与特征向量有 $\tilde{\lambda}_1=4$，$\tilde{\boldsymbol{\xi}}_1=(0,1)^{\mathrm{T}}$，取 $\tilde{\boldsymbol{\xi}}_2=(1,\ 0)^{\mathrm{T}}$，使得 $\boldsymbol{Q}=(\tilde{\boldsymbol{\xi}}_1,\tilde{\boldsymbol{\xi}}_2)$ 可逆，则有 $\boldsymbol{P}_2=\begin{pmatrix}1&\\&\boldsymbol{Q}\end{pmatrix}$，且 $\boldsymbol{P}_2^{-1}\boldsymbol{A}_2\boldsymbol{P}_2=\boldsymbol{\Lambda}=\begin{pmatrix}4&-1&-6\\0&4&2\\0&0&4\end{pmatrix}$，故有 $\boldsymbol{P}=\boldsymbol{P}_1\boldsymbol{P}_2=\begin{pmatrix}1&1&2\\1&1&0\\1&0&0\end{pmatrix}$。

事实上，如果在步骤(1)中取 $\boldsymbol{\xi}_2=(1,1,0)^{\mathrm{T}}$，$\boldsymbol{\xi}_3=(1,0,0)^{\mathrm{T}}$，有 $\boldsymbol{P}_1=(\boldsymbol{\xi}_1,\boldsymbol{\xi}_2,\boldsymbol{\xi}_3)$ 可逆，且

$$\boldsymbol{P}_1^{-1}\boldsymbol{AP}_1=\begin{pmatrix}4&-1&-3\\0&4&1\\0&0&4\end{pmatrix}=\boldsymbol{\Lambda},$$

显然只需要取相似变换 $\boldsymbol{P}=\boldsymbol{P}_1$ 即可，不需要进行步骤(2)的计算。从这里可以看到相似变换 $\boldsymbol{P}$ 和相似三角矩阵 $\boldsymbol{\Lambda}$。

例 2.1.5 的 Maple 源程序

```
> #example2.1.5;
> restart:with(LinearAlgebra):with(linalg):with
(polytools):
> A:=Matrix(3,3,[2,1,1,-2,5,1,-3,2,5]);
```

$$\left(A:=\begin{bmatrix}2&1&1\\-2&5&1\\-3&2&5\end{bmatrix}\right)$$

```
> f1:=splits(charpoly(A,lambda),lambda);
```

$$(f1:=[1,[[-4+\lambda,3]]])$$

```
> V1:=Eigenvectors(A);
```

$$\left(V1 := \begin{bmatrix} 4 \\ 4 \\ 4 \end{bmatrix}, \begin{bmatrix} 1 & 0 & 0 \\ 1 & 0 & 0 \\ 1 & 0 & 0 \end{bmatrix}\right)$$

```
> P1:=Matrix(3,3,[1,2,1,1,0,1,1,0,0]);
```

$$\left(P1 := \begin{bmatrix} 1 & 2 & 1 \\ 1 & 0 & 1 \\ 1 & 0 & 0 \end{bmatrix}\right)$$

```
> A2:=Multiply(Multiply(MatrixInverse(P1),A),P1);
```

$$\left(A2 := \begin{bmatrix} 4 & -6 & -1 \\ 0 & 4 & 0 \\ 0 & 2 & 4 \end{bmatrix}\right)$$

```
> B:=A2(2..3,2..3);
```

$$\left(B := \begin{bmatrix} 4 & 0 \\ 2 & 4 \end{bmatrix}\right)$$

```
> V2:=Eigenvectors(B);
```

$$\left(V2 := \begin{bmatrix} 4 \\ 4 \end{bmatrix}, \begin{bmatrix} 0 & 0 \\ 1 & 0 \end{bmatrix}\right)$$

```
> Q:=Matrix(2,2,[0,1,1,0]);
```

$$\left(Q := \begin{bmatrix} 0 & 1 \\ 1 & 0 \end{bmatrix}\right)$$

```
> P2:=DiagonalMatrix([1,Q]);
```

$$\left(P2 := \begin{bmatrix} 1 & 0 & 0 \\ 0 & 0 & 1 \\ 0 & 1 & 0 \end{bmatrix}\right)$$

```
> Lambda: = Multiply (Multiply (MatrixInverse (P2),
A2),P2);
```

$$\left(\Lambda := \begin{bmatrix} 4 & -1 & -6 \\ 0 & 4 & 2 \\ 0 & 0 & 4 \end{bmatrix}\right)$$

```
> P:=Multiply(P1,P2);
```

$$\left(P := \begin{bmatrix} 1 & 1 & 2 \\ 1 & 1 & 0 \\ 1 & 0 & 0 \end{bmatrix}\right)$$

```
> Lambda:=Multiply(Multiply(MatrixInverse(P),A),P);
```

$$\left(\Lambda := \begin{bmatrix} 4 & -1 & -6 \\ 0 & 4 & 2 \\ 0 & 0 & 4 \end{bmatrix}\right)$$

2.2 若尔当标准形

由前面的讨论可知，并不是对于每个线性变换，都可以找到一组基，使得线性变换在该基下的矩阵是对角矩阵，因此需要研究如何寻找一组基，使得线性变换在该基下的矩阵能简化。

2.2.1 最小多项式

根据哈密顿-凯莱定理，任给数域 P 上的一个 n 阶矩阵 $\boldsymbol{A}$，总可以找到数域 P 上一个多项式 $f(x)$，使得 $f(\boldsymbol{A})=\boldsymbol{O}$，称多项式 $f(x)$ 以矩阵 $\boldsymbol{A}$ 为根(以矩阵 $\boldsymbol{A}$ 为根的多项式 $f(x)$ 可以有很多)。

定义 2.2.1(最小多项式)　次数最低的首项(最高次项)系数为 1 的以矩阵 $\boldsymbol{A}$ 为根的多项式 $f(x)$ 称为矩阵 $\boldsymbol{A}$ 的最小多项式。

定理 2.2.1　矩阵 $\boldsymbol{A}$ 的最小多项式是唯一的。

证　设 $g_1(x)$，$g_2(x)$ 都是 $\boldsymbol{A}$ 的最小多项式，由带余除法 $g_1(x)$ 可表示成 $g_1(x)=q(x)g_2(x)+r(x)$，其中 $r(x)=0$ 或 $\partial(r(x))<\partial(g_2(x))$。于是，$g_1(\boldsymbol{A})=q(\boldsymbol{A})g_2(\boldsymbol{A})+r(\boldsymbol{A})$，所以 $r(\boldsymbol{A})=\boldsymbol{O}$。

由最小多项式的定义，$r(x)=0$，即 $g_2(x)\mid g_1(x)$。同理可得 $g_1(x)\mid g_2(x)$，则 $g_2(x)=cg_1(x)$，$c\neq 0$。又因为 $g_1(x)$，$g_2(x)$ 是首项系数为 1 的多项式，则 $c=1$。故 $g_1(x)=g_2(x)$。

定理 2.2.2　设 $g(x)$ 是矩阵 $\boldsymbol{A}$ 的最小多项式，那么 $f(x)$ 以 $\boldsymbol{A}$ 为根的充要条件是 $g(x)$ 整除 $f(x)$。特别地，矩阵 $\boldsymbol{A}$ 的最小多项式是 $\boldsymbol{A}$ 的特征多项式的一个因子。

证　充分性显然，只证必要性。由带余除法，$f(x)$ 可表示为 $f(x)=q(x)g(x)+r(x)$，其中 $r(x)=0$ 或 $\partial(r(x))<\partial(g(x))$。于是，$f(\boldsymbol{A})=q(\boldsymbol{A})g(\boldsymbol{A})+r(\boldsymbol{A})=\boldsymbol{O}$，所以 $r(\boldsymbol{A})=\boldsymbol{O}$。由最小多项式的定义，$r(x)=0$，则 $g(x)\mid f(x)$。由此可知，若 $g(x)$ 是 $\boldsymbol{A}$ 的最小多项式，则 $g(x)$ 整除任何一个以 $\boldsymbol{A}$ 为根的多项式，从而整除 $\boldsymbol{A}$ 的特征多项式。即矩阵 $\boldsymbol{A}$ 的最小多项式是 $\boldsymbol{A}$ 的特征多项式的一个因子。

例 2.2.1　数量矩阵 $k\boldsymbol{E}$ 的最小多项式为 $x-k$，特别地，单位矩阵的最小多项式为 $x-1$，零矩阵的最小多项式为 x。另一方面，如果 $\boldsymbol{A}$ 的最小多项式是一次多项式，那么 $\boldsymbol{A}$ 一定是数量矩阵。

例 2.2.2 设 $\boldsymbol{A}=\begin{pmatrix}1 & 1 & \\ & 1 & \\ & & 1\end{pmatrix}$，求 $\boldsymbol{A}$ 的最小多项式。

解 因为 $\boldsymbol{A}$ 的特征多项式 $f(\lambda)=(\lambda-1)^3$，则 $\boldsymbol{A}$ 的最小多项式有三种可能：

$$(\lambda-1),(\lambda-1)^2,(\lambda-1)^3,$$

由于 $\boldsymbol{A}-\boldsymbol{E}\neq\boldsymbol{O}$，而 $(\boldsymbol{A}-\boldsymbol{E})^2=\begin{pmatrix}0&1&0\\0&0&0\\0&0&0\end{pmatrix}\begin{pmatrix}0&1&0\\0&0&0\\0&0&0\end{pmatrix}=\begin{pmatrix}0&0&0\\0&0&0\\0&0&0\end{pmatrix}$。

因此，矩阵 $\boldsymbol{A}$ 的最小多项式为 $(\lambda-1)^2$。

例 2.2.3 设 $\boldsymbol{A}=\begin{pmatrix}1&1&&\\&1&&\\&&1&\\&&&2\end{pmatrix}$，$\boldsymbol{B}=\begin{pmatrix}1&1&&\\&1&&\\&&2&\\&&&2\end{pmatrix}$，$\boldsymbol{A}$ 与 $\boldsymbol{B}$ 的最小多项式都等于 $(x-1)^2(x-2)$，但是它们的特征多项式不同，因此 $\boldsymbol{A}$ 和 $\boldsymbol{B}$ 不是相似的。

定理 2.2.3 设 $\boldsymbol{A}=\begin{pmatrix}\boldsymbol{A}_1 & \boldsymbol{O}\\ \boldsymbol{O} & \boldsymbol{A}_2\end{pmatrix}$ 是一个准对角矩阵，并设 $\boldsymbol{A}_1$ 的最小多项式为 $g_1(x)$，$\boldsymbol{A}_2$ 的最小多项式为 $g_2(x)$，那么 $\boldsymbol{A}$ 的最小多项式为 $g_1(x)$，$g_2(x)$ 的最小公倍式 $[g_1(x),g_2(x)]$。

证 记 $g(x)=[g_1(x),g_2(x)]$，首先，$g(\boldsymbol{A})=\begin{pmatrix}g(\boldsymbol{A}_1) & \boldsymbol{O}\\ \boldsymbol{O} & g(\boldsymbol{A}_2)\end{pmatrix}=\boldsymbol{O}$，即 $\boldsymbol{A}$ 为 $g(x)$ 的根，所以 $g(x)$ 被矩阵 $\boldsymbol{A}$ 的最小多项式整除。

其次，任给 $h(x)$ 使得 $h(\boldsymbol{A})=\boldsymbol{O}$，则 $h(\boldsymbol{A})=\begin{pmatrix}h(\boldsymbol{A}_1) & \boldsymbol{O}\\ \boldsymbol{O} & h(\boldsymbol{A}_2)\end{pmatrix}=\boldsymbol{O}$，从而 $h(\boldsymbol{A}_1)=h(\boldsymbol{A}_2)=\boldsymbol{O}$，所以 $g_1(x)\mid h(x),g_2(x)\mid h(x)$，则 $g(x)\mid h(x)$，故 $g(x)$ 为 $\boldsymbol{A}$ 的最小多项式。

如果 $\boldsymbol{A}=\mathbf{diag}(\boldsymbol{A}_1,\boldsymbol{A}_2,\cdots,\boldsymbol{A}_s)$，$\boldsymbol{A}_i$ 的最小多项式为 $g_i(x)(i=1,2,\cdots,s)$，那么 $\boldsymbol{A}$ 的最小多项式为 $[g_1(x),g_2(x),\cdots,g_s(x)]$。

定理 2.2.4 k 阶矩阵 $\boldsymbol{J}=\begin{pmatrix}a&&&\\1&a&&\\&\ddots&\ddots&\\&&1&a\end{pmatrix}$ 的最小多项式为 $(x-a)^k$。

证　$\boldsymbol{J}$ 的特征多项式为 $(x-a)^k$，所以　$(\boldsymbol{J}-a\boldsymbol{E})^k=\boldsymbol{O}$，
而

$$\boldsymbol{J}-a\boldsymbol{E}=\begin{pmatrix}0&&&\\1&0&&\\&\ddots&\ddots&\\&&1&0\end{pmatrix}\neq\boldsymbol{O},$$

$$(\boldsymbol{J}-a\boldsymbol{E})^2=\begin{pmatrix}0&&&&\\0&0&&&\\1&0&0&&\\&\ddots&\ddots&\ddots&\\&1&0&0&\end{pmatrix}\neq\boldsymbol{O},$$

$$(\boldsymbol{J}-a\boldsymbol{E})^{k-1}=\begin{pmatrix}0&&&\\0&0&&\\\vdots&\vdots&\ddots&\\1&0&\cdots&0\end{pmatrix}\neq\boldsymbol{O},$$

所以 $\boldsymbol{J}$ 的最小多项式为 $(x-a)^k$。

由定理 2.2.4 知道，k 阶若尔当块矩阵的最小多项式为 $(x-a)^k$，那么对于一个对角矩阵，对角线上的每个元素都可以认为是一个若尔当块矩阵，都与一个一次因式对应，再由定理 2.2.3，我们可以不加证明地给出下面结论。

定理 2.2.5　数域 P 上 n 阶矩阵 $\boldsymbol{A}$ 与对角矩阵相似的充要条件为 $\boldsymbol{A}$ 的最小多项式是 P 上互素的一次因式的乘积。

推论　复数矩阵 $\boldsymbol{A}$ 与对角矩阵相似的充要条件是 $\boldsymbol{A}$ 的最小多项式没有重根。

2.2.2　λ-矩阵

定义 2.2.2（λ-矩阵）　设 P 是数域，λ 是一个文字。以 λ 的多项式为元素的矩阵叫作数域 P 上的 λ-矩阵。

注　以数域 P 中的数为元素的数字矩阵也是 λ-矩阵。但是为了与 λ-矩阵区别，有时把以 P 中的数为元素的矩阵称为数字矩阵。以下用 $\boldsymbol{A}(\lambda)$，$\boldsymbol{B}(\lambda)$，…表示 λ-矩阵。

λ-矩阵的相等、加、减、乘、数乘运算以及 n 阶 λ-矩阵的行列式的定义与数字矩阵的相应定义类似，并且有相同的运算规律和行列式性质。λ-矩阵的行列式是 λ 的多项式。此外也有 λ-矩阵

的子式的概念。

定义 2.2.3（$\boldsymbol{\lambda}$-矩阵的秩） 如果 λ-矩阵 $\boldsymbol{A}(\lambda)$ 中有一个 $r(\geqslant 1)$ 阶子式不为零，而所有 $r+1$ 阶子式（如果有的话）全为零，则称 $\boldsymbol{A}(\lambda)$ 的秩为 r。零矩阵的秩规定为零。

定义 2.2.4（$\boldsymbol{\lambda}$-矩阵的逆矩阵） 如果有一个 n 阶 λ-矩阵 $\boldsymbol{B}(\lambda)$，使 n 阶 λ-矩阵 $\boldsymbol{A}(\lambda)$ 有 $\boldsymbol{A}(\lambda)\boldsymbol{B}(\lambda)=\boldsymbol{B}(\lambda)\boldsymbol{A}(\lambda)=\boldsymbol{E}$，则称 $\boldsymbol{B}(\lambda)$ 称为 $\boldsymbol{A}(\lambda)$ 的逆矩阵，记为 $\boldsymbol{A}^{-1}(\lambda)$，其计算公式为 $\boldsymbol{A}^{-1}(\lambda)=\dfrac{1}{\det(\boldsymbol{A}(\lambda))}\boldsymbol{A}^*(\lambda)$，其中 $\boldsymbol{A}^*(\lambda)$ 称为 $\boldsymbol{A}(\lambda)$ 的伴随矩阵，且

$$\boldsymbol{A}^*(\lambda)=\begin{pmatrix} A_{11}(\lambda) & A_{21}(\lambda) & \cdots & A_{n1}(\lambda) \\ A_{12}(\lambda) & A_{22}(\lambda) & \cdots & A_{n2}(\lambda) \\ \vdots & \vdots & & \vdots \\ A_{1n}(\lambda) & A_{2n}(\lambda) & \cdots & A_{nn}(\lambda) \end{pmatrix},$$

$A_{ij}(\lambda)$ 为元素 $a_{ij}(\lambda)$ 对应的代数余子式。

注 λ-矩阵的逆矩阵是唯一的。（证明方法同数字矩阵）

定理 2.2.6 n 阶 λ-矩阵 $\boldsymbol{A}(\lambda)$ 可逆的充分必要条件是 $|\boldsymbol{A}(\lambda)|$ 是非零常数。

证 充分性：设 $d=|\boldsymbol{A}(\lambda)|$ 是一个非零的数。$\boldsymbol{A}^*(\lambda)$ 是 $\boldsymbol{A}(\lambda)$ 的伴随矩阵，它也是一个 λ-矩阵，而

$$\boldsymbol{A}(\lambda)\frac{1}{d}\boldsymbol{A}^*(\lambda)=\frac{1}{d}\boldsymbol{A}^*(\lambda)\boldsymbol{A}(\lambda)=\boldsymbol{O},$$

因此，$\boldsymbol{A}(\lambda)$ 可逆。

必要性：如果 $\boldsymbol{A}(\lambda)$ 可逆，在 $\boldsymbol{A}(\lambda)\boldsymbol{B}(\lambda)=\boldsymbol{B}(\lambda)\boldsymbol{A}(\lambda)=\boldsymbol{E}$ 的两边取行列式，

$$|\boldsymbol{A}(\lambda)||\boldsymbol{B}(\lambda)|=|\boldsymbol{E}|=1,$$

因为 $|\boldsymbol{A}(\lambda)|$ 与 $|\boldsymbol{B}(\lambda)|$ 都是 λ 的多项式，所以由它们的乘积是 1 可以推知，它们都是零次多项式，也是非零的数。

注 对 λ-矩阵，行列式不为零未必可逆，满秩未必可逆，这与数字矩阵不同。

定义 2.2.5（$\boldsymbol{\lambda}$-矩阵的初等变换与初等 $\boldsymbol{\lambda}$-矩阵） 下述三种变换叫作 λ-矩阵的初等行（列）变换：①互换矩阵两行（列）的位置；

②矩阵的某一行(列)乘以非零常数 c；③矩阵的某一行(列)加另一行(列)的 $\varphi(\lambda)$ 倍($\varphi(\lambda)\in P[\lambda]$)，同时由单位矩阵 $\boldsymbol{E}$ 经过一次 λ-矩阵的初等变换所得到的矩阵叫作初等 λ-矩阵。

定义 2.2.6(λ-矩阵等价)　如果 λ-矩阵 $\boldsymbol{A}(\lambda)$ 可以经过一系列初等变换化为 $\boldsymbol{B}(\lambda)$，则称 $\boldsymbol{A}(\lambda)$ 与 $\boldsymbol{B}(\lambda)$ 等价。

定理 2.2.7　设 λ-矩阵 $\boldsymbol{A}(\lambda)$ 的左上角元素 $a_{11}(\lambda)\neq 0$，并且 $\boldsymbol{A}(\lambda)$ 中至少有一个元素不能被 $a_{11}(\lambda)$ 整除，则一定存在一个与 $\boldsymbol{A}(\lambda)$ 等价的矩阵 $\boldsymbol{B}(\lambda)$，$\boldsymbol{B}(\lambda)$ 左上角元素也不为零，但是其次数比 $a_{11}(\lambda)$ 的次数低。

由定理 2.2.7 可知，对任何非零 λ-矩阵 $\boldsymbol{A}(\lambda)$，存在一个与之等价的 λ-矩阵 $\boldsymbol{B}(\lambda)$，$\boldsymbol{B}(\lambda)$ 左上角元素不为零，且可以整除 $\boldsymbol{B}(\lambda)$ 中的所有元素。

定理 2.2.8　任意一个非零的 $s\times n$ 的 λ-矩阵 $\boldsymbol{A}(\lambda)$ 都等价于 λ-矩阵 $\mathbf{diag}(d_1(\lambda),\cdots,d_r(\lambda),0,\cdots,0)$，其中 $r\geqslant 1$，$d_i(\lambda)$ $(i=1,2,\cdots,r)$ 是首项系数为 1 的多项式，且 $d_i(\lambda)\mid d_{i+1}(\lambda)$ $(i=1,2,\cdots,r-1)$。这种形式的 λ-矩阵称为 $\boldsymbol{A}(\lambda)$ 的史密斯标准形。

例 2.2.4

求 λ-矩阵 $\boldsymbol{A}(\lambda)=\begin{pmatrix}1-\lambda & \lambda^2 & \lambda\\ \lambda & \lambda & -\lambda\\ 1+\lambda^2 & \lambda^2 & -\lambda^2\end{pmatrix}$ 的标准形。

解

$$\boldsymbol{A}(\lambda)=\begin{pmatrix}1-\lambda & \lambda^2 & \lambda\\ \lambda & \lambda & -\lambda\\ 1+\lambda^2 & \lambda^2 & -\lambda^2\end{pmatrix}\xrightarrow[c_1+c_3]{}\begin{pmatrix}1 & \lambda^2 & \lambda\\ 0 & \lambda & -\lambda\\ 1 & \lambda^2 & -\lambda^2\end{pmatrix}\xrightarrow{r_3-r_1}\begin{pmatrix}1 & \lambda^2 & \lambda\\ 0 & \lambda & -\lambda\\ 0 & 0 & -\lambda^2-\lambda\end{pmatrix}$$

$$\xrightarrow[\substack{c_2-\lambda^2c_1\\ c_3-\lambda c_1}]{}\begin{pmatrix}1 & 0 & 0\\ 0 & \lambda & -\lambda\\ 0 & 0 & -\lambda^2-\lambda\end{pmatrix}\xrightarrow{(-1)r_3}\begin{pmatrix}1 & 0 & 0\\ 0 & \lambda & -\lambda\\ 0 & 0 & \lambda(\lambda+1)\end{pmatrix}\xrightarrow[c_3+c_2]{}\begin{pmatrix}1 & 0 & 0\\ 0 & \lambda & 0\\ 0 & 0 & \lambda(\lambda+1)\end{pmatrix}。$$

例 2.2.4 的 Maple 源程序

```
> #example2.2.4;
> restart:with(LinearAlgebra):with(linalg):with
(polytools):
> A:=Matrix(3,3,[1-lambda,lambda^2,lambda,lambda,
lambda,-
```

```
lambda,1+lambda^2,lambda^2,-lambda^2]);
```

$$A:=\begin{bmatrix}1-\lambda & \lambda^2 & \lambda\\ \lambda & \lambda & -\lambda\\ \lambda^2+1 & \lambda^2 & -\lambda^2\end{bmatrix}$$

```
> addcol(%,3,1,1);
```

$$\begin{bmatrix}1 & \lambda^2 & \lambda\\ 0 & \lambda & -\lambda\\ 1 & \lambda^2 & -\lambda^2\end{bmatrix}$$

```
> addrow(%,1,3,-1);
```

$$\begin{bmatrix}1 & \lambda^2 & \lambda\\ 0 & \lambda & -\lambda\\ 0 & 0 & -\lambda^2-\lambda\end{bmatrix}$$

```
> addcol(%,1,2,-lambda^2);
```

$$\begin{bmatrix}1 & 0 & \lambda\\ 0 & \lambda & -\lambda\\ 0 & 0 & -\lambda^2-\lambda\end{bmatrix}$$

```
> addcol(%,1,3,-lambda);
```

$$\begin{bmatrix}1 & 0 & 0\\ 0 & \lambda & -\lambda\\ 0 & 0 & -\lambda^2-\lambda\end{bmatrix}$$

```
> mulrow(%,3,-1);
```

$$\begin{bmatrix}1 & 0 & 0\\ 0 & \lambda & -\lambda\\ 0 & 0 & \lambda^2+\lambda\end{bmatrix}$$

```
> addcol(%,2,3,1);
```

$$\begin{bmatrix}1 & 0 & 0\\ 0 & \lambda & 0\\ 0 & 0 & \lambda^2+\lambda\end{bmatrix}$$

定义 2.2.7(行列式因子) 设λ-矩阵$\boldsymbol{A}(\lambda)$的秩为$r>0$，对于正整数$k(1\leqslant k\leqslant r)$，$\boldsymbol{A}(\lambda)$中必有非零的$k$阶子式，$\boldsymbol{A}(\lambda)$中全部$k$阶子式的首项系数为1的最大公因式$D_k(\lambda)$称为$\boldsymbol{A}(\lambda)$的$k$级行列式因子。

注 $\boldsymbol{A}(\lambda)$的k阶子式都是λ的多项式，它们的首项系数为1的最大公因式就是$\boldsymbol{A}(\lambda)$的k级行列式因子。秩为r的λ-矩阵

共有 r 个行列式因子，它们是由该 λ-矩阵完全确定的，是 λ 的非零多项式。**行列式因子的意义就是它们在初等变换下是不变的。**

定理 2.2.9　等价的 λ-矩阵有相同的秩和相同的各级行列式因子。

证　只需要证明，λ-矩阵经过一次初等变换，秩与行列式因子是不变的。

设 λ-矩阵 $\boldsymbol{A}(\lambda)$ 经过一次初等行变换变成 $\boldsymbol{B}(\lambda)$，$f(\lambda)$ 与 $g(\lambda)$ 分别是 $\boldsymbol{A}(\lambda)$、$\boldsymbol{B}(\lambda)$ 的 k 级行列式因子。我们证明 $f=g$。下面分三种情形讨论：

(1) $\boldsymbol{A}(\lambda)\xrightarrow{[i,j]}\boldsymbol{B}(\lambda)$。这时，$\boldsymbol{B}(\lambda)$ 的每个 k 阶子式或者等于 $\boldsymbol{A}(\lambda)$ 的某个 k 阶子式，或者与 $\boldsymbol{A}(\lambda)$ 的某一个 k 阶子式反号，因此 $f(\lambda)$ 是 $\boldsymbol{B}(\lambda)$ 的 k 阶子式的公因式，从而 $f(\lambda)\mid g(\lambda)$。

(2) $\boldsymbol{A}(\lambda)\xrightarrow{[i(c)]}\boldsymbol{B}(\lambda)$。这时，$\boldsymbol{B}(\lambda)$ 的每个 k 阶子式或者等于 $\boldsymbol{A}(\lambda)$ 的某个 k 阶子式，或者等于 $\boldsymbol{A}(\lambda)$ 的某一个 k 阶子式的 c 倍。因此 $f(\lambda)$ 是 $\boldsymbol{B}(\lambda)$ 的 k 阶子式的公因式，从而 $f(\lambda)\mid g(\lambda)$。

(3) $\boldsymbol{A}(\lambda)\xrightarrow{[i+j(\varphi)]}\boldsymbol{B}(\lambda)$。这时，$\boldsymbol{B}(\lambda)$ 中那些包含 i 行与 j 行的 k 阶子式和那些不包含 i 行的 k 阶子式都等于 $\boldsymbol{A}(\lambda)$ 中对应的 k 阶子式；$\boldsymbol{B}(\lambda)$ 中那些包含 i 行但不包含 j 行的 k 阶子式，按 i 行分成两部分，而等于 $\boldsymbol{A}(\lambda)$ 的一个 k 阶子式与另一个 k 阶子式的 $\pm\varphi(\lambda)$ 的和，也就是 $\boldsymbol{A}(\lambda)$ 的两个 k 阶子式的组合。因此 $f(\lambda)$ 是 $\boldsymbol{B}(\lambda)$ 的 k 阶子式的公因式，从而 $f(\lambda)\mid g(\lambda)$。

对于列变换，可以完全一样地讨论。总之，如果 $\boldsymbol{A}(\lambda)$ 经过一次初等变换变成 $\boldsymbol{B}(\lambda)$，那么 $f(\lambda)\mid g(\lambda)$。但由初等变换的可逆性，$\boldsymbol{B}(\lambda)$ 也可以经过一次初等变换变成 $\boldsymbol{A}(\lambda)$。由上面的讨论，同样应有 $g(\lambda)\mid f(\lambda)$，于是 $f(\lambda)=g(\lambda)$。

当 $\boldsymbol{A}(\lambda)$ 的全部 k 阶子式为零时，$\boldsymbol{B}(\lambda)$ 的全部 k 阶子式也就等于零；反之亦然。因此，$\boldsymbol{A}(\lambda)$ 与 $\boldsymbol{B}(\lambda)$ 既有相同的各级行列式因子，又有相同的秩。

注　1. 等价的 λ-矩阵有相同的秩，但是秩相同的 λ-矩阵却未必等价，这一点与数字矩阵不同。比如：$\boldsymbol{A}(\lambda)=\begin{pmatrix}1 & 0\\ 0 & \lambda^2\end{pmatrix}$，$\boldsymbol{B}(\lambda)=\begin{pmatrix}1 & 0\\ 0 & \lambda\end{pmatrix}$ 的秩均为 2，但它们不等价。否则有 $\boldsymbol{A}(\lambda)=\boldsymbol{P}_1\boldsymbol{P}_2\cdots\boldsymbol{P}_l\boldsymbol{B}(\lambda)\boldsymbol{Q}_1\boldsymbol{Q}_2\cdots\boldsymbol{Q}_t$，两边取行列式并注意到初等 λ-矩阵的行列式为非零常数，可得 $\lambda^2=k\lambda$，矛盾。

2. 有相同的秩与相同的各级行列式因子，则矩阵等价。

设$\boldsymbol{A}(\lambda)$的标准形为$\textbf{diag}(d_1(\lambda),\cdots,d_r(\lambda),0,\cdots,0)$，其中$r\geqslant 1$，$d_i(\lambda)(i=1,2,\cdots,r)$是首项系数为 1 的多项式，且$d_i(\lambda)|d_{i+1}(\lambda)(i=1,2,\cdots,r-1)$。

定理 2.2.10 λ-矩阵的标准形是唯一的。

证 设$\textbf{diag}(d_1(\lambda),d_2(\lambda),\cdots,d_r(\lambda),0,\cdots,0)$是$\boldsymbol{A}(\lambda)$的标准形。由于$\boldsymbol{A}(\lambda)$与所设的矩阵等价，它们有相同的秩与相同的行列式因子，因此，$\boldsymbol{A}(\lambda)$的秩就是标准形的主对角线上非零元素的个数r；$\boldsymbol{A}(\lambda)$的k级行列式因子就是

$$D_k(\lambda)=d_1(\lambda)d_2(\lambda)\cdots d_k(\lambda)(k=1,2,\cdots,r),$$

于是

$$d_1(\lambda)=D_1(\lambda),d_2(\lambda)=\frac{D_2(\lambda)}{D_1(\lambda)},\cdots,d_r(\lambda)=\frac{D_r(\lambda)}{D_{r-1}(\lambda)}。$$

这说明$\boldsymbol{A}(\lambda)$的标准形的主对角线上的非零元素是被$\boldsymbol{A}(\lambda)$的行列式因子所唯一决定的，所以$\boldsymbol{A}(\lambda)$的标准形是唯一的。

定义 2.2.8（不变因子） λ-矩阵标准形的主对角线上的非零元$d_1(\lambda),d_2(\lambda),\cdots,d_r(\lambda)$，叫作此λ-矩阵的不变因子。

定理 2.2.11 两个$m\times n$的λ-矩阵等价的充分必要条件是它们有相同的行列式因子，或者它们有相同的不变因子。

证 定理 2.2.10 的证明中给出了λ-矩阵的行列式因子与不变因子之间的关系。这个关系式说明，行列式因子与不变因子是相互确定的。因此，说两个矩阵有相同的各级行列式因子，就等于说它们有相同的各级不变因子。必要性已由定理 2.2.9 证明。充分性是很明显的。事实上，若λ-矩阵$\boldsymbol{A}(\lambda)$与$\boldsymbol{B}(\lambda)$有相同的不变因子，则$\boldsymbol{A}(\lambda)$与$\boldsymbol{B}(\lambda)$的和同一个标准形等价，因而$\boldsymbol{A}(\lambda)$与$\boldsymbol{B}(\lambda)$等价。

例 2.2.5 求n阶λ-矩阵

$$\boldsymbol{A}(\lambda)=\begin{pmatrix} \lambda & 0 & 0 & \cdots & 0 & a_n \\ -1 & \lambda & 0 & \cdots & 0 & a_{n-1} \\ 0 & -1 & \lambda & \cdots & 0 & a_{n-2} \\ \vdots & \vdots & \vdots & & \vdots & \vdots \\ 0 & 0 & 0 & \cdots & \lambda & a_2 \\ 0 & 0 & 0 & \cdots & -1 & \lambda+a_1 \end{pmatrix}$$

的标准形。

解　由$\boldsymbol{A}(\lambda)$的史密斯标准形中对角线上的各元素$d_1(\lambda)$，$d_2(\lambda),\cdots,d_n(\lambda)$恰为$\boldsymbol{A}(\lambda)$的不变因子，故该问题仍是求$\boldsymbol{A}(\lambda)$的行列式因子及不变因子问题。

先求$\boldsymbol{A}(\lambda)$的n级行列式因子

$$D_n(\lambda)=\begin{vmatrix} \lambda & 0 & 0 & \cdots & 0 & a_n \\ -1 & \lambda & 0 & \cdots & 0 & a_{n-1} \\ 0 & -1 & \lambda & \cdots & 0 & a_{n-2} \\ \vdots & \vdots & \vdots & & \vdots & \vdots \\ 0 & 0 & 0 & \cdots & \lambda & a_2 \\ 0 & 0 & 0 & \cdots & -1 & \lambda+a_1 \end{vmatrix}=\begin{vmatrix} 0 & 0 & 0 & \cdots & 0 & \varphi(\lambda) \\ -1 & \lambda & 0 & \cdots & 0 & a_{n-1} \\ 0 & -1 & \lambda & \cdots & 0 & a_{n-2} \\ \vdots & \vdots & \vdots & & \vdots & \vdots \\ 0 & 0 & 0 & \cdots & \lambda & a_2 \\ 0 & 0 & 0 & \cdots & -1 & \lambda+a_1 \end{vmatrix},$$

上式右端是将$D_n(\lambda)$的第$2,3,\cdots,n$行依次乘$\lambda,\lambda^2,\cdots,\lambda^{n-1}$，然后都加到第 1 行上得到，其中

$$\varphi(\lambda)=\lambda^n+a_1\lambda^{n-1}+a_2\lambda^{n-2}+\cdots+a_{n-1}\lambda+a_n,$$

按第 1 行展开，得

$$D_n(\lambda)=(-1)^{n+1}\varphi(\lambda)(-1)^{n-1}=\varphi(\lambda),$$

由于有一个$n-1$阶子式为(左下角元素构成)$(-1)^{n-1}\neq0$，因此$\boldsymbol{A}(\lambda)$的$n-1$级行列式因子$D_{n-1}(\lambda)=1$，从而有

$$D_1(\lambda)=D_2(\lambda)=\cdots=D_{n-1}(\lambda)=1,\ D_n(\lambda)=\varphi(\lambda),$$

$\boldsymbol{A}(\lambda)$的不变因子为

$$d_1(\lambda)=d_2(\lambda)=\cdots=d_{n-1}(\lambda)=1,\ d_n(\lambda)=\varphi(\lambda),$$

于是$\boldsymbol{A}(\lambda)$的史密斯标准形为

$$\begin{pmatrix} 1 & & & \\ & \ddots & & \\ & & 1 & \\ & & & \varphi(\lambda) \end{pmatrix}。$$

定理 2.2.12　$\boldsymbol{A}(\lambda)$可逆的充分必要条件是$\boldsymbol{A}(\lambda)$可表示成一系列初等λ-矩阵的乘积。

推论　两个$s\times n$的λ-矩阵$\boldsymbol{A}(\lambda)$与$\boldsymbol{B}(\lambda)$等价的充分必要条件是存在一个s阶可逆λ-矩阵$\boldsymbol{P}(\lambda)$与一个n阶可逆λ-矩阵$\boldsymbol{Q}(\lambda)$，使$\boldsymbol{B}(\lambda)=\boldsymbol{P}(\lambda)\boldsymbol{A}(\lambda)\boldsymbol{Q}(\lambda)$。

例 2.2.6　求可逆λ-矩阵的标准形。

解　设$\boldsymbol{A}(\lambda)$可逆，则$|\boldsymbol{A}(\lambda)|=d\neq0$，所以其$n$级行列式因子是$D_n(\lambda)=1$，由此可得$D_1(\lambda)=D_2(\lambda)=\cdots=D_n(\lambda)=1$，从而

$d_i(\lambda)=1(i=1,2,\cdots,n)$。所以$\boldsymbol{A}(\lambda)$的标准形是$\boldsymbol{E}$。

反过来，若$\boldsymbol{A}(\lambda)$与$\boldsymbol{E}$等价，则$\boldsymbol{A}(\lambda)=\boldsymbol{P}_1(\lambda)\cdots\boldsymbol{P}_s(\lambda)\boldsymbol{E}\boldsymbol{Q}_1(\lambda)\cdots\boldsymbol{Q}_t(\lambda)$(这里$\boldsymbol{P}_i(\lambda),\boldsymbol{Q}_j(\lambda)$是初等$\lambda$-矩阵)，两边取行列式可见$|\boldsymbol{A}(\lambda)|$是非零常数，即$\boldsymbol{A}(\lambda)$可逆。总之有：$\boldsymbol{A}(\lambda)$可逆$\Leftrightarrow$ $\boldsymbol{A}(\lambda)$与$\boldsymbol{E}$等价。

在求一个数字矩阵$\boldsymbol{A}$的特征值和特征向量时曾出现过λ-矩阵$\lambda\boldsymbol{E}-\boldsymbol{A}$，我们称它为$\boldsymbol{A}$的**特征矩阵**。它是一个特殊的$\lambda$-矩阵，因此前面一般结论自然适用于$\lambda\boldsymbol{E}-\boldsymbol{A}$。

定理 2.2.13 $\boldsymbol{A}$，$\boldsymbol{B}$是n阶数字矩阵，若有n阶矩阵$\boldsymbol{P}_0$，$\boldsymbol{Q}_0$，使$\lambda\boldsymbol{E}-\boldsymbol{A}=\boldsymbol{P}_0(\lambda\boldsymbol{E}-\boldsymbol{B})\boldsymbol{Q}_0$，则$\boldsymbol{A}$与$\boldsymbol{B}$相似。

证 因$\boldsymbol{P}_0(\lambda\boldsymbol{E}-\boldsymbol{B})\boldsymbol{Q}_0=\lambda\boldsymbol{P}_0\boldsymbol{Q}_0-\boldsymbol{P}_0\boldsymbol{B}\boldsymbol{Q}_0$，它又与$\lambda\boldsymbol{E}-\boldsymbol{A}$相等，进行比较后应有$\boldsymbol{P}_0\boldsymbol{Q}_0=\boldsymbol{E}$，$\boldsymbol{P}_0\boldsymbol{B}\boldsymbol{Q}_0=\boldsymbol{A}$。因此$\boldsymbol{Q}_0=\boldsymbol{P}_0^{-1}$，而$\boldsymbol{A}=\boldsymbol{P}_0\boldsymbol{B}\boldsymbol{Q}_0^{-1}$。故$\boldsymbol{A}$与$\boldsymbol{B}$相似。

定理 2.2.14 设$\boldsymbol{A}$，$\boldsymbol{B}$是数域P上的n阶矩阵，则$\boldsymbol{A}$与$\boldsymbol{B}$相似的充分必要条件是它们的特征矩阵$\lambda\boldsymbol{E}-\boldsymbol{A}$与$\lambda\boldsymbol{E}-\boldsymbol{B}$等价。

定义 2.2.9 矩阵$\boldsymbol{A}$的特征矩阵$\lambda\boldsymbol{E}-\boldsymbol{A}$的不变因子(行列式因子)叫作数字矩阵$\boldsymbol{A}$的不变因子(行列式因子)。

推论 矩阵$\boldsymbol{A}$与$\boldsymbol{B}$相似的充分必要条件是它们有相同的不变因子(行列式因子)。

对任意n阶数字矩阵$\boldsymbol{A}$，其特征多项式

$$|\lambda\boldsymbol{E}-\boldsymbol{A}|=\lambda^n-(a_{11}+\cdots+a_{nn})\lambda^{n-1}+\cdots+(-1)^n|\boldsymbol{A}|\neq 0$$

是λ的首项系数为1的n次多项式，所以$|\lambda\boldsymbol{E}-\boldsymbol{A}|$就是$\lambda\boldsymbol{E}-\boldsymbol{A}$的$n$级行列式因子，即$|\lambda\boldsymbol{E}-\boldsymbol{A}|=D_n(\lambda)=d_1(\lambda)d_2(\lambda)\cdots d_n(\lambda)$。由此可见，$\boldsymbol{A}$的所有不变因子之积等于$\boldsymbol{A}$的特征多项式，所以$\boldsymbol{A}$的所有不变因子的次数之和为$\boldsymbol{A}$的阶数$n$。

线性变换在不同基下的矩阵是相似的，而不变因子是矩阵的相似不变量，所以一个线性变换在不同基下的矩阵虽然不同，但它们的不变因子却相同。把线性变换的任一矩阵的不变因子定义为该线性变换的不变因子，它是被线性变换完全确定的。

定义 2.2.10(初等因子) 把λ-矩阵$\boldsymbol{A}(\lambda)$的每个次数大于零的不变因子在复数域上分解成互不相同的一次因式方幂的乘积，所有这些一次因式方幂(相同的按出现的次数计算)称为$\boldsymbol{A}(\lambda)$

的初等因子。矩阵 $\boldsymbol{A}$ 的特征矩阵 $\lambda\boldsymbol{E}-\boldsymbol{A}$ 的初等因子叫作数字矩阵 $\boldsymbol{A}$ 的初等因子。

注　假设一个 12 级 λ-矩阵 $\boldsymbol{A}(\lambda)$ 的不变因子是

$$\underbrace{1,1,\cdots,1}_{8个},\lambda-1,(\lambda-1)^2,(\lambda-1)^2(\lambda+1),(\lambda-1)^2(\lambda+1)(\lambda^2+1)^2,$$

按定义，它的初等因子有 8 个，分别是

$$\lambda-1,(\lambda-1)^2,(\lambda-1)^2,\lambda+1,(\lambda-1)^2,\lambda+1,(\lambda-\mathrm{i})^2,(\lambda+\mathrm{i})^2。$$

注　在初等因子中，同一个一次因式方幂的初等因子可能出现若干次，但是它们一定分别出自不同的不变因子，即不变因子一定由不同一次因式的初等因子的乘积构成。

例 2.2.7　求 n 阶 λ-矩阵

$$\boldsymbol{A}(\lambda)=\begin{pmatrix} \lambda-a & 0 & 0 & \cdots & 0 & 0 \\ -1 & \lambda-a & 0 & \cdots & 0 & 0 \\ 0 & -1 & \lambda-a & \cdots & 0 & 0 \\ \vdots & \vdots & \vdots & & \vdots & \vdots \\ 0 & 0 & 0 & \cdots & \lambda-a & 0 \\ 0 & 0 & 0 & \cdots & -1 & \lambda-a \end{pmatrix}$$

的行列式因子、不变因子及初等因子。

解　先求 $\boldsymbol{A}(\lambda)$ 的 n 级行列式因子

$$D_n(\lambda)=\det(\boldsymbol{A}(\lambda))=(\lambda-a)^n,$$

再求 $\boldsymbol{A}(\lambda)$ 的 $n-1$ 级行列式因子，其中左下角的 $n-1$ 阶子式为

$$\begin{vmatrix} -1 & \lambda-a & 0 & \cdots & 0 \\ 0 & -1 & \lambda-a & \cdots & 0 \\ \vdots & \vdots & \vdots & & \vdots \\ 0 & 0 & 0 & \cdots & -1 \end{vmatrix}=(-1)^{n-1},$$

因此 $\boldsymbol{A}(\lambda)$ 的所有非零 $n-1$ 阶子式的最高公因式为 1，即 $D_{n-1}(\lambda)=1$，由行列式因子整除递推性，有

$$D_1(\lambda)=D_2(\lambda)=\cdots=D_{n-1}(\lambda)=1,$$

那么 $\boldsymbol{A}(\lambda)$ 的不变因子为

$$d_1(\lambda)=d_2(\lambda)=\cdots=d_{n-1}(\lambda)=1,\ d_n(\lambda)=(\lambda-a)^n,$$

由此得 $\boldsymbol{A}(\lambda)$ 的初等因子 $(\lambda-a)^n$。

定理 2.2.15　两个 $m\times n$ 的 λ-矩阵 $\boldsymbol{A}(\lambda)$，$\boldsymbol{B}(\lambda)$ 等价的充分必要条件是它们有相同的秩和相同的初等因子。

注　两个 λ-矩阵仅有相同的初等因子也不能保证它们等价，还必须有相同的秩。比如 $\mathbf{diag}(1,1,\lambda+1)$ 与 $\mathbf{diag}(1,\lambda+1,0)$ 的初

等因子都是 $\lambda+1$，但它们不等价(具有不同的史密斯标准形)。

定理 2.2.16 两个同级复数矩阵相似的充分必要条件是它们的特征矩阵有相同的初等因子。

定理 2.2.17 对 λ-矩阵 $\boldsymbol{A}(\lambda)=\mathbf{diag}(h_1(\lambda),\cdots,h_r(\lambda),0,\cdots,0)$，其中 $h_i(\lambda)$ 的首项系数为 $1(i=1,2,\cdots,r)$，将 $h_1(\lambda),h_2(\lambda),\cdots,h_r(\lambda)$ 分别分解成互不相同的一次因式方幂的乘积，则所有这些一次因式的方幂(相同的按出现的次数计算)就是 $\boldsymbol{A}(\lambda)$ 的所有初等因子。

在求一个 λ-矩阵的初等因子时，只需用初等变换将其化成对角形(未必是标准形)，然后根据定理 2.2.17 对非零主对角元素进行分解即可得到 λ-矩阵的初等因子。

下面给出由 λ-矩阵的秩和初等因子确定其不变因子的具体方法。

设 λ-矩阵 $\boldsymbol{A}(\lambda)$ 的秩为 r，且全部初等因子均已知，将同一个一次因式方幂的初等因子按降幂排列，而且当其个数不足 r 时添加适当个数的 1[可表示成 $(\lambda-\lambda_i)^0$]，凑够 r 个，得

$$\begin{matrix}(\lambda-\lambda_1)^{k_{11}} & (\lambda-\lambda_2)^{k_{21}} & \cdots & (\lambda-\lambda_t)^{k_{t1}}\\ (\lambda-\lambda_1)^{k_{12}} & (\lambda-\lambda_2)^{k_{22}} & \cdots & (\lambda-\lambda_t)^{k_{t2}}\\ \vdots & \vdots & & \vdots\\ (\lambda-\lambda_1)^{k_{1r}} & (\lambda-\lambda_2)^{k_{2r}} & \cdots & (\lambda-\lambda_t)^{k_{tr}}\end{matrix}$$

其中 $k_{i1}\geqslant k_{i2}\geqslant\cdots\geqslant k_{ir}(i=1,2,\cdots,t)$。将上面中的每一行初等因子乘起来，从上至下依次便是 $\boldsymbol{A}(\lambda)$ 的不变因子 $d_r(\lambda),d_{r-1}(\lambda),\cdots,d_1(\lambda)$，即

$$d_j(\lambda)=(\lambda-\lambda_1)^{k_{1j}}(\lambda-\lambda_2)^{k_{2j}}\cdots(\lambda-\lambda_t)^{k_{tj}},j=1,2,\cdots,r。$$

例 2.2.8 设 $\boldsymbol{A}(\lambda)$ 为 6 阶的 λ-矩阵，$R(\boldsymbol{A}(\lambda))=4$，初等因子为 $\lambda,\lambda^2,\lambda^2,\lambda+1,(\lambda+1)^3,\lambda-1,\lambda-1$，试求 $A(\lambda)$ 的不变因子、行列式因子及史密斯标准形。

解 因 $\boldsymbol{A}(\lambda)$ 为 6 阶矩阵，且 $R(\boldsymbol{A}(\lambda))=4$，将 $\boldsymbol{A}(\lambda)$ 化成史密斯标准形后，其对角线上的元素为 $d_1(\lambda),d_2(\lambda),d_3(\lambda),d_4(\lambda),0,0$。而 $d_1(\lambda),d_2(\lambda),d_3(\lambda),d_4(\lambda)$ 为 $\boldsymbol{A}(\lambda)$ 的不变因子，根据不变因子的整除递推性，初等因子最高方幂应出现在 $d_4(\lambda)$ 中，故

$$d_4(\lambda)=\lambda^2(\lambda+1)^3(\lambda-1)。$$

在其余的初等因子 $\lambda,\lambda^2,\lambda+1,\lambda-1$ 中，最高方幂应出现在 $d_3(\lambda)$

中，故

$$d_3(\lambda)=\lambda^2(\lambda+1)(\lambda-1),$$

而后，其余高次因子应出现在 $d_2(\lambda)$ 中，即

$$d_2(\lambda)=\lambda,\ d_1(\lambda)=1。$$

$\boldsymbol{A}(\lambda)$ 的行列式因子由

$$\frac{D_i(\lambda)}{D_{i-1}(\lambda)}=d_i(\lambda),\ d_1(\lambda)=D_1(\lambda)\ (i=2,3,\cdots,r)$$

得

$$D_1(\lambda)=1, D_2(\lambda)=\lambda, D_3(\lambda)=\lambda^3(\lambda+1)(\lambda-1),$$
$$D_4(\lambda)=\lambda^5(\lambda+1)^4(\lambda-1)^2。$$

$\boldsymbol{A}(\lambda)$ 的史密斯标准形为

$$\mathbf{diag}(1,\lambda,\lambda^2(\lambda+1)(\lambda-1),\lambda^2(\lambda+1)^3(\lambda-1),0,0)。$$

2.2.3 若尔当形矩阵

定义 2.2.11（若尔当块） 形式为

$$\boldsymbol{J}(\lambda,t)=\begin{pmatrix}\lambda & 1 & 0 & \cdots & 0 & 0\\ 0 & \lambda & 1 & \cdots & 0 & 0\\ \vdots & \vdots & \vdots & & \vdots & \vdots\\ 0 & 0 & 0 & \cdots & \lambda & 1\\ 0 & 0 & 0 & \cdots & 0 & \lambda\end{pmatrix}_{t\times t}$$

的矩阵称为若尔当块，其中 λ 可以是实数，也可以是复数。

例如 $\begin{pmatrix}3 & 1\\ & 3\end{pmatrix}$，$\begin{pmatrix}\mathrm{i} & 1 & \\ & \mathrm{i} & 1\\ & & \mathrm{i}\end{pmatrix}$，$\begin{pmatrix}0 & 1 & & \\ & 0 & 1 & \\ & & 0 & 1\\ & & & 0\end{pmatrix}$ 都是不同阶的若尔当块。

定义 2.2.12（若尔当形矩阵） 由若干个若尔当块 $\boldsymbol{J}_i(i=1,2,\cdots,s)$ 组成的准对角矩阵 $\mathbf{diag}(\boldsymbol{J}_1,\boldsymbol{J}_2,\cdots,\boldsymbol{J}_s)$ 称为若尔当形矩阵，记为 $\boldsymbol{J}$。其中 $\boldsymbol{J}_i$ 一般形状如

$$\boldsymbol{J}_i=\begin{pmatrix}\lambda_i & 1 & & & \\ & \lambda_i & 1 & & \\ & & \ddots & \ddots & \\ & & & \lambda_i & 1\\ & & & & \lambda_i\end{pmatrix}_{k_i\times k_i}\quad (i=1,2,\cdots,s),$$

并且 $\lambda_1,\lambda_2,\cdots,\lambda_s$ 中有一些可以相等。

例如，$\begin{pmatrix} 3 & 1 & & & & & & \\ 0 & 3 & & & & & & \\ & & \mathrm{i} & 1 & 0 & & & \\ & & 0 & \mathrm{i} & 1 & & & \\ & & 0 & 0 & \mathrm{i} & & & \\ & & & & & 0 & 1 & 0 & 0 \\ & & & & & 0 & 0 & 1 & 0 \\ & & & & & 0 & 0 & 0 & 1 \\ & & & & & 0 & 0 & 0 & 0 \end{pmatrix}$是若尔当形矩阵。如果将若尔当块定义成下三角矩阵$\begin{pmatrix} \lambda_i & & & & \\ 1 & \lambda_i & & & \\ & 1 & \ddots & & \\ & & \ddots & \lambda_i & \\ & & & 1 & \lambda_i \end{pmatrix}_{k_i \times k_i}$ $(i=1,2,\cdots,s)$，下面的所有讨论及结论也成立。

为了方便统一，在不作说明的情况下，统一写成上三角矩阵。

定理 2.2.18 n 阶若尔当块 $\boldsymbol{J}_0=\begin{pmatrix} \lambda_0 & 1 & & \\ & \lambda_0 & \ddots & \\ & & \ddots & 1 \\ & & & \lambda_0 \end{pmatrix}$的初等因子是$(\lambda-\lambda_0)^n$。

证 显然$|\lambda\boldsymbol{E}-\boldsymbol{J}_0|=(\lambda-\lambda_0)^n$，这就是 $\lambda\boldsymbol{E}-\boldsymbol{J}_0$ 的 n 级行列式因子，由于 $\lambda\boldsymbol{E}-\boldsymbol{J}_0$ 有一个 $n-1$ 阶子式是

$$\begin{vmatrix} -1 & & & \\ \lambda-\lambda_0 & \ddots & & \\ & \ddots & -1 & \\ & & \lambda-\lambda_0 & -1 \end{vmatrix}=(-1)^{n-1},$$

所以它的 $n-1$ 级行列式因子是 1，从而 $n-1$ 级以前的各级的行列式因子全是 1。因此，它的不变因子 $d_1(\lambda)=\cdots=d_{n-1}(\lambda)=1$，$d_n(\lambda)=(\lambda-\lambda_0)^n$。由此即得 $\lambda\boldsymbol{E}-\boldsymbol{J}_0$ 的初等因子是$(\lambda-\lambda_0)^n$。

定理 2.2.19 若尔当形矩阵 $\boldsymbol{J}=\begin{pmatrix} \boldsymbol{J}_1 & & & \\ & \boldsymbol{J}_2 & & \\ & & \ddots & \\ & & & \boldsymbol{J}_s \end{pmatrix}$，其中 $\boldsymbol{J}_i=$

$$\begin{pmatrix} \lambda_i & 1 & & \\ & \lambda_i & \ddots & \\ & & \ddots & 1 \\ & & & \lambda_i \end{pmatrix}_{k_i \times k_i}$$，$i=1,2,\cdots,s$，则若尔当形矩阵 $\boldsymbol{J}$ 的初等因子是 $(\lambda-\lambda_1)^{k_1},(\lambda-\lambda_2)^{k_2},\cdots,(\lambda-\lambda_s)^{k_s}$，即若尔当形矩阵的初等因子就是它的所有若尔当块的初等因子的全体。

由于每个若尔当块完全被它的阶数 n 与主对角线上元素 λ_0 所刻画，而这两个数都反映在它的初等因子 $(\lambda-\lambda_0)^n$ 中。因此，若尔当块被它的初等因子唯一决定。由此可见，若尔当形矩阵除其中若尔当块的排列次序外，其他均是由它的初等因子唯一决定的。

定理 2.2.20　每个 n 阶复数矩阵 $\boldsymbol{A}$ 都与一个若尔当形矩阵相似，这个若尔当形矩阵除去其中若尔当块的排列次序外，是被矩阵 $\boldsymbol{A}$ 唯一决定的，同时称此若尔当形矩阵为 $\boldsymbol{A}$ 的若尔当标准形。

证　设 n 阶矩阵 $\boldsymbol{A}$ 的初等因子为

$$(\lambda-\lambda_1)^{k_1},(\lambda-\lambda_2)^{k_2},\cdots,(\lambda-\lambda_s)^{k_s},$$

其中，$\lambda_1,\lambda_2,\cdots,\lambda_s$ 中可能有相同的，指数 $k_1,k_2,\cdots,k_s$ 中也可能有相同的。每一个初等因子 $(\lambda-\lambda_i)^{k_i}$ 对应一个若尔当块

$$\boldsymbol{J}_i=\begin{pmatrix} \lambda_i & 1 & & \\ & \lambda_i & \ddots & \\ & & \ddots & 1 \\ & & & \lambda_i \end{pmatrix}_{k_i \times k_i}, \quad i=1,2,\cdots,s。$$

这些若尔当块构成若尔当形矩阵

$$\boldsymbol{J}=\begin{pmatrix} \boldsymbol{J}_1 & & & \\ & \boldsymbol{J}_2 & & \\ & & \ddots & \\ & & & \boldsymbol{J}_s \end{pmatrix},$$

故 $\boldsymbol{J}$ 的初等因子也是 $\boldsymbol{A}$ 的初等因子，所以它们相似。

如果另一个若尔当形矩阵 $\bar{\boldsymbol{J}}$ 与 $\boldsymbol{A}$ 相似，那么 $\bar{\boldsymbol{J}}$ 与 $\boldsymbol{A}$ 就有相同的初等因子，因此 $\bar{\boldsymbol{J}}$ 与 $\boldsymbol{J}$ 除了其中若尔当块的排列次序外，其他均相同，由此即得唯一性。

定理 2.2.21　设 T 是复数域上线性空间 V 的一个线性变换，则在 V 中必定存在一组基，使 T 在这组基下的矩阵是若尔当形矩

阵，并且这个若尔当形矩阵除去其中若尔当块的排列次序外，是被线性变换 T 唯一决定的，同时称此若尔当形矩阵为 T 的若尔当标准形。

证 在 V 中任取一组基 $\boldsymbol{\varepsilon}_1,\boldsymbol{\varepsilon}_2,\cdots,\boldsymbol{\varepsilon}_n$，设 T 在这组基下的矩阵是 $\boldsymbol{A}$，由定理 2.2.20，存在可逆矩阵 $\boldsymbol{P}$，使 $\boldsymbol{P}^{-1}\boldsymbol{AP}$ 为若尔当形矩阵。于是在由

$$(\boldsymbol{\eta}_1,\boldsymbol{\eta}_2,\cdots,\boldsymbol{\eta}_n)=(\boldsymbol{\varepsilon}_1,\boldsymbol{\varepsilon}_2,\cdots,\boldsymbol{\varepsilon}_n)\boldsymbol{P}$$

确定的基 $\boldsymbol{\eta}_1,\boldsymbol{\eta}_2,\cdots,\boldsymbol{\eta}_n$ 下，线性变换 T 的矩阵就是 $\boldsymbol{P}^{-1}\boldsymbol{AP}$。由定理 2.2.20，唯一性是显然的。

注 这个唯一性从线性变换的角度具体来说就是在 V 中存在一组基，使 T 在这组基下的矩阵是若尔当形的，如果有另外的一组基也具有这个性质，则它与前一组基是由同一组向量构成的，所不同的只是向量在基中的顺序不同。

下面给出求矩阵 $\boldsymbol{A}$ 的若尔当标准形的具体步骤。

(1) 求出 $\lambda\boldsymbol{E}-\boldsymbol{A}$ 的全部初等因子；

(2) 对每个初等因子写出它所对应的若尔当块；

(3) 用这些若尔当块构造准对角形矩阵，就是矩阵 $\boldsymbol{A}$ 的若尔当标准形。

例 2.2.9

求 $\boldsymbol{A}=\begin{pmatrix}-1&1&0\\-4&3&0\\1&0&2\end{pmatrix}$ 的若尔当标准形 J。

解

$$\lambda\boldsymbol{E}-\boldsymbol{A}=\begin{pmatrix}\lambda+1&-1&0\\4&\lambda-3&0\\-1&0&\lambda-2\end{pmatrix}\rightarrow\begin{pmatrix}1&0&0\\0&1&0\\0&0&(\lambda-2)(\lambda-1)^2\end{pmatrix},$$

因此，$\lambda\boldsymbol{E}-\boldsymbol{A}$ 的初等因子为 $\lambda-2,(\lambda-1)^2$，故矩阵 $\boldsymbol{A}$ 的若尔当标准形为

$$\boldsymbol{J}=\begin{pmatrix}2&0&0\\0&1&1\\0&0&1\end{pmatrix}。$$

上面给出了矩阵的若尔当标准形的计算，但是没有给出如何把矩阵 $\boldsymbol{A}$ 化成若尔当标准形 $\boldsymbol{J}$ 的方法，也就是没有给出相似变换 $\boldsymbol{P}$ 的计算，为了简便，下面通过例 2.2.9 的矩阵 $\boldsymbol{A}$ 及若尔当标准形 $\boldsymbol{J}$ 给出相似变换 $\boldsymbol{P}$ 的计算方法，即如何寻找 $\boldsymbol{P}$，使得 $\boldsymbol{P}^{-1}\boldsymbol{AP}=\boldsymbol{J}$。

设 $P^{-1}AP=J=\begin{pmatrix}2&0&0\\0&1&1\\0&0&1\end{pmatrix}$，其中 $P=(x_1,x_2,x_3)$，x_1,x_2,x_3 均为三维列向量，于是有

$$A(x_1,x_2,x_3)=(x_1,x_2,x_3)\begin{pmatrix}2&0&0\\0&1&1\\0&0&1\end{pmatrix},$$

即 $A(x_1,x_2,x_3)=(2x_1,x_2,x_2+x_3)$，由此可得

$$\begin{cases}(2E-A)x_1=\mathbf{0},\\(E-A)x_2=\mathbf{0},\\(E-A)x_3=-x_2,\end{cases}$$

即 x_1,x_2 分别是属于矩阵 A 的特征值 $\lambda=2$ 和 $\lambda=1$ 的一个特征向量，取 $x_1=\begin{pmatrix}0\\0\\1\end{pmatrix},x_2=\begin{pmatrix}-1\\-2\\1\end{pmatrix}$，另取 $x_3=\begin{pmatrix}1\\1\\0\end{pmatrix}$，它是最后一个非齐次线性方程组的解向量，且与 x_2 无关，称 x_3 为 A 的属于特征值 $\lambda=1$ 的广义特征向量。故所求的矩阵 $P=\begin{pmatrix}0&-1&1\\0&-2&1\\1&1&0\end{pmatrix}$。

因为定理 2.2.21 已经肯定了矩阵 P 的存在，所以上面的线性方程组一定有解 x_1,x_2,x_3。要注意的是，任取上面线性方程组的解向量 y_1,y_2,y_3，当然不一定恰好是 x_1,x_2,x_3。只要 y_1，y_2，y_3 线性无关，它们就可以代替 x_1,x_2,x_3。线性方程组解的不唯一性，正好说明所求矩阵 P 的不唯一性。

例 2.2.9 的 Maple 源程序

```
> #example2.2.9;
> restart:with(LinearAlgebra):with(linalg):with
(polytools):
> A:=matrix(3,3,[-1,1,0,-4,3,0,1,0,2]);
```

$$A:=\begin{bmatrix}-1&1&0\\-4&3&0\\1&0&2\end{bmatrix}$$

```
> jordan(A,'p');
```

$$\begin{bmatrix}2&0&0\\0&1&1\\0&0&1\end{bmatrix}$$

```
>print(p);
```

$$\begin{bmatrix} 0 & -2 & 1 \\ 0 & -4 & 0 \\ -1 & 2 & 1 \end{bmatrix}$$

在一般情况下，若 $A \sim J = \begin{pmatrix} J_1 & & & \\ & J_2 & & \\ & & \ddots & \\ & & & J_s \end{pmatrix}$，其中 $J_i = \begin{pmatrix} \lambda_i & 1 & & \\ & \lambda_i & \ddots & \\ & & \ddots & 1 \\ & & & \lambda_i \end{pmatrix}_{k_i \times k_i}$ $(i=1,2,\cdots,s)$，$\sum_{i=1}^{s} k_i = n$，则必存在可逆矩阵 P，使得 $P^{-1}AP=J$，其中 $P=(P_1,P_2,\cdots,P_s)$。于是有

$$A(P_1,P_2,\cdots,P_s)=(P_1,P_2,\cdots,P_s)\begin{pmatrix} J_1 & & & \\ & J_2 & & \\ & & \ddots & \\ & & & J_s \end{pmatrix},$$

即 $AP_i=P_iJ_i(i=1,2,\cdots,s)$。设 $P_i=(x_{i1},x_{i2},\cdots,x_{ik_i})$，其中 x_{ij} 为列向量 $(j=1,2,\cdots,k_i)$，

$$A(x_{i1},x_{i2},\cdots,x_{ik_i})=(x_{i1},x_{i2},\cdots,x_{ik_i})\begin{pmatrix} \lambda_i & 1 & & \\ & \lambda_i & \ddots & \\ & & \ddots & 1 \\ & & & \lambda_i \end{pmatrix},$$

所以 $(\lambda_i E-A)x_{i1}=0$，$(\lambda_i E-A)x_{ij}=-x_{i,j-1}(j=2,\cdots,k_i)$，这样可以得到线性无关的 $x_{i1},x_{i2},\cdots,x_{ik_i}$，于是就得到 P_i，称 $x_{i2},\cdots,x_{ik_i}$ 为 A 的属于 λ_i 的广义特征向量。

总起来讲，求非奇异矩阵 P，无非是求 A 的特征向量和广义特征向量。

例 2.2.10 求 $A=\begin{pmatrix} -4 & 2 & 10 \\ -4 & 3 & 7 \\ -3 & 1 & 7 \end{pmatrix}$ 的若尔当标准形 J，并求 P，使得 $P^{-1}AP=J$。

解

$$\lambda E-A=\begin{pmatrix} \lambda+4 & -2 & -10 \\ 4 & \lambda-3 & -7 \\ 3 & -1 & \lambda-7 \end{pmatrix} \to \begin{pmatrix} 1 & 0 & 0 \\ 0 & 1 & 0 \\ 0 & 0 & (\lambda-2)^3 \end{pmatrix},$$

因此，$\boldsymbol{\lambda E-A}$ 的初等因子为$(\lambda-2)^3$，矩阵 $\boldsymbol{A}$ 的若尔当标准形为

$$\boldsymbol{J}=\begin{pmatrix}2&1&0\\0&2&1\\0&0&2\end{pmatrix}。$$

设 $\boldsymbol{P}^{-1}\boldsymbol{AP}=\boldsymbol{J}=\begin{pmatrix}2&1&0\\0&2&1\\0&0&2\end{pmatrix}$，其中 $\boldsymbol{P}=(\boldsymbol{x}_1,\boldsymbol{x}_2,\boldsymbol{x}_3)$，于是有

$$\boldsymbol{A}(\boldsymbol{x}_1,\boldsymbol{x}_2,\boldsymbol{x}_3)=(\boldsymbol{x}_1,\boldsymbol{x}_2,\boldsymbol{x}_3)\begin{pmatrix}2&1&0\\0&2&1\\0&0&2\end{pmatrix},$$

即 $\boldsymbol{A}(\boldsymbol{x}_1,\boldsymbol{x}_2,\boldsymbol{x}_3)=(2\boldsymbol{x}_1,\boldsymbol{x}_1+2\boldsymbol{x}_2,\boldsymbol{x}_2+2\boldsymbol{x}_3)$，由此可得

$$\begin{cases}(2\boldsymbol{E}-\boldsymbol{A})\boldsymbol{x}_1=\boldsymbol{0},\\(2\boldsymbol{E}-\boldsymbol{A})\boldsymbol{x}_2=-\boldsymbol{x}_1,\\(2\boldsymbol{E}-\boldsymbol{A})\boldsymbol{x}_3=-\boldsymbol{x}_2,\end{cases}$$

解得矩阵 $\boldsymbol{A}$ 的属于特征值 $\lambda=2$ 的特征向量 $\boldsymbol{x}_1$ 及广义特征向量 $\boldsymbol{x}_2$，$\boldsymbol{x}_3$ 分别为

$$\boldsymbol{x}_1=\begin{pmatrix}2\\1\\1\end{pmatrix},\ \boldsymbol{x}_2=\begin{pmatrix}0\\1\\0\end{pmatrix},\ \boldsymbol{x}_3=\begin{pmatrix}-1\\-3\\0\end{pmatrix},$$

故所求的矩阵 $\boldsymbol{P}=\begin{pmatrix}2&0&-1\\1&1&-3\\1&0&0\end{pmatrix}$。

例 2.2.10 的 Maple 源程序

```
> #example2.2.10;
> restart:with(LinearAlgebra):with(linalg):with
(polytools):
> A:=matrix(3,3,[-4,2,10,-4,3,7,-3,1,7]);
```

$$A:=\begin{bmatrix}-4&2&10\\-4&3&7\\-3&1&7\end{bmatrix}$$

```
> jordan(A,'p');
```

$$\begin{bmatrix}2&1&0\\0&2&1\\0&0&2\end{bmatrix}$$

```
> print(p);
```

$$\begin{bmatrix} -2 & -6 & 1 \\ -1 & -4 & 0 \\ -1 & -3 & 0 \end{bmatrix}$$

例 2.2.11 求 $\boldsymbol{A}=\begin{pmatrix} 1 & 2 & 3 & 4 \\ 0 & 1 & 2 & 3 \\ 0 & 0 & 1 & 2 \\ 0 & 0 & 0 & 1 \end{pmatrix}$ 的若尔当标准形 $\boldsymbol{J}$，并求 $\boldsymbol{P}$，使得 $\boldsymbol{P}^{-1}\boldsymbol{A}\boldsymbol{P}=\boldsymbol{J}$。

解

$$\lambda\boldsymbol{E}-\boldsymbol{A}=\begin{pmatrix} \lambda-1 & -2 & -3 & -4 \\ 0 & \lambda-1 & -2 & -3 \\ 0 & 0 & \lambda-1 & -2 \\ 0 & 0 & 0 & \lambda-1 \end{pmatrix},$$

显然有

$$D_4(\lambda)=\begin{vmatrix} \lambda-1 & -2 & -3 & -4 \\ 0 & \lambda-1 & -2 & -3 \\ 0 & 0 & \lambda-1 & -2 \\ 0 & 0 & 0 & \lambda-1 \end{vmatrix}=(\lambda-1)^4,$$

而且有一个 3 阶子式为

$$\begin{vmatrix} -2 & -3 & -4 \\ \lambda-1 & -2 & -3 \\ 0 & \lambda-1 & -2 \end{vmatrix}=-4\lambda(\lambda+1),$$

因为 $D_3(\lambda)$ 整除每个 3 阶子式，且有 $D_3(\lambda) \mid D_4(\lambda)$，所以 $D_3(\lambda)=1$，从而 $D_2(\lambda)=D_1(\lambda)=1$，于是得 $\lambda\boldsymbol{E}-\boldsymbol{A}$ 的不变因子为

$$d_1(\lambda)=d_2(\lambda)=d_3(\lambda)=1,\ d_4(\lambda)=(\lambda-1)^4,$$

即 $\lambda\boldsymbol{E}-\boldsymbol{A}$ 只有一个初等因子，故矩阵 $\boldsymbol{A}$ 的若尔当标准形为

$$\boldsymbol{J}=\begin{pmatrix} 1 & 1 & & \\ & 1 & 1 & \\ & & 1 & 1 \\ & & & 1 \end{pmatrix},$$

设 $\boldsymbol{P}^{-1}\boldsymbol{A}\boldsymbol{P}=\boldsymbol{J}=\begin{pmatrix} 1 & 1 & & \\ & 1 & 1 & \\ & & 1 & 1 \\ & & & 1 \end{pmatrix}$，其中 $\boldsymbol{P}=(\boldsymbol{x}_1,\boldsymbol{x}_2,\boldsymbol{x}_3,\boldsymbol{x}_4)$，于是有

$$\boldsymbol{A}(\boldsymbol{x}_1,\boldsymbol{x}_2,\boldsymbol{x}_3,\boldsymbol{x}_4)=(\boldsymbol{x}_1,\boldsymbol{x}_2,\boldsymbol{x}_3,\boldsymbol{x}_4)\begin{pmatrix}1&1&&\\&1&1&\\&&1&1\\&&&1\end{pmatrix},$$

由此可得

$$\begin{cases}(\boldsymbol{E}-\boldsymbol{A})\boldsymbol{x}_1=\boldsymbol{0},\\(\boldsymbol{E}-\boldsymbol{A})\boldsymbol{x}_2=-\boldsymbol{x}_1,\\(\boldsymbol{E}-\boldsymbol{A})\boldsymbol{x}_3=-\boldsymbol{x}_2,\\(\boldsymbol{E}-\boldsymbol{A})\boldsymbol{x}_4=-\boldsymbol{x}_3,\end{cases}$$

解得矩阵 $\boldsymbol{A}$ 的属于特征值 $\lambda=1$ 的特征向量 $\boldsymbol{x}_1$ 及广义特征向量 $\boldsymbol{x}_2$，$\boldsymbol{x}_3$，$\boldsymbol{x}_4$ 分别为

$$\boldsymbol{x}_1=\begin{pmatrix}8\\0\\0\\0\end{pmatrix},\ \boldsymbol{x}_2=\begin{pmatrix}0\\4\\0\\0\end{pmatrix},\ \boldsymbol{x}_3=\begin{pmatrix}0\\-3\\2\\0\end{pmatrix},\ \boldsymbol{x}_4=\begin{pmatrix}0\\\frac{5}{2}\\-3\\1\end{pmatrix}。$$

故所求的矩阵　$\boldsymbol{P}=\begin{pmatrix}8&0&0&0\\0&4&-3&\frac{5}{2}\\0&0&2&-3\\0&0&0&1\end{pmatrix}$。

例 2.2.11 的 Maple 源程序

```
> #example2.2.11;
> restart:with(LinearAlgebra):with(linalg):with
(polytools):
> A:=matrix(4,4,[1,2,3,4,0,1,2,3,0,0,1,2,0,0,0,
1]);
```

$$A:=\begin{bmatrix}1&2&3&4\\0&1&2&3\\0&0&1&2\\0&0&0&1\end{bmatrix}$$

```
> jordan(A,'p');
```

$$\begin{bmatrix}1&1&0&0\\0&1&1&0\\0&0&1&1\\0&0&0&1\end{bmatrix}$$

```
> print(p);
```

$$\begin{bmatrix} 8 & 0 & 0 & 0 \\ 0 & 4 & -3 & \frac{5}{2} \\ 0 & 0 & 2 & -3 \\ 0 & 0 & 0 & 1 \end{bmatrix}$$

例 2.2.12 求解微分方程组

$$\begin{cases} \dfrac{dx_1}{dt} = -x_1 + x_2, \\ \dfrac{dx_2}{dt} = -4x_1 + 3x_2, \\ \dfrac{dx_3}{dt} = x_1 + 2x_3。 \end{cases}$$

解 将方程组写成矩阵形式

$$\frac{d\boldsymbol{x}}{dt} = \boldsymbol{A}\boldsymbol{x}，其中\ \boldsymbol{x} = \begin{pmatrix} x_1 \\ x_2 \\ x_3 \end{pmatrix}, \boldsymbol{A} = \begin{pmatrix} -1 & 1 & 0 \\ -4 & 3 & 0 \\ 1 & 0 & 2 \end{pmatrix}。$$

再给微分方程组施行一个非奇异线性变换 $\boldsymbol{x} = \boldsymbol{P}\boldsymbol{y}$，其中

$$\boldsymbol{P} = \begin{pmatrix} 0 & 1 & 0 \\ 0 & 2 & 1 \\ 1 & -1 & -1 \end{pmatrix}, \quad \boldsymbol{y} = \begin{pmatrix} y_1 \\ y_2 \\ y_3 \end{pmatrix},$$

于是有

$$\frac{d\boldsymbol{y}}{dt} = \boldsymbol{P}^{-1}\frac{d\boldsymbol{x}}{dt} = \boldsymbol{P}^{-1}\boldsymbol{A}\boldsymbol{x} = \boldsymbol{P}^{-1}\boldsymbol{A}\boldsymbol{P}\boldsymbol{y} = \boldsymbol{J}\boldsymbol{y},$$

由于 $\boldsymbol{J} = \begin{pmatrix} 2 & 0 & 0 \\ 0 & 1 & 1 \\ 0 & 0 & 1 \end{pmatrix}$，所以

$$\begin{cases} \dfrac{dy_1}{dt} = 2y_1, \\ \dfrac{dy_2}{dt} = y_2 + y_3, \\ \dfrac{dy_3}{dt} = y_3, \end{cases}$$

其一般解分别为

$$y_1 = c_1 e^{2t}, y_2 = c_2 e^t + c_3 t e^t, y_3 = c_3 e^t,$$

再由 $\boldsymbol{x} = \boldsymbol{P}\boldsymbol{y}$ 求得原微分方程组的一般解

$$\begin{cases} x_1 = c_2 e^t + c_3 t e^t, \\ x_2 = 2c_2 e^t + c_3 (2t+1) e^t, \\ x_3 = c_1 e^{2t} - c_2 e^t - c_3 (t+1) e^t, \end{cases}$$

这里 c_1, c_2, c_3 是任意常数。

从此例的求解过程可以看出，化矩阵为若尔当标准形，实际上就是恰当选择线性空间的基或坐标系，使得在新坐标系之下，问题的数学形式最为简单，从而便于研究。

2.3 内积空间

2.3.1 欧氏空间

定义 2.3.1（内积空间） 设 V 是数域 P 上的一个线性空间，如果对于 V 中任意两个向量 $\boldsymbol{\alpha}$ 与 $\boldsymbol{\beta}$，都有唯一确定的属于数域 P 上的数（记为 $(\boldsymbol{\alpha},\boldsymbol{\beta})$）与它们对应，且满足下列四个关系：

（1）对称关系：$(\boldsymbol{\alpha},\boldsymbol{\beta}) = (\boldsymbol{\beta},\boldsymbol{\alpha})$；

（2）数乘关系：$(k\boldsymbol{\alpha},\boldsymbol{\beta}) = k(\boldsymbol{\alpha},\boldsymbol{\beta})$；

（3）加法关系：$(\boldsymbol{\alpha}+\boldsymbol{\beta},\boldsymbol{\gamma}) = (\boldsymbol{\alpha},\boldsymbol{\gamma}) + (\boldsymbol{\beta},\boldsymbol{\gamma})$；

（4）非负关系：$(\boldsymbol{\alpha},\boldsymbol{\alpha}) \geqslant 0$，且 $(\boldsymbol{\alpha},\boldsymbol{\alpha}) = 0 \Leftrightarrow \boldsymbol{\alpha} = \boldsymbol{0}$。

这里 $\boldsymbol{\alpha},\boldsymbol{\beta},\boldsymbol{\gamma}$ 是 V 中的任意向量，k 是数域 P 中的任意数，则称 $(\boldsymbol{\alpha},\boldsymbol{\beta})$ 为向量 $\boldsymbol{\alpha},\boldsymbol{\beta}$ 的内积，具有内积的线性空间 V 称为内积空间。

定义 2.3.2（欧几里得空间） 实数域 $\mathbb{R}$ 上的内积空间 V 称为欧几里得（Euclid）空间，简称**欧氏空间**（或实内积空间）。

例 2.3.1 在实线性空间 $\mathbb{R}^n$ 中，对于向量

$$\boldsymbol{\alpha} = (a_1, a_2, \cdots, a_n)^{\mathrm{T}}, \boldsymbol{\beta} = (b_1, b_2, \cdots, b_n)^{\mathrm{T}},$$

规定内积 $(\boldsymbol{\alpha},\boldsymbol{\beta}) = a_1 b_1 + a_2 b_2 + \cdots + a_n b_n = \boldsymbol{\alpha}^{\mathrm{T}}\boldsymbol{\beta}$，显然符合定义 2.3.1 的四个关系，故 $\mathbb{R}^n$ 构成欧氏空间。当 $n=3$，2 时，上面规定的内积就是几何空间 $\mathbb{R}^3$，$\mathbb{R}^2$ 中向量内积在直角坐标系中的坐标表达式。

例 2.3.2 在实线性空间 $\mathbb{R}^{m\times n}$ 中，对于实矩阵

$$\boldsymbol{A} = (a_{ij})_{m\times n}, \quad \boldsymbol{B} = (b_{ij})_{m\times n},$$

规定内积 $(\boldsymbol{A},\boldsymbol{B}) = \sum_{i=1}^{m}\sum_{j=1}^{n} a_{ij} b_{ij}$，可直接验证其符合定义 2.3.1 的四

个关系，故 $\mathbb{R}^{m\times n}$ 构成欧氏空间。

例 2.3.3 在闭区间 $[a,b]$ 上的所有实连续函数所构成的空间 $C[a,b]$ 中，对于函数 $f(x)$，$g(x)$ 定义内积 $(f,g)=\int_a^b f(x)g(x)\mathrm{d}x$，可验证其符合定义 2.3.1 的四个关系，故 $C[a,b]$ 构成欧氏空间。

定理 2.3.1 任何一个实数域 $\mathbb{R}$ 上的有限维线性空间 V，一定能规定适当的内积使之成为欧氏空间。

证 设 $\dim V=n$，取 V 的一组基 $\boldsymbol{\varepsilon}_1,\boldsymbol{\varepsilon}_2,\cdots,\boldsymbol{\varepsilon}_n$，对 V 中任意向量 $\boldsymbol{\alpha}$ 与 $\boldsymbol{\beta}$，有

$$\boldsymbol{\alpha}=x_1\boldsymbol{\varepsilon}_1+x_2\boldsymbol{\varepsilon}_2+\cdots+x_n\boldsymbol{\varepsilon}_n,\ \boldsymbol{\beta}=y_1\boldsymbol{\varepsilon}_1+y_2\boldsymbol{\varepsilon}_2+\cdots+y_n\boldsymbol{\varepsilon}_n,$$

规定内积

$$(\boldsymbol{\alpha},\boldsymbol{\beta})=x_1y_1+x_2y_2+\cdots+x_ny_n=\boldsymbol{X}^{\mathrm{T}}\boldsymbol{Y},$$

这里 $\boldsymbol{X},\boldsymbol{Y}$ 分别为 $\boldsymbol{\alpha},\boldsymbol{\beta}$ 在基 $\boldsymbol{\varepsilon}_1,\boldsymbol{\varepsilon}_2,\cdots,\boldsymbol{\varepsilon}_n$ 下的坐标。可直接验证该内积适合定义 2.3.1 的四个关系，故 V 构成欧氏空间。

定义 2.3.3(向量的长度) 对于 $\mathbb{R}^n$ 中的任意一个向量 $\boldsymbol{\alpha}$，称 $\sqrt{(\boldsymbol{\alpha},\boldsymbol{\alpha})}$ 为向量 $\boldsymbol{\alpha}$ 的长度(或模、范数)，记为 $|\boldsymbol{\alpha}|$（或 $\|\boldsymbol{\alpha}\|$）。特别地，当 $|\boldsymbol{\alpha}|=1$ 时，则称 $\boldsymbol{\alpha}$ 为单位向量。当 $|\boldsymbol{\alpha}|\neq 0$ 时，不难验证 $\dfrac{1}{|\boldsymbol{\alpha}|}\boldsymbol{\alpha}$ 是单位向量。这种求单位向量的方法称为将向量 $\boldsymbol{\alpha}$ 单位化。

定理 2.3.2[柯西-布涅柯夫斯基-施瓦茨(Cauchy-Buniakowsky-Schwarz)不等式] 对于欧氏空间 V 中任意两个向量 $\boldsymbol{\alpha},\boldsymbol{\beta}$ 恒有 $|(\boldsymbol{\alpha},\boldsymbol{\beta})|\leqslant\|\boldsymbol{\alpha}\|\cdot\|\boldsymbol{\beta}\|$，且等号成立的充要条件是 $\boldsymbol{\alpha},\boldsymbol{\beta}$ 线性相关。

证 如果 $\boldsymbol{\alpha},\boldsymbol{\beta}$ 线性相关，不妨可设 $\boldsymbol{\alpha}=k\boldsymbol{\beta}$，则

$$|(\boldsymbol{\alpha},\boldsymbol{\beta})|=|(k\boldsymbol{\beta},\boldsymbol{\beta})|=|k|(\boldsymbol{\beta},\boldsymbol{\beta}),\|\boldsymbol{\alpha}\|=\|k\boldsymbol{\beta}\|=|k|\cdot\|\boldsymbol{\beta}\|,$$

故

$$\|\boldsymbol{\alpha}\|\cdot\|\boldsymbol{\beta}\|=|k|\cdot\|\boldsymbol{\beta}\|^2=|k|(\boldsymbol{\beta},\boldsymbol{\beta})=|(\boldsymbol{\alpha},\boldsymbol{\beta})|。$$

这就证明了当 $\boldsymbol{\alpha},\boldsymbol{\beta}$ 线性相关时，等号成立。现设 $\boldsymbol{\alpha},\boldsymbol{\beta}$ 线性无关，则对任意实数 t 而言，$t\boldsymbol{\alpha}+\boldsymbol{\beta}\neq\boldsymbol{0}$，故

$$f(t)=(t\boldsymbol{\alpha}+\boldsymbol{\beta},t\boldsymbol{\alpha}+\boldsymbol{\beta})>0,$$

即

$$f(t)=t^2(\boldsymbol{\alpha},\boldsymbol{\alpha})+2t(\boldsymbol{\alpha},\boldsymbol{\beta})+(\boldsymbol{\beta},\boldsymbol{\beta})>0,$$

上式中 $f(t)$ 是 t 的二次多项式，由于它对 t 的任意实数值来说都是正数，所以它的判别式一定小于零，即

$$(\boldsymbol{\alpha},\boldsymbol{\beta})^2-(\boldsymbol{\alpha},\boldsymbol{\alpha})(\boldsymbol{\beta},\boldsymbol{\beta})<0,$$

即得

$$|(\boldsymbol{\alpha},\boldsymbol{\beta})|<\|\boldsymbol{\alpha}\|\cdot\|\boldsymbol{\beta}\|,$$

至此，已经证明了不等式 $|(\boldsymbol{\alpha},\boldsymbol{\beta})|\leqslant\|\boldsymbol{\alpha}\|\cdot\|\boldsymbol{\beta}\|$ 成立，且当 $\boldsymbol{\alpha},\boldsymbol{\beta}$ 线性相关时，等号成立。

如果等号成立，则 $t^2(\boldsymbol{\alpha},\boldsymbol{\alpha})+2t(\boldsymbol{\alpha},\boldsymbol{\beta})+(\boldsymbol{\beta},\boldsymbol{\beta})=0$ 有解，则必存在某实数 t_0 有

$$(t_0\boldsymbol{\alpha}+\boldsymbol{\beta},t_0\boldsymbol{\alpha}+\boldsymbol{\beta})=0,$$

故 $t_0\boldsymbol{\alpha}+\boldsymbol{\beta}=\mathbf{0}$，所以 $\boldsymbol{\alpha},\boldsymbol{\beta}$ 线性相关。

对于欧氏空间 $\mathbb{R}^n$，不等式就是

$$|\xi_1\eta_1+\xi_2\eta_2+\cdots+\xi_n\eta_n|\leqslant\sqrt{\xi_1^2+\xi_2^2+\cdots+\xi_n^2}\sqrt{\eta_1^2+\eta_2^2+\cdots+\eta_n^2},$$

其中 $\boldsymbol{\alpha}=(\xi_1,\xi_2,\cdots,\xi_n)$，$\boldsymbol{\beta}=(\eta_1,\eta_2,\cdots,\eta_n)$。

对于欧氏空间 $C[a,b]$，不等式就成为

$$\left|\int_a^b f(t)g(t)\,\mathrm{d}t\right|\leqslant\left[\int_a^b f^2(t)\,\mathrm{d}t\right]^{\frac{1}{2}}\left[\int_a^b g^2(t)\,\mathrm{d}t\right]^{\frac{1}{2}}。$$

定义 2.3.4(向量的夹角) 设 $\boldsymbol{\alpha},\boldsymbol{\beta}$ 是欧氏空间的两个非零向量。$\boldsymbol{\alpha}$ 和 $\boldsymbol{\beta}$ 的夹角 $\langle\boldsymbol{\alpha},\boldsymbol{\beta}\rangle$ 定义为

$$\langle\boldsymbol{\alpha},\boldsymbol{\beta}\rangle=\arccos\frac{(\boldsymbol{\alpha},\boldsymbol{\beta})}{|\boldsymbol{\alpha}||\boldsymbol{\beta}|},0\leqslant\langle\boldsymbol{\alpha},\boldsymbol{\beta}\rangle\leqslant\pi,$$

显然

$$-1\leqslant\frac{(\boldsymbol{\alpha},\boldsymbol{\beta})}{|\boldsymbol{\alpha}||\boldsymbol{\beta}|}\leqslant1。$$

2.3.2 标准正交基与施密特正交化

定义 2.3.5(向量的正交) 设 V 是欧氏空间，$\boldsymbol{\alpha},\boldsymbol{\beta}\in V$，若 $(\boldsymbol{\alpha},\boldsymbol{\beta})=0$，则称 $\boldsymbol{\alpha}$ 与 $\boldsymbol{\beta}$ 正交(或相互垂直)，记为 $\boldsymbol{\alpha}\perp\boldsymbol{\beta}$。

例 2.3.4 在欧氏空间 $\mathbb{R}^n$ 中常用基为

$$\boldsymbol{e}_i=(0,\cdots,0,\overset{i}{1},0,\cdots,0),i=1,2,\cdots,n,$$

直接计算知

$$|\boldsymbol{e}_i|=1,\ i=1,2,\cdots,n,$$

$$(\boldsymbol{e}_i,\boldsymbol{e}_j)=0\ (i\neq j;i,j=1,2,\cdots,n)。$$

这表明 $\mathbb{R}^n$ 中的常用基是由两两正交且长度为 1 的向量组成。

定义 2.3.6(度量矩阵) 设 V 是一个 n 维欧氏空间，在 V 中取一组基 $\boldsymbol{\varepsilon}_1,\boldsymbol{\varepsilon}_2,\cdots,\boldsymbol{\varepsilon}_n$，对 V 中任意两个向量

$$\boldsymbol{\alpha}=\sum_{i=1}^{n}x_i\boldsymbol{\varepsilon}_i,\ \boldsymbol{\beta}=\sum_{j=1}^{n}y_j\boldsymbol{\varepsilon}_j,$$

由内积的性质得

$$(\boldsymbol{\alpha},\boldsymbol{\beta})=\left(\sum_{i=1}^{n}x_i\boldsymbol{\varepsilon}_i,\sum_{j=1}^{n}y_j\boldsymbol{\varepsilon}_j\right)=\sum_{i=1}^{n}\sum_{j=1}^{n}x_iy_j(\boldsymbol{\varepsilon}_i,\boldsymbol{\varepsilon}_j),$$

记$(\boldsymbol{\varepsilon}_i,\boldsymbol{\varepsilon}_j)=a_{ij}$，则

$$(\boldsymbol{\alpha},\boldsymbol{\beta})=(x_1,x_2,\cdots,x_n)\begin{pmatrix}a_{11}&a_{12}&\cdots&a_{1n}\\a_{21}&a_{22}&\cdots&a_{2n}\\\vdots&\vdots&&\vdots\\a_{n1}&a_{n2}&\cdots&a_{nn}\end{pmatrix}\begin{pmatrix}y_1\\y_2\\\vdots\\y_n\end{pmatrix},$$

从而

$$(\boldsymbol{\alpha},\boldsymbol{\beta})=\boldsymbol{x}^{\mathrm{T}}\boldsymbol{A}\boldsymbol{y},$$

这里 $\boldsymbol{x},\boldsymbol{y}$ 分别为 $\boldsymbol{\alpha},\boldsymbol{\beta}$ 在基 $\boldsymbol{\varepsilon}_1,\boldsymbol{\varepsilon}_2,\cdots,\boldsymbol{\varepsilon}_n$ 下的坐标，而矩阵

$$\boldsymbol{A}=(a_{ij})_{n\times n}=((\boldsymbol{\varepsilon}_i,\boldsymbol{\varepsilon}_j))_{n\times n}$$

称为基 $\boldsymbol{\varepsilon}_1,\boldsymbol{\varepsilon}_2,\cdots,\boldsymbol{\varepsilon}_n$ 的度量矩阵。

例 2.3.5 设 V 是四维欧氏空间，基 $\boldsymbol{\varepsilon}_1,\boldsymbol{\varepsilon}_2,\boldsymbol{\varepsilon}_3,\boldsymbol{\varepsilon}_4$ 的度量矩阵为

$$\begin{pmatrix}1&-1&0&1\\-1&2&0&-2\\0&0&3&-3\\1&-2&-3&4\end{pmatrix},$$

若 $\boldsymbol{\alpha}=-\boldsymbol{\varepsilon}_1+\boldsymbol{\varepsilon}_3+2\boldsymbol{\varepsilon}_4$，$\boldsymbol{\beta}=4\boldsymbol{\varepsilon}_1+\boldsymbol{\varepsilon}_2-\boldsymbol{\varepsilon}_3-\boldsymbol{\varepsilon}_4$，求：(1) $|\boldsymbol{\varepsilon}_2|$ 和 $|\boldsymbol{\varepsilon}_4|$；(2) $(\boldsymbol{\alpha},\boldsymbol{\beta})$。

解 (1) $|\boldsymbol{\varepsilon}_2|=\sqrt{(\boldsymbol{\varepsilon}_2,\boldsymbol{\varepsilon}_2)}=\sqrt{2}$，$|\boldsymbol{\varepsilon}_4|=\sqrt{(\boldsymbol{\varepsilon}_4,\boldsymbol{\varepsilon}_4)}=2$；

$$(2)\ (\boldsymbol{\alpha},\boldsymbol{\beta})=(-1,0,1,2)\begin{pmatrix}1&-1&0&1\\-1&2&0&-2\\0&0&3&-3\\1&-2&-3&4\end{pmatrix}\begin{pmatrix}4\\1\\-1\\-1\end{pmatrix}=0。$$

例 2.3.5 的 Maple 源程序

```
> #example2.3.5(1)
> with(linalg):with(LinearAlgebra):
> abs(epsilon2)=sqrt(2);
```

$$|\varepsilon 2|=\sqrt{2}$$

```
> abs(epsilon4)=sqrt(4);
```

$$|\varepsilon4|=2$$

```
> #example2.3.5(2)
> with(linalg):with(LinearAlgebra):
> alpha:=-epsilon1+epsilon3+2*epsilon4;
```

$$\alpha:=-\varepsilon1+\varepsilon3+2\varepsilon4$$

```
> x:=Matrix([[-1,0,1,2]]);
```

$$x:=[-1\quad 0\quad 1\quad 2]$$

```
> beta:=4*epsilon1+epsilon2-1*epsilon3-1*epsilon4;
```

$$\beta:=4\varepsilon1+\varepsilon2-\varepsilon3-\varepsilon4$$

```
> y:=Matrix([[4,1,-1,-1]]);
```

$$y:=[4\quad 1\quad -1\quad -1]$$

```
> A:=Matrix(4,4,[1,-1,0,1,-1,2,0,-2,0,0,3,-3,1,-2,-3,4]);
```

$$A:=\begin{bmatrix}1&-1&0&1\\-1&2&0&-2\\0&0&3&-3\\1&-2&-3&4\end{bmatrix}$$

```
> (alpha,beta)=multiply(x,A,transpose(y));
```

$$(-\varepsilon1+\varepsilon3+2\varepsilon4,4\varepsilon1+\varepsilon2-\varepsilon3-\varepsilon4)=[0]$$

定义 2.3.7(正交向量组)　欧氏空间 V 的一组两两正交的非零向量称为 V 的一个正交向量组。

定理 2.3.3　向量 $\boldsymbol{x}$ 与 $\boldsymbol{y}$ 正交，则 $|\boldsymbol{x}+\boldsymbol{y}|^2=|\boldsymbol{x}|^2+|\boldsymbol{y}|^2$。

证　$|\boldsymbol{x}+\boldsymbol{y}|^2=(\boldsymbol{x}+\boldsymbol{y},\boldsymbol{x}+\boldsymbol{y})=(\boldsymbol{x},\boldsymbol{x})+2(\boldsymbol{x},\boldsymbol{y})+(\boldsymbol{y},\boldsymbol{y})$，由于$(\boldsymbol{x},\boldsymbol{y})=0$，所以 $|\boldsymbol{x}+\boldsymbol{y}|^2=(\boldsymbol{x},\boldsymbol{x})+(\boldsymbol{y},\boldsymbol{y})=|\boldsymbol{x}|^2+|\boldsymbol{y}|^2$。

定理 2.3.4　正交向量组是线性无关的。

证　设 $\boldsymbol{\varepsilon}_1,\boldsymbol{\varepsilon}_2,\cdots,\boldsymbol{\varepsilon}_t$ 为一组正交向量，如果

$$\lambda_1\boldsymbol{\varepsilon}_1+\lambda_2\boldsymbol{\varepsilon}_2+\cdots+\lambda_t\boldsymbol{\varepsilon}_t=\boldsymbol{0},$$

对任意的 $i(1\leqslant i\leqslant t)$，$\boldsymbol{\varepsilon}_i\neq\boldsymbol{0}$，$\boldsymbol{\varepsilon}_i$ 与上式左右两端作内积，得

$$\begin{aligned}0&=(\boldsymbol{\varepsilon}_i,\boldsymbol{0})=(\boldsymbol{\varepsilon}_i,\lambda_1\boldsymbol{\varepsilon}_1+\lambda_2\boldsymbol{\varepsilon}_2+\cdots+\lambda_t\boldsymbol{\varepsilon}_t)\\&=\lambda_1(\boldsymbol{\varepsilon}_i,\boldsymbol{\varepsilon}_1)+\lambda_2(\boldsymbol{\varepsilon}_i,\boldsymbol{\varepsilon}_2)+\cdots+\lambda_t(\boldsymbol{\varepsilon}_i,\boldsymbol{\varepsilon}_t)=\lambda_i(\boldsymbol{\varepsilon}_i,\boldsymbol{\varepsilon}_i),\end{aligned}$$

因为 $\boldsymbol{\varepsilon}_i\neq\boldsymbol{0}$，所以$(\boldsymbol{\varepsilon}_i,\boldsymbol{\varepsilon}_i)\neq0$，因此，$\lambda_i=0$，故 $\boldsymbol{\varepsilon}_1,\boldsymbol{\varepsilon}_2,\cdots,\boldsymbol{\varepsilon}_t$ 是线

性无关的。

定义 2.3.8(正交基与标准正交基) 在 n 维欧氏空间中，由 n 个向量组成的正交向量组称为正交基，由单位向量组成的正交基，称为标准正交基(或单位正交基)。容易看出，如有了正交基，则对其单位化即可得到标准正交基。

下面给出一组基 $\boldsymbol{\alpha}_1,\boldsymbol{\alpha}_2,\cdots,\boldsymbol{\alpha}_n$，转化为标准正交基 $\boldsymbol{\eta}_1,\boldsymbol{\eta}_2,\cdots,\boldsymbol{\eta}_n$ 的方法(施密特正交化)。

首先，令 $\boldsymbol{\beta}_1=\boldsymbol{\alpha}_1$；

其次，利用 $\boldsymbol{\beta}_i=\boldsymbol{\alpha}_i-\dfrac{(\boldsymbol{\alpha}_i,\boldsymbol{\beta}_1)}{(\boldsymbol{\beta}_1,\boldsymbol{\beta}_1)}\boldsymbol{\beta}_1-\cdots-\dfrac{(\boldsymbol{\alpha}_i,\boldsymbol{\beta}_{i-1})}{(\boldsymbol{\beta}_{i-1},\boldsymbol{\beta}_{i-1})}\boldsymbol{\beta}_{i-1}$ 计算出 $\boldsymbol{\beta}_2,\cdots,\boldsymbol{\beta}_n$；

然后，将 $\boldsymbol{\beta}_1,\boldsymbol{\beta}_2,\cdots,\boldsymbol{\beta}_n$ 单位化，可得 $\boldsymbol{\eta}_i=\dfrac{1}{|\boldsymbol{\beta}_i|}\boldsymbol{\beta}_i,1\leqslant i\leqslant n$。

例 2.3.6 设 $\boldsymbol{\alpha}_1=\begin{pmatrix}1\\0\\1\end{pmatrix}$，$\boldsymbol{\alpha}_2=\begin{pmatrix}1\\1\\0\end{pmatrix}$，$\boldsymbol{\alpha}_3=\begin{pmatrix}0\\1\\1\end{pmatrix}$，由施密特正交化方法将其化为标准正交基。

解 取 $\boldsymbol{\beta}_1=\boldsymbol{\alpha}_1=\begin{pmatrix}1\\0\\1\end{pmatrix}$，则

$$\boldsymbol{\beta}_2=\boldsymbol{\alpha}_2-\frac{(\boldsymbol{\alpha}_2,\boldsymbol{\beta}_1)}{(\boldsymbol{\beta}_1,\boldsymbol{\beta}_1)}\boldsymbol{\beta}_1=\begin{pmatrix}1\\1\\0\end{pmatrix}-\frac{1}{2}\begin{pmatrix}1\\0\\1\end{pmatrix}=\frac{1}{2}\begin{pmatrix}1\\2\\-1\end{pmatrix},$$

$$\boldsymbol{\beta}_3=\boldsymbol{\alpha}_3-\frac{(\boldsymbol{\alpha}_3,\boldsymbol{\beta}_1)}{(\boldsymbol{\beta}_1,\boldsymbol{\beta}_1)}\boldsymbol{\beta}_1-\frac{(\boldsymbol{\alpha}_3,\boldsymbol{\beta}_2)}{(\boldsymbol{\beta}_2,\boldsymbol{\beta}_2)}\boldsymbol{\beta}_2=\begin{pmatrix}0\\1\\1\end{pmatrix}-\frac{1}{2}\begin{pmatrix}1\\0\\1\end{pmatrix}-\frac{1}{6}\begin{pmatrix}1\\2\\-1\end{pmatrix}=\frac{2}{3}\begin{pmatrix}-1\\1\\1\end{pmatrix},$$

单位化有

$$\boldsymbol{\eta}_1=\frac{1}{|\boldsymbol{\beta}_1|}\boldsymbol{\beta}_1=\frac{1}{\sqrt{2}}\begin{pmatrix}1\\0\\1\end{pmatrix},\ \boldsymbol{\eta}_2=\frac{1}{|\boldsymbol{\beta}_2|}\boldsymbol{\beta}_2=\frac{1}{\sqrt{6}}\begin{pmatrix}1\\2\\-1\end{pmatrix},\ \boldsymbol{\eta}_3=\frac{1}{|\boldsymbol{\beta}_3|}\boldsymbol{\beta}_3=\frac{1}{\sqrt{3}}\begin{pmatrix}-1\\1\\1\end{pmatrix}。$$

例 2.3.6 的 Maple 源程序

```
> #example2.3.6
> with(linalg):with(LinearAlgebra):
> Q:=GramSchmidt([<1,0,1>,<1,1,0>,<0,1,1>],nor-
malized);
```

$$Q:=\left[\begin{bmatrix}\frac{\sqrt{2}}{2}\\0\\\frac{\sqrt{2}}{2}\end{bmatrix},\begin{bmatrix}\frac{\sqrt{6}}{6}\\\frac{\sqrt{6}}{3}\\-\frac{\sqrt{6}}{6}\end{bmatrix}\begin{bmatrix}-\frac{\sqrt{3}}{3}\\\frac{\sqrt{3}}{3}\\\frac{\sqrt{3}}{3}\end{bmatrix}\right]$$

2.3.3 正交变换与正交矩阵

定义 2.3.9(正交变换)　V 为欧氏空间，T 是 V 的一个线性变换，如果 T 保持 V 中任一向量 $\boldsymbol{x}$ 的长度不变，即 $(\boldsymbol{x},\boldsymbol{x})=(T\boldsymbol{x},T\boldsymbol{x})$，则称 T 为 V 的一个正交变换。

定理 2.3.5　线性变换 T 为正交变换的充要条件是对欧氏空间 V 中的任意两向量 $\boldsymbol{x},\boldsymbol{y}$ 都有 $(\boldsymbol{x},\boldsymbol{y})=(T\boldsymbol{x},T\boldsymbol{y})$。

证　若 T 为正交变换，则有 $(\boldsymbol{x}-\boldsymbol{y},\boldsymbol{x}-\boldsymbol{y})=(T(\boldsymbol{x}-\boldsymbol{y}),T(\boldsymbol{x}-\boldsymbol{y}))$，故有 $(\boldsymbol{x},\boldsymbol{y})=(T\boldsymbol{x},T\boldsymbol{y})$。

定义 2.3.10(正交矩阵)　如果实方阵 $\boldsymbol{Q}$ 满足 $\boldsymbol{Q}^{\mathrm{T}}\boldsymbol{Q}=\boldsymbol{E}$，或 $\boldsymbol{Q}^{-1}=\boldsymbol{Q}^{\mathrm{T}}$，则称 $\boldsymbol{Q}$ 为正交矩阵。

性质 1(正交矩阵的性质)

(1) 由 $\boldsymbol{Q}^{\mathrm{T}}\boldsymbol{Q}=\boldsymbol{E}$，得 $|\boldsymbol{Q}|^2=1$，所以 $|\boldsymbol{Q}|=\pm1$；

(2) 正交矩阵 $\boldsymbol{Q}$ 必可逆，且 $\boldsymbol{Q}^{-1}=\boldsymbol{Q}^{\mathrm{T}}$；

(3) 若 $\boldsymbol{P},\boldsymbol{Q}$ 是同阶正交矩阵，则 $\boldsymbol{PQ}$ 也是正交矩阵。

定理 2.3.6　欧氏空间的线性变换是正交变换的充要条件是它在标准正交基下的矩阵是正交矩阵。

证　设 n 维欧氏空间 V^n 的标准正交基为 $\boldsymbol{x}_1,\boldsymbol{x}_2,\cdots,\boldsymbol{x}_n$，线性变换 T 在该基下的矩阵为 $\boldsymbol{A}=(a_{ij})_{n\times n}$。

必要性：若 T 为正交变换，那么

$$(T\boldsymbol{x}_i,T\boldsymbol{x}_j)=(\boldsymbol{x}_i,\boldsymbol{x}_j)=\delta_{ij}=\begin{cases}1, & i=j,\\0, & i\neq j,\end{cases}\quad i,j=1,2,\cdots,n,$$

另一方面，由于

$$Tx_i=a_{1i}x_1+a_{2i}x_2+\cdots+a_{ni}x_n,$$
$$Tx_j=a_{1j}x_1+a_{2j}x_2+\cdots+a_{nj}x_n,$$

所以
$$(Tx_i,Tx_j)=\sum_{k=1}^{n}a_{ki}a_{kj}=\delta_{ij},$$
即 $\boldsymbol{A}$ 的 n 个列向量是两两正交的单位向量，也就是 $\boldsymbol{A}$ 为正交矩阵。

充分性：设 $\boldsymbol{A}^{\mathrm{T}}\boldsymbol{A}=\boldsymbol{E}$，对任意 $\boldsymbol{x}\in V^n$，有
$$\boldsymbol{x}=(\boldsymbol{x}_1,\cdots,\boldsymbol{x}_n)\begin{pmatrix}\boldsymbol{\xi}_1\\ \vdots\\ \boldsymbol{\xi}_n\end{pmatrix},T\boldsymbol{x}=(\boldsymbol{x}_1,\cdots,\boldsymbol{x}_n)\boldsymbol{A}\begin{pmatrix}\boldsymbol{\xi}_1\\ \vdots\\ \boldsymbol{\xi}_n\end{pmatrix},$$
所以
$$(T\boldsymbol{x},T\boldsymbol{x})=(\boldsymbol{\xi}_1,\cdots,\boldsymbol{\xi}_n)\boldsymbol{A}^{\mathrm{T}}\boldsymbol{A}\begin{pmatrix}\boldsymbol{\xi}_1\\ \vdots\\ \boldsymbol{\xi}_n\end{pmatrix}=(\boldsymbol{\xi}_1,\cdots,\boldsymbol{\xi}_n)\begin{pmatrix}\boldsymbol{\xi}_1\\ \vdots\\ \boldsymbol{\xi}_n\end{pmatrix}=(\boldsymbol{x},\boldsymbol{x}),$$
即 T 是正交变换。

定理 2.3.7 设 $\boldsymbol{x}_1,\boldsymbol{x}_2,\cdots,\boldsymbol{x}_n$ 及 $\boldsymbol{y}_1,\boldsymbol{y}_2,\cdots,\boldsymbol{y}_n$ 是欧氏空间 V^n 的两个标准正交基，它们之间的过渡矩阵为 $\boldsymbol{A}=(a_{ij})_{n\times n}$，即 $(\boldsymbol{y}_1,\boldsymbol{y}_2,\cdots,\boldsymbol{y}_n)=(\boldsymbol{x}_1,\boldsymbol{x}_2,\cdots,\boldsymbol{x}_n)\boldsymbol{A}$，则 $\boldsymbol{A}$ 为正交矩阵。

证 因为 $\boldsymbol{y}_1,\boldsymbol{y}_2,\cdots,\boldsymbol{y}_n$ 是标准正交基，所以
$$(\boldsymbol{y}_i,\boldsymbol{y}_j)=\delta_{ij}=\begin{cases}1, & i=j,\\ 0, & i\neq j,\end{cases}\quad i,j=1,2,\cdots,n,$$
又因矩阵 $\boldsymbol{A}$ 的各列是 $\boldsymbol{y}_1,\boldsymbol{y}_2,\cdots,\boldsymbol{y}_n$ 在标准正交基 $\boldsymbol{x}_1,\boldsymbol{x}_2,\cdots,\boldsymbol{x}_n$ 下的坐标，即
$$\boldsymbol{y}_i=a_{1i}\boldsymbol{x}_1+a_{2i}\boldsymbol{x}_2+\cdots+a_{ni}\boldsymbol{x}_n\quad(i=1,2,\cdots,n),$$
则有 $(\boldsymbol{y}_i,\boldsymbol{y}_j)=a_{1i}a_{1j}+a_{2i}a_{2j}+\cdots+a_{ni}a_{nj}=\delta_{ij}\quad(i,j=1,2,\cdots,n)$，
这就表明矩阵 $\boldsymbol{A}$ 的各列是单位向量，而且任何不同两列是正交的，从而 $\boldsymbol{A}$ 是正交矩阵。

定理 2.3.8 n 阶实方阵 $\boldsymbol{Q}$ 是正交矩阵的充要条件是 $\boldsymbol{Q}$ 的 n 个列向量是标准正交向量组。

事实上定理 2.3.8 也是判别一个方阵是否为正交矩阵的方法。

由于 $\boldsymbol{Q}$ 的行向量组就是 $\boldsymbol{Q}^{\mathrm{T}}$ 的列向量组，$\boldsymbol{Q}$ 是正交矩阵当且仅当 $\boldsymbol{Q}^{\mathrm{T}}$ 是正交矩阵，因此只要对行向量组或列向量组检验标准正交性即可。

2.3.4 对称变换与对称矩阵

定义 2.3.11（对称变换） 若欧氏空间 V 中的一个线性变换 T，对于 V 中任意向量 $\boldsymbol{x},\boldsymbol{y}$ 都有 $(T\boldsymbol{x},\boldsymbol{y})=(\boldsymbol{x},T\boldsymbol{y})$，则称 T 为 V 中的一个对称变换。

定理 2.3.9　欧氏空间的线性变换是实对称变换的充要条件是对于标准正交基下的矩阵为实对称矩阵。

证　设欧氏空间 V^n 的标准正交基为 $\boldsymbol{x}_1,\boldsymbol{x}_2,\cdots,\boldsymbol{x}_n$，线性变换 T 在该基下的矩阵为 $\boldsymbol{A}=(a_{ij})_{n\times n}$，则有

$$T\boldsymbol{x}_i=a_{1i}\boldsymbol{x}_1+a_{2i}\boldsymbol{x}_2+\cdots+a_{ni}\boldsymbol{x}_n,\quad (T\boldsymbol{x}_i,\boldsymbol{x}_j)=a_{ji},$$

$$T\boldsymbol{x}_j=a_{1j}\boldsymbol{x}_1+a_{2j}\boldsymbol{x}_2+\cdots+a_{nj}\boldsymbol{x}_n,\quad (T\boldsymbol{x}_j,\boldsymbol{x}_i)=a_{ij}。$$

必要性：若 T 是对称变换，那么 $(T\boldsymbol{x}_i,\boldsymbol{x}_j)=(\boldsymbol{x}_i,T\boldsymbol{x}_j)$，从而 $a_{ji}=a_{ij}$，即 $\boldsymbol{A}$ 是实对称矩阵。

充分性：设 $\boldsymbol{A}^{\mathrm{T}}=\boldsymbol{A}$，对任意 $\boldsymbol{x},\boldsymbol{y}\in V^n$，有

$$\boldsymbol{x}=(\boldsymbol{x}_1,\cdots,\boldsymbol{x}_n)\begin{pmatrix}\xi_1\\ \vdots\\ \xi_n\end{pmatrix},\quad T\boldsymbol{x}=(\boldsymbol{x}_1,\cdots,\boldsymbol{x}_n)\boldsymbol{A}\begin{pmatrix}\xi_1\\ \vdots\\ \xi_n\end{pmatrix},$$

$$\boldsymbol{y}=(\boldsymbol{x}_1,\cdots,\boldsymbol{x}_n)\begin{pmatrix}\eta_1\\ \vdots\\ \eta_n\end{pmatrix},\quad T\boldsymbol{y}=(\boldsymbol{x}_1,\cdots,\boldsymbol{x}_n)\boldsymbol{A}\begin{pmatrix}\eta_1\\ \vdots\\ \eta_n\end{pmatrix},$$

注意到 V_n 中两个向量的内积，就等于这两个向量在 V_n 的标准正交基下的坐标向量的内积($\mathbb{R}^n$ 中)，从而可得

$$(T\boldsymbol{x},\boldsymbol{y})=(\xi_1,\cdots,\xi_n)\boldsymbol{A}^{\mathrm{T}}\begin{pmatrix}\eta_1\\ \vdots\\ \eta_n\end{pmatrix}=(\xi_1,\cdots,\xi_n)\boldsymbol{A}^{\mathrm{T}}\begin{pmatrix}\eta_1\\ \vdots\\ \eta_n\end{pmatrix}=(\boldsymbol{x},T\boldsymbol{y}),$$

即 T 是对称变换。

定理 2.3.10　实对阵矩阵的特征值都是实数。

证　假定 $\boldsymbol{A}$ 是实对称矩阵，λ 是它的特征值，$\boldsymbol{x}=(\xi_1,\xi_2,\cdots,\xi_n)^{\mathrm{T}}$ 是属于 λ 的特征向量，即

$$\boldsymbol{A}\boldsymbol{x}=\lambda\boldsymbol{x},$$

两边取共轭并由共轭复数的性质得

$$\bar{\boldsymbol{A}}\bar{\boldsymbol{x}}=\bar{\lambda}\bar{\boldsymbol{x}},$$

取转置，且注意到 $\bar{\boldsymbol{A}}=\boldsymbol{A}$，$\boldsymbol{A}^{\mathrm{T}}=\boldsymbol{A}$，从而有

$$\bar{\lambda}\bar{\boldsymbol{x}}^{\mathrm{T}}=\bar{\boldsymbol{x}}^{\mathrm{T}}\bar{\boldsymbol{A}}^{\mathrm{T}}=\bar{\boldsymbol{x}}^{\mathrm{T}}\boldsymbol{A},$$

用 $\boldsymbol{x}$ 右乘上式有

$$\bar{\lambda}\bar{\boldsymbol{x}}^{\mathrm{T}}\boldsymbol{x}=\bar{\boldsymbol{x}}^{\mathrm{T}}\boldsymbol{A}\boldsymbol{x}=\lambda\bar{\boldsymbol{x}}^{\mathrm{T}}\boldsymbol{x},$$

即$(\lambda-\bar{\lambda})\bar{\boldsymbol{x}}^{\mathrm{T}}\boldsymbol{x}=0$，由于 $\bar{\boldsymbol{x}}^{\mathrm{T}}\boldsymbol{x}=\bar{\xi}_1\xi_1+\bar{\xi}_2\xi_2+\cdots+\bar{\xi}_n\xi_n\neq0$，所以 $\bar{\lambda}=\lambda$，这就表明 λ 是实数。

定理 2.3.11 实对称矩阵的不同特征值所对应的特征向量是正交的。

证 设$\boldsymbol{A}\boldsymbol{x}_1=\lambda_1\boldsymbol{x}_1, \boldsymbol{A}\boldsymbol{x}_2=\lambda_2\boldsymbol{x}_2, \lambda_1\neq\lambda_2$。因为$\boldsymbol{A}$对称，故

$$\lambda_1\boldsymbol{x}_1^{\mathrm{T}}=(\lambda_1\boldsymbol{x}_1)^{\mathrm{T}}=(\boldsymbol{A}\boldsymbol{x}_1)^{\mathrm{T}}=\boldsymbol{x}_1^{\mathrm{T}}\boldsymbol{A}^{\mathrm{T}}=\boldsymbol{x}_1^{\mathrm{T}}\boldsymbol{A},$$

右乘$\boldsymbol{x}_2$，得

$$\lambda_1\boldsymbol{x}_1^{\mathrm{T}}\boldsymbol{x}_2=\boldsymbol{x}_1^{\mathrm{T}}\boldsymbol{A}\boldsymbol{x}_2=\boldsymbol{x}_1^{\mathrm{T}}(\lambda_2\boldsymbol{x}_2)=\lambda_2\boldsymbol{x}_1^{\mathrm{T}}\boldsymbol{x}_2,$$

整理得$(\lambda_1-\lambda_2)\boldsymbol{x}_1^{\mathrm{T}}\boldsymbol{x}_2=0$，但$\lambda_1-\lambda_2\neq0$，故$\boldsymbol{x}_1^{\mathrm{T}}\boldsymbol{x}_2=0$，即$\boldsymbol{x}_1$与$\boldsymbol{x}_2$正交。

定理 2.3.12 对于任意一个n阶实对称矩阵$\boldsymbol{A}$，都存在一个n阶正交矩阵$\boldsymbol{Q}$，使$\boldsymbol{Q}^{-1}\boldsymbol{A}\boldsymbol{Q}=\boldsymbol{Q}^{\mathrm{T}}\boldsymbol{A}\boldsymbol{Q}$成对角形。

2.3.5 酉空间

欧氏空间是专对实数域而言的，而酉空间实际就是复数域上的欧氏空间。

定义 2.3.12（酉空间） 设V是复数域$\mathbb{C}$上的一个线性空间，如果对于V中任意两个向量$\boldsymbol{\alpha}$与$\boldsymbol{\beta}$都有唯一确定的记为$(\boldsymbol{\alpha},\boldsymbol{\beta})$的实数与它们对应，且具有下列性质：

（1）对称性：$(\boldsymbol{\alpha},\boldsymbol{\beta})=\overline{(\boldsymbol{\beta},\boldsymbol{\alpha})}$，这里$\overline{(\boldsymbol{\beta},\boldsymbol{\alpha})}$是$(\boldsymbol{\beta},\boldsymbol{\alpha})$的共轭复数；

（2）线性性：$(k\boldsymbol{\alpha},\boldsymbol{\beta})=k(\boldsymbol{\alpha},\boldsymbol{\beta})$；$(\boldsymbol{\alpha}+\boldsymbol{\beta},\boldsymbol{\gamma})=(\boldsymbol{\alpha},\boldsymbol{\gamma})+(\boldsymbol{\beta},\boldsymbol{\gamma})$；

（3）正定性：$(\boldsymbol{\alpha},\boldsymbol{\alpha})\geqslant0$，且$(\boldsymbol{\alpha},\boldsymbol{\alpha})=0\Leftrightarrow\boldsymbol{\alpha}=\boldsymbol{0}$。

这里$\boldsymbol{\alpha},\boldsymbol{\beta},\boldsymbol{\gamma}$是$V$中任意向量，$k$是任意实数，则称$(\boldsymbol{\alpha},\boldsymbol{\beta})$为向量$\boldsymbol{\alpha},\boldsymbol{\beta}$的内积，而称$V$为酉空间（或复内积空间）。

例 2.3.7 在n维复向量空间$\mathbb{C}^n$中，对于任意两个向量

$$\boldsymbol{x}=(\boldsymbol{\xi}_1,\boldsymbol{\xi}_2,\cdots,\boldsymbol{\xi}_n),\ \boldsymbol{y}=(\boldsymbol{\eta}_1,\boldsymbol{\eta}_2,\cdots,\boldsymbol{\eta}_n),$$

定义其内积为$(\boldsymbol{x},\boldsymbol{y})=\boldsymbol{\xi}_1\bar{\boldsymbol{\eta}}_1+\boldsymbol{\xi}_2\bar{\boldsymbol{\eta}}_2+\cdots+\boldsymbol{\xi}_n\bar{\boldsymbol{\eta}}_n=\boldsymbol{x}\boldsymbol{y}^{\mathrm{H}}$，显然满足定义 2.3.12 中内积的三个条件，故$\mathbb{C}^n$就是一个酉空间，仍以$\mathbb{C}^n$表示。

由于酉空间的讨论与欧氏空间的讨论很相似，有一套平行的理论，因此这里只简单地列出重要的结论，而不详细论证。由内积定义直接可以得到下列结果：

（1）$(\boldsymbol{\alpha},k\boldsymbol{\beta})=\bar{k}(\boldsymbol{\alpha},\boldsymbol{\beta})$。

(2) $(\boldsymbol{x},\boldsymbol{0})=(\boldsymbol{0},\boldsymbol{x})=0$。

(3) $\left(\sum_{i=1}^{n}\xi_i\boldsymbol{x}_i,\sum_{j=1}^{n}\eta_j\boldsymbol{y}_j\right)=\sum_{i,j=1}^{n}\xi_i\overline{\eta_i}(\boldsymbol{x}_i,\boldsymbol{y}_j)$。

(4) $\sqrt{(\boldsymbol{\alpha},\boldsymbol{\alpha})}$ 叫作向量 $\boldsymbol{\alpha}$ 的长度(模)，记为 $|\boldsymbol{\alpha}|$ (或 $\|\boldsymbol{\alpha}\|$)。

(5) 柯西-布涅柯夫斯基-施瓦茨不等式仍然成立，即对任意的向量 $\boldsymbol{\alpha},\boldsymbol{\beta}$ 有

$$(\boldsymbol{\alpha},\boldsymbol{\beta})(\boldsymbol{\beta},\boldsymbol{\alpha})\leqslant(\boldsymbol{\alpha},\boldsymbol{\alpha})(\boldsymbol{\beta},\boldsymbol{\beta}),$$

当且仅当 $\boldsymbol{\alpha},\boldsymbol{\beta}$ 线性相关时，等号成立。

(6) 两个非零向量 $\boldsymbol{\alpha}$ 与 $\boldsymbol{\beta}$ 的夹角 $\langle\boldsymbol{\alpha},\boldsymbol{\beta}\rangle$ 定义为

$$\cos^2\langle\boldsymbol{\alpha},\boldsymbol{\beta}\rangle=\frac{(\boldsymbol{\alpha},\boldsymbol{\beta})(\boldsymbol{\beta},\boldsymbol{\alpha})}{(\boldsymbol{\alpha},\boldsymbol{\alpha})(\boldsymbol{\beta},\boldsymbol{\beta})},$$

当 $(\boldsymbol{\alpha},\boldsymbol{\beta})=0$ 时，称 $\boldsymbol{\alpha}$ 与 $\boldsymbol{\beta}$ 为正交或互相垂直。

在 n 维酉空间中，同样可以定义正交基和标准正交基，并且关于标准正交基也有下述一些重要性质：

(7) 任意一组线性无关的向量可以用施密特过程正交化，并扩充成为一组标准正交基。

(8) 任一非零酉空间都存在正交基和标准正交基。

(9) 任一 n 维酉空间 V^n 均为其子空间 V_1 与 $V_1^{\perp}$ 的直和。

(10) 酉空间 V 中的线性变换 T，如果满足

$$(\boldsymbol{\alpha},\boldsymbol{\alpha})=(T\boldsymbol{\alpha},T\boldsymbol{\alpha}),\quad \boldsymbol{\alpha}\in V,$$

则称 T 为 V 的酉变换。

(11) 酉空间 V 的线性变换 T 为酉变换的充要条件是，对于 V 中任意两个向量 $\boldsymbol{\alpha},\boldsymbol{\beta}$ 都有 $(\boldsymbol{\alpha},\boldsymbol{\beta})=(T\boldsymbol{\alpha},T\boldsymbol{\beta})$。

(12) 酉变换在酉空间的标准正交基下的矩阵 $\boldsymbol{A}$ 是酉矩阵，即 $\boldsymbol{A}$ 满足

$$\boldsymbol{A}^{\mathrm{H}}\boldsymbol{A}=\boldsymbol{A}\boldsymbol{A}^{\mathrm{H}}=\boldsymbol{E}。$$

(13) 酉矩阵的逆矩阵也是酉矩阵；两个酉矩阵的乘积还是酉矩阵。

(14) 酉空间 V 的线性变换 T，如果满足

$$(T\boldsymbol{\alpha},\boldsymbol{\beta})=(\boldsymbol{\alpha},T\boldsymbol{\beta}),\quad \boldsymbol{\alpha},\boldsymbol{\beta}\in V,$$

则称 T 为 V 的埃尔米特(Hermite)变换。

(15) 埃尔米特变换在酉空间的标准正交基下的矩阵 $\boldsymbol{A}$ 是埃尔米特矩阵，即有

$$\boldsymbol{A}^{\mathrm{H}}=\boldsymbol{A}。$$

(16) 埃尔米特矩阵的特征值都是实数。

(17) 属于埃尔米特矩阵的不同特征值的特征向量必定正交。

定义 2.3.13(正规矩阵) 设 $A\in\mathbb{C}^{n\times n}$，且等式

$$A^{\mathrm{H}}A=AA^{\mathrm{H}}$$

成立，则称 A 为正规矩阵。

容易验证，正交矩阵、酉矩阵、对角矩阵、实对称矩阵以及埃尔米特矩阵都满足上式，因此它们都是正规矩阵。此外，令 U 是一个酉矩阵，则易验证矩阵

$$B=U^{\mathrm{H}}\begin{pmatrix}3+5\mathrm{i} & 0\\ 0 & 2-\mathrm{i}\end{pmatrix}U$$

也是一个不同于上述五种类型的正规矩阵。

定理 2.3.13 (1)设 $A\in\mathbb{C}^{n\times n}$，则 A 酉相似于对角矩阵的充要条件是 A 为正规矩阵；

(2) 设 $A\in\mathbb{R}^{n\times n}$，且 A 的特征值都是实数，则 A 正交相似于对角矩阵的充要条件是 A 为正规矩阵。

证 (1) 必要性：设酉矩阵 P 使得 $P^{\mathrm{H}}AP=\Lambda$(对角矩阵)，则有

$$A=P\Lambda P^{\mathrm{H}},\ A^{\mathrm{H}}=P\overline{\Lambda}P^{\mathrm{H}},$$

$$A^{\mathrm{H}}A=P\overline{\Lambda}P^{\mathrm{H}}P\Lambda P^{\mathrm{H}}=P\overline{\Lambda}\Lambda P^{\mathrm{H}}=P\Lambda\overline{\Lambda}P^{\mathrm{H}}=P\Lambda P^{\mathrm{H}}P\overline{\Lambda}P^{\mathrm{H}}=AA^{\mathrm{H}},$$

即 A 是正规矩阵。

充分性：设 A 满足 $A^{\mathrm{H}}A=AA^{\mathrm{H}}$，存在酉矩阵 P，使得

$$P^{\mathrm{H}}AP=\begin{pmatrix}b_{11} & b_{12} & \cdots & b_{1n}\\ & b_{22} & \cdots & b_{2n}\\ & & \ddots & \vdots\\ & & & b_{nn}\end{pmatrix}=B,$$

则有

$$B^{\mathrm{H}}B=P^{\mathrm{H}}A^{\mathrm{H}}PP^{\mathrm{H}}AP=P^{\mathrm{H}}A^{\mathrm{H}}AP=P^{\mathrm{H}}AA^{\mathrm{H}}P=P^{\mathrm{H}}APP^{\mathrm{H}}A^{\mathrm{H}}P=BB^{\mathrm{H}},$$

比较上式两端矩阵的对角线元素，可得 $b_{ij}=0(j>i=1,2,\cdots,n)$，也就是 $B=\mathbf{diag}(b_{11},b_{12},\cdots,b_{nn})$，即 A 酉相似于对角矩阵。类似地，可证明第二个结论。

推论 1 实对称矩阵正交相似于对角矩阵。

推论 2 设 T 是欧氏空间 V^n 的对称变换，则在 V^n 中存在标准正交基 $y_1,y_2,\cdots,y_n$，使 T 在该基下的矩阵为对角矩阵。

证　任取 V^n 的一个标准正交基 $\boldsymbol{x}_1,\boldsymbol{x}_2,\cdots,\boldsymbol{x}_n$，设 T 在该基下的矩阵为 $\boldsymbol{A}$，即有

$$T(\boldsymbol{x}_1,\boldsymbol{x}_2,\cdots,\boldsymbol{x}_n)=(\boldsymbol{x}_1,\boldsymbol{x}_2,\cdots,\boldsymbol{x}_n)\boldsymbol{A},$$

根据定理 2.3.9，$\boldsymbol{A}$ 是实对称矩阵。再由推论 1，存在正交矩阵 $\boldsymbol{Q}$，使得

$$\boldsymbol{Q}^{\mathrm{T}}\boldsymbol{A}\boldsymbol{Q}=\boldsymbol{\Lambda}=\mathbf{diag}(\lambda_1,\lambda_2,\cdots,\lambda_n),$$

构造 V^n 的标准正交基 $\boldsymbol{y}_1,\boldsymbol{y}_2,\cdots,\boldsymbol{y}_n$，使满足

$$(\boldsymbol{y}_1,\boldsymbol{y}_2,\cdots,\boldsymbol{y}_n)=(\boldsymbol{x}_1,\boldsymbol{x}_2,\cdots,\boldsymbol{x}_n)\boldsymbol{Q},$$

则有

$$\begin{aligned}T(\boldsymbol{y}_1,\boldsymbol{y}_2,\cdots,\boldsymbol{y}_n)&=T(\boldsymbol{x}_1,\boldsymbol{x}_2,\cdots,\boldsymbol{x}_n)\boldsymbol{Q}=(\boldsymbol{x}_1,\boldsymbol{x}_2,\cdots,\boldsymbol{x}_n)\boldsymbol{A}\boldsymbol{Q}\\&=(\boldsymbol{y}_1,\boldsymbol{y}_2,\cdots,\boldsymbol{y}_n)\boldsymbol{Q}^{-1}\boldsymbol{A}\boldsymbol{Q}=(\boldsymbol{y}_1,\boldsymbol{y}_2,\cdots,\boldsymbol{y}_n)\boldsymbol{\Lambda},\end{aligned}$$

即 T 在 V^n 的标准正交基 $\boldsymbol{y}_1,\boldsymbol{y}_2,\cdots,\boldsymbol{y}_n$ 下的矩阵为对角矩阵。

必须指出，对于 n 阶矩阵 $\boldsymbol{A}$，如果 $\boldsymbol{A}^{\mathrm{H}}\boldsymbol{A}\neq\boldsymbol{A}\boldsymbol{A}^{\mathrm{H}}$，则由定理 2.3.13 知，$\boldsymbol{A}$ 不能正交(酉)相似于对角矩阵。但是，$\boldsymbol{A}$ 仍可能相似于对角矩阵。例如

$$\boldsymbol{A}=\begin{pmatrix}1&1\\0&2\end{pmatrix},\quad \boldsymbol{A}^{\mathrm{H}}\boldsymbol{A}=\begin{pmatrix}1&1\\1&5\end{pmatrix},\quad \boldsymbol{A}\boldsymbol{A}^{\mathrm{H}}=\begin{pmatrix}2&2\\2&4\end{pmatrix},$$

易见，$\boldsymbol{A}^{\mathrm{H}}\boldsymbol{A}\neq\boldsymbol{A}\boldsymbol{A}^{\mathrm{H}}$，所以 $\boldsymbol{A}$ 不能正交(酉)相似于对角矩阵。但是，$\boldsymbol{A}$ 能够相似于对角矩阵(因为 $\boldsymbol{A}$ 有两个不同的特征值，从而 $\boldsymbol{A}$ 有两个线性无关的特征向量)。

根据定理 2.3.13，对于 n 阶埃尔米特矩阵 $\boldsymbol{A}$，存在 n 阶酉矩阵 $\boldsymbol{P}$，使得

$$\boldsymbol{P}^{\mathrm{H}}\boldsymbol{A}\boldsymbol{P}=\boldsymbol{\Lambda}=\mathbf{diag}(\lambda_1,\lambda_2,\cdots,\lambda_n),$$

其中 $\lambda_i(i=1,2,\cdots,n)$ 是 $\boldsymbol{A}$ 的特征值。划分

$$\boldsymbol{P}=(\boldsymbol{p}_1,\boldsymbol{p}_2,\cdots,\boldsymbol{p}_n),$$

则有

$$\begin{aligned}\boldsymbol{A}&=\boldsymbol{P}\boldsymbol{\Lambda}\boldsymbol{P}^{\mathrm{H}}=(\boldsymbol{p}_1,\ \boldsymbol{p}_2,\ \cdots,\ \boldsymbol{p}_n)\begin{pmatrix}\lambda_1&&&\\&\lambda_2&&\\&&\ddots&\\&&&\lambda_n\end{pmatrix}\begin{pmatrix}\boldsymbol{P}_1^{\mathrm{H}}\\\boldsymbol{P}_2^{\mathrm{H}}\\\vdots\\\boldsymbol{P}_n^{\mathrm{H}}\end{pmatrix},\\&=\lambda_1(p_1p_1^{\mathrm{H}})+\lambda_2(p_2p_2^{\mathrm{H}})+\cdots+\lambda_n(p_np_n^{\mathrm{H}})。\end{aligned}$$

称上式为埃尔米特矩阵 $\boldsymbol{A}$ 的谱分解。若记 $\boldsymbol{B}_i=\boldsymbol{p}_i\boldsymbol{p}_i^{\mathrm{H}}(i=1,2,\cdots,n)$，则有 $\operatorname{rank}(\boldsymbol{B}_i)=1$，且 $\boldsymbol{B}_1,\boldsymbol{B}_2,\cdots,\boldsymbol{B}_n$ 线性无关(在线性空间 $\mathbb{C}^{n\times n}$ 中)。

数学家与数学家精神 2

数学分析的开拓者——约瑟夫·拉格朗日

约瑟夫·拉格朗日(Joseph-Louis Lagrange，1736—1813)全名为约瑟夫·路易斯·拉格朗日，法国著名数学家、物理学家。他在数学、力学和天文学三个学科领域中都有历史性的贡献，其中尤以数学方面的成就最为突出。他在数学上最突出的贡献是使数学分析与几何与力学脱离开来，使数学的独立性更为清楚，从此数学不再仅仅是其他学科的工具。拉格朗日总结了 18 世纪的数学成果，同时又为 19 世纪的数学研究开辟了道路，堪称法国最杰出的数学大师。同时，他的关于月球运动(三体问题)、行星运动、轨道计算、两个不动中心问题、流体力学等方面的成果，在使天文学力学化、力学分析化上，也起到了历史性的作用，促进了力学和天体力学的进一步发展，成为这些领域的开创性或奠基性的研究。

著名的法国科学家与工程师——让·巴普蒂斯·约瑟夫·傅里叶

让·巴普蒂斯·约瑟夫·傅里叶(Baron Jean Baptiste Joseph Fourier，1768—1830)，法国欧塞尔人，著名数学家、物理学家。傅里叶变换的基本思想首先由傅里叶提出，所以以其名字来命名以示纪念。从现代数学的眼光来看，傅里叶变换是一种特殊的积分变换，它能将满足一定条件的某个函数表示成正弦基函数的线性组合或者积分。傅里叶变换在物理学、数论、组合数学、信号处理、概率、统计、密码学、声学、光学等领域都有着广泛的应用。在不同的研究领域，傅里叶变换具有多种不同的变体形式，如连续傅里叶变换和离散傅里叶变换。

习题 2

1. 已知 3 维线性空间 V 的基为 $\boldsymbol{\alpha}_1,\boldsymbol{\alpha}_2,\boldsymbol{\alpha}_3$，线性变换 T 满足

$$T\boldsymbol{\alpha}_1=2\boldsymbol{\alpha}_1-2\boldsymbol{\alpha}_2+2\boldsymbol{\alpha}_3,\ T\boldsymbol{\alpha}_2=-2\boldsymbol{\alpha}_1-\boldsymbol{\alpha}_2+4\boldsymbol{\alpha}_3,$$
$$T\boldsymbol{\alpha}_3=2\boldsymbol{\alpha}_1+4\boldsymbol{\alpha}_2-\boldsymbol{\alpha}_3,$$

计算线性变换 T 的特征值与特征向量。

2. 求复数域上线性空间 V 的线性变换 T 的特征值与特征向量，已知 T 在一组基下的矩阵如下。

(1) $\begin{pmatrix}3&4\\5&2\end{pmatrix}$； (2) $\begin{pmatrix}1&-\sqrt{3}\\\sqrt{3}&1\end{pmatrix}$；

(3) $\boldsymbol{A}=\begin{pmatrix}0&1&1\\-1&0&1\\-1&-1&0\end{pmatrix}$；(4) $\boldsymbol{A}=\begin{pmatrix}5&6&-3\\-1&0&1\\1&2&-1\end{pmatrix}$。

3. 设矩阵 $\boldsymbol{A}=\begin{pmatrix}-1&1&0\\-4&3&0\\1&0&2\end{pmatrix}$，求 $\boldsymbol{A}^7-\boldsymbol{A}^5-19\boldsymbol{A}^4+28\boldsymbol{A}^3+6\boldsymbol{A}-4\boldsymbol{E}$。

4. 已知 $\boldsymbol{A}=\begin{pmatrix}1&-1\\2&5\end{pmatrix}$，计算$(2\boldsymbol{A}^4-12\boldsymbol{A}^3+19\boldsymbol{A}^2-$

$29\boldsymbol{A}+37\boldsymbol{E})^{-1}$。

5. 计算矩阵 $\boldsymbol{A}=\begin{pmatrix}1&0&0\\-2&5&-2\\-2&4&-1\end{pmatrix}$ 的相似三角矩阵 $\boldsymbol{\Lambda}$，并计算相似变换 $\boldsymbol{P}$，使 $\boldsymbol{P}^{-1}\boldsymbol{A}\boldsymbol{P}=\boldsymbol{\Lambda}$。

6. 计算矩阵 $\boldsymbol{A}=\begin{pmatrix}1&0&2&1\\-1&2&1&3\\1&2&5&5\\2&-2&1&-2\end{pmatrix}$ 的相似三角矩阵 $\boldsymbol{\Lambda}$，并计算相似变换 $\boldsymbol{P}$，使 $\boldsymbol{P}^{-1}\boldsymbol{A}\boldsymbol{P}=\boldsymbol{\Lambda}$。

7. 分别求矩阵

$$\boldsymbol{A}=\begin{pmatrix}7&4&-1\\4&7&-1\\-4&-4&4\end{pmatrix},\ \boldsymbol{B}=\begin{pmatrix}3&1&-3\\-7&-2&9\\-2&-1&4\end{pmatrix}$$

的最小多项式。

8. 化下列 λ-矩阵为标准形。

(1) $\begin{pmatrix}\lambda^3-\lambda&2\lambda^2\\\lambda^2+5\lambda&3\lambda\end{pmatrix}$；

(2) $\begin{pmatrix}1-\lambda&2\lambda-1&\lambda\\\lambda&\lambda^2&-\lambda\\1+\lambda^2&\lambda^3+\lambda-1&-\lambda^2\end{pmatrix}$；

(3) $\begin{pmatrix}\lambda^2+\lambda&0&0\\0&\lambda&0\\0&0&(\lambda+1)^2\end{pmatrix}$；

(4) $\begin{pmatrix}3\lambda^2+2\lambda-3&2\lambda-1&\lambda^2+2\lambda-3\\4\lambda^2+3\lambda-5&3\lambda-2&\lambda^2+3\lambda-4\\\lambda^2+\lambda-4&\lambda-2&\lambda-1\end{pmatrix}$。

9. 求下列 λ-矩阵的行列式因子、不变因子及初等因子。

(1) $\begin{pmatrix}\lambda-2&-1&0\\0&\lambda-2&-1\\0&0&\lambda-2\end{pmatrix}$；

(2) $\begin{pmatrix}\lambda&-1&0&0\\0&\lambda&-1&0\\0&0&\lambda&-1\\0&4&3&\lambda\end{pmatrix}$；

(3) $\begin{pmatrix}\lambda+\alpha&\beta&1&0\\-\beta&\lambda+\alpha&0&1\\0&0&\lambda+\alpha&\beta\\0&0&-\beta&\lambda+\alpha\end{pmatrix}$；

(4) $\begin{pmatrix}\lambda+1&0&0&0\\0&\lambda+2&0&0\\0&0&\lambda-1&-1\\0&0&0&\lambda-2\end{pmatrix}$。

10. 求下列矩阵的若尔当标准形。

(1) $\begin{pmatrix}1&2&0\\0&2&0\\-2&-2&-1\end{pmatrix}$；　(2) $\begin{pmatrix}3&0&8\\3&-1&6\\-2&0&-5\end{pmatrix}$；

(3) $\begin{pmatrix}1&-1&2\\3&-3&6\\2&-2&4\end{pmatrix}$；　(4) $\begin{pmatrix}1&1&-1\\-3&-3&3\\-2&-2&2\end{pmatrix}$；

(5) $\begin{pmatrix}4&5&-2\\-2&-2&1\\-1&-1&1\end{pmatrix}$；　(6) $\begin{pmatrix}-4&2&10\\-4&3&7\\-3&1&7\end{pmatrix}$。

11. 设 $\boldsymbol{A}=\begin{pmatrix}-1&1&0\\-4&3&0\\-8&8&-1\end{pmatrix}$，求 $\boldsymbol{A}$ 的行列式因子、不变因子及初等因子，并写出 $\boldsymbol{A}$ 的若尔当标准形。

12. 设 $\boldsymbol{A}=\begin{pmatrix}-4&1&4\\-12&4&8\\-6&1&6\end{pmatrix}$，求 $\boldsymbol{A}$ 的行列式因子、不变因子、初等因子，并写出 $\boldsymbol{A}$ 的若尔当标准形。

13. 求非奇异矩阵 $\boldsymbol{P}$，使 $\boldsymbol{P}^{-1}\boldsymbol{A}\boldsymbol{P}$ 为对角矩阵。

(1) $\boldsymbol{A}=\begin{pmatrix}2&1\\1&2\end{pmatrix}$；　(2) $\boldsymbol{A}=\begin{pmatrix}1&1&-2\\-1&-3&1\\-2&0&-1\end{pmatrix}$；

(3) $\boldsymbol{A}=\begin{pmatrix}1&-3&3\\3&-5&3\\6&-6&4\end{pmatrix}$。

14. 设矩阵 $\boldsymbol{A}=\begin{pmatrix}0&0&1\\1&1&x\\1&0&0\end{pmatrix}$，试问 x 取何值时，矩阵 $\boldsymbol{A}$ 可对角化？

15. 设矩阵 $\boldsymbol{A}=\begin{pmatrix}1&2&0\\0&2&0\\-2&-1&-1\end{pmatrix}$，判断 $\boldsymbol{A}$ 能否对角化，并求 $\boldsymbol{A}^{2020}$。

16. 求可逆矩阵 $\boldsymbol{T}$，使得 $\boldsymbol{T}^{-1}\begin{pmatrix}2&1\\-1&0\end{pmatrix}\boldsymbol{T}=\begin{pmatrix}1&1\\0&1\end{pmatrix}$，并计算 $\begin{pmatrix}2&1\\-1&0\end{pmatrix}^k$。

17. 设三阶矩阵 $\boldsymbol{A}$ 的特征值为 $-1,2,5$，矩阵 $\boldsymbol{B}=3\boldsymbol{A}-\boldsymbol{A}^2$，判断 $\boldsymbol{B}$ 能否对角化，若能对角化，试求出与 $\boldsymbol{B}$ 相似的对角矩阵。

18. 已知 $\boldsymbol{\alpha}=\begin{pmatrix}1\\1\\-1\end{pmatrix}$ 是矩阵 $\boldsymbol{A}=\begin{pmatrix}2&-1&2\\5&a&3\\-1&b&-2\end{pmatrix}$ 的一个特征向量。

(1) 求 a,b 的值和特征向量 $\boldsymbol{\alpha}$ 对应的特征值；

(2) 问 $\boldsymbol{A}$ 是否可对角化？并说明理由。

19. 在 $\mathbb{R}^4$ 中求 $\boldsymbol{\alpha},\boldsymbol{\beta}$ 之间的夹角，设

(1) $\boldsymbol{\alpha}=(2,1,3,2)$，$\boldsymbol{\beta}=(1,2,-2,1)$；

(2) $\boldsymbol{\alpha}=(1,2,2,3)$，$\boldsymbol{\beta}=(3,1,5,1)$。

20. 利用施密特正交化将向量组 $\boldsymbol{\alpha}_1=(1,1,1,1)^{\mathrm{T}}$，$\boldsymbol{\alpha}_2=(1,-1,0,4)^{\mathrm{T}}$，$\boldsymbol{\alpha}_3=(3,5,1,-1)^{\mathrm{T}}$ 规范正交化。

21. 在 $\mathbb{R}^4$ 中求一单位向量与 $(1,1,-1,1)$，$(1,-1,-1,1)$ 及 $(2,1,1,3)$ 均正交。

22. 在 $P[x]_4$ 中定义内积：$(f(x),g(x))=\int_{-1}^{1}f(x)g(x)\mathrm{d}x$，将 $\alpha_1=1,\alpha_2=x,\alpha_3=x^2,\alpha_4=x^3$ 化为标准正交基。

23. 对于下列实对称矩阵 $\boldsymbol{A}$，求正交矩阵 $\boldsymbol{Q}$，使 $\boldsymbol{Q}^{-1}\boldsymbol{A}\boldsymbol{Q}$ 为对角矩阵。

(1) $\boldsymbol{A}=\begin{pmatrix}2&2&-2\\2&5&-4\\-2&-4&5\end{pmatrix}$；(2) $\boldsymbol{A}=\begin{pmatrix}1&0&2\\0&-1&0\\3&0&2\end{pmatrix}$。

新时代北斗精神

第3章 矩阵分解

本章首先讨论以高斯(Gauss)消去法为根据导出的矩阵的三角分解，然后讨论矩阵的QR分解。这些分解在计算数学中都扮演着十分重要的角色，尤其是以QR分解所建立的QR方法，对数值线性代数理论的近代发展起了关键作用。最后介绍在广义逆矩阵等理论中，经常遇到的矩阵的满秩分解和奇异值分解，这些方法是求解最小二乘法问题和最优化问题的主要数学工具。

3.1 高斯消去法与矩阵的三角分解

3.1.1 高斯消去法

设 n 元线性方程组为

$$\begin{cases} a_{11}x_1+a_{12}x_2+\cdots+a_{1n}x_n=b_1, \\ a_{21}x_1+a_{22}x_2+\cdots+a_{2n}x_n=b_2, \\ \quad\vdots \\ a_{n1}x_1+a_{n2}x_2+\cdots+a_{nn}x_n=b_n \end{cases}$$

或

$$\boldsymbol{A}\boldsymbol{x}=\boldsymbol{b}, \tag{3.1.1}$$

其中 $\boldsymbol{A}=(a_{ij})_{n\times n}$，$\boldsymbol{x}=(x_1,x_2,\cdots,x_n)^{\mathrm{T}}$，$\boldsymbol{b}=(b_1,b_2,\cdots,b_n)^{\mathrm{T}}$。

高斯消去法的基本思想是利用矩阵的初等行变换化系数矩阵 $\boldsymbol{A}$ 为上三角矩阵。不妨假定化 $\boldsymbol{A}$ 为上三角矩阵的过程未用到行交换，即按自然顺序进行消元。其步骤如下：

记

$$\boldsymbol{A}=\boldsymbol{A}^{(1)}=\begin{pmatrix} a_{11}^{(1)} & a_{12}^{(1)} & \cdots & a_{1n}^{(1)} \\ a_{21}^{(1)} & a_{22}^{(1)} & \cdots & a_{2n}^{(1)} \\ \vdots & \vdots & & \vdots \\ a_{n1}^{(1)} & a_{n2}^{(1)} & & a_{nn}^{(1)} \end{pmatrix},$$

如果第1个主元素 $a_{11}^{(1)}\neq 0$，则分别从第2行减去第1行乘以 $a_{21}^{(1)}/a_{11}^{(1)}$，第3行减去第1行乘以 $a_{31}^{(1)}/a_{11}^{(1)}$，如此进行，即可将 $\boldsymbol{A}^{(1)}$ 第1列从第2到第 n 个元素全化为零，得

$$\boldsymbol{A}^{(2)}=\begin{pmatrix} a_{11}^{(1)} & a_{12}^{(1)} & \cdots & a_{1n}^{(1)} \\ 0 & a_{22}^{(2)} & \cdots & a_{2n}^{(2)} \\ \vdots & \vdots & & \vdots \\ 0 & a_{n2}^{(2)} & \cdots & a_{nn}^{(2)} \end{pmatrix},$$

若令 $l_{i1}=a_{i1}^{(1)}/a_{11}^{(1)}$，则新元素 $a_{ij}^{(2)}$ 的计算公式应为

$$a_{ij}^{(2)}=a_{ij}^{(1)}-l_{i1}a_{1j}^{(1)},i,j=2,3,\cdots,n。$$

以上一共进行了 $n-1$ 次倍加初等变换，由线性代数知，这相当于给 $\boldsymbol{A}^{(1)}$ 左乘 $n-1$ 个“倍加阵”

$$\boldsymbol{A}^{(2)}=\boldsymbol{E}(1,n(-l_{n1}))\cdots\boldsymbol{E}(1,2(-l_{21}))\boldsymbol{A}^{(1)},$$

若记 $\boldsymbol{L}^{(1)}=\boldsymbol{E}(1,n(-l_{n1}))\cdots\boldsymbol{E}(1,2(-l_{21}))$

$$=\begin{pmatrix} 1 & & & \\ -l_{21} & 1 & & \\ \vdots & \vdots & \ddots & \\ -l_{n1} & 0 & \cdots & 1 \end{pmatrix}=\begin{pmatrix} 1 & & & \\ -\dfrac{a_{21}^{(1)}}{a_{11}^{(1)}} & 1 & & \\ \vdots & \vdots & \ddots & \\ -\dfrac{a_{n1}^{(1)}}{a_{11}^{(1)}} & 0 & \cdots & 1 \end{pmatrix}, \tag{3.1.2}$$

于是有

$$\boldsymbol{L}^{(1)}\boldsymbol{A}^{(1)}=\begin{pmatrix} a_{11}^{(1)} & a_{12}^{(1)} & \cdots & a_{1n}^{(1)} \\ 0 & a_{22}^{(2)} & \cdots & a_{2n}^{(2)} \\ \vdots & \vdots & & \vdots \\ 0 & a_{n2}^{(2)} & \cdots & a_{nn}^{(2)} \end{pmatrix}=\boldsymbol{A}^{(2)}。 \tag{3.1.3}$$

由此可见，$\boldsymbol{A}^{(1)}=\boldsymbol{A}$ 的第1列除主元素 $a_{11}^{(1)}$ 外，其余元素全被化为零，因此特殊的下三角矩阵(3.1.2)称为消元矩阵。

类似地，若主元素 $a_{22}^{(2)}\neq 0$，同样可作消元矩阵

$$\boldsymbol{L}^{(2)}=\begin{pmatrix} 1 & & & & \\ 0 & 1 & & & \\ 0 & -l_{32} & 1 & & \\ \vdots & \vdots & \vdots & \ddots & \\ 0 & -l_{n2} & 0 & \cdots & 1 \end{pmatrix},$$

其中 $$l_{i2}=a_{i2}^{(2)}/a_{22}^{(2)},\ i=3,4,\cdots,n,$$

则可将 $\boldsymbol{A}^{(2)}$ 的第2列主对角线以下的元素全化为零，即有

$$L^{(2)}A^{(2)}=\begin{pmatrix} a_{11}^{(1)} & a_{12}^{(1)} & a_{13}^{(1)} & \cdots & a_{1n}^{(1)} \\ & a_{22}^{(2)} & a_{23}^{(2)} & \cdots & a_{2n}^{(2)} \\ & & a_{33}^{(3)} & \cdots & a_{3n}^{(3)} \\ & & \vdots & & \vdots \\ & & a_{n3}^{(3)} & \cdots & a_{nn}^{(3)} \end{pmatrix}=A^{(3)}。\quad (3.1.4)$$

如此继续，经过 $n-1$ 步后，则可将 A 变为上三角矩阵

$$L^{(n-1)}\cdots L^{(2)}L^{(1)}A^{(1)}=\begin{pmatrix} a_{11}^{(1)} & a_{12}^{(1)} & \cdots & a_{1n}^{(1)} \\ & a_{22}^{(2)} & \cdots & a_{2n}^{(2)} \\ & & \ddots & \vdots \\ & & & a_{nn}^{(n)} \end{pmatrix}=A^{(n)}。\quad (3.1.5)$$

这种对 A 的元素进行的消元过程就是**高斯(Gauss)消元过程**，而式(3.1.3)~式(3.1.5)是消元过程的矩阵描述。显然，高斯消元过程能够进行到底当且仅当每一步的主元素 $a_{11}^{(1)},a_{22}^{(2)},\cdots,a_{n-1,n-1}^{(n-1)}$ 都不为零。怎样判别 A 的前 $n-1$ 个主元素是否为零呢？我们有下面的定理。

记 n 阶矩阵 A 的前 $n-1$ 个顺序主子式为

$$\Delta_1=a_{11},\Delta_2=\begin{vmatrix} a_{11} & a_{12} \\ a_{21} & a_{22} \end{vmatrix},\cdots,\Delta_{n-1}=\begin{vmatrix} a_{11} & \cdots & a_{1,n-1} \\ \vdots & & \vdots \\ a_{n-1,1} & \cdots & a_{n-1,n-1} \end{vmatrix}。$$

定理 3.1.1 当 $\Delta_1,\Delta_2,\cdots,\Delta_{n-1}$ 都不为零时，则 $a_{kk}^{(k)}\neq 0(k=1,2,\cdots,n-1)$。

证 利用数学归纳法。显然阶数为1时结论成立。假设阶数为 $k-1$ 时成立，求证对 k 阶矩阵结论也成立。由数学归纳法可知 $a_{ii}^{(i)}\neq 0(i=1,2,\cdots,k-1)$，于是根据前面消元过程有

$$L^{(k-1)}\cdots L^{(2)}L^{(1)}A=\begin{pmatrix} a_{11}^{(1)} & a_{12}^{(1)} & a_{13}^{(1)} & \cdots & a_{1n}^{(1)} \\ & a_{22}^{(2)} & a_{23}^{(2)} & \cdots & a_{2n}^{(2)} \\ & & \ddots & & \vdots \\ & & \vdots & & \vdots \\ & & a_{kk}^{(k)} & \cdots & a_{kn}^{(k)} \\ & & \vdots & & \vdots \\ & & a_{nk}^{(k)} & \cdots & a_{nn}^{(k)} \end{pmatrix}=A^{(k)}。$$

由于每一步倍加初等变换不改变矩阵 A 的行列式的值，所以从上面 $A^{(k)}$ 的形状容易看出，矩阵 A 的前 $n-1$ 个顺序主子式应满足下列关系：

$$\Delta_1=a_{11}=a_{11}^{(1)},$$

$$\Delta_2=\begin{vmatrix} a_{11} & a_{12} \\ a_{21} & a_{22} \end{vmatrix}=\begin{vmatrix} a_{11}^{(1)} & a_{12}^{(1)} \\ 0 & a_{22}^{(2)} \end{vmatrix}=a_{11}^{(1)}a_{22}^{(2)},$$

$$\vdots$$

$$\Delta_k=\begin{vmatrix} a_{11} & \cdots & a_{1k} \\ \vdots & & \vdots \\ a_{k1} & \cdots & a_{kk} \end{vmatrix}=\begin{vmatrix} a_{11}^{(1)} & a_{12}^{(1)} & \cdots & a_{1k}^{(1)} \\ & a_{22}^{(2)} & \cdots & a_{2k}^{(2)} \\ & & \ddots & \vdots \\ & & & a_{kk}^{(k)} \end{vmatrix}=a_{11}^{(1)}a_{22}^{(2)}\cdots a_{kk}^{(k)},\quad(3.1.6)$$

已设 $\Delta_k\neq 0$ 及 $a_{ii}^{(i)}\neq 0(i=1,2,\cdots,k-1)$。根据式(3.1.6)便有 $a_{kk}^{(k)}\neq 0$，即对 k 阶矩阵结论也成立。

定理结论与条件交换时也成立。即如果 $a_{kk}^{(k)}\neq 0(k=1,2,\cdots,n-1)$ 亦可推出 $\Delta_k\neq 0(k=1,2,\cdots,n-1)$。

但要注意，这里必须强调只有在前 $n-1$ 个顺序主子式 $\Delta_k\neq 0$ $(k=1,2,\cdots,n-1)$ 时，才能保证前 $n-1$ 个主元素 $a_{kk}^{(k)}\neq 0(k=1,2,\cdots,n-1)$。读者可能会猜想，似乎从式(3.1.6)有 $\Delta_{n-1}=a_{11}^{(1)}a_{22}^{(2)}\cdots a_{n-1,n-1}^{(n-1)}$，因此只要 $\Delta_{n-1}\neq 0$ 就可以推得前 $n-1$ 个主元素 $a_{kk}^{(k)}\neq 0$ $(k=1,2,\cdots,n-1)$。这个猜想是不正确的，因为在归纳法证明的过程中，是在假定前 $k-1$ 个主元素 $a_{11}^{(1)},a_{22}^{(2)},\cdots a_{k-1,k-1}^{(k-1)}$ 都不为零的前提下才推得式(3.1.6)，忽视了这一点就不一定正确了。

综上所述，可得到下面的定理：

定理 3.1.2　高斯消元过程能够进行到底的充分必要条件是 $\boldsymbol{A}$ 的前 $n-1$ 个顺序主子式都不为零，即

$$\Delta_k\neq 0,\ k=1,2,\cdots,n-1。\quad(3.1.7)$$

3.1.2　矩阵的三角分解

如前所述，当条件(3.1.7)满足时，由式(3.1.5)并令 $\boldsymbol{U}=\boldsymbol{A}^{(n)}$，有

$$\boldsymbol{L}^{(n-1)}\cdots\boldsymbol{L}^{(2)}\boldsymbol{L}^{(1)}\boldsymbol{A}=\boldsymbol{U},$$

容易看出 $\det\boldsymbol{L}^{(k)}=1\neq 0(k=1,2,\cdots,n-1)$，所以 $n-1$ 个消元矩阵 $\boldsymbol{L}^{(k)}$ 可逆，于是有

$$\boldsymbol{A}=(\boldsymbol{L}^{(1)})^{-1}(\boldsymbol{L}^{(2)})^{-1}\cdots(\boldsymbol{L}^{(n-1)})^{-1}\boldsymbol{U},$$

按照逆矩阵的定义知

$$(\boldsymbol{L}^{(k)})^{-1}=\begin{pmatrix} 1 & & & & & \\ & \ddots & & & & \\ & & 1 & & & \\ & & l_{k+1,k} & 1 & & \\ & & \vdots & \vdots & \ddots & \\ & & l_{nk} & 0 & \cdots & 1 \end{pmatrix},k=1,2,\cdots,n-1,$$

它们是下三角矩阵，显然它们的连乘积仍然是下三角矩阵。令

$$L=(L^{(1)})^{-1}(L^{(2)})^{-1}\cdots(L^{(n-1)})^{-1}=\begin{pmatrix}1&&&&&\\l_{21}&1&&&&\\l_{31}&l_{32}&1&&&\\l_{41}&l_{42}&l_{43}&\ddots&&\\\vdots&\vdots&\vdots&\ddots&1&\\l_{n1}&l_{n2}&l_{n3}&\cdots&l_{n,n-1}&1\end{pmatrix},$$

这是一个对角元素都是1的下三角矩阵，称为**单位下三角矩阵**，则得

$$A=LU。$$

这样，A 就分解成一个单位下三角矩阵 L 与一个上三角矩阵 U 的乘积。

一般地，有如下定义：

定义 3.1.1 如果 A 可分解成一个下三角矩阵 L 与一个上三角矩阵 U 的乘积，则称 A 可作**三角分解**或 **LU 分解**。若 L 是单位下三角矩阵，U 是上三角矩阵，此时的三角分解称为**杜利特**(Doolittle)**分解**；若 L 是下三角矩阵，而 U 是单位上三角矩阵，则称三角分解为**克劳特**(Crout)**分解**。

下面研究方阵三角分解的存在和唯一性问题。

首先指出，一个方阵的三角分解不是唯一的。从上面定义看到，杜利特分解与克劳特分解就是两种不同的三角分解。其实，方阵的三角分解有无穷多，这是因为如果设 D 是行列式不为零的任意对角矩阵，则

$$A=LU=LDD^{-1}U=(LD)(D^{-1}U)=\tilde{L}\tilde{U},$$

其中 $\tilde{L}$，$\tilde{U}$ 也分别是下、上三角矩阵，从而 $A=\tilde{L}\tilde{U}$ 也是 A 的一个三角分解。因 D 的任意性，所以三角分解不唯一。但是我们可以借助下面的基本定理来回答一个方阵满足什么条件时存在三角分解？何时才唯一？

定理 3.1.3 设 A 为 n 阶方阵，则 A 可以唯一地分解为

$$A=LDU$$

的充分必要条件是 A 的前 $n-1$ 个顺序主子式 $\Delta_k\neq0(k=1,2,\cdots,n-1)$。其中 L 是单位下三角矩阵，U 是单位上三角矩阵，D 是对角矩阵

$$D=\mathbf{diag}(d_1,d_2,\cdots,d_n),d_k=\frac{\Delta_k}{\Delta_{k-1}},k=1,2,\cdots,n,\Delta_0=1。$$

推论 1 设 $\boldsymbol{A}$ 是 n 阶方阵，则 $\boldsymbol{A}$ 可以唯一地进行杜利特分解的充分必要条件是 $\boldsymbol{A}$ 的前 $n-1$ 个顺序主子式

$$\Delta_k=\begin{vmatrix} a_{11} & \cdots & a_{1k} \\ \vdots & & \vdots \\ a_{k1} & \cdots & a_{kk} \end{vmatrix}\neq 0 \quad (k=1,\ 2,\ \cdots,\ n-1), \tag{3.1.8}$$

其中 $\boldsymbol{L}$ 为单位下三角矩阵，$\widetilde{\boldsymbol{U}}$ 是上三角矩阵，即有

$$\boldsymbol{A}=\begin{pmatrix} 1 & & & & & \\ l_{21} & 1 & & & & \\ l_{31} & l_{32} & 1 & & & \\ l_{41} & l_{42} & l_{43} & \ddots & & \\ \vdots & \vdots & \vdots & \ddots & 1 & \\ l_{n1} & l_{n2} & l_{n3} & \cdots & l_{n,n-1} & 1 \end{pmatrix}\begin{pmatrix} u_{11} & u_{12} & \cdots & u_{1n} \\ & u_{22} & \cdots & u_{2n} \\ & & \ddots & \vdots \\ & & & u_{nn} \end{pmatrix}, \tag{3.1.9}$$

并且若 $\boldsymbol{A}$ 为奇异矩阵，则 $u_{nn}=0$；若 $\boldsymbol{A}$ 为非奇异矩阵，则充要条件(3.1.8)可换为：$\boldsymbol{A}$ 的各阶顺序主子式全不为零，即

$$\Delta_k\neq 0,k=1,2,\cdots,n。 \tag{3.1.10}$$

推论 2 n 阶方阵 $\boldsymbol{A}$ 可唯一地进行克劳特分解

$$\boldsymbol{A}=\widetilde{\boldsymbol{L}}\boldsymbol{U}=\begin{pmatrix} l_{11} & & & \\ l_{21} & l_{22} & & \\ \vdots & \vdots & \ddots & \\ l_{n1} & l_{n2} & \cdots & l_{nn} \end{pmatrix}\begin{pmatrix} 1 & u_{12} & \cdots & u_{1n} \\ & 1 & \cdots & u_{2n} \\ & & \ddots & \vdots \\ & & & 1 \end{pmatrix} \tag{3.1.11}$$

的充要条件仍为式(3.1.8)。若 $\boldsymbol{A}$ 为奇异矩阵，则 $l_{nn}=0$；若 $\boldsymbol{A}$ 为非奇异矩阵，则充要条件也可换为式(3.1.10)。

由此可见，在 $\boldsymbol{A}$ 的三角分解中，只要有一个三角矩阵是单位三角矩阵，则分解总是唯一的；否则，若 $\boldsymbol{L}$ 与 $\boldsymbol{U}$ 两个都不是单位三角矩阵，那么分解不唯一。

例 3.1.1 求矩阵

$$\boldsymbol{A}=\begin{pmatrix} 2 & -1 & 3 \\ 1 & 2 & 1 \\ 2 & 4 & 2 \end{pmatrix}$$

的 LDU 分解。

解 因为 $\Delta_1=2,\Delta_2=5,\Delta_3=0$，所以 $\boldsymbol{A}$ 有唯一的 LDU 分解。下面我们仿照高斯消元过程的计算步骤来得到 $\boldsymbol{A}$ 的 LDU 分解。由式(3.1.2)有消元矩阵

$$\boldsymbol{L}^{(1)}=\begin{pmatrix}1&0&0\\-\frac{1}{2}&1&0\\-1&0&1\end{pmatrix},\ (\boldsymbol{L}^{(1)})^{-1}=\begin{pmatrix}1&0&0\\\frac{1}{2}&1&0\\1&0&1\end{pmatrix},$$

所以得

$$\boldsymbol{L}^{(1)}\boldsymbol{A}=\begin{pmatrix}2&-1&3\\0&\frac{5}{2}&-\frac{1}{2}\\0&5&-1\end{pmatrix}=\boldsymbol{A}^{(2)},$$

再由 $\boldsymbol{A}^{(2)}$ 计算消元矩阵

$$\boldsymbol{L}^{(2)}=\begin{pmatrix}1&0&0\\0&1&0\\0&-2&1\end{pmatrix},\ (\boldsymbol{L}^{(2)})^{-1}=\begin{pmatrix}1&0&0\\0&1&0\\0&2&1\end{pmatrix},$$

得到

$$\boldsymbol{L}^{(2)}\boldsymbol{A}^{(2)}=\begin{pmatrix}2&-1&3\\0&\frac{5}{2}&-\frac{1}{2}\\0&0&0\end{pmatrix}=\begin{pmatrix}2&0&0\\0&\frac{5}{2}&0\\0&0&0\end{pmatrix}\begin{pmatrix}1&-\frac{1}{2}&\frac{3}{2}\\0&1&-\frac{1}{5}\\0&0&1\end{pmatrix}=\boldsymbol{A}^{(3)},$$

即

$$\boldsymbol{L}^{(2)}\boldsymbol{L}^{(1)}\boldsymbol{A}=\boldsymbol{A}^{(3)},$$

故

$$\boldsymbol{A}=(\boldsymbol{L}^{(1)})^{-1}(\boldsymbol{L}^{(2)})^{-1}\boldsymbol{A}^{(3)}$$

$$=\begin{pmatrix}1&0&0\\\frac{1}{2}&1&0\\1&0&1\end{pmatrix}\begin{pmatrix}1&0&0\\0&1&0\\0&2&1\end{pmatrix}\begin{pmatrix}2&0&0\\0&\frac{5}{2}&0\\0&0&0\end{pmatrix}\begin{pmatrix}1&-\frac{1}{2}&\frac{3}{2}\\0&1&-\frac{1}{5}\\0&0&1\end{pmatrix}$$

$$=\begin{pmatrix}1&0&0\\\frac{1}{2}&1&0\\1&2&1\end{pmatrix}\begin{pmatrix}2&0&0\\0&\frac{5}{2}&0\\0&0&0\end{pmatrix}\begin{pmatrix}1&-\frac{1}{2}&\frac{3}{2}\\0&1&-\frac{1}{5}\\0&0&1\end{pmatrix}=\boldsymbol{LDU}。$$

例 3.1.1 的 Maple 源程序

```
> #example3.1.1
> with(linalg):with(LinearAlgebra):
> A:=Matrix(3,3,[2,-1,3,1,2,1,2,4,2]);
```

$$A := \begin{bmatrix} 2 & -1 & 3 \\ 1 & 2 & 1 \\ 2 & 4 & 2 \end{bmatrix}$$

```
> U:=LUdecomp(A,L='l',U='u');
```

$$U := \begin{bmatrix} 2 & -1 & 3 \\ 0 & \frac{5}{2} & \frac{-1}{2} \\ 0 & 0 & 0 \end{bmatrix}$$

```
> L:=evalm(l);
```

$$L := \begin{bmatrix} 1 & 0 & 0 \\ \frac{1}{2} & 1 & 0 \\ 1 & 2 & 1 \end{bmatrix}$$

```
> M:=Matrix(3,3,[2,0,0,0,5/2,0,0,0,0]);
```

$$M := \begin{bmatrix} 2 & 0 & 0 \\ 0 & \frac{5}{2} & 0 \\ 0 & 0 & 0 \end{bmatrix}$$

```
> M1:=Matrix(3,3,[1/2,0,0,0,2/5,0,0,0,0]);
```

$$M1 := \begin{bmatrix} \frac{1}{2} & 0 & 0 \\ 0 & \frac{2}{5} & 0 \\ 0 & 0 & 0 \end{bmatrix}$$

```
> U1:=multiply(M1,U);
```

$$U1 := \begin{bmatrix} 1 & \frac{-1}{2} & \frac{3}{2} \\ 0 & 1 & \frac{-1}{5} \\ 0 & 0 & 0 \end{bmatrix}$$

例 3.1.2(三角分解未必存在) 可逆矩阵 $\boldsymbol{A}=\begin{pmatrix} 0 & 1 \\ 1 & 0 \end{pmatrix}$ 不存在三角分解。

这里要指出，矩阵 $\boldsymbol{A}$ 的任何一种三角分解都需要假定 $\boldsymbol{A}$ 的前 $n-1$ 个顺序主子式非零，这等价于高斯消元过程中要求每一步的主元素不为零。如果这个条件不满足，可以考虑适当交换 $\boldsymbol{A}$ 的两行(不再是矩阵 $\boldsymbol{A}$)，直至满足三角分解条件为止。这样处理对于解线性方程组来说，相当于调整方程的顺序，对解不产生影响。

3.1.3 常用的三角分解公式

在实际应用中，如果矩阵 $\boldsymbol{A}$ 的阶数 n 很高，那么，按例 3.1.1 的消元步骤来得出 $\boldsymbol{A}$ 的三角分解是相当麻烦的。下面我们将分别根据 $\boldsymbol{A}$ 的不对称和对称的情况，介绍两个常用的直接三角分解公式，先给出 $\boldsymbol{A}$ 在不对称情况下的克劳特分解计算公式。

1. 克劳特分解

设 $\boldsymbol{A}$ 为 n 阶方阵(但不一定对称)，且有分解式

$$\boldsymbol{A}=\boldsymbol{L}\boldsymbol{U},$$

即

$$\begin{pmatrix} a_{11} & \cdots & a_{1j} & \cdots & a_{1n} \\ \vdots & & \vdots & & \vdots \\ a_{i1} & \cdots & a_{ij} & \cdots & a_{in} \\ \vdots & & \vdots & & \vdots \\ a_{n1} & \cdots & a_{nj} & \cdots & a_{nn} \end{pmatrix} = \begin{pmatrix} l_{11} & & & & \\ \vdots & \ddots & & & \\ l_{i1} & \cdots & l_{ii} & & \\ \vdots & & \vdots & \ddots & \\ l_{n1} & \cdots & l_{ni} & \cdots & l_{nn} \end{pmatrix} \begin{pmatrix} 1 & u_{12} & \cdots & u_{1j} & \cdots & u_{1n} \\ & \ddots & & \vdots & & \vdots \\ & & 1 & u_{j-1,j} & \cdots & u_{j-1,n} \\ & & & \ddots & & \vdots \\ & & & & & 1 \end{pmatrix}。$$

下面给出下三角矩阵 $\boldsymbol{L}$ 的元素 l_{ij} 及单位上三角矩阵 $\boldsymbol{U}$ 的元素 u_{ij} 的实际求法。我们考察 $\boldsymbol{A}$ 的第 i 行第 j 列的元素：

$$\boldsymbol{a}_{ij}=(l_{i1},\quad \cdots,\quad l_{ii},\quad 0,\quad \cdots,\quad 0)\begin{pmatrix} u_{1j} \\ \vdots \\ u_{j-1,j} \\ 1 \\ 0 \\ \vdots \\ 0 \end{pmatrix},$$

当 $i\geqslant j$ 时(表示下三角位置)，有

$$a_{ij}=\sum_{k=1}^{j} l_{ik}u_{kj}=\sum_{k=1}^{j-1} l_{ik}u_{kj}+l_{ij},$$

得

$$l_{ij}=a_{ij}-\sum_{k=1}^{j-1} l_{ik}u_{kj}, i=1,\cdots,n; j=1,\cdots,i; \qquad (3.1.12)$$

当 $i<j$ 时(表示上三角位置)，有

$$a_{ij}=\sum_{k=1}^{i} l_{ik}u_{kj}=\sum_{k=1}^{i-1} l_{ik}u_{kj}+l_{ii}u_{ij},$$

得

$$u_{ij}=\left(a_{ij}-\sum_{k=1}^{i-1} l_{ik}u_{kj}\right)\Big/ l_{ii}, i=1,\cdots,n-1; j=i+1,\cdots,n, \tag{3.1.13}$$

式(3.1.12)与式(3.1.13)称为**克劳特分解公式**。

从表面上看，以上分解公式是非线性的，似乎觉得用它们来求解 $\boldsymbol{L}$ 和 $\boldsymbol{U}$ 的元素有些困难，其实不然，只要我们注意“自上而下且先左后右”一行行地求解，便能顺利地求得 $\boldsymbol{L}$ 和 $\boldsymbol{U}$ 的全部元素。

矩阵 $\boldsymbol{A}$ 的 LU 分解计算步骤如下：

第 1 步，计算 $l_{11}\quad u_{12}\quad u_{13}\quad \cdots\quad u_{1n}$；

第 2 步，计算 $l_{21}\quad l_{22}\quad u_{23}\quad \cdots\quad u_{2n}$；

⋮

第 n 步，计算 $l_{n1}\quad l_{n2}\quad l_{n3}\quad \cdots\quad l_{nn}$。

这种“按行分解”的方式有利于大型稀疏矩阵的分块分解。实践证明此方法是有效的。

例 3.1.3 试将下列矩阵进行克劳特分解：

$$\boldsymbol{A}=\begin{pmatrix}4&8&4\\2&7&2\\1&2&3\end{pmatrix}。$$

解 首先约定，当上限小于下限时，和号“$\sum$”取 0，根据式(3.1.12)和式(3.1.13)有

$l_{11}=a_{11}=4$,

$u_{12}=a_{12}/l_{11}=2$,

$u_{13}=a_{13}/l_{11}=1$,

$l_{21}=a_{21}=2, l_{22}=a_{22}-l_{21}u_{12}=3$,

$u_{23}=(a_{23}-l_{21}u_{13})/l_{22}=0$,

$l_{31}=a_{31}=1$,

$l_{32}=a_{32}-l_{31}u_{12}=0$,

$l_{33}=a_{33}-l_{31}u_{13}-l_{32}u_{23}=2$,

则得

$$\boldsymbol{A}=\boldsymbol{LU}=\begin{pmatrix}4&&\\2&3&\\1&0&2\end{pmatrix}\begin{pmatrix}1&2&1\\&1&0\\&&1\end{pmatrix}。$$

例 3.1.3 的 Maple 源程序

```
> #example3.1.3
> with(linalg):with(LinearAlgebra):
> A:=Matrix(3,3,[4,8,4,2,7,2,1,2,3]);
```

$$A:=\begin{bmatrix}4&8&4\\2&7&2\\1&2&3\end{bmatrix}$$

```
> U:=LUdecomp(A,L='l',U='u');
```

$$U:=\begin{bmatrix}4&8&4\\0&3&0\\0&0&2\end{bmatrix}$$

```
> L:=evalm(l);
```

$$L:=\begin{bmatrix}1&0&0\\\frac{1}{2}&1&0\\\frac{1}{4}&0&1\end{bmatrix}$$

```
> M:=Matrix(3,3,[1/4,0,0,0,1/3,0,0,0,1/2]);
```

$$M:=\begin{bmatrix}\frac{1}{4}&0&0\\0&\frac{1}{3}&0\\0&0&\frac{1}{2}\end{bmatrix}$$

```
> U1:=multiply(M,U);
```

$$U1:=\begin{bmatrix}1&2&1\\0&1&0\\0&0&1\end{bmatrix}$$

```
> N:=Matrix(3,3,[4,0,0,0,3,0,0,0,2]);
```

$$N:=\begin{bmatrix}4&0&0\\0&3&0\\0&0&2\end{bmatrix}$$

```
> L1:=multiply(L,N);
```

$$L1:=\begin{bmatrix}4&0&0\\2&3&0\\1&0&2\end{bmatrix}$$

类似地，可得到 n 阶方阵 $\boldsymbol{A}$ 的杜利特分解的计算公式

$$\begin{cases} u_{ij}=a_{ij}-\sum\limits_{k=1}^{i-1} l_{ik}u_{kj}, & i=1,\cdots,n;j=i,\cdots,n, \\ l_{ij}=(a_{ij}-\sum\limits_{k=1}^{j-1} l_{ik}u_{kj})/u_{jj}, & i=2,\cdots,n;j=1,\cdots,i-1。\end{cases} \tag{3.1.14}$$

2. 楚列斯基(Cholesky)分解

如果 $\boldsymbol{A}$ 是对称正定矩阵，则可以使三角分解的计算量大为减少，大约是前述的克劳特分解或杜利特分解计算量的一半。

定理 3.1.4 设 $\boldsymbol{A}$ 为 n 阶对称正定矩阵，则存在一个实的非奇异下三角矩阵 $\boldsymbol{L}$，使

$$\boldsymbol{A}=\boldsymbol{L}\boldsymbol{L}^{\mathrm{T}}, \tag{3.1.15}$$

如果限定 $\boldsymbol{L}$ 的对角元素为正时，这种分解是唯一的。

证 因为 $\boldsymbol{A}$ 是对称正定的，所以由线性代数知，它的各阶顺序主子式 $\Delta_k>0(k=1,2,\cdots,n)$。再由定理 3.1.3 知，$\boldsymbol{A}$ 可唯一地分解为

$$\boldsymbol{A}=\tilde{\boldsymbol{L}}\boldsymbol{D}\tilde{\boldsymbol{U}}, \tag{3.1.16}$$

其中 $\tilde{\boldsymbol{L}}$，$\tilde{\boldsymbol{U}}$ 是单位下三角矩阵和单位上三角矩阵，$\boldsymbol{D}$ 是对角矩阵，记

$$\boldsymbol{D}=\mathbf{diag}(d_1,d_2,\cdots,d_n),$$

又因为 $\boldsymbol{A}^{\mathrm{T}}=(\tilde{\boldsymbol{L}}\boldsymbol{D}\tilde{\boldsymbol{U}})^{\mathrm{T}}=\tilde{\boldsymbol{U}}^{\mathrm{T}}\boldsymbol{D}\tilde{\boldsymbol{L}}^{\mathrm{T}}$，根据 $\boldsymbol{A}=\boldsymbol{A}^{\mathrm{T}}$ 所以有

$$\tilde{\boldsymbol{L}}\boldsymbol{D}\tilde{\boldsymbol{U}}=\tilde{\boldsymbol{U}}^{\mathrm{T}}\boldsymbol{D}\tilde{\boldsymbol{L}}^{\mathrm{T}},$$

由于式(3.1.16)的分解是唯一的，从而得

$$\tilde{\boldsymbol{L}}=\tilde{\boldsymbol{U}}^{\mathrm{T}},\tilde{\boldsymbol{U}}=\tilde{\boldsymbol{L}}^{\mathrm{T}},$$

于是由式(3.1.16)有

$$\boldsymbol{A}=\tilde{\boldsymbol{U}}^{\mathrm{T}}\boldsymbol{D}\tilde{\boldsymbol{U}}, \tag{3.1.17}$$

因为 $|\tilde{\boldsymbol{U}}^{\mathrm{T}}|=1\neq 0$，故 $\tilde{\boldsymbol{U}}$ 可逆，所以由式(3.1.17)有

$$\boldsymbol{D}=(\tilde{\boldsymbol{U}}^{\mathrm{T}})^{-1}\boldsymbol{A}\tilde{\boldsymbol{U}}^{-1}=(\tilde{\boldsymbol{U}}^{-1})^{\mathrm{T}}\boldsymbol{A}\tilde{\boldsymbol{U}}^{-1}。$$

此式说明矩阵 $\boldsymbol{A}$ 与 $\boldsymbol{D}$ 呈相合关系，而 $\boldsymbol{A}$ 又为对称正定矩阵，则 $\boldsymbol{D}$ 也为对称正定矩阵(事实上，任取 $\boldsymbol{x}\neq\boldsymbol{0}$，显然 $\tilde{\boldsymbol{U}}^{-1}\boldsymbol{x}\neq\boldsymbol{0}$，二次型 $\boldsymbol{x}^{\mathrm{T}}\boldsymbol{D}\boldsymbol{x}=\boldsymbol{x}^{\mathrm{T}}(\tilde{\boldsymbol{U}}^{-1})^{\mathrm{T}}\boldsymbol{A}\tilde{\boldsymbol{U}}^{-1}\boldsymbol{x}=(\tilde{\boldsymbol{U}}^{-1}x)^{\mathrm{T}}\boldsymbol{A}(\tilde{\boldsymbol{U}}^{-1}\boldsymbol{x})>0$，故 $\boldsymbol{D}$ 为对称正定矩阵)。既然对角矩阵 $\boldsymbol{D}$ 对称正定，那么它的所有一阶主子式(对角元素) $d_i>0(i=1,2,\cdots,n)$，所以 $\sqrt{d_i}$ 有意义。令

$$\boldsymbol{D}^{\frac{1}{2}}=\mathbf{diag}(\sqrt{d_1},\sqrt{d_2},\cdots,\sqrt{d_n}),$$

则有唯一的表达式

$$\boldsymbol{A}=\tilde{\boldsymbol{L}}\boldsymbol{D}\tilde{\boldsymbol{U}}=\tilde{\boldsymbol{L}}\boldsymbol{D}^{\frac{1}{2}}\boldsymbol{D}^{\frac{1}{2}}\tilde{\boldsymbol{L}}^{\mathrm{T}}=(\tilde{\boldsymbol{L}}\boldsymbol{D}^{\frac{1}{2}})(\tilde{\boldsymbol{L}}\boldsymbol{D}^{\frac{1}{2}})^{\mathrm{T}}=\boldsymbol{L}\boldsymbol{L}^{\mathrm{T}},$$

其中 $\boldsymbol{L}=\tilde{\boldsymbol{L}}\boldsymbol{D}^{\frac{1}{2}}$ 是对角线元素全为正数 $\sqrt{d_1},\sqrt{d_2},\cdots,\sqrt{d_n}$ 的下三角

矩阵。

定义 3.1.2 式(3.1.15)称为对称正定矩阵 $\boldsymbol{A}$ 的**楚列斯基分解**，亦称为**平方根分解**。

下面给出下三角矩阵 $\boldsymbol{L}$ 的实际求法。

$$\begin{pmatrix} a_{11} & & & & \\ \vdots & \ddots & & & \\ a_{i1} & \cdots & a_{ii} & & \\ \vdots & & \vdots & \ddots & \\ a_{n1} & \cdots & a_{ni} & \cdots & a_{nn} \end{pmatrix} = \begin{pmatrix} l_{11} & & & & \\ \vdots & \ddots & & & \\ l_{i1} & \cdots & l_{ii} & & \\ \vdots & & \vdots & \ddots & \\ l_{n1} & \cdots & l_{ni} & \cdots & l_{nn} \end{pmatrix} \begin{pmatrix} l_{11} & \cdots & l_{j1} & \cdots & l_{n1} \\ & \ddots & \vdots & & \vdots \\ & & l_{jj} & \cdots & l_{nj} \\ & & & \ddots & \vdots \\ & & & & l_{nn} \end{pmatrix},$$

由于 $\boldsymbol{A}$ 对称，所以只考虑下三角元素，即当 $i \geqslant j$ 时，有

$$a_{ij} = \sum_{k=1}^{j} l_{ik} l_{jk} = \sum_{k=1}^{j-1} l_{ik} l_{jk} + l_{ij} l_{jj},$$

即

$$l_{ij} = \left(a_{ij} - \sum_{k=1}^{j-1} l_{ik} l_{jk} \right) \Big/ l_{jj}, \quad i \geqslant j, \tag{3.1.18}$$

特别地，当 $i=j$ 时，有

$$l_{ii} = \sqrt{a_{ii} - \sum_{k=1}^{i-1} l_{ik}^2}。 \tag{3.1.19}$$

这里与克劳特三角分解不同的是矩阵 $\boldsymbol{U}=\boldsymbol{L}^{\mathrm{T}}$，在求得 $\boldsymbol{L}$ 的第 r 行元素之后，$\boldsymbol{L}^{\mathrm{T}}$ 的第 r 列元素即已得出，所以其计算量将为克劳特分解的一半左右。同时，由式(3.1.19)有

$$a_{ii} = \sum_{k=1}^{i} l_{ik}^2, \quad i=1,2,\cdots,n,$$

所以

$$l_{ik}^2 \leqslant a_{ii} \leqslant \max_{1 \leqslant i \leqslant n} \{ a_{ii} \},$$

于是

$$\max_{i,k} \{ l_{ik}^2 \} \leqslant \max_{1 \leqslant i \leqslant n} \{ a_{ii} \}。$$

以上分析说明，分解过程中元素 l_{ik} 的数量级完全得到控制，从而计算过程是稳定的。

为了避免式(3.1.19)中的开方运算，可用式(3.1.17)建立对称正定矩阵的分解。

例 3.1.4 已知矩阵

$$\boldsymbol{A} = \begin{pmatrix} 5 & -2 & 0 \\ -2 & 3 & -1 \\ 0 & -1 & 1 \end{pmatrix}$$

求 $\boldsymbol{A}$ 的楚列斯基分解。

解 容易验证 $\boldsymbol{A}$ 是对称正定矩阵。由式(3.1.18)及式(3.1.19)有

$$l_{11}=\sqrt{a_{11}}=\sqrt{5},$$

$$l_{21}=\frac{a_{21}}{l_{11}}=-\frac{2}{\sqrt{5}},\ l_{22}=(a_{22}-l_{21}^2)^{1/2}=\sqrt{\frac{11}{5}},$$

$$l_{31}=\frac{a_{31}}{l_{11}}=0,\ l_{32}=\frac{a_{32}-l_{31}l_{21}}{l_{22}}=-\sqrt{\frac{5}{11}},$$

$$l_{33}=(a_{33}-l_{31}^2-l_{32}^2)^{1/2}=\left(1-\frac{5}{11}\right)^{1/2}=\sqrt{\frac{6}{11}},$$

从而

$$\boldsymbol{A}=\begin{pmatrix}\sqrt{5} & 0 & 0\\ -\frac{2}{\sqrt{5}} & \sqrt{\frac{11}{5}} & 0\\ 0 & -\sqrt{\frac{5}{11}} & \sqrt{\frac{6}{11}}\end{pmatrix}\begin{pmatrix}\sqrt{5} & -\frac{2}{\sqrt{5}} & 0\\ 0 & \sqrt{\frac{11}{5}} & -\sqrt{\frac{5}{11}}\\ 0 & 0 & \sqrt{\frac{6}{11}}\end{pmatrix}。$$

3.2 矩阵的 QR(正交三角)分解

在上节中，已用初等变换所对应的初等矩阵研究了矩阵的三角化问题，相伴产生的是矩阵的 LU 分解，这种三角分解对数值代数算法的发展起了重要的作用。然而，以初等变换为工具的 LU 分解方法并不能消除病态线性方程组不稳定的问题，而且有时候对于可逆矩阵也可能不存在三角分解，因此需要寻找其他类似的矩阵分解。20 世纪 60 年代以后，人们又以正交(酉)变换为工具，导出了矩阵的正交三角分解方法，矩阵的正交三角分解是一种对任何可逆矩阵均存在的理想分解，从而对数值代数理论的近代发展做出了杰出贡献。

3.2.1 QR(正交三角)分解的概念

定义 3.2.1 如果实(复)非奇异矩阵 $\boldsymbol{A}$ 能化成正交(酉)矩阵 $\boldsymbol{Q}$ 与实(复)非奇异上三角矩阵 $\boldsymbol{R}$ 的乘积，即

$$\boldsymbol{A}=\boldsymbol{QR}, \tag{3.2.1}$$

则称式(3.2.1)是矩阵 $\boldsymbol{A}$ 的 QR 分解。

为简单起见，我们不妨以实矩阵为对象研究 QR 分解的存在性和唯一性以及它的构造方法，同时也给出复矩阵类似的结论。

定理 3.2.1 任何实的非奇异 n 阶矩阵 $\boldsymbol{A}$ 可以分解成正交矩阵 $\boldsymbol{Q}$ 和上三角矩阵 $\boldsymbol{R}$ 的乘积，且除去相差一个对角线元素的绝对值全等于 1 的对角矩阵因子 $\boldsymbol{D}$ 外，分解式(3.2.1)是唯一的。

证 记矩阵 $\boldsymbol{A}$ 的各列向量依次为 $\boldsymbol{a}_1,\boldsymbol{a}_2,\cdots,\boldsymbol{a}_n$，由于 $\boldsymbol{A}$ 非奇异，所以 $\boldsymbol{a}_1,\boldsymbol{a}_2,\cdots,\boldsymbol{a}_n$ 线性无关，将它们按照施密特正交化方法正交化，可得到 n 个标准正交的向量 $\boldsymbol{q}_1,\boldsymbol{q}_2,\cdots,\boldsymbol{q}_n$。

先对 $\boldsymbol{a}_1,\boldsymbol{a}_2,\cdots,\boldsymbol{a}_n$ 正交化，可得

$$\begin{cases}\boldsymbol{b}_1=\boldsymbol{a}_1,\\ \boldsymbol{b}_2=\boldsymbol{a}_2-k_{21}\boldsymbol{b}_1,\\ \quad\vdots\\ \boldsymbol{b}_n=\boldsymbol{a}_n-k_{n,n-1}\boldsymbol{b}_{n-1}-\cdots-k_{n1}\boldsymbol{b}_1,\end{cases}$$

其中 $k_{ij}=\dfrac{(\boldsymbol{a}_i,\boldsymbol{b}_j)}{(\boldsymbol{b}_j,\boldsymbol{b}_j)}(j<i)$，将上式改写为

$$\begin{cases}\boldsymbol{a}_1=\boldsymbol{b}_1,\\ \boldsymbol{a}_2=k_{21}\boldsymbol{b}_1+\boldsymbol{b}_2,\\ \quad\vdots\\ \boldsymbol{a}_n=k_{n1}\boldsymbol{b}_1+\cdots+k_{n,n-1}\boldsymbol{b}_{n-1}+\boldsymbol{b}_n,\end{cases}$$

用矩阵形式可表示为

$$(\boldsymbol{a}_1,\boldsymbol{a}_2,\cdots,\boldsymbol{a}_n)=(\boldsymbol{b}_1,\boldsymbol{b}_2,\cdots,\boldsymbol{b}_n)\boldsymbol{C},$$

其中

$$\boldsymbol{C}=\begin{pmatrix}1 & k_{21} & \cdots & k_{n1}\\ & 1 & \cdots & k_{n2}\\ & & \ddots & \vdots\\ & & & 1\end{pmatrix}。$$

再对 $\boldsymbol{b}_1,\boldsymbol{b}_2,\cdots,\boldsymbol{b}_n$ 单位化，可得

$$\boldsymbol{q}_i=\frac{1}{|\boldsymbol{b}_i|}\boldsymbol{b}_i\quad(i=1,2,\cdots,n),$$

于是有

$$\begin{aligned}(\boldsymbol{a}_1,\boldsymbol{a}_2,\cdots,\boldsymbol{a}_n)&=(\boldsymbol{b}_1,\boldsymbol{b}_2,\cdots,\boldsymbol{b}_n)\boldsymbol{C}\\ &=(\boldsymbol{q}_1,\boldsymbol{q}_2,\cdots,\boldsymbol{q}_n)\begin{pmatrix}|\boldsymbol{b}_1| & & & \\ & |\boldsymbol{b}_2| & & \\ & & \ddots & \\ & & & |\boldsymbol{b}_n|\end{pmatrix}\boldsymbol{C},\end{aligned}$$

令

$$\begin{cases}\boldsymbol{Q}=(\boldsymbol{q}_1,\boldsymbol{q}_2,\cdots,\boldsymbol{q}_n),\\ \boldsymbol{R}=\mathbf{diag}(|\boldsymbol{b}_1|,|\boldsymbol{b}_2|,\cdots,|\boldsymbol{b}_n|)\boldsymbol{C},\end{cases}\tag{3.2.2}$$

则 $\boldsymbol{Q}$ 为正交矩阵，$\boldsymbol{R}$ 是非奇异上三角矩阵，且有 $\boldsymbol{Q}=\boldsymbol{AB}$。

为了证明唯一性，设 $\boldsymbol{A}$ 有两种形如式(3.2.1)的分解式：

$$\boldsymbol{A}=\boldsymbol{QR}=\boldsymbol{Q}_1\boldsymbol{R}_1, \tag{3.2.3}$$

其中 $\boldsymbol{Q}$ 和 $\boldsymbol{Q}_1$ 都是正交矩阵，$\boldsymbol{R}$ 和 $\boldsymbol{R}_1$ 都是非奇异上三角矩阵，由式(3.2.3)得

$$\boldsymbol{Q}=\boldsymbol{Q}_1\boldsymbol{R}_1\boldsymbol{R}^{-1}=\boldsymbol{Q}_1\boldsymbol{D},$$

式中，$\boldsymbol{D}=\boldsymbol{R}_1\boldsymbol{R}^{-1}$ 仍为实非奇异的上三角矩阵，于是

$$\boldsymbol{I}=\boldsymbol{Q}^{\mathrm{T}}\boldsymbol{Q}=(\boldsymbol{Q}_1\boldsymbol{D})^{\mathrm{T}}(\boldsymbol{Q}_1\boldsymbol{D})=\boldsymbol{D}^{\mathrm{T}}\boldsymbol{D}, \tag{3.2.4}$$

设

$$\boldsymbol{D}=\begin{pmatrix} d_{11} & d_{12} & \cdots & d_{1n} \\ & d_{22} & \cdots & d_{2n} \\ & & \ddots & \vdots \\ & & & d_{nn} \end{pmatrix},$$

代入式(3.2.4)并与单位矩阵相比较，得

$$\begin{aligned} &d_{11}^2=1, \quad d_{12}=\cdots=d_{1n}=0, \\ &d_{22}^2=1, \quad d_{23}=\cdots=d_{2n}=0, \\ &\quad\vdots \\ &d_{nn}^2=1, \end{aligned}$$

从而有 $|d_{11}|=|d_{22}|=\cdots=|d_{nn}|=1$，即

$$\boldsymbol{D}=\begin{pmatrix} \pm1 & 0 & \cdots & 0 \\ 0 & \pm1 & \cdots & 0 \\ \vdots & \vdots & & \vdots \\ 0 & 0 & \cdots & \pm1 \end{pmatrix},$$

这表明 $\boldsymbol{D}$ 不仅是正交矩阵，而且还是对角线元素的绝对值全为 1 的对角矩阵，再由式(3.2.3)不难得

$$\boldsymbol{R}_1=\boldsymbol{DR}, \qquad \boldsymbol{Q}_1=\boldsymbol{QD}^{-1}。$$

显然，当规定上三角矩阵 $\boldsymbol{R}$ 和 $\boldsymbol{R}_1$ 对角线上的元素为正实数时，则 $\boldsymbol{D}=\boldsymbol{E}$，从而 QR 分解唯一。

例 3.2.1 用施密特正交化方法求矩阵 $\boldsymbol{A}$ 的 QR 分解，其中

$$\boldsymbol{A}=\begin{pmatrix} 0 & 1 & 1 \\ 1 & 1 & 0 \\ 1 & 0 & 1 \end{pmatrix}。$$

解 令 $\boldsymbol{a}_1=\begin{pmatrix} 0 \\ 1 \\ 1 \end{pmatrix}$，$\boldsymbol{a}_2=\begin{pmatrix} 1 \\ 1 \\ 0 \end{pmatrix}$，$\boldsymbol{a}_3=\begin{pmatrix} 1 \\ 0 \\ 1 \end{pmatrix}$，施密特正交化可得

$$\boldsymbol{b}_1=\boldsymbol{a}_1=\begin{pmatrix} 0 \\ 1 \\ 1 \end{pmatrix},$$

$$\boldsymbol{b}_2=\boldsymbol{a}_2-\frac{(\boldsymbol{a}_2,\boldsymbol{b}_1)}{(\boldsymbol{b}_1,\boldsymbol{b}_1)}\boldsymbol{b}_1=\boldsymbol{a}_2-\frac{1}{2}\boldsymbol{b}_1=\begin{pmatrix}1\\ \frac{1}{2}\\ -\frac{1}{2}\end{pmatrix},$$

$$\boldsymbol{b}_3=\boldsymbol{a}_3-\frac{(\boldsymbol{a}_3,\boldsymbol{b}_2)}{(\boldsymbol{b}_2,\boldsymbol{b}_2)}\boldsymbol{b}_2-\frac{(\boldsymbol{a}_3,\boldsymbol{b}_1)}{(\boldsymbol{b}_1,\boldsymbol{b}_1)}\boldsymbol{b}_1=\boldsymbol{a}_3-\frac{1}{3}\boldsymbol{b}_2-\frac{1}{2}\boldsymbol{b}_1=\begin{pmatrix}\frac{2}{3}\\ -\frac{2}{3}\\ \frac{2}{3}\end{pmatrix},$$

根据式(3.2.2)构造矩阵

$$\boldsymbol{Q}=\begin{pmatrix}0 & \frac{2}{\sqrt{6}} & \frac{1}{\sqrt{3}}\\ \frac{1}{\sqrt{2}} & \frac{1}{\sqrt{6}} & -\frac{1}{\sqrt{3}}\\ \frac{1}{\sqrt{2}} & -\frac{1}{\sqrt{6}} & \frac{1}{\sqrt{3}}\end{pmatrix},$$

$$\boldsymbol{R}=\begin{pmatrix}\sqrt{2} & & \\ & \frac{\sqrt{6}}{2} & \\ & & \frac{2}{\sqrt{3}}\end{pmatrix}\begin{pmatrix}1 & \frac{1}{2} & \frac{1}{2}\\ & 1 & \frac{1}{3}\\ & & 1\end{pmatrix}=\begin{pmatrix}\sqrt{2} & \frac{1}{\sqrt{2}} & \frac{1}{\sqrt{2}}\\ 0 & \frac{3}{\sqrt{6}} & \frac{1}{\sqrt{6}}\\ 0 & 0 & \frac{2}{\sqrt{3}}\end{pmatrix},$$

则有 $\boldsymbol{A}=\boldsymbol{QR}$。

例 3.2.1 的 Maple 源程序

```
> #example3.2.1
> with(linalg):with(LinearAlgebra):
> A:=Matrix(3,3,[0,1,1,1,1,0,1,0,1]);
```

$$A:=\begin{bmatrix}0 & 1 & 1\\ 1 & 1 & 0\\ 1 & 0 & 1\end{bmatrix}$$

```
> R:=QRdecomp(A,Q='q');
```

$$R:=\begin{bmatrix}\sqrt{2} & \frac{\sqrt{2}}{2} & \frac{\sqrt{2}}{2}\\ 0 & \frac{\sqrt{6}}{2} & \frac{\sqrt{6}}{6}\\ 0 & 0 & \frac{2\sqrt{3}}{3}\end{bmatrix}$$

```
> evalm(q);
```

$$\begin{bmatrix} 0 & \frac{\sqrt{6}}{3} & \frac{\sqrt{3}}{3} \\ \frac{\sqrt{2}}{2} & \frac{\sqrt{6}}{6} & -\frac{\sqrt{3}}{3} \\ \frac{\sqrt{2}}{2} & -\frac{\sqrt{6}}{6} & \frac{\sqrt{3}}{3} \end{bmatrix}$$

定理 3.2.1 还可以推广到一般复矩阵的情况。

定理 3.2.2 设 $\boldsymbol{A}$ 为 $m\times n$ 复矩阵($m\geqslant n$)，且 n 个列向量线性无关，则 $\boldsymbol{A}$ 有分解式

$$\boldsymbol{A}=\boldsymbol{U}\boldsymbol{R}, \tag{3.2.5}$$

其中 $\boldsymbol{U}$ 是 $m\times n$ 复矩阵，且满足 $\boldsymbol{U}^{\mathrm{H}}\boldsymbol{U}=\boldsymbol{E}$，$\boldsymbol{R}$ 是 n 阶复非奇异上三角矩阵，且除去相差一个对角元素的模全为 1 的对角矩阵因子外，分解式(3.2.5)是唯一的。

实用上，一般不用施密特正交化方法作 QR 分解，而是利用初等旋转变换或镜像变换对矩阵进行 QR 分解。

3.2.2 QR 分解的实际求法

下面我们先考虑初等旋转变换的 QR 分解，然后再介绍镜像变换的 QR 分解，两种工具各有优缺点。

1. 吉文斯矩阵和吉文斯变换

定义 3.2.2 设实数 c 与 s 满足 $c^2+s^2=1$，则称矩阵

$$\boldsymbol{T}_{ij}=\begin{pmatrix} 1 & & & & & & & & \\ & \ddots & & & & & & & \\ & & 1 & & & & & & \\ & & & c & & \cdots & s & & \\ & & & & 1 & & & & \\ & & & \vdots & & \ddots & \vdots & & \\ & & & & & 1 & & & \\ & & & -s & & & c & & \\ & & & & & & & 1 & \\ & & & & & & & & \ddots \\ & & & & & & & & & 1 \end{pmatrix}\begin{matrix} \\ \\ \\ (i) \\ \\ \\ \\ (j) \\ \\ \\ \\ \end{matrix}$$

$$\qquad\qquad (i) \qquad\qquad (j)$$

为吉文斯(Givens)矩阵(初等旋转矩阵)，也可记为 $\boldsymbol{T}_{ij}=\boldsymbol{T}_{ij}(c,s)$。由吉文斯矩阵确定的线性变换称为吉文斯变换(初等旋转变换)。若用 $\boldsymbol{E}$ 表示适当阶数的单位矩阵，式中的吉文斯矩阵可表示为

$$\boldsymbol{T}_{ij}=\begin{pmatrix} \boldsymbol{E} & & & & \\ & c & \cdots & s & \\ & \vdots & \boldsymbol{E} & \vdots & \\ & -s & \cdots & c & \\ & & & & \boldsymbol{E} \end{pmatrix}\begin{matrix} \\ (i) \\ \\ (j) \\ \\ \end{matrix} \quad (i<j)。$$

性质1 吉文斯矩阵是正交矩阵，且有

$$[\boldsymbol{T}_{ij}(c,s)]^{-1}=[\boldsymbol{T}_{ij}(c,s)]^{\mathrm{T}}=\boldsymbol{T}_{ij}(c,-s),$$
$$\det[\boldsymbol{T}_{ij}(c,s)]=1。$$

性质2 设 $\boldsymbol{x}=(x_1,x_2,\cdots,x_n)^{\mathrm{T}}$, $\boldsymbol{y}=\boldsymbol{T}_{ij}\boldsymbol{x}=(y_1,y_2,\cdots,y_n)^{\mathrm{T}}$，则有

$$y_k=x_k \quad (k\neq i,j),$$
$$y_i=cx_i+sx_j, \quad y_j=-sx_i+cx_j,$$

因此，当 $x_i^2+x_j^2\neq 0$ 时，特别取

$$c=\frac{x_i}{\sqrt{x_i^2+x_j^2}}, \quad s=\frac{x_j}{\sqrt{x_i^2+x_j^2}},$$

便可使 $y_i=\sqrt{x_i^2+x_j^2}>0, y_j=0$，而其余分量 $y_k=x_k(k\neq i,j)$。

定理3.2.3 设 $\boldsymbol{x}=(x_1,x_2,\cdots,x_n)^{\mathrm{T}}\neq\boldsymbol{0}$，则存在有限个初等旋转矩阵的乘积，记作 $\boldsymbol{T}$，使得

$$\boldsymbol{T}\boldsymbol{x}=|\boldsymbol{x}|\boldsymbol{e}_1=\begin{pmatrix} |\boldsymbol{x}| \\ 0 \\ \vdots \\ 0 \end{pmatrix}。$$

证 设 $\boldsymbol{x}$ 的分量 $x_2\neq 0$，作 $\boldsymbol{T}_{12}(c,s)$，这里取

$$c=\frac{x_1}{\sqrt{x_1^2+x_2^2}}, \quad s=\frac{x_2}{\sqrt{x_1^2+x_2^2}},$$

则 $$\boldsymbol{T}_{12}\boldsymbol{x}=(\sqrt{x_1^2+x_2^2},0,x_3,\cdots,x_n)^{\mathrm{T}},$$

再对 $\boldsymbol{T}_{12}\boldsymbol{x}$ 构造 $T_{13}(c,s)$，取

$$c=\frac{\sqrt{x_1^2+x_2^2}}{\sqrt{x_1^2+x_2^2+x_3^2}}, \quad s=\frac{x_3}{\sqrt{x_1^2+x_2^2+x_3^2}},$$

$$T_{13}(T_{12}x)=(\sqrt{x_1^2+x_2^2+x_3^2},0,0,x_4,\cdots,x_n)^{\mathrm{T}},$$

如此继续下去，最后对 $T_{1,n-1}\cdots T_{13}T_{12}x$ 构造 $T_{1n}(c,s)$，取

$$c=\frac{\sqrt{x_1^2+x_2^2+\cdots+x_{n-1}^2}}{\sqrt{x_1^2+x_2^2+\cdots+x_n^2}},\quad s=\frac{x_n}{\sqrt{x_1^2+x_2^2+\cdots+x_n^2}},$$

$$T_{1n}(T_{1,n-1}\cdots T_{13}T_{12}x)=(\sqrt{x_1^2+x_2^2+\cdots+x_n^2},0,\cdots,0)^{\mathrm{T}},$$

如果 $x_2=0$ 或某个 $x_k=0$，则上述过程从构造 T_{13} 或 $T_{1,k+1}$ 开始。令 $T=T_{1n}T_{1,n-1}\cdots T_{12}$，则有

$$Tx=|x|e_1=\begin{pmatrix}|x|\\0\\\vdots\\0\end{pmatrix}。$$

例 3.2.2 设 $x=(3,4,5)^{\mathrm{T}}$，用吉文斯变换化 x 为与 e_1 同方向的向量。

解 对 x 构造 $T_{12}(c,s)$：$c=\frac{3}{5}$，$s=\frac{4}{5}$，则

$$T_{12}x=(5,0,5)^{\mathrm{T}},$$

对 $T_{12}x$ 构造 $T_{13}(c,s)$：$c=\frac{1}{\sqrt{2}}$，$s=\frac{1}{\sqrt{2}}$，则

$$T_{13}(T_{12}x)=(5\sqrt{2},0,0)^{\mathrm{T}},$$

于是

$$T=T_{13}T_{12}=\begin{pmatrix}\frac{1}{\sqrt{2}}&0&\frac{1}{\sqrt{2}}\\0&1&0\\-\frac{1}{\sqrt{2}}&0&\frac{1}{\sqrt{2}}\end{pmatrix}\begin{pmatrix}\frac{3}{5}&\frac{4}{5}&0\\-\frac{4}{5}&\frac{3}{5}&0\\0&0&1\end{pmatrix}=\frac{1}{5\sqrt{2}}\begin{pmatrix}3&4&5\\-4\sqrt{2}&3\sqrt{2}&0\\-3&-4&5\end{pmatrix},$$

$$Tx=5\sqrt{2}e_1,$$

现在直接用吉文斯变换把满足式(3.2.1)的正交矩阵 Q 具体构造出来。

定理 3.2.4 任何 n 阶实非奇异矩阵 $A=(a_{ij})_{n\times n}$ 可通过左连乘初等旋转矩阵化为上三角矩阵。

证 第 1 步：由 $\det A\neq 0$ 知，A 的第 1 列 $b^{(1)}=(a_{11},a_{21},\cdots,a_{n1})^{\mathrm{T}}\neq\mathbf{0}$。根据定理 3.2.3，存在有限个吉文斯矩阵的乘积，记作 T_1，使得

$$T_1 b^{(1)} = |b^{(1)}| e_1 \quad (e_1 \in \mathbb{R}^n),$$

令 $a_{11}^{(1)} = |b^{(1)}|$，则有

$$T_1 A = \begin{pmatrix} a_{11}^{(1)} & a_{12}^{(1)} & \cdots & a_{1n}^{(1)} \\ 0 & & & \\ \vdots & & A^{(1)} & \\ 0 & & & \end{pmatrix}。$$

第 2 步：由 $\det A^{(1)} \neq 0$ 知，$A^{(1)}$ 的第 1 列 $b^{(2)} = (a_{22}^{(1)}, a_{32}^{(1)}, \cdots, a_{n2}^{(1)})^{\mathrm{T}} \neq \mathbf{0}$。根据定理 3.2.3，存在有限个吉文斯矩阵的乘积，记作 T_2，使得

$$T_2 b^{(2)} = |b^{(2)}| e_1 \quad (e_1 \in \mathbb{R}^{n-1})。$$

令 $a_{22}^{(2)} = |b^{(2)}|$，则有

$$T_2 A^{(1)} = \begin{pmatrix} a_{22}^{(2)} & a_{23}^{(2)} & \cdots & a_{2n}^{(2)} \\ 0 & & & \\ \vdots & & A^{(2)} & \\ 0 & & & \end{pmatrix}。$$

$\vdots$

第 $n-1$ 步：由 $\det A^{(n-2)} \neq 0$ 知，$A^{(n-2)}$ 的第 1 列 $b^{(n-1)} = (a_{n-1,n-1}^{(n-2)}, a_{n,n-1}^{(n-2)})^{\mathrm{T}} \neq \mathbf{0}$。根据定理 3.2.3，存在吉文斯矩阵 T_{n-1}，使得

$$T_{n-1} b^{(n-1)} = |b^{(n-1)}| e_1 \quad (e_1 \in \mathbb{R}^2)。$$

令 $a_{n-1,n-1}^{(n-1)} = |b^{(n-1)}|$，则有

$$T_{n-1} A^{(n-2)} = \begin{pmatrix} a_{n-1,n-1}^{(n-1)} & a_{n-1,n}^{(n-1)} \\ 0 & a_{nn}^{(n-1)} \end{pmatrix},$$

最后，令

$$T = \begin{pmatrix} E_{n-2} & O \\ O & T_{n-1} \end{pmatrix} \cdots \begin{pmatrix} E_2 & O \\ O & T_3 \end{pmatrix} \begin{pmatrix} 1 & O \\ O & T_2 \end{pmatrix} T_1,$$

则 T 是有限个吉文斯矩阵的乘积，使得

$$TA = \begin{pmatrix} a_{11}^{(1)} & a_{12}^{(1)} & \cdots & a_{1,n-1}^{(1)} & a_{1n}^{(1)} \\ & a_{22}^{(2)} & \cdots & a_{2,n-1}^{(2)} & a_{2n}^{(2)} \\ & & \ddots & \vdots & \vdots \\ & & & a_{n-1,n-1}^{(n-1)} & a_{n-1,n}^{(n-1)} \\ & & & & a_{nn}^{(n-1)} \end{pmatrix}。$$

如果将定理 3.2.4 最后得到的上三角矩阵记为 R，那么就有

$$A = QR,$$

其中 $Q = T^{-1}$。因为 T 是有限个吉文斯矩阵的乘积，而吉文斯矩阵

都是正交矩阵，所以 $\boldsymbol{T}$ 是正交矩阵，于是 $\boldsymbol{Q}=\boldsymbol{T}^{-1}=\boldsymbol{T}^{\mathrm{T}}$ 也是正交矩阵。

例 3.2.3 用初等旋转变换求矩阵

$$\boldsymbol{A}=\begin{pmatrix}0&1&1\\1&1&0\\1&0&1\end{pmatrix}$$

的 QR 分解。

解 第 1 步：对 $\boldsymbol{A}$ 的第 1 列 $\boldsymbol{b}^{(1)}=(0,1,1)^{\mathrm{T}}$ 构造 $\boldsymbol{T}_1$，使得 $\boldsymbol{T}_1\boldsymbol{b}^{(1)}=|\boldsymbol{b}^{(1)}|\boldsymbol{e}_1$。

$$\boldsymbol{T}_{12}=\begin{pmatrix}0&1&0\\-1&0&0\\0&0&1\end{pmatrix},\ \boldsymbol{T}_{12}\boldsymbol{b}^{(1)}=\begin{pmatrix}1\\0\\1\end{pmatrix},$$

$$\boldsymbol{T}_{13}=\begin{pmatrix}\frac{1}{\sqrt{2}}&0&\frac{1}{\sqrt{2}}\\0&1&0\\-\frac{1}{\sqrt{2}}&0&\frac{1}{\sqrt{2}}\end{pmatrix},\ \boldsymbol{T}_{13}(\boldsymbol{T}_{12}\boldsymbol{b}^{(1)})=\begin{pmatrix}\sqrt{2}\\0\\0\end{pmatrix},$$

$$\boldsymbol{T}_1=\boldsymbol{T}_{13}\boldsymbol{T}_{12}=\begin{pmatrix}0&\frac{1}{\sqrt{2}}&\frac{1}{\sqrt{2}}\\-1&0&0\\0&-\frac{1}{\sqrt{2}}&\frac{1}{\sqrt{2}}\end{pmatrix},\ \boldsymbol{T}_1\boldsymbol{A}=\begin{pmatrix}\sqrt{2}&\frac{1}{\sqrt{2}}&\frac{1}{\sqrt{2}}\\0&-1&-1\\0&-\frac{1}{\sqrt{2}}&\frac{1}{\sqrt{2}}\end{pmatrix}。$$

第 2 步：对 $\boldsymbol{A}^{(1)}=\begin{pmatrix}-1&-1\\-\frac{1}{\sqrt{2}}&\frac{1}{\sqrt{2}}\end{pmatrix}$ 的第 1 列 $\boldsymbol{b}^{(2)}=\left(-1,-\frac{1}{\sqrt{2}}\right)^{\mathrm{T}}$ 构造 $\boldsymbol{T}_2$，使得 $\boldsymbol{T}_2\boldsymbol{b}^{(2)}=|\boldsymbol{b}^{(2)}|\boldsymbol{e}_1$。

$$\boldsymbol{T}_{12}=\begin{pmatrix}-\sqrt{\frac{2}{3}}&-\frac{1}{\sqrt{3}}\\\frac{1}{\sqrt{3}}&-\sqrt{\frac{2}{3}}\end{pmatrix},\ \boldsymbol{T}_{12}\boldsymbol{b}^{(2)}=\begin{pmatrix}\sqrt{\frac{3}{2}}\\0\end{pmatrix},\ T_2=T_{12},$$

$$\boldsymbol{T}_2\boldsymbol{A}^{(1)}=\begin{pmatrix}\sqrt{\frac{3}{2}}&\frac{1}{\sqrt{6}}\\0&-\frac{2}{\sqrt{3}}\end{pmatrix},$$

最后，令

$$T=\begin{pmatrix}1 & \\ & T_2\end{pmatrix}T_1=\begin{pmatrix}0 & \frac{1}{\sqrt{2}} & \frac{1}{\sqrt{2}}\\ \frac{2}{\sqrt{6}} & \frac{1}{\sqrt{6}} & -\frac{1}{\sqrt{6}}\\ -\frac{1}{\sqrt{3}} & \frac{1}{\sqrt{3}} & -\frac{1}{\sqrt{3}}\end{pmatrix},$$

则有

$$Q=T^{\mathrm{T}}=\begin{pmatrix}0 & \frac{2}{\sqrt{6}} & -\frac{1}{\sqrt{3}}\\ \frac{1}{\sqrt{2}} & \frac{1}{\sqrt{6}} & \frac{1}{\sqrt{3}}\\ \frac{1}{\sqrt{2}} & -\frac{1}{\sqrt{6}} & -\frac{1}{\sqrt{3}}\end{pmatrix},\quad R=\begin{pmatrix}\sqrt{2} & \frac{1}{\sqrt{2}} & \frac{1}{\sqrt{2}}\\ & \frac{3}{\sqrt{6}} & \frac{1}{\sqrt{6}}\\ & & -\frac{2}{\sqrt{3}}\end{pmatrix},$$

$A=QR$。

例 3.2.3 的 Maple 源程序

```
> #example3.2.3
> with(linalg):with(LinearAlgebra):
> A:=Matrix(3,3,[0,1,1,1,1,0,1,0,1]);
```

$$A:=\begin{bmatrix}0 & 1 & 1\\ 1 & 1 & 0\\ 1 & 0 & 1\end{bmatrix}$$

```
> R:=QRdecomp(A,Q='q');
```

$$R:=\begin{bmatrix}\sqrt{2} & \frac{\sqrt{2}}{2} & \frac{\sqrt{2}}{2}\\ 0 & \frac{\sqrt{6}}{2} & \frac{\sqrt{6}}{6}\\ 0 & 0 & \frac{2\sqrt{3}}{3}\end{bmatrix}$$

```
> evalm(q);
```

$$\begin{bmatrix}0 & \frac{\sqrt{6}}{3} & \frac{\sqrt{3}}{3}\\ \frac{\sqrt{2}}{2} & \frac{\sqrt{6}}{6} & -\frac{\sqrt{3}}{3}\\ \frac{\sqrt{2}}{2} & -\frac{\sqrt{6}}{6} & \frac{\sqrt{3}}{3}\end{bmatrix}$$

2. 豪斯霍尔德矩阵和豪斯霍尔德变换

定义 3.2.3 设单位列向量 $\boldsymbol{u}\in\mathbb{R}^n$，称

$$\boldsymbol{H}=\boldsymbol{E}-2\boldsymbol{u}\boldsymbol{u}^{\mathrm{T}} \tag{3.2.6}$$

为豪斯霍尔德(Householder)矩阵(初等反射矩阵)，由豪斯霍尔德矩阵确定的线性变换称为豪斯霍尔德变换(初等反射变换)。

豪斯霍尔德矩阵具有下列性质：

(1) $\boldsymbol{H}^{\mathrm{T}}=\boldsymbol{H}$(对称矩阵)；

(2) $\boldsymbol{H}^{\mathrm{T}}\boldsymbol{H}=\boldsymbol{E}$(正交矩阵)；

(3) $\boldsymbol{H}^2=\boldsymbol{E}$(对合矩阵)；

(4) $\boldsymbol{H}^{-1}=\boldsymbol{H}$(自逆矩阵)；

(5) $\det\boldsymbol{H}=-1$。

定理 3.2.5 任意给定非零列向量 $\boldsymbol{x}\in\mathbb{R}^n(n>1)$ 及单位列向量 $\boldsymbol{z}\in\mathbb{R}^n$，则存在豪斯霍尔德矩阵 $\boldsymbol{H}$，使得 $\boldsymbol{H}\boldsymbol{x}=|\boldsymbol{x}|\boldsymbol{z}$。

证 当 $\boldsymbol{x}=|\boldsymbol{x}|\boldsymbol{z}$ 时，取单位列向量 $\boldsymbol{u}$ 满足 $\boldsymbol{u}^{\mathrm{T}}\boldsymbol{x}=\boldsymbol{0}$，则有

$$\boldsymbol{H}\boldsymbol{x}=(\boldsymbol{E}-2\boldsymbol{u}\boldsymbol{u}^{\mathrm{T}})\boldsymbol{x}=\boldsymbol{x}-2\boldsymbol{u}(\boldsymbol{u}^{\mathrm{T}}\boldsymbol{x})=\boldsymbol{x}=|\boldsymbol{x}|\boldsymbol{z},$$

当 $\boldsymbol{x}\neq|\boldsymbol{x}|\boldsymbol{z}$ 时，取

$$\boldsymbol{u}=\frac{\boldsymbol{x}-|\boldsymbol{x}|\boldsymbol{z}}{|\boldsymbol{x}-|\boldsymbol{x}|\boldsymbol{z}|}, \tag{3.2.7}$$

则有

$$\begin{aligned}\boldsymbol{H}\boldsymbol{x}&=\left[\boldsymbol{E}-2\frac{(\boldsymbol{x}-|\boldsymbol{x}|\boldsymbol{z})(\boldsymbol{x}-|\boldsymbol{x}|\boldsymbol{z})^{\mathrm{T}}}{|\boldsymbol{x}-|\boldsymbol{x}|\boldsymbol{z}|^2}\right]\boldsymbol{x}\\&=\boldsymbol{x}-2(\boldsymbol{x}-|\boldsymbol{x}|\boldsymbol{z},\ \boldsymbol{x})\frac{\boldsymbol{x}-|\boldsymbol{x}|\boldsymbol{z}}{|\boldsymbol{x}-|\boldsymbol{x}|\boldsymbol{z}|^2}\\&=\boldsymbol{x}-(\boldsymbol{x}-|\boldsymbol{x}|\boldsymbol{z})=|\boldsymbol{x}|\boldsymbol{z}。\end{aligned}$$

例 3.2.4 设 $\boldsymbol{x}=(1,2,2)^{\mathrm{T}}$，用豪斯霍尔德变换化 $\boldsymbol{x}$ 为与 $\boldsymbol{e}_1$ 同方向的向量。

解 计算 $|\boldsymbol{x}|=3,\boldsymbol{x}-|\boldsymbol{x}|\boldsymbol{e}_1=2(-1,1,1)^{\mathrm{T}}$。根据式(3.2.7)，取 $\boldsymbol{u}=\frac{1}{\sqrt{3}}(-1,1,1)^{\mathrm{T}}$，构造豪斯霍尔德矩阵

$$\boldsymbol{H}=\boldsymbol{E}-2\boldsymbol{u}\boldsymbol{u}^{\mathrm{T}}=\begin{pmatrix}1&&\\&1&\\&&1\end{pmatrix}-\frac{2}{3}\begin{pmatrix}-1\\1\\1\end{pmatrix}(-1,1,1)=\frac{1}{3}\begin{pmatrix}1&2&2\\2&1&-2\\2&-2&1\end{pmatrix},$$

则 $\boldsymbol{H}\boldsymbol{x}=3\boldsymbol{e}_1$。

下面给出将矩阵进行 QR 分解的所谓的豪斯霍尔德方法。

定理 3.2.6 任何 n 阶实非奇异矩阵 $\boldsymbol{A}=(a_{ij})_{n\times n}$ 可通过左连乘豪斯霍尔德矩阵化为上三角矩阵。

证 第1步：由 $\det\boldsymbol{A}\neq0$ 知，$\boldsymbol{A}$ 的第1列 $\boldsymbol{b}^{(1)}=(a_{11},a_{21},\cdots,a_{n1})^{\mathrm{T}}\neq\boldsymbol{0}$。根据定理 3.2.5，存在豪斯霍尔德矩阵 $\boldsymbol{H}_1$，使得

$$\boldsymbol{H}_1\boldsymbol{b}^{(1)}=|\boldsymbol{b}^{(1)}|\boldsymbol{e}_1(\boldsymbol{e}_1\in\mathbb{R}^n)。$$

令 $a_{11}^{(1)}=|\boldsymbol{b}^{(1)}|$，则有

$$\boldsymbol{H}_1\boldsymbol{A}=\left(\begin{array}{c:ccc} a_{11}^{(1)} & a_{12}^{(1)} & \cdots & a_{1n}^{(1)} \\ \hdashline 0 & & & \\ \vdots & & \boldsymbol{A}^{(1)} & \\ 0 & & & \end{array}\right)。$$

第2步：由 $\det\boldsymbol{A}^{(1)}\neq0$ 知，$\boldsymbol{A}^{(1)}$ 的第1列 $\boldsymbol{b}^{(2)}=(a_{22}^{(1)},a_{32}^{(1)},\cdots,a_{n2}^{(1)})^{\mathrm{T}}\neq\boldsymbol{0}$。根据定理 3.2.5，存在豪斯霍尔德矩阵 $\boldsymbol{H}_2$，使得

$$\boldsymbol{H}_2\boldsymbol{b}^{(2)}=|\boldsymbol{b}^{(2)}|\boldsymbol{e}_1(\boldsymbol{e}_1\in\mathbb{R}^{n-1})。$$

令 $a_{22}^{(2)}=|\boldsymbol{b}^{(2)}|$，则有

$$\boldsymbol{H}_2\boldsymbol{A}^{(1)}=\left(\begin{array}{c:ccc} a_{22}^{(2)} & a_{23}^{(2)} & \cdots & a_{2n}^{(2)} \\ \hdashline 0 & & & \\ \vdots & & \boldsymbol{A}^{(2)} & \\ 0 & & & \end{array}\right)。$$

$\vdots$

第 $n-1$ 步：由 $\det\boldsymbol{A}^{(n-2)}\neq0$ 知，$\boldsymbol{A}^{(n-2)}$ 的第1列 $\boldsymbol{b}^{(n-1)}=(a_{n-1,n-1}^{(n-2)},a_{n,n-1}^{(n-2)})^{\mathrm{T}}\neq\boldsymbol{0}$。根据定理 3.2.5，存在豪斯霍尔德矩阵 $\boldsymbol{H}_{n-1}$，使得

$$\boldsymbol{H}_{n-1}\boldsymbol{b}^{(n-1)}=|\boldsymbol{b}^{(n-1)}|\boldsymbol{e}_1\quad(\boldsymbol{e}_1\in\mathbb{R}^2)。$$

令 $a_{n-1,n-1}^{(n-1)}=|\boldsymbol{b}^{(n-1)}|$，则有

$$\boldsymbol{H}_{n-1}\boldsymbol{A}^{(n-2)}=\begin{pmatrix} a_{n-1,n-1}^{(n-1)} & a_{n-1,n}^{(n-1)} \\ 0 & a_{nn}^{(n-1)} \end{pmatrix}。$$

最后，令

$$\boldsymbol{S}=\begin{pmatrix}\boldsymbol{E}_{n-2} & \boldsymbol{O}\\ \boldsymbol{O} & \boldsymbol{H}_{n-1}\end{pmatrix}\cdots\begin{pmatrix}\boldsymbol{E}_2 & \boldsymbol{O}\\ \boldsymbol{O} & \boldsymbol{H}_3\end{pmatrix}\begin{pmatrix}1 & \boldsymbol{O}\\ \boldsymbol{O} & \boldsymbol{H}_2\end{pmatrix}\boldsymbol{H}_1,$$

并注意到，若 H_u 是 $n-l$ 阶豪斯霍尔德矩阵，即

$$\boldsymbol{H}_u=\boldsymbol{E}_{n-l}-2\boldsymbol{u}\boldsymbol{u}^{\mathrm{T}}\quad(\boldsymbol{u}\in\mathbb{R}^{n-l},\ \boldsymbol{u}^{\mathrm{T}}\boldsymbol{u}=1),$$

则

$$\begin{pmatrix}\boldsymbol{E}_l & \boldsymbol{O}\\ \boldsymbol{O} & \boldsymbol{H}_u\end{pmatrix}=\begin{pmatrix}\boldsymbol{E}_l & \boldsymbol{O}\\ \boldsymbol{O} & \boldsymbol{E}_{n-l}\end{pmatrix}-2\begin{pmatrix}\boldsymbol{O} & \boldsymbol{O}\\ \boldsymbol{O} & \boldsymbol{u}\boldsymbol{u}^{\mathrm{T}}\end{pmatrix}$$

$$=\boldsymbol{E}_n-2\begin{pmatrix}\boldsymbol{O}\\ \boldsymbol{u}\end{pmatrix}(\boldsymbol{O}^T \mid \boldsymbol{u}^{\mathrm{T}})=\boldsymbol{E}_n-2\boldsymbol{v}\boldsymbol{v}^{\mathrm{T}}$$

$$(\boldsymbol{v}\in\mathbb{R}^n,\ \boldsymbol{v}^{\mathrm{T}}\boldsymbol{v}=\boldsymbol{u}^{\mathrm{T}}\boldsymbol{u}=1)$$

是 n 阶豪斯霍尔德矩阵。因此，$\boldsymbol{S}$ 是有限个豪斯霍尔德矩阵的乘积，且使得

$$\boldsymbol{SA}=\begin{pmatrix} a_{11}^{(1)} & a_{12}^{(1)} & \cdots & a_{1,n-1}^{(1)} & a_{1n}^{(1)} \\ & a_{22}^{(2)} & \cdots & a_{2,n-1}^{(2)} & a_{2n}^{(2)} \\ & & \ddots & \vdots & \vdots \\ & & & a_{n-1,n-1}^{(n-1)} & a_{n-1,n}^{(n-1)} \\ & & & & a_{nn}^{(n-1)} \end{pmatrix}。$$

如果将定理 3.2.6 最后得到的上三角矩阵记为 $\boldsymbol{R}$，那么就有

$$\boldsymbol{A}=\boldsymbol{QR},$$

其中 $\boldsymbol{Q}=\boldsymbol{S}^{-1}$。因为 $\boldsymbol{S}$ 是有限个豪斯霍尔德矩阵的乘积，而豪斯霍尔德矩阵都是正交矩阵，所以 $\boldsymbol{S}$ 是正交矩阵，于是 $\boldsymbol{Q}=\boldsymbol{S}^{-1}=\boldsymbol{S}^{\mathrm{T}}$ 也是正交矩阵。

例 3.2.5 用豪斯霍尔德变换求矩阵

$$\boldsymbol{A}=\begin{pmatrix}3 & 14 & 9\\ 6 & 43 & 3\\ 6 & 22 & 15\end{pmatrix}$$

的 QR 分解。

解 对 $\boldsymbol{A}$ 的第 1 列，构造豪斯霍尔德矩阵如下：

$$\boldsymbol{b}^{(1)}=\begin{pmatrix}3\\6\\6\end{pmatrix},\boldsymbol{b}^{(1)}-|\boldsymbol{b}^{(1)}|\boldsymbol{e}_1=6\begin{pmatrix}-1\\1\\1\end{pmatrix},\boldsymbol{u}=\frac{1}{\sqrt{3}}\begin{pmatrix}-1\\1\\1\end{pmatrix},$$

$$\boldsymbol{H}_1=\boldsymbol{E}-2\boldsymbol{u}\boldsymbol{u}^{\mathrm{T}}=\frac{1}{3}\begin{pmatrix}1 & 2 & 2\\ 2 & 1 & -2\\ 2 & -2 & 1\end{pmatrix},$$

$$\boldsymbol{H}_1\boldsymbol{A}=\begin{pmatrix}9 & 48 & 15\\ 0 & 9 & -3\\ 0 & -12 & 9\end{pmatrix},$$

对 $\boldsymbol{A}^{(1)}=\begin{pmatrix}9 & -3\\ -12 & 9\end{pmatrix}$ 的第 1 列，构造豪斯霍尔德矩阵如下：

$$\boldsymbol{b}^{(2)}=\begin{pmatrix}9\\-12\end{pmatrix},\boldsymbol{b}^{(2)}-|\boldsymbol{b}^{(2)}|\boldsymbol{e}_1=6\begin{pmatrix}-1\\-2\end{pmatrix},\boldsymbol{u}=\frac{1}{\sqrt{5}}\begin{pmatrix}-1\\-2\end{pmatrix},$$

$$\boldsymbol{H}_2=\boldsymbol{E}-2\boldsymbol{u}\boldsymbol{u}^{\mathrm{T}}=\frac{1}{5}\begin{pmatrix}3 & -4\\ -4 & -3\end{pmatrix},$$

$$H_2A^{(1)}=\begin{pmatrix}15 & -9\\ 0 & -3\end{pmatrix},$$

$$S=\begin{pmatrix}1 & O\\ O & H_2\end{pmatrix}H_1=\frac{1}{15}\begin{pmatrix}5 & 10 & 10\\ -2 & 11 & -10\\ -14 & 2 & 5\end{pmatrix},$$

则有

$$Q=S^{\mathrm{T}}=\frac{1}{15}\begin{pmatrix}5 & -2 & -14\\ 10 & 11 & 2\\ 10 & -10 & 5\end{pmatrix},\quad R=\begin{pmatrix}9 & 48 & 15\\ & 15 & -9\\ & & -3\end{pmatrix},\quad A=QR。$$

例 3.2.5 的 Maple 源程序

```
> #example3.2.5
> with(linalg):with(LinearAlgebra):
> A:=Matrix(3,3,[3,14,9,6,43,3,6,22,15]);
```

$$A:=\begin{bmatrix}3 & 14 & 9\\ 6 & 43 & 3\\ 6 & 22 & 15\end{bmatrix}$$

```
> R:=QRdecomp(A,Q='q');
```

$$R:=\begin{bmatrix}9 & 48 & 15\\ 0 & 15 & -9\\ 0 & 0 & 3\end{bmatrix}$$

```
> evalm(q);
```

$$\begin{bmatrix}\frac{1}{3} & \frac{-2}{15} & \frac{14}{15}\\ \frac{2}{3} & \frac{11}{15} & \frac{-2}{15}\\ \frac{2}{3} & \frac{-2}{3} & \frac{-1}{3}\end{bmatrix}$$

3.3 矩阵的满秩分解

以上两节主要介绍了 n 阶方阵的几种分解，从本节开始，将介绍几种常用的长方阵的分解。在这一节给出长方阵 $\boldsymbol{A}$ 分解为两个与 $\boldsymbol{A}$ 同秩的矩阵因子乘积的具体方法，并讨论不同分解之间的关系。它们在广义逆矩阵的讨论中是十分重要的。

定义 3.3.1 设 $\boldsymbol{A}\in\mathbb{C}_r^{m\times n}$ $(r>0)$，如果存在矩阵 $\boldsymbol{F}\in\mathbb{C}_r^{m\times r}$，$\boldsymbol{G}\in\mathbb{C}_r^{r\times n}$，使得

$$A=FG, \tag{3.3.1}$$

则称式(3.3.1)为矩阵 A 的满秩分解。

定理 3.3.1 设 $A\in\mathbb{C}_r^{m\times n}(r>0)$，则 A 有满秩分解式(3.3.1)。

证 当 $\operatorname{rank}A=r$ 时，根据矩阵的初等变换理论，对 A 进行初等行变换，可将 A 化为阶梯形矩阵 B，即

$$A\xrightarrow{\text{行}}B=\begin{pmatrix}G\\O\end{pmatrix}\ (G\in\mathbb{C}_r^{r\times n}),$$

于是存在有限个 m 阶初等矩阵，它们的乘积记作 P，使得

$$PA=B \quad \text{或} \quad A=P^{-1}B,$$

将 P^{-1} 分块为

$$P^{-1}=(F\ \vdots\ S),$$

其中 $F\in\mathbb{C}_r^{m\times r}, S\in\mathbb{C}_{m-r}^{m\times(m-r)}$，则

$$A=P^{-1}B=(F\ \vdots\ S)\begin{pmatrix}G\\O\end{pmatrix}=FG,$$

其中 F 是列满秩矩阵，G 是行满秩矩阵。

我们指出一个矩阵的满秩分解不是唯一的。事实上，对 A 的一个满秩分解 $A=FG$，若取 D 为任一个 r 阶可逆矩阵，则

$$A=(FD)(D^{-1}G)=\widetilde{F}\widetilde{G}。$$

利用定理 3.3.1 的证明方法，我们可以得到一个求矩阵的满秩分解的方法。

例 3.3.1 求矩阵

$$A=\begin{pmatrix}-1&0&1&2\\1&2&-1&1\\2&2&-2&-1\end{pmatrix}$$

的一个满秩分解。

解 根据定理 3.3.1 的证明，需要对矩阵 A 进行下列初等行变换：

$$(A\ \vdots\ E)=\left(\begin{array}{cccc:ccc}-1&0&1&2&1&0&0\\1&2&-1&1&0&1&0\\2&2&-2&-1&0&0&1\end{array}\right)\xrightarrow{\text{行}}\left(\begin{array}{cccc:ccc}-1&0&1&2&1&0&0\\0&2&0&3&1&1&0\\0&0&0&0&1&-1&1\end{array}\right),$$

所以

$$B=\begin{pmatrix}-1&0&1&2\\0&2&0&3\\0&0&0&0\end{pmatrix}, P=\begin{pmatrix}1&0&0\\1&1&0\\1&-1&1\end{pmatrix},$$

可求得

$$P^{-1}=\begin{pmatrix}1&0&0\\-1&1&0\\-2&1&1\end{pmatrix},$$

于是有

$$A=\begin{pmatrix}1&0\\-1&1\\-2&1\end{pmatrix}\begin{pmatrix}-1&0&1&2\\0&2&0&3\end{pmatrix}。$$

上述分解虽能直接得到行满秩矩阵 $\boldsymbol{G}$，但求列满秩矩阵 $\boldsymbol{F}$ 时，还要求出矩阵 $\boldsymbol{P}$ 及其逆矩阵 $\boldsymbol{P}^{-1}$，求逆矩阵有时是很麻烦的，为此再介绍一种计算方法，首先给出如下定义。

定义 3.3.2 设 $\boldsymbol{B}\in\mathbb{C}_r^{m\times n}(r>0)$，且满足：

(1) $\boldsymbol{B}$ 的前 r 行中每一行至少含一个非零元素，且第一个非零元素是1，而后 $m-r$ 行元素均为零；

(2) 若 $\boldsymbol{B}$ 中第 i 行的第一个非零元素 1 在第 j_i 列($i=1,2,\cdots,r$)，则 $j_1<j_2<\cdots<j_r$；

(3) $\boldsymbol{B}$ 中的 $j_1,j_2,\cdots,j_r$ 列为单位矩阵 $\boldsymbol{E}_m$ 的前 r 列，

那么就称 $\boldsymbol{B}$ 为埃尔米特(Hermite)标准形。

显然，埃尔米特标准形就是初等变换意义下的行最简形。任意非零矩阵都可通过初等行变换化为埃尔米特标准形 $\boldsymbol{B}$，且 $\boldsymbol{B}$ 的前 r 行线性无关。

定义 3.3.3 设 $\boldsymbol{B}\in\mathbb{C}_r^{m\times n}(r>0)$，且满足：

(1) $\boldsymbol{B}$ 的后 $m-r$ 行元素均为零；

(2) $\boldsymbol{B}$ 中的 $j_1,j_2,\cdots,j_r$ 列为单位矩阵 $\boldsymbol{E}_m$ 的前 r 列，

那么就称 $\boldsymbol{B}$ 为拟埃尔米特标准形。

例如，$\begin{pmatrix}1&2&0&2\\0&0&1&2\\0&0&0&0\end{pmatrix}$为埃尔米特矩阵标准形；$\begin{pmatrix}2&0&1&2\\0&1&0&2\\0&0&0&0\end{pmatrix}$为拟埃尔米特矩阵标准形。

有了以上定义后，我们给出将矩阵 $\boldsymbol{A}$ 进行满秩分解的计算方法。

定理 3.3.2 设 $\boldsymbol{A}\in\mathbb{C}_r^{m\times n}(r>0)$ 的(拟)埃尔米特标准形为 $\boldsymbol{B}$，那么在 $\boldsymbol{A}$ 的满秩分解式 $\boldsymbol{A}=\boldsymbol{FG}$ 中，可取 $\boldsymbol{F}$ 为 $\boldsymbol{A}$ 的 $j_1,j_2,\cdots,j_r$ 列构成的 $m\times r$ 矩阵，$\boldsymbol{G}$ 为 $\boldsymbol{B}$ 的前 r 行构成的 $r\times n$ 矩阵。

证　由 $A \xrightarrow{\text{行}} B$ 可知，存在 m 阶可逆矩阵 P，使得 $PA=B$，或者 $A=P^{-1}B$，根据定理 3.3.1，将 P^{-1} 分块为

$$P^{-1}=(F \mid S) \quad (F\in\mathbb{C}_r^{m\times r}, S\in\mathbb{C}_{m-r}^{m\times(m-r)}),$$

可得满秩分解 $A=FG$，其中 G 为 B 的前 r 行构成的 $r\times n$ 矩阵。

下面确定列满秩矩阵 F，由 A 的（拟）埃尔米特标准形 B，构造 $n\times r$ 矩阵

$$P_1=(e_{j_1},\cdots,e_{j_r})$$

其中 e_j 表示单位矩阵 E_n 的第 j 个列向量，则有

$$GP_1=E_r, AP_1=(FG)P_1=F(GP_1)=F,$$

即 F 为 A 的 $j_1,j_2,\cdots,j_r$ 列构成的矩阵。

例 3.3.2　求矩阵

$$A=\begin{pmatrix}0 & 1 & -1 & -1 & 1\\ 0 & -2 & 2 & -2 & 6\\ 0 & 1 & -1 & -2 & 3\end{pmatrix}$$

的一个满秩分解。

解　对 A 施行初等变换化为行最简形，即

$$A=\begin{pmatrix}0 & 1 & -1 & -1 & 1\\ 0 & -2 & 2 & -2 & 6\\ 0 & 1 & -1 & -2 & 3\end{pmatrix}\to\begin{pmatrix}0 & 1 & -1 & -1 & 1\\ 0 & 0 & 0 & -4 & 8\\ 0 & 0 & 0 & -1 & 2\end{pmatrix}\to$$

$$\begin{pmatrix}0 & 1 & -1 & 0 & -1\\ 0 & 0 & 0 & 1 & -2\\ 0 & 0 & 0 & 0 & 0\end{pmatrix}=B,$$

于是得

$$G=\begin{pmatrix}0 & 1 & -1 & 0 & -1\\ 0 & 0 & 0 & 1 & -2\end{pmatrix},$$

由于 $j_1=2, j_2=4$，取

$$F=(\alpha_2,\alpha_4)=\begin{pmatrix}1 & -1\\ -2 & -2\\ 1 & -2\end{pmatrix},$$

从而得 A 的一个满秩分解为

$$A=FG=\begin{pmatrix}1 & -1\\ -2 & -2\\ 1 & -2\end{pmatrix}\begin{pmatrix}0 & 1 & -1 & 0 & -1\\ 0 & 0 & 0 & 1 & -2\end{pmatrix}。$$

例 3.3.3　求矩阵

$$A=\begin{pmatrix}1 & 3 & 2 & 1 & 4\\ 2 & 6 & 1 & 0 & 7\\ 3 & 9 & 3 & 1 & 11\end{pmatrix}$$

的一个满秩分解。

解法一　对 $\boldsymbol{A}$ 施行初等行变换，将 $\boldsymbol{A}$ 化为埃尔米特标准形

$$\boldsymbol{A}=\begin{pmatrix}1&3&2&1&4\\2&6&1&0&7\\3&9&3&1&11\end{pmatrix}\rightarrow\begin{pmatrix}1&3&2&1&4\\0&0&-3&-2&-1\\0&0&-3&-2&-1\end{pmatrix}$$

$$\rightarrow\begin{pmatrix}1&3&0&-\dfrac{1}{3}&\dfrac{10}{3}\\0&0&1&\dfrac{2}{3}&\dfrac{1}{3}\\0&0&0&0&0\end{pmatrix}=\boldsymbol{B},$$

由 $j_1=1,j_2=3$，取

$$\boldsymbol{F}=(\boldsymbol{\alpha}_1,\boldsymbol{\alpha}_3)=\begin{pmatrix}1&2\\2&1\\3&3\end{pmatrix},\boldsymbol{G}=\begin{pmatrix}1&3&0&-\dfrac{1}{3}&\dfrac{10}{3}\\0&0&1&\dfrac{2}{3}&\dfrac{1}{3}\end{pmatrix},$$

从而得 $\boldsymbol{A}$ 的一个满秩分解为

$$\boldsymbol{A}=\boldsymbol{F}\boldsymbol{G}=\begin{pmatrix}1&2\\2&1\\3&3\end{pmatrix}\begin{pmatrix}1&3&0&-\dfrac{1}{3}&\dfrac{10}{3}\\0&0&1&\dfrac{2}{3}&\dfrac{1}{3}\end{pmatrix}。$$

解法二　对 $\boldsymbol{A}$ 施行初等行变换，将 $\boldsymbol{A}$ 化为拟埃尔米特标准形

$$\boldsymbol{A}=\begin{pmatrix}1&3&2&1&4\\2&6&1&0&7\\3&9&3&1&11\end{pmatrix}\rightarrow\begin{pmatrix}1&3&2&1&4\\2&6&1&0&7\\2&6&1&0&7\end{pmatrix}\rightarrow\begin{pmatrix}1&3&2&1&4\\2&6&1&0&7\\0&0&0&0&0\end{pmatrix}$$

$$\rightarrow\begin{pmatrix}-3&-9&0&1&-10\\2&6&1&0&7\\0&0&0&0&0\end{pmatrix}=\boldsymbol{B},$$

由 $j_1=4,j_2=3$，取

$$\boldsymbol{F}=(\boldsymbol{\alpha}_4,\boldsymbol{\alpha}_3)=\begin{pmatrix}1&2\\0&1\\1&3\end{pmatrix},\boldsymbol{G}=\begin{pmatrix}-3&-9&0&1&-10\\2&6&1&0&7\end{pmatrix},$$

从而得 $\boldsymbol{A}$ 的一个满秩分解为

$$\boldsymbol{A}=\boldsymbol{F}\boldsymbol{G}=\begin{pmatrix}1&2\\0&1\\1&3\end{pmatrix}\begin{pmatrix}-3&-9&0&1&-10\\2&6&1&0&7\end{pmatrix}。$$

由前面知矩阵 $\boldsymbol{A}$ 的满秩分解式不唯一，但是不同分解之间有如下关系。

定理 3.3.3 设 $A\in\mathbb{C}_r^{m\times n}$，且 $A=BC=\tilde{B}\tilde{C}$ 均为 A 的满秩分解，则

(1) 存在矩阵 $Q\in\mathbb{C}_r^{r\times r}$，使得

$$B=\tilde{B}Q,\qquad C=Q^{-1}\tilde{C}\,; \tag{3.3.2}$$

(2) $C^{\mathrm{H}}(CC^{\mathrm{H}})^{-1}(B^{\mathrm{H}}B)^{-1}B^{\mathrm{H}}=\tilde{C}^{\mathrm{H}}(\tilde{C}\tilde{C}^{\mathrm{H}})^{-1}(\tilde{B}^{\mathrm{H}}\tilde{B})^{-1}\tilde{B}^{\mathrm{H}}$。

(3.3.3)

证 (1)由 $BC=\tilde{B}\tilde{C}$，有

$$BCC^{\mathrm{H}}=\tilde{B}\tilde{C}C^{\mathrm{H}}, \tag{3.3.4}$$

因为 $\mathrm{rank}C=\mathrm{rank}(CC^{\mathrm{H}})=r$，$CC^{\mathrm{H}}\in\mathbb{C}^{r\times r}$，所以矩阵 CC^{H} 可逆，于是

$$B=\tilde{B}\tilde{C}C^{\mathrm{H}}(CC^{\mathrm{H}})^{-1}=\tilde{B}Q_1, \tag{3.3.5}$$

其中 $Q_1=\tilde{C}C^{\mathrm{H}}(CC^{\mathrm{H}})^{-1}$。

同理可得

$$C=(B^{\mathrm{H}}B)^{-1}B^{\mathrm{H}}\tilde{B}\tilde{C}=Q_2\tilde{C}, \tag{3.3.6}$$

其中 $Q_2=(B^{\mathrm{H}}B)^{-1}B^{\mathrm{H}}\tilde{B}$。

现在证明 $Q_2^{-1}=Q_1$，将式(3.3.5)和式(3.3.6)代入 $BC=\tilde{B}\tilde{C}$ 得

$$\tilde{B}\tilde{C}=\tilde{B}Q_1Q_2\tilde{C},$$

上式两端左乘 $\tilde{B}^{\mathrm{H}}$，右乘 $\tilde{C}^{\mathrm{H}}$ 得

$$\tilde{B}^{\mathrm{H}}\tilde{B}\tilde{C}\tilde{C}^{\mathrm{H}}=\tilde{B}^{\mathrm{H}}\tilde{B}Q_1Q_2\tilde{C}\tilde{C}^{\mathrm{H}},$$

又由于 $\tilde{B}^{\mathrm{H}}\tilde{B}$，$\tilde{C}\tilde{C}^{\mathrm{H}}$ 均可逆，上式两端分别左乘 $(\tilde{B}^{\mathrm{H}}\tilde{B})^{-1}$，右乘 $(\tilde{C}\tilde{C}^{\mathrm{H}})^{-1}$ 得

$$E_r=Q_1Q_2,$$

显然 Q_1,Q_2 均为 r 阶方阵。若记 $Q_1=Q$，则 $Q_2=Q^{-1}$，即式(3.3.2)成立。

(2) 由式(3.3.2)有

$$\begin{aligned}
&C^{\mathrm{H}}(CC^{\mathrm{H}})^{-1}(B^{\mathrm{H}}B)^{-1}B^{\mathrm{H}}\\
&=(Q^{-1}\tilde{C})^{\mathrm{H}}[Q^{-1}\tilde{C}(Q^{-1}\tilde{C})^{\mathrm{H}}]^{-1}[(\tilde{B}Q)^{\mathrm{H}}\times(\tilde{B}Q)]^{-1}(\tilde{B}Q)^{\mathrm{H}}\\
&=\tilde{C}^{\mathrm{H}}(Q^{-1})^{\mathrm{H}}[Q^{-1}(\tilde{C}\tilde{C}^{\mathrm{H}})(Q^{-1})^{\mathrm{H}}]^{-1}\times[Q^{\mathrm{H}}(\tilde{B}^{\mathrm{H}}\tilde{B})Q]^{-1}Q^{\mathrm{H}}\tilde{B}^{\mathrm{H}}\\
&=\tilde{C}^{\mathrm{H}}(Q^{-1})^{\mathrm{H}}[(Q^{-1})^{\mathrm{H}}]^{-1}(\tilde{C}\tilde{C}^{\mathrm{H}})^{-1}\times QQ^{-1}(\tilde{B}^{\mathrm{H}}\tilde{B})^{-1}(Q^{\mathrm{H}})^{-1}Q^{\mathrm{H}}\tilde{B}^{\mathrm{H}}\\
&=\tilde{C}^{\mathrm{H}}(\tilde{C}\tilde{C}^{\mathrm{H}})^{-1}(\tilde{B}^{\mathrm{H}}\tilde{B})^{-1}\tilde{B}^{\mathrm{H}},
\end{aligned}$$

即式(3.3.3)成立。

式(3.3.3)表明，矩阵 A 的满秩分解虽不唯一，但由满秩分解所作出的这种形式的乘积

$$C^{\mathrm{H}}(CC^{\mathrm{H}})^{-1}(B^{\mathrm{H}}B)^{-1}B^{\mathrm{H}}$$

是相同的。

3.4 奇异值分解

矩阵的奇异值分解在最优化问题、特征值问题、广义逆矩阵计算及很多领域中都有重要的应用。本节给出矩阵奇异值的定义、性质以及矩阵按奇异值的分解。

为了引入矩阵奇异值的概念，我们先证明下面两个引理。

引理 3.4.1 设 $\boldsymbol{A}\in\mathbb{C}^{m\times n}$，则

$$\operatorname{rank}(\boldsymbol{A}^{\mathrm{H}}\boldsymbol{A})=\operatorname{rank}(\boldsymbol{A}\boldsymbol{A}^{\mathrm{H}})=\operatorname{rank}(\boldsymbol{A})。$$

证 如果 $\boldsymbol{x}\in\mathbb{C}^n$ 是齐次线性方程组 $\boldsymbol{Ax}=\boldsymbol{0}$ 的解，则 $\boldsymbol{x}$ 显然是齐次线性方程组 $\boldsymbol{A}^{\mathrm{H}}\boldsymbol{Ax}=\boldsymbol{0}$ 的解；反过来，如果 $\boldsymbol{x}$ 是 $\boldsymbol{A}^{\mathrm{H}}\boldsymbol{Ax}=\boldsymbol{0}$ 的解，则 $\boldsymbol{x}^{\mathrm{H}}\boldsymbol{A}^{\mathrm{H}}\boldsymbol{Ax}=0$，即 $(\boldsymbol{Ax})^{\mathrm{H}}\boldsymbol{Ax}=0$，于是 $\boldsymbol{Ax}=\boldsymbol{0}$，这表明 $\boldsymbol{x}$ 也是 $\boldsymbol{Ax}=\boldsymbol{0}$ 的解。因此，齐次线性方程组 $\boldsymbol{Ax}=\boldsymbol{0}$ 与 $\boldsymbol{A}^{\mathrm{H}}\boldsymbol{Ax}=\boldsymbol{0}$ 同解，从而 $\operatorname{rank}(\boldsymbol{A}^{\mathrm{H}}\boldsymbol{A})=\operatorname{rank}(\boldsymbol{A})$。

同样可证 $\operatorname{rank}(\boldsymbol{A}\boldsymbol{A}^{\mathrm{H}})=\operatorname{rank}(\boldsymbol{A})$。

引理 3.4.2 设 $\boldsymbol{A}\in\mathbb{C}^{m\times n}$，则有：

(1) $\boldsymbol{A}^{\mathrm{H}}\boldsymbol{A}$ 与 $\boldsymbol{A}\boldsymbol{A}^{\mathrm{H}}$的特征值均为非负实数；

(2) $\boldsymbol{A}^{\mathrm{H}}\boldsymbol{A}$ 与 $\boldsymbol{A}\boldsymbol{A}^{\mathrm{H}}$的非零特征值相同。

证 (1) 设 $\boldsymbol{0}\neq\boldsymbol{x}\in\mathbb{C}^n$ 为 n 阶矩阵 $\boldsymbol{A}^{\mathrm{H}}\boldsymbol{A}$ 对应于特征值 λ 的特征向量，则由

$$\boldsymbol{A}^{\mathrm{H}}\boldsymbol{Ax}=\lambda\boldsymbol{x}$$

有

$$\boldsymbol{x}^{\mathrm{H}}\boldsymbol{A}^{\mathrm{H}}\boldsymbol{Ax}=\lambda\boldsymbol{x}^{\mathrm{H}}\boldsymbol{x}，即(\boldsymbol{Ax},\boldsymbol{Ax})=\lambda(\boldsymbol{x},\boldsymbol{x})，$$

但 $(\boldsymbol{x},\boldsymbol{x})>0$，而 $(\boldsymbol{Ax},\boldsymbol{Ax})\geqslant 0$，从而特征值 $\lambda\geqslant 0$，即 $\boldsymbol{A}^{\mathrm{H}}\boldsymbol{A}$ 的特征值是非负实数。

类似地，可证明 $\boldsymbol{A}\boldsymbol{A}^{\mathrm{H}}$的特征值也是非负实数。

(2) 设 $\boldsymbol{A}^{\mathrm{H}}\boldsymbol{A}$ 的特征值按大小顺序编号为

$$\lambda_1\geqslant\lambda_2\geqslant\cdots\geqslant\lambda_r>\lambda_{r+1}=\lambda_{r+2}=\cdots=\lambda_n=0,$$

而 $\boldsymbol{A}\boldsymbol{A}^{\mathrm{H}}$的特征值也按大小顺序编号为

$$\mu_1\geqslant\mu_2\geqslant\cdots\geqslant\mu_s>\mu_{s+1}=\mu_{s+2}=\cdots=\mu_m=0,$$

设 $\boldsymbol{0}\neq\boldsymbol{x}_i\in\mathbb{C}^n(i=1,2,\cdots,r)$ 为 $\boldsymbol{A}^{\mathrm{H}}\boldsymbol{A}$ 的非零特征值 $\lambda_i(i=1,2,\cdots,r)$ 所对应的特征向量，则由

$$\boldsymbol{A}^{\mathrm{H}}\boldsymbol{Ax}_i=\lambda_i\boldsymbol{x}_i,\quad i=1,2,\cdots,r$$

有

$$(\boldsymbol{A}\boldsymbol{A}^{\mathrm{H}})\boldsymbol{A}\boldsymbol{x}_i=\lambda_i\boldsymbol{A}\boldsymbol{x}_i,\ i=1,2,\cdots,r,$$

且 $\boldsymbol{A}\boldsymbol{x}_i\neq\boldsymbol{0}$，于是 λ_i 也是 $\boldsymbol{A}\boldsymbol{A}^{\mathrm{H}}$的非零特征值。同理可证 $\boldsymbol{A}\boldsymbol{A}^{\mathrm{H}}$的非零特征值 μ_s 也是 $\boldsymbol{A}^{\mathrm{H}}\boldsymbol{A}$ 的非零特征值。如果还能证明 $\boldsymbol{A}^{\mathrm{H}}\boldsymbol{A}$ 与 $\boldsymbol{A}\boldsymbol{A}^{\mathrm{H}}$的非零特征值的代数重数也相同，则 $\boldsymbol{A}^{\mathrm{H}}\boldsymbol{A}$ 与 $\boldsymbol{A}\boldsymbol{A}^{\mathrm{H}}$的非零特征值就全相同了。为此，设 $\boldsymbol{y}_1,\boldsymbol{y}_2,\cdots,\boldsymbol{y}_p$ 为 $\boldsymbol{A}^{\mathrm{H}}\boldsymbol{A}$ 对应于特征值 $\lambda\neq0$ 的线性无关的特征向量，由于 $\boldsymbol{A}^{\mathrm{H}}\boldsymbol{A}$ 属于单纯矩阵，故 p 即为 λ 的代数重复度。显然，$\boldsymbol{A}\boldsymbol{y}_i(i=1,2,\cdots,p)$ 是 $\boldsymbol{A}\boldsymbol{A}^{\mathrm{H}}$对应于 $\lambda\neq0$ 的特征向量。为了证明这些特征向量 $\boldsymbol{A}\boldsymbol{y}_i$ 线性无关，令

$$k_1\boldsymbol{A}\boldsymbol{y}_1+k_2\boldsymbol{A}\boldsymbol{y}_2+\cdots+k_p\boldsymbol{A}\boldsymbol{y}_p=\boldsymbol{0},$$

即

$$\boldsymbol{A}(\boldsymbol{y}_1,\boldsymbol{y}_2,\cdots,\boldsymbol{y}_p)\boldsymbol{k}=\boldsymbol{0},$$

其中 $\boldsymbol{k}=(k_1,k_2,\cdots,k_p)^{\mathrm{T}}$。于是

$$\boldsymbol{A}^{\mathrm{H}}\boldsymbol{A}(\boldsymbol{y}_1,\boldsymbol{y}_2,\cdots,\boldsymbol{y}_p)\boldsymbol{k}=\boldsymbol{0},$$

即

$$\lambda(\boldsymbol{y}_1,\boldsymbol{y}_2,\cdots,\boldsymbol{y}_p)\boldsymbol{k}=\boldsymbol{0},$$

已知 $\lambda\neq0$，故

$$(\boldsymbol{y}_1,\boldsymbol{y}_2,\cdots,\boldsymbol{y}_p)\boldsymbol{k}=\boldsymbol{0}。$$

已知 $\boldsymbol{y}_1,\boldsymbol{y}_2,\cdots,\boldsymbol{y}_p$ 线性无关，故 $\boldsymbol{k}=\boldsymbol{0}$，即 $\boldsymbol{A}\boldsymbol{y}_1,\boldsymbol{A}\boldsymbol{y}_2,\cdots,\boldsymbol{A}\boldsymbol{y}_p$ 线性无关，因而 λ 也是 $\boldsymbol{A}\boldsymbol{A}^{\mathrm{H}}$的 p 重非零特征值。

通过前面的学习我们知道，若 $\boldsymbol{A}$ 是 n 阶正规矩阵，则总存在酉矩阵 $\boldsymbol{U}$，使 $\boldsymbol{A}$ 酉相似于对角矩阵，即

$$\boldsymbol{U}^{\mathrm{H}}\boldsymbol{A}\boldsymbol{U}=\boldsymbol{\Lambda}=\mathbf{diag}(\lambda_1,\lambda_2,\cdots,\lambda_n)$$

或

$$\boldsymbol{A}=\boldsymbol{U}\boldsymbol{\Lambda}\boldsymbol{U}^{\mathrm{H}},$$

其中 $\lambda_i(i=1,2,\cdots,n)$ 是 $\boldsymbol{A}$ 的全部特征值。

但是，对于非正规矩阵，不再成立像上式的有相似关系的特征值对角分解。为此，我们介绍一般矩阵（$m\times n$ 矩阵，秩为 r）的奇异值分解。

定义 3.4.1 设 $\boldsymbol{A}\in\mathbb{C}_r^{m\times n}$，$\boldsymbol{A}^{\mathrm{H}}\boldsymbol{A}$ 的特征值为

$$\lambda_1\geqslant\lambda_2\geqslant\cdots\geqslant\lambda_r>\lambda_{r+1}=\lambda_{r+2}=\cdots=\lambda_n=0,$$

则称 $\sigma_i=\sqrt{\lambda_i}\,(i=1,2,\cdots,n)$ 为矩阵 $\boldsymbol{A}$ 的**奇异值**；当 $\boldsymbol{A}$ 为零矩阵时，它的奇异值都是 0。

由定义容易看出以下性质：

（1）$m\times n$ 矩阵 $\boldsymbol{A}$ 的奇异值个数等于列数 n（因 $\boldsymbol{A}^{\mathrm{H}}\boldsymbol{A}$ 的阶数为 n）。

（2）$\boldsymbol{A}$ 的非零奇异值的个数等于 $\mathrm{rank}\boldsymbol{A}$（因 $\mathrm{rank}\boldsymbol{A}^{\mathrm{H}}\boldsymbol{A}=\mathrm{rank}\boldsymbol{A}$）。

定义 3.4.2 设 $A,B\in\mathbb{C}_r^{m\times n}$，如果存在 m 阶酉矩阵 U 和 n 阶酉矩阵 V，使得

$$B=UAV^{\mathrm{H}},$$

则称 A 与 B 酉等价或酉相抵。

定理 3.4.1 若 A 与 B 酉等价，则 A 与 B 有相同的奇异值。

证 因为 $B=UAV^{\mathrm{H}}$，所以有

$$B^{\mathrm{H}}B=VA^{\mathrm{H}}U^{\mathrm{H}}UAV^{\mathrm{H}}=VA^{H}AV^{\mathrm{H}},$$

即 $A^{\mathrm{H}}A$ 与 $B^{\mathrm{H}}B$ 酉相似，故它们有相同的特征值，根据定义 3.4.1 知，A 与 B 有相同的奇异值。

对于非正规矩阵，我们有下面的结论。

定理 3.4.2 设 $A\in\mathbb{C}_r^{m\times n}(r>0)$，则存在 m 阶酉矩阵 U 和 n 阶酉矩阵 V，使得

$$U^{\mathrm{H}}AV=\begin{pmatrix}\Sigma & O\\ O & O\end{pmatrix},$$

其中 $\Sigma=\mathbf{diag}(\sigma_1,\sigma_2,\cdots,\sigma_r)$，而 $\sigma_i(i=1,2,\cdots,r)$ 是 A 的全部非零奇异值。

证 由于 $A^{\mathrm{H}}A$ 是正规矩阵，故存在酉矩阵 V，使得

$$V^{\mathrm{H}}(A^{\mathrm{H}}A)V=\begin{pmatrix}\lambda_1 & & \\ & \ddots & \\ & & \lambda_n\end{pmatrix}=\begin{pmatrix}\Sigma^2 & O\\ O & O\end{pmatrix},$$

其中 $\lambda_1,\lambda_2,\cdots,\lambda_n$ 是 $A^{\mathrm{H}}A$ 的特征值，且 $\lambda_1\geqslant\lambda_2\geqslant\cdots\geqslant\lambda_r>\lambda_{r+1}=\lambda_{r+2}=\cdots=\lambda_n=0$，
把上式改写为

$$A^{\mathrm{H}}AV=V\begin{pmatrix}\Sigma^2 & O\\ O & O\end{pmatrix},$$

将 V 分块为

$$V=(V_1\ \vdots\ V_2),V_1\in\mathbb{C}_r^{n\times r},V_2\in\mathbb{C}_{n-r}^{n\times(n-r)},$$

则有

$$A^{\mathrm{H}}A(V_1\ \vdots\ V_2)=(V_1\ \vdots\ V_2)\begin{pmatrix}\Sigma^2 & O\\ O & O\end{pmatrix},$$

从而可得

$$A^{\mathrm{H}}AV_1=V_1\Sigma^2,A^{\mathrm{H}}AV_2=O,$$

由 $A^{\mathrm{H}}AV_2=O$ 可得

$$(\boldsymbol{AV}_2)^{\mathrm{H}}\boldsymbol{AV}_2=\boldsymbol{O} \quad 或者 \quad \boldsymbol{AV}_2=\boldsymbol{O},$$

由 $\boldsymbol{A}^{\mathrm{H}}\boldsymbol{AV}_1=\boldsymbol{V}_1\boldsymbol{\Sigma}^2$ 可得

$$\boldsymbol{V}_1^{\mathrm{H}}\boldsymbol{A}^{\mathrm{H}}\boldsymbol{AV}_1=\boldsymbol{\Sigma}^2 \quad 或者 \quad (\boldsymbol{AV}_1\boldsymbol{\Sigma}^{-1})^{\mathrm{H}}(\boldsymbol{AV}_1\boldsymbol{\Sigma}^{-1})=\boldsymbol{E}_r,$$

令 $\boldsymbol{U}_1=\boldsymbol{AV}_1\boldsymbol{\Sigma}^{-1}$，则 $\boldsymbol{U}_1^{\mathrm{H}}\boldsymbol{U}_1=\boldsymbol{E}_r$，即 $\boldsymbol{U}_1$ 的 r 个列是两两正交的单位向量，记作 $\boldsymbol{U}_1=(u_1,u_2,\cdots,u_r)$，可将 $u_1,u_2,\cdots,u_r$ 扩充为 $\mathbb{C}^m$ 的标准正交基，记增添的向量为 $\boldsymbol{u}_{r+1},\cdots,\boldsymbol{u}_m$，并构造矩阵 $\boldsymbol{U}_2=(u_{r+1},\cdots,u_m)$，则

$$\boldsymbol{U}=(\boldsymbol{U}_1 \mid \boldsymbol{U}_2)=(u_1,u_2,\cdots,u_r,u_{r+1},\cdots,u_m)$$

是 m 阶酉矩阵，且有

$$\boldsymbol{U}_1^{\mathrm{H}}\boldsymbol{U}_1=\boldsymbol{E}_r,\boldsymbol{U}_2^{\mathrm{H}}\boldsymbol{U}_1=\boldsymbol{O},$$

于是可得

$$\boldsymbol{U}^{\mathrm{H}}\boldsymbol{AV}=\boldsymbol{U}^{\mathrm{H}}(\boldsymbol{AV}_1 \mid \boldsymbol{AV}_2)=\begin{pmatrix}\boldsymbol{U}_1^{\mathrm{H}}\\ \boldsymbol{U}_2^{\mathrm{H}}\end{pmatrix}(\boldsymbol{U}_1\boldsymbol{\Sigma} \mid \boldsymbol{O})$$
$$=\begin{pmatrix}\boldsymbol{U}_1^{\mathrm{H}}\boldsymbol{U}_1\boldsymbol{\Sigma} & \boldsymbol{O}\\ \boldsymbol{U}_2^{\mathrm{H}}\boldsymbol{U}_1\boldsymbol{\Sigma} & \boldsymbol{O}\end{pmatrix}=\begin{pmatrix}\boldsymbol{\Sigma} & \boldsymbol{O}\\ \boldsymbol{O} & \boldsymbol{O}\end{pmatrix}。$$

其中，$\boldsymbol{U}^{\mathrm{H}}\boldsymbol{AV}=\begin{pmatrix}\boldsymbol{\Sigma} & \boldsymbol{O}\\ \boldsymbol{O} & \boldsymbol{O}\end{pmatrix}$ 可改写为

$$\boldsymbol{A}=\boldsymbol{U}\begin{pmatrix}\boldsymbol{\Sigma} & \boldsymbol{O}\\ \boldsymbol{O} & \boldsymbol{O}\end{pmatrix}\boldsymbol{V}^{\mathrm{H}},$$

称上式为矩阵 $\boldsymbol{A}$ 的**奇异值分解**。

从定理 3.4.2 的证明过程可以看出，$\boldsymbol{A}$ 的奇异值由 $\boldsymbol{A}$ 唯一确定，但是酉矩阵 $\boldsymbol{U}$ 和 $\boldsymbol{V}$ 一般不是唯一的，因此，矩阵的奇异值分解一般也是不唯一的。

例 3.4.1 将矩阵 $\boldsymbol{A}=\begin{pmatrix}1 & 2\\ 0 & 0\\ 0 & 0\end{pmatrix}$ 进行奇异值分解。

解 计算

$$\boldsymbol{B}=\boldsymbol{A}^{\mathrm{H}}\boldsymbol{A}=\begin{pmatrix}1 & 2\\ 2 & 4\end{pmatrix},\ |\lambda\boldsymbol{E}-\boldsymbol{B}|=\lambda(\lambda-5)=0,$$

求得 $\boldsymbol{B}$ 的特征值为 $\lambda_1=5$，$\lambda_2=0$，对应的特征向量为

$$\boldsymbol{p}_1=\begin{pmatrix}1\\ 2\end{pmatrix},\boldsymbol{p}_2=\begin{pmatrix}-2\\ 1\end{pmatrix},$$

于是可得

$$\operatorname{rank}\boldsymbol{A}=1,\boldsymbol{\Sigma}=\sqrt{5},$$

正交矩阵

$$V=\frac{1}{\sqrt{5}}\begin{pmatrix}1 & -2\\ 2 & 1\end{pmatrix},$$

计算

$$U_1=AV_1\Sigma^{-1}=\begin{pmatrix}1 & 2\\ 0 & 0\\ 0 & 0\end{pmatrix}\frac{1}{\sqrt{5}}\begin{pmatrix}1\\ 2\end{pmatrix}\frac{1}{\sqrt{5}}=\begin{pmatrix}1\\ 0\\ 0\end{pmatrix},$$

构造

$$U_2=\begin{pmatrix}0 & 0\\ 1 & 0\\ 0 & 1\end{pmatrix},U=(U_1,U_2)=\begin{pmatrix}1 & 0 & 0\\ 0 & 1 & 0\\ 0 & 0 & 1\end{pmatrix},$$

则 A 的奇异值分解为

$$A=U\begin{pmatrix}\sqrt{5} & 0\\ 0 & 0\\ 0 & 0\end{pmatrix}V^{\mathrm{T}}。$$

例 3.4.1 的 Maple 源程序

```
> #example3.4.1
> with(linalg):with(LinearAlgebra):
> A:=Matrix(3,2,[1,2,0,0,0,0]);
```

$$A:=\begin{bmatrix}1 & 2\\ 0 & 0\\ 0 & 0\end{bmatrix}$$

```
> B:=multiply(transpose(A),A);
```

$$B:=\begin{bmatrix}1 & 2\\ 2 & 4\end{bmatrix}$$

```
> eigenvectors(B);
```

[0,1,{[-2,1]}],[5,1,{[1,2]}]

```
> Q:=GramSchmidt([<1,2>,<-2,1>],normalized);
```

$$Q:=\left[\begin{bmatrix}\frac{\sqrt{5}}{5}\\ \frac{2\sqrt{5}}{5}\end{bmatrix},\begin{bmatrix}-\frac{2\sqrt{5}}{5}\\ \frac{\sqrt{5}}{5}\end{bmatrix}\right]$$

```
> V:=augment([Q(1),Q(2)]);
```

$$V:=\begin{bmatrix}\frac{\sqrt{5}}{5} & -\frac{2\sqrt{5}}{5}\\ \frac{2\sqrt{5}}{5} & \frac{\sqrt{5}}{5}\end{bmatrix}$$

```
> M:=1/sqrt(5);
```

$$M:=\frac{\sqrt{5}}{5}$$

```
> P1:=multiply(A,col(V,1));
```

$$P1:=[\sqrt{5},0,0]$$

```
> P2:=evalm(P1*M);
```

$$P2:=[1,0,0]$$

```
> U1:=convert(P2,matrix);
```

$$U1:=\begin{bmatrix}1\\0\\0\end{bmatrix}$$

```
> U2:=Matrix(3,2,[0,0,1,0,0,1]);
```

$$U2:=\begin{bmatrix}0&0\\1&0\\0&1\end{bmatrix}$$

```
> U:=Matrix(3,3,[1,0,0,0,1,0,0,0,1]);
```

$$U:=\begin{bmatrix}1&0&0\\0&1&0\\0&0&1\end{bmatrix}$$

```
> N:=Matrix(3,2,[sqrt(5),0,0,0,0,0]);
```

$$N:=\begin{bmatrix}\sqrt{5}&0\\0&0\\0&0\end{bmatrix}$$

例 3.4.2 求矩阵

$$\boldsymbol{A}=\begin{pmatrix}1&0&1\\0&1&1\\0&0&0\end{pmatrix}$$

的奇异值分解。

解 计算

$$\boldsymbol{B}=\boldsymbol{A}^{\mathrm{T}}\boldsymbol{A}=\begin{pmatrix}1&0&1\\0&1&1\\1&1&2\end{pmatrix},$$

求得 $\boldsymbol{B}$ 的特征值为 $\lambda_1=3,\lambda_2=1,\lambda_3=0$,

对应的特征向量依次为

$$\boldsymbol{p}_1=\begin{pmatrix}1\\1\\2\end{pmatrix},\boldsymbol{p}_2=\begin{pmatrix}1\\-1\\0\end{pmatrix},\boldsymbol{p}_3=\begin{pmatrix}1\\1\\-1\end{pmatrix},$$

于是可得

$$\mathrm{rank}\boldsymbol{A}=2,\ \boldsymbol{\Sigma}=\begin{pmatrix}\sqrt{3}&0\\0&1\end{pmatrix},$$

正交矩阵

$$\boldsymbol{V}=\begin{pmatrix}\frac{1}{\sqrt{6}}&\frac{1}{\sqrt{2}}&\frac{1}{\sqrt{3}}\\\frac{1}{\sqrt{6}}&-\frac{1}{\sqrt{2}}&\frac{1}{\sqrt{3}}\\\frac{2}{\sqrt{6}}&0&-\frac{1}{\sqrt{3}}\end{pmatrix},$$

计算

$$\boldsymbol{U}_1=\boldsymbol{A}\boldsymbol{V}_1\boldsymbol{\Sigma}^{-1}=\begin{pmatrix}1&0&1\\0&1&1\\1&1&2\end{pmatrix}\begin{pmatrix}\frac{1}{\sqrt{6}}&\frac{1}{\sqrt{2}}\\\frac{1}{\sqrt{6}}&-\frac{1}{\sqrt{2}}\\\frac{2}{\sqrt{6}}&0\end{pmatrix}\begin{pmatrix}\frac{1}{\sqrt{3}}&0\\0&1\end{pmatrix}=\begin{pmatrix}\frac{1}{\sqrt{2}}&\frac{1}{\sqrt{2}}\\\frac{1}{\sqrt{2}}&-\frac{1}{\sqrt{2}}\\0&0\end{pmatrix},$$

构造

$$\boldsymbol{U}_2=\begin{pmatrix}0\\0\\1\end{pmatrix},\boldsymbol{U}=(U_1,U_2)=\begin{pmatrix}\frac{1}{\sqrt{2}}&\frac{1}{\sqrt{2}}&0\\\frac{1}{\sqrt{2}}&-\frac{1}{\sqrt{2}}&0\\0&0&1\end{pmatrix},$$

则 $\boldsymbol{A}$ 的奇异值分解为

$$\boldsymbol{A}=\boldsymbol{U}\begin{pmatrix}\sqrt{3}&0&0\\0&1&0\\0&0&0\end{pmatrix}\boldsymbol{V}^{\mathrm{T}}。$$

例 3.4.2 的 Maple 源程序

```
> #example3.4.2
> with(linalg):with(LinearAlgebra):
> A:=Matrix(3,3,[1,0,1,0,1,1,0,0,0]);
```

$$A:=\begin{bmatrix}1&0&1\\0&1&1\\0&0&0\end{bmatrix}$$

```
> B:=multiply(transpose(A),A);
```

$$B:=\begin{bmatrix}1 & 0 & 1\\ 0 & 1 & 1\\ 1 & 1 & 2\end{bmatrix}$$

```
>> eigenvectors(B);
[0,1,{[-1,-1,1]}],[3,1,{[1,1,2]}],[1,1,{[-1,1,0]}]
> Q:=GramSchmidt([<1,1,2>,<1,-1,0>,<1,1,-1>],normalized);
```

$$Q:=\left[\begin{bmatrix}\frac{\sqrt{6}}{6}\\ \frac{\sqrt{6}}{6}\\ \frac{\sqrt{6}}{3}\end{bmatrix},\begin{bmatrix}\frac{\sqrt{2}}{2}\\ -\frac{\sqrt{2}}{2}\\ 0\end{bmatrix},\begin{bmatrix}\frac{\sqrt{3}}{3}\\ \frac{\sqrt{3}}{3}\\ -\frac{\sqrt{3}}{3}\end{bmatrix}\right]$$

```
> V:=augment([Q(1),Q(2),Q(3)]);
```

$$V:=\begin{bmatrix}\frac{\sqrt{6}}{6} & \frac{\sqrt{2}}{2} & \frac{\sqrt{3}}{3}\\ \frac{\sqrt{6}}{6} & -\frac{\sqrt{2}}{2} & \frac{\sqrt{3}}{3}\\ \frac{\sqrt{6}}{3} & 0 & -\frac{\sqrt{3}}{3}\end{bmatrix}$$

```
> M:=Matrix(2,2,[sqrt(3),0,0,1]);
```

$$M:=\begin{bmatrix}\sqrt{3} & 0\\ 0 & 1\end{bmatrix}$$

```
> M1:=inverse(M);
```

$$M1:=\begin{bmatrix}\frac{\sqrt{3}}{3} & 0\\ 0 & 1\end{bmatrix}$$

```
> P1:=submatrix(V,1..3,1..2);
```

$$P1:=\begin{bmatrix}\frac{\sqrt{6}}{6} & \frac{\sqrt{2}}{2}\\ \frac{\sqrt{6}}{6} & -\frac{\sqrt{2}}{2}\\ \frac{\sqrt{6}}{3} & 0\end{bmatrix}$$

```
> P2:=multiply(A,P1);
```

$$P2 := \begin{bmatrix} \frac{\sqrt{6}}{2} & \frac{\sqrt{2}}{2} \\ \frac{\sqrt{6}}{2} & -\frac{\sqrt{2}}{2} \\ 0 & 0 \end{bmatrix}$$

```
> U1:=multiply(P2,M1);
```

$$U1 := \begin{bmatrix} \frac{\sqrt{6}\sqrt{3}}{6} & \frac{\sqrt{2}}{2} \\ \frac{\sqrt{6}\sqrt{3}}{6} & -\frac{\sqrt{2}}{2} \\ 0 & 0 \end{bmatrix}$$

```
> U2:=Matrix(3,1,[0,0,1]);
```

$$U2 := \begin{bmatrix} 0 \\ 0 \\ 1 \end{bmatrix}$$

```
> U:=Matrix(3,3,[1/sqrt(2),1/sqrt(2),0,1/sqrt
(2),-1/sqrt(2),0,0,0,1]);
```

$$U := \begin{bmatrix} \frac{\sqrt{2}}{2} & \frac{\sqrt{2}}{2} & 0 \\ \frac{\sqrt{2}}{2} & -\frac{\sqrt{2}}{2} & 0 \\ 0 & 0 & 1 \end{bmatrix}$$

```
> N:=Matrix(3,3,[sqrt(3),0,0,0,1,0,0,0,0]);
```

$$N := \begin{bmatrix} \sqrt{3} & 0 & 0 \\ 0 & 1 & 0 \\ 0 & 0 & 0 \end{bmatrix}$$

数学家与数学家精神3

“数学王子”——高斯

高斯(Gauss，1777—1855)，德国著名数学家、物理学家、天文学家、几何学家、大地测量学家。17岁的高斯发现了质数分布定理和最小二乘法，通过对足够多的测量数据的处理后，可以得到一个新的、概率性质的测量结果。在这些基础之上，高斯随后专注于曲面与曲线的计算，并成功得到高斯钟形曲线(正态分布曲线)。其函数被命名为标准正态分布(或高斯分布)，并在概率计算中大量使用。1796 年，高斯证明了可以用尺规作正十七边形。1818 年至 1826 年间，高斯主导了汉诺威公国的大地测量工作，通过最小二乘法为基础的测量平差的方法和求解线性方程组的方法，显著地提高了测量的精度。1840 年高斯与韦伯一同画出了世界上第一张地球磁场图。

代数型的理论的创始人之一——西尔维斯特

西尔维斯特(Sylvester，1814—1897)，英国数学家。1859 年被选为伦敦皇家学会会员，1868 年当选为伦敦数学会主席，1876 年任美国约翰·霍普金斯大学数学教授。1883 年返回英国，任牛津大学几何学“萨维尔”教授。西尔维斯特的贡献主要在代数学方面。“矩阵”这个词是由西尔维斯特首先使用的，他是为了将数字的矩形阵列区别于行列式而发明了这个术语。他同凯莱一起，发展了行列式理论，创立了代数型的理论，共同奠定了关于代数不变量的理论基础。他在数论方面也做出了突出的工作，特别是在整数分拆和丢番图分析方面。他创造了许多数学名词，当代数学中常用到的术语，如不变式、判别式、雅可比行列式等都是他引入的。他一生发表了几百篇论文，著有《椭圆函数专论》一书。西尔维斯特是《美国数学杂志》的创始人，为发展美国数学研究做出了贡献。

习题 3

1. 判定矩阵 $\boldsymbol{C}=\begin{pmatrix}3&2&-1\\-1&0&0\\-1&3&0\end{pmatrix}$ 和 $\boldsymbol{B}=\begin{pmatrix}0&2&-1\\-1&4&-1\\1&3&-5\end{pmatrix}$

能否进行 LU 分解，为什么？若能分解，试分解之。

2. 对下列矩阵进行杜利特分解。

(1) $\boldsymbol{A}=\begin{pmatrix}2&1&1\\1&3&2\\1&2&2\end{pmatrix}$；　(2) $\boldsymbol{B}=\begin{pmatrix}12&-3&3\\-18&3&-1\\1&1&1\end{pmatrix}$。

3. 求矩阵

$$\boldsymbol{A}=\begin{pmatrix}5&2&-4&0\\2&1&-2&1\\-4&-2&5&0\\0&1&0&2\end{pmatrix}$$

的杜利特分解与克劳特分解。

4. 对下列矩阵进行 LDU 分解。

(1) $\boldsymbol{A}=\begin{pmatrix}1&0&2&0\\0&1&0&0\\2&0&-1&1\\0&0&1&1\end{pmatrix}$；

(2) $\boldsymbol{A}=\begin{pmatrix}1&2&3&-1\\2&-1&9&-7\\-3&4&-3&19\\4&-1&6&-21\end{pmatrix}$。

其中 $\boldsymbol{L}$ 为单位下三角矩阵，$\boldsymbol{D}$ 为对角矩阵，$\boldsymbol{U}$ 为单位上三角矩阵。

5. 用施密特正交化方法求下列矩阵的 QR 分解。

(1) $\boldsymbol{A}=\begin{pmatrix}1&1&0\\1&-1&1\\0&0&2\end{pmatrix}$；　(2) $\boldsymbol{A}=\begin{pmatrix}1&2&2\\2&1&2\\1&2&1\end{pmatrix}$。

6. 用吉文斯变换将向量 $\boldsymbol{x}=(2,3,0,5)^{\mathrm{T}}$ 变换为

与 $\boldsymbol{e}_1$ 同方向。

7. 用吉文斯变换求下列矩阵的 QR 分解。

(1) $\boldsymbol{A}=\begin{pmatrix}2&2&1\\0&2&2\\2&1&2\end{pmatrix}$;

(2) $\boldsymbol{A}=\begin{pmatrix}12&-20&41\\9&-15&-63\\20&50&35\end{pmatrix}$。

8. 用豪斯霍尔德变换求下列矩阵的 QR 分解。

(1) $\boldsymbol{A}=\begin{pmatrix}0&4&1\\1&1&1\\0&3&2\end{pmatrix}$;　(2) $\boldsymbol{A}=\begin{pmatrix}2&2&1\\1&2&2\\2&1&2\end{pmatrix}$。

9. 试用三种方法(施密特正交化、吉文斯变换、豪斯霍尔德变换)求矩阵

$$\boldsymbol{A}=\begin{pmatrix}0&3&1\\0&4&-2\\2&1&2\end{pmatrix}$$

的 QR 分解。

10. 求下列矩阵的满秩分解。

(1) $\boldsymbol{A}=\begin{pmatrix}1&2&3&0\\0&2&1&-1\\1&0&2&1\end{pmatrix}$;

(2) $\boldsymbol{A}=\begin{pmatrix}1&4&-1&5&6\\2&0&0&4&6\\-1&2&-4&-4&-19\\1&-2&-1&-1&-6\end{pmatrix}$;

(3) $\boldsymbol{A}=\begin{pmatrix}2&1&-1&2\\-3&-1&2&0\\5&1&4&-1\end{pmatrix}$;

(4) $\boldsymbol{A}=\begin{pmatrix}1&1&1&1&1\\3&2&1&1&-3\\0&1&2&2&6\\5&4&3&3&-1\end{pmatrix}$。

11. 设 $\boldsymbol{B}\in\mathbb{R}_r^{m\times n}(r>0)$，证明：$\boldsymbol{B}^{\mathrm{T}}\boldsymbol{B}$ 非奇异。

12. 设矩阵 $\boldsymbol{F}\in\mathbb{C}_r^{m\times r}$，$\boldsymbol{G}\in\mathbb{C}_r^{r\times n}$，证明 $\operatorname{rank}(\boldsymbol{FG})=r$。

13. 设 $\boldsymbol{B}$ 和 $\boldsymbol{A}$ 依次是 $m\times n$ 和 $n\times m$ 矩阵。若 $\boldsymbol{BA}=\boldsymbol{E}$，则称 $\boldsymbol{B}$ 为 $\boldsymbol{A}$ 的左逆矩阵，$\boldsymbol{A}$ 为 $\boldsymbol{B}$ 的右逆矩阵。证明 $\boldsymbol{A}$ 有左逆矩阵的充要条件是 $\boldsymbol{A}$ 为列满秩矩阵。

14. 求下列矩阵的奇异值分解。

(1) $\boldsymbol{A}=\begin{pmatrix}1&0&0&-1\\0&1&0&1\\0&0&0&0\end{pmatrix}$; (2) $\boldsymbol{A}=\begin{pmatrix}1&0&1\\0&1&-1\end{pmatrix}$;

(3) $\boldsymbol{A}=\begin{pmatrix}1&0\\0&1\\1&1\end{pmatrix}$;　(4) $\boldsymbol{A}=\begin{pmatrix}-1&0&1\\0&1&0\\1&0&-1\end{pmatrix}$。

15. 证明：若 $\boldsymbol{A}$ 是正规矩阵，则 $\boldsymbol{A}$ 的奇异值就是 $\boldsymbol{A}$ 的特征值的模。

16. 设 $\boldsymbol{A}\in\mathbb{R}_r^{m\times n}(r>0,m\geqslant n)$，$\sigma_i$ 是 $\boldsymbol{A}$ 的奇异值，证明：$\|\boldsymbol{A}\|_F^2=\sum\limits_{i=1}^{n}\sigma_i^2$。

中国创造：慧眼卫星

第 4 章 赋范线性空间与矩阵范数

在计算数学中，特别是数值代数中，研究数值方法的收敛性、稳定性及误差分析等问题时，范数理论都扮演着十分重要的角色。因此，本章首先在线性空间中定义向量的范数，引出赋范线性空间的概念；然后进一步讨论矩阵的范数及其性质，以及与范数有关的矩阵谱半径、条件数等。

4.1 赋范线性空间

4.1.1 向量范数的定义

向量的范数是用来刻画向量大小的一种度量。在第 2 章的内积空间中，由于用内积定义了向量的长度 $\|\boldsymbol{x}\|=\sqrt{(\boldsymbol{x},\boldsymbol{x})}$，用长度来表示 $\boldsymbol{x}$ 的大小可带来许多方便，把这种长度的概念进一步推广，这就是所谓范数的概念，先看下面的例子。

例 4.1.1 设有平面向量 $\boldsymbol{x}=a\boldsymbol{i}+b\boldsymbol{j}$，记长度为 $\|\boldsymbol{x}\|=\sqrt{a^2+b^2}$，那么 $\|\boldsymbol{x}\|$ 具有下面 3 条性质：

(1) 若 $\boldsymbol{x}\neq\boldsymbol{0}$，则 $\|\boldsymbol{x}\|>0$；当且仅当 $\boldsymbol{x}=\boldsymbol{0}$ 时，有 $\|\boldsymbol{x}\|=0$。

(2) $\|k\boldsymbol{x}\|=|k|\|\boldsymbol{x}\|$，$k$ 为任意实数。

(3) 对于任意平面向量 $\boldsymbol{x}$ 和 $\boldsymbol{y}$，有三角不等式

$$\|\boldsymbol{x}+\boldsymbol{y}\|\leqslant\|\boldsymbol{x}\|+\|\boldsymbol{y}\|。$$

对于一般的线性空间，引入满足上述 3 条性质的纯量（或函数），即可用它来描述向量的大小，称之为范数。

定义 4.1.1 如果 V 是数域 P 上的线性空间，且对于 V 的任一向量 $\boldsymbol{x}$，对应着一个实值函数 $\|\boldsymbol{x}\|$，它满足以下 3 个条件。

(1) 非负性：当 $\boldsymbol{x}\neq\boldsymbol{0}$ 时，$\|\boldsymbol{x}\|>0$；当且仅当 $\boldsymbol{x}=\boldsymbol{0}$ 时，$\|\boldsymbol{x}\|=0$；

(2) 齐次性：$\|k\boldsymbol{x}\|=|k|\|\boldsymbol{x}\|,k\in P$；

(3) 三角不等式：$\|\boldsymbol{x}+\boldsymbol{y}\|\leqslant\|\boldsymbol{x}\|+\|\boldsymbol{y}\|$，$\boldsymbol{x},\boldsymbol{y}\in V$，

则称 $\|\boldsymbol{x}\|$ 为 V 上向量 $\boldsymbol{x}$ 的**范数**。

例 4.1.2　设 $\boldsymbol{x}=(x_1,x_2,\cdots,x_n)^{\mathrm{T}}\in\mathbb{R}^n$，它的长度 $\|\boldsymbol{x}\|=\sqrt{x_1^2+x_2^2+\cdots+x_n^2}$ 就是一种范数。

为了说明这里的 $\|\boldsymbol{x}\|$ 是范数，只需要验证满足 3 个条件就行了。

（1）当 $\boldsymbol{x}\neq\boldsymbol{0}$ 时，至少有一分量不为 0，所以 $\|\boldsymbol{x}\|>0$；当 $\boldsymbol{x}=\boldsymbol{0}$ 时，$\|\boldsymbol{x}\|=\sqrt{0^2+\cdots+0^2}=0$。

（2）对任意数 $k\in\mathbb{R}$，因为 $k\boldsymbol{x}=(kx_1,kx_2,\cdots,kx_n)$，所以

$$\begin{aligned}\|k\boldsymbol{x}\|&=\sqrt{(kx_1)^2+(kx_2)^2+\cdots+(kx_n)^2}=|k|\sqrt{x_1^2+x_2^2+\cdots+x_n^2}\\&=|k|\|\boldsymbol{x}\|。\end{aligned}$$

（3）对任意两个向量 $\boldsymbol{x}=(x_1,x_2,\cdots,x_n)$，$\boldsymbol{y}=(y_1,y_2,\cdots,y_n)$，有

$$\boldsymbol{x}+\boldsymbol{y}=(x_1+y_1,x_2+y_2,\cdots,x_n+y_n),$$

$$\begin{aligned}\|\boldsymbol{x}+\boldsymbol{y}\|^2&=(x_1+y_1)^2+\cdots+(x_n+y_n)^2\\&=x_1^2+\cdots+x_n^2+2(x_1y_1+\cdots+x_ny_n)+y_1^2+\cdots+y_n^2,\end{aligned}$$

根据 $\mathbb{R}^n$ 中内积的定义有　$(\boldsymbol{x},\boldsymbol{y})=x_1y_1+x_2y_2+\cdots+x_ny_n$，

利用第 2 章柯西-布涅柯夫斯基施瓦茨不等式有

$$\begin{aligned}\|\boldsymbol{x}+\boldsymbol{y}\|^2&=\|\boldsymbol{x}\|^2+2(\boldsymbol{x},\boldsymbol{y})+\|\boldsymbol{y}\|^2\leqslant\|\boldsymbol{x}\|^2+2\|\boldsymbol{x}\|\|\boldsymbol{y}\|+\|\boldsymbol{y}\|^2\\&=(\|\boldsymbol{x}\|+\|\boldsymbol{y}\|)^2,\end{aligned}$$

从而得　$\|\boldsymbol{x}+\boldsymbol{y}\|\leqslant\|\boldsymbol{x}\|+\|\boldsymbol{y}\|$。

这就证明了 $\|\boldsymbol{x}\|=\sqrt{x_1^2+x_2^2+\cdots+x_n^2}$ 是 $\mathbb{R}^n$ 上的一种范数，这种范数称为 **2-范数**或**欧氏范数**，记为

$$\|\boldsymbol{x}\|_2=\sqrt{x_1^2+x_2^2+\cdots+x_n^2}=(\boldsymbol{x}^{\mathrm{T}}\boldsymbol{x})^{\frac{1}{2}}。\tag{4.1.1}$$

同理，对于复向量 $\boldsymbol{x}=(x_1,x_2,\cdots,x_n)^{\mathrm{T}}\in\mathbb{C}^n$，2-范数的形式为

$$\|\boldsymbol{x}\|_2=\sqrt{|x_1|^2+\cdots+|x_n|^2}=(\boldsymbol{x}^{\mathrm{H}}\boldsymbol{x})^{\frac{1}{2}}。$$

其实，n 维向量空间中的范数并不是唯一的。

例 4.1.3　验证 $\|\boldsymbol{x}\|=\max\limits_i|x_i|$ 是 $\mathbb{R}^n$ 上的一种范数，这里 $\boldsymbol{x}=(x_1,x_2,\cdots,x_n)^{\mathrm{T}}\in\mathbb{R}^n$。

事实上，当 $\boldsymbol{x}\neq\boldsymbol{0}$ 时，$\|\boldsymbol{x}\|=\max\limits_i|x_i|>0$；当 $\boldsymbol{x}=\boldsymbol{0}$ 时，$\|\boldsymbol{x}\|=0$。又对任意 $k\in\mathbb{R}$，有

$$\|k\boldsymbol{x}\|=\max_i|kx_i|=|k|\max_i|x_i|=|k|\|\boldsymbol{x}\|,$$

对 $\mathbb{R}^n$ 中任意两个向量 $\boldsymbol{x}=(x_1,x_2,\cdots,x_n)^{\mathrm{T}},\boldsymbol{y}=(y_1,y_2,\cdots,y_n)^{\mathrm{T}}$，有

$$\|\boldsymbol{x}+\boldsymbol{y}\|=\max_i|x_i+y_i|\leqslant\max_i|x_i|+\max_i|y_i|=\|\boldsymbol{x}\|+\|\boldsymbol{y}\|,$$

因此 $\|\boldsymbol{x}\|=\max\limits_i|x_i|$ 确实是 $\mathbb{R}^n$ 上的一种范数。

称上例中的范数为**∞-范数**，记为

$$\|\boldsymbol{x}\|_\infty=\max_i|x_i|。\tag{4.1.2}$$

例 4.1.4 验证$\|\boldsymbol{x}\|=\sum_{i=1}^{n}|x_i|$也是 $\mathbb{R}^n$ 上的一种范数，其中 $\boldsymbol{x}=(x_1,x_2,\cdots,x_n)^{\mathrm{T}}\in\mathbb{R}^n$。

事实上，当 $\boldsymbol{x}\neq\boldsymbol{0}$ 时，显然有$\|\boldsymbol{x}\|=\sum_{i=1}^{n}|x_i|>0$；当 $\boldsymbol{x}=\boldsymbol{0}$ 时，$\|\boldsymbol{x}\|=0+\cdots+0=0$。
又对于任意 $k\in\mathbb{R}$，有

$$\|k\boldsymbol{x}\|=\sum_{i=1}^{n}|kx_i|=|k|\sum_{i=1}^{n}|x_i|=|k|\|\boldsymbol{x}\|。$$

对任意两个向量 $\boldsymbol{x},\boldsymbol{y}\in\mathbb{R}^n$，有

$$\begin{aligned}\|\boldsymbol{x}+\boldsymbol{y}\|&=\sum_{i=1}^{n}|x_i+y_i|\leqslant\sum_{i=1}^{n}(|x_i|+|y_i|)=\sum_{i=1}^{n}|x_i|+\sum_{i=1}^{n}|y_i|\\&=\|\boldsymbol{x}\|+\|\boldsymbol{y}\|,\end{aligned}$$

因此知$\|\boldsymbol{x}\|=\sum_{i=1}^{n}|x_i|$是 $\mathbb{R}^n$ 上的一种范数，称它为 1-**范数**，记为

$$\|\boldsymbol{x}\|_1=\sum_{i=1}^{n}|x_i|。\tag{4.1.3}$$

由例 4.1.2~例 4.1.4 可知，在一个线性空间中，可以定义多种向量范数，实际上可以定义无限多种范数。例如对于不小于 1 的任意实数 p 及 $\boldsymbol{x}=(x_1,x_2,\cdots,x_n)^{\mathrm{T}}\in\mathbb{R}^n$，可以证明实值函数

$$\|\boldsymbol{x}\|_p=\left(\sum_{i=1}^{n}|x_i|^p\right)^{\frac{1}{p}},1\leqslant p<+\infty\tag{4.1.4}$$

都是 $\mathbb{R}^n$ 中的范数。

为此，先引入以下两个引理。

引理 4.1.1 如果实数 $p>1,q>1$ 且 $\frac{1}{p}+\frac{1}{q}=1$，则对任意非负实数 a，b 有

$$ab\leqslant\frac{a^p}{p}+\frac{b^q}{q}。\tag{4.1.5}$$

证 若 $a=0$ 或 $b=0$，则式(4.1.5)显然成立。下面考虑 a，b 均为正数的情况。

对 $x>0,0<\mu<1$，记 $f(x)=x^{\mu}-\mu x$。容易验证 $f(x)$ 在 $x=1$ 处达到最大值 $1-\mu$，从而 $f(x)\leqslant1-\mu$，即

$$x^{\mu}\leqslant1-\mu+\mu x,$$

对任意正实数 c,d，在上式中令 $x=\frac{c}{d},\mu=\frac{1}{p},1-\mu=\frac{1}{q}$，则 $c^{\frac{1}{p}}d^{\frac{1}{q}}\leqslant$

$\dfrac{c}{p}+\dfrac{d}{q}$。由此再令 $a=c^{\frac{1}{p}},b=d^{\frac{1}{q}}$，即得式(4.1.5)。

引理 4.1.2　设 $\boldsymbol{x}=(x_1,x_2,\cdots,x_n)^{\mathrm{T}}$，$\boldsymbol{y}=(y_1,y_2,\cdots,y_n)^{\mathrm{T}}\in\mathbb{R}^n$，则

$$\sum_{i=1}^{n}|x_iy_i|\leqslant\left(\sum_{i=1}^{n}|x_i|^p\right)^{\frac{1}{p}}\left(\sum_{i=1}^{n}|x_i|^q\right)^{\frac{1}{q}},\qquad(4.1.6)$$

其中实数 $p>1,q>1$ 且 $\dfrac{1}{p}+\dfrac{1}{q}=1$。此时，式(4.1.6)称为赫尔德(Hölder)不等式。

证　如果 $\boldsymbol{x}=\mathbf{0}$ 或 $\boldsymbol{y}=\mathbf{0}$，则式(4.1.6)显然成立。下面设 $\boldsymbol{x}\neq\mathbf{0}$，$\boldsymbol{y}\neq\mathbf{0}$。令

$$a=\frac{|x_i|}{\left(\sum\limits_{i=1}^{n}|x_i|^p\right)^{\frac{1}{p}}},b=\frac{|y_i|}{\left(\sum\limits_{i=1}^{n}|y_i|^q\right)^{\frac{1}{q}}},$$

则由式(4.1.5)得

$$\frac{|x_iy_i|}{\left(\sum\limits_{i=1}^{n}|x_i|^p\right)^{\frac{1}{p}}\left(\sum\limits_{i=1}^{n}|y_i|^q\right)^{\frac{1}{q}}}\leqslant\frac{|x_i|^p}{p\left(\sum\limits_{i=1}^{n}|x_i|^p\right)}+\frac{|y_i|^q}{q\left(\sum\limits_{i=1}^{n}|y_i|^q\right)},$$

从而有

$$\frac{\sum\limits_{i=1}^{n}|x_iy_i|}{\left(\sum\limits_{i=1}^{n}|x_i|^p\right)^{\frac{1}{p}}\left(\sum\limits_{i=1}^{n}|y_i|^q\right)^{\frac{1}{q}}}\leqslant\frac{\sum\limits_{i=1}^{n}|x_i|^p}{p\left(\sum\limits_{i=1}^{n}|x_i|^p\right)}+\frac{\sum\limits_{i=1}^{n}|y_i|^q}{q\left(\sum\limits_{i=1}^{n}|y_i|^q\right)}$$

$$=\frac{1}{p}+\frac{1}{q}=1。$$

由上式即得式(4.1.6)。

定理 4.1.1　对任意向量 $\boldsymbol{x}=(x_1,x_2,\cdots,x_n)^{\mathrm{T}}\in\mathbb{R}^n$，$1\leqslant p<+\infty$，由式(4.1.4)定义的 $\|\boldsymbol{x}\|_p$ 是 $\mathbb{R}^n$ 上的向量范数。

证　(1) 当 $\boldsymbol{x}\neq\mathbf{0}$ 时，$\boldsymbol{x}$ 至少有一个分量不为零，故 $\|\boldsymbol{x}\|_p=\left(\sum\limits_{i=1}^{n}|x_i|^p\right)^{\frac{1}{p}}>0$；

(2) 对 $\forall k\in\mathbb{R}$，$\forall\boldsymbol{x}=(x_1,x_2,\cdots,x_n)^{\mathrm{T}}\in\mathbb{R}^n$，则

$$\|k\boldsymbol{x}\|_p=\|(kx_1,kx_2,\cdots,kx_n)\|_p=\left(\sum_{i=1}^{n}|kx_i|^p\right)^{\frac{1}{p}}=|k|\left(\sum_{i=1}^{n}|x_i|^p\right)^{\frac{1}{p}}$$

$=|k|\|\boldsymbol{x}\|_p$;

(3) 对 $\forall \boldsymbol{x}=(x_1,x_2,\cdots,x_n)^{\mathrm{T}},\boldsymbol{y}=(y_1,y_2,\cdots,y_n)^{\mathrm{T}}\in\mathbb{R}^n$，下面设 $p>1$，记 $q=\dfrac{p}{p-1}$，则 $q>1$，且 $\dfrac{1}{p}+\dfrac{1}{q}=1$。从而由式(4.1.6)有

$$\begin{aligned}\sum_{i=1}^{n}|x_i+y_i|^p&=\sum_{i=1}^{n}|x_i+y_i||x_i+y_i|^{p-1}\\&\leqslant\sum_{i=1}^{n}|x_i||x_i+y_i|^{p-1}+\sum_{i=1}^{n}|y_i||x_i+y_i|^{p-1}\\&\leqslant\left(\sum_{i=1}^{n}|x_i|^p\right)^{\frac{1}{p}}\left(\sum_{i=1}^{n}|x_i+y_i|^{(p-1)q}\right)^{\frac{1}{q}}+\left(\sum_{i=1}^{n}|y_i|^p\right)^{\frac{1}{p}}\\&\quad\left(\sum_{i=1}^{n}|x_i+y_i|^{(p-1)q}\right)^{\frac{1}{q}}\\&=\left[\left(\sum_{i=1}^{n}|x_i|^p\right)^{\frac{1}{p}}+\left(\sum_{i=1}^{n}|y_i|^p\right)^{\frac{1}{p}}\right]\\&\quad\left(\sum_{i=1}^{n}|x_i+y_i|^{(p-1)q}\right)^{\frac{1}{q}}\\&=\left[\left(\sum_{i=1}^{n}|x_i|^p\right)^{\frac{1}{p}}+\left(\sum_{i=1}^{n}|y_i|^p\right)^{\frac{1}{p}}\right]\left(\sum_{i=1}^{n}|x_i+y_i|^p\right)^{\frac{1}{q}},\end{aligned}$$

因此 $$\left(\sum_{i=1}^{n}|x_i+y_i|^p\right)^{\frac{1}{p}}\leqslant\left(\sum_{i=1}^{n}|x_i|^p\right)^{\frac{1}{p}}+\left(\sum_{i=1}^{n}|y_i|^p\right)^{\frac{1}{p}},$$

即 $$\|\boldsymbol{x}+\boldsymbol{y}\|_p\leqslant\|\boldsymbol{x}\|_p+\|\boldsymbol{y}\|_p。$$

因此 $\|\boldsymbol{x}\|_p$ 是 $\mathbb{R}^n$ 中的一种范数，我们称式(4.1.4)为向量的 **p-范数**或称 **l_p 范数**。

其实，我们可以把 3 种常用范数 $\|\boldsymbol{x}\|_1,\|\boldsymbol{x}\|_2,\|\boldsymbol{x}\|_\infty$ 统一在 p-范数之中，因为在式(4.1.4)中，当 $p=1$ 时，$\|\boldsymbol{x}\|_p=\|\boldsymbol{x}\|_1$；当 $p=2$ 时，$\|\boldsymbol{x}\|_p=\|\boldsymbol{x}\|_2$；$p$ 趋向于∞时，有

$$\lim_{p\to\infty}\|\boldsymbol{x}\|_p=\|\boldsymbol{x}\|_\infty, \tag{4.1.7}$$

对于式(4.1.7)证明如下：

事实上，将 $|x_1|,|x_2|,\cdots,|x_n|$ 中最大者记为 $|x_{i_0}|(\neq 0)$。由于 $\|\boldsymbol{x}\|_\infty=\max\limits_i|x_i|=|x_{i_0}|$，而

$$\|\boldsymbol{x}\|_p=\left(\sum_{i=1}^{n}|x_{i_0}|^p\frac{|x_i|^p}{|x_{i_0}|^p}\right)^{\frac{1}{p}}=|x_{i_0}|\left(\sum_{i=1}^{n}\frac{|x_i|^p}{|x_{i_0}|^p}\right)^{\frac{1}{p}},$$

而

$$|x_{i_0}|^p\leqslant\sum_{i=1}^{n}|x_i|^p\leqslant n|x_{i_0}|^p,$$

两边同时除以 $|x_{i_0}|^p$ 并开 p 次方得

$$1\leqslant\left(\sum_{i=1}^{n}\frac{|x_i|^p}{|x_{i_0}|^p}\right)^{\frac{1}{p}}\leqslant n^{\frac{1}{p}},$$

由于 $\lim\limits_{p\to\infty}n^{\frac{1}{p}}=1$，从而有

$$\lim_{p\to\infty}\left(\sum_{i=1}^{n}\frac{|x_i|^p}{|x_{i_0}|^p}\right)^{\frac{1}{p}}=1,$$

故
$$\lim_{p\to\infty}\|\boldsymbol{x}\|_p=|x_{i_0}|=\|\boldsymbol{x}\|_\infty。$$

这样，$\mathbb{R}^n$ 中的范数 $\|\boldsymbol{x}\|_1,\|\boldsymbol{x}\|_2,\|\boldsymbol{x}\|_\infty$ 可依次写为 $1,2,\infty$ 范数，而且不难看出，式(4.1.2)~式(4.1.4)对复向量空间 $\mathbb{C}^n$ 中的向量仍然成立(注意，$|x_i|$ 应理解为复数的模)。

例 4.1.5　计算 $\mathbb{C}^4$ 的向量 $\boldsymbol{x}=(3\mathrm{i},0,-4\mathrm{i},-12)^{\mathrm{T}}$ 的 $1,2,\infty$ 范数，这里 $\mathrm{i}=\sqrt{-1}$。

解　$\|\boldsymbol{x}\|_1=\sum\limits_{i=1}^{4}|x_i|=|3\mathrm{i}|+|-4\mathrm{i}|+|-12|=19,$

$$\|\boldsymbol{x}\|_2=\sqrt{\boldsymbol{x}^{\mathrm{H}}\boldsymbol{x}}=\sqrt{(3\mathrm{i})(-3\mathrm{i})+(-4\mathrm{i})(4\mathrm{i})+(-12)^2}=13,$$

$$\|\boldsymbol{x}\|_\infty=\max\{|x_1|,|x_2|,|x_3|,|x_4|\}=\max\{3,0,4,12\}=12。$$

由此可见，在同一个线性空间中，不同定义的范数其大小可能不同。

例 4.1.6　在 $\mathbb{R}^n$(或 $\mathbb{C}^n$)中，若 $\boldsymbol{x}=(x_1,x_2,\cdots,x_n)^{\mathrm{T}}$，如果仍按式(4.1.4)的规律，但取 $0<p<1$ 来定义某个实值函数：

$$\|\boldsymbol{x}\|_p=\left(\sum_{i=1}^{n}|x_i|^p\right)^{\frac{1}{p}},0<p<1,$$

试验证它不是 $\mathbb{R}^n$(或 $\mathbb{C}^n$)中的范数。

解　显然它不满足定义 4.1.1 中的条件(3)，所以它不是 $\mathbb{R}^n$(或 $\mathbb{C}^n$)上的范数。例如，在 $\mathbb{R}^2$ 中，取 $\boldsymbol{x}=(1,0)^{\mathrm{T}}$，$\boldsymbol{y}=(0,1)^{\mathrm{T}}$，则 $\|\boldsymbol{x}+\boldsymbol{y}\|_{\frac{1}{2}}=4,\|\boldsymbol{x}\|_{\frac{1}{2}}=1,\|\boldsymbol{y}\|_{\frac{1}{2}}=1$，所以

$$\|\boldsymbol{x}+\boldsymbol{y}\|_{\frac{1}{2}}\leqslant\|\boldsymbol{x}\|_{\frac{1}{2}}+\|\boldsymbol{y}\|_{\frac{1}{2}}$$

不成立，那么 $\|\boldsymbol{x}\|_{\frac{1}{2}}=1$ 就不是 $\mathbb{R}^2$ 中的向量范数。

下面的例子给出由已知的某种范数构造新的向量范数的一种方法。

例 4.1.7　设 $\|\cdot\|_\alpha$ 是 $\mathbb{C}^m$ 上的一种向量范数，给定矩阵 $\boldsymbol{A}\in\mathbb{C}^{m\times n}$，且 $\boldsymbol{A}$ 的 n 个列向量线性无关，对任意 $\boldsymbol{x}=(x_1,x_2,\cdots,x_n)^{\mathrm{T}}\in\mathbb{C}^n$，规定

$$\|\boldsymbol{x}\|_\beta=\|\boldsymbol{A}\boldsymbol{x}\|_\alpha,$$

则$\|x\|_\beta$是$\mathbb{C}^n$中的向量范数。

证 (1) 设$\boldsymbol{\alpha}_1,\boldsymbol{\alpha}_2,\cdots,\boldsymbol{\alpha}_n$是矩阵$\boldsymbol{A}$的$n$个线性无关的列向量，从而对任何$\boldsymbol{x}=(x_1,x_2,\cdots,x_n)^{\mathrm{T}}\neq\boldsymbol{0}$，有

$$\boldsymbol{A}\boldsymbol{x}=(\boldsymbol{\alpha}_1,\boldsymbol{\alpha}_2,\cdots,\boldsymbol{\alpha}_n)\begin{pmatrix}x_1\\x_2\\\vdots\\x_n\end{pmatrix}$$
$$=x_1\boldsymbol{\alpha}_1+x_2\boldsymbol{\alpha}_2+\cdots+x_n\boldsymbol{\alpha}_n\neq\boldsymbol{0}。$$

由于$\|\cdot\|_\alpha$是$\mathbb{C}^m$上的向量范数，故$\|\boldsymbol{A}\boldsymbol{x}\|_\alpha>0$，即

$$\|\boldsymbol{x}\|_\beta=\|\boldsymbol{A}\boldsymbol{x}\|_\alpha>0;$$

(2) 对$\forall k\in\mathbb{C},\forall\boldsymbol{x}\in\mathbb{C}^n$，有

$$\|k\boldsymbol{x}\|_\beta=\|\boldsymbol{A}(k\boldsymbol{x})\|_\alpha=\|k\boldsymbol{A}\boldsymbol{x}\|_\alpha=|k|\|\boldsymbol{A}\boldsymbol{x}\|_\alpha=|k|\|\boldsymbol{x}\|_\beta;$$

(3) 对$\forall\boldsymbol{x},\boldsymbol{y}\in\mathbb{C}^n$，有

$$\|\boldsymbol{x}+\boldsymbol{y}\|_\beta=\|\boldsymbol{A}(\boldsymbol{x}+\boldsymbol{y})\|_\alpha=\|\boldsymbol{A}\boldsymbol{x}+\boldsymbol{A}\boldsymbol{y}\|_\alpha\leqslant\|\boldsymbol{A}\boldsymbol{x}\|_\alpha+\|\boldsymbol{A}\boldsymbol{y}\|_\alpha=\|\boldsymbol{x}\|_\beta+\|\boldsymbol{y}\|_\beta,$$

故$\|\boldsymbol{x}\|_\beta$是$\mathbb{C}^n$中的向量范数。

定义 4.1.2 定义了向量范数$\|\cdot\|$的线性空间V^n，称为赋范线性空间，其中$\|\cdot\|$表示泛指的任何一种范数。

4.1.2 向量范数的性质

前面已经看到，在同一个线性空间内向量的范数可以有无穷多种(只要p在1与∞之间取值)。但我们自然要问：这些范数之间有什么重要关系呢？下面的定理告诉我们，有限维线性空间上的不同范数是等价的。

定义 4.1.3 设$\|\boldsymbol{x}\|_a,\|\boldsymbol{x}\|_b$是$n$维线性空间$V^n$上定义的任意两种范数，若存在两个与$\boldsymbol{x}$无关的正常数$c_1,c_2$，使得

$$c_1\|\boldsymbol{x}\|_b\leqslant\|\boldsymbol{x}\|_a\leqslant c_2\|\boldsymbol{x}\|_b,\ \forall\boldsymbol{x}\in V^n,\tag{4.1.8}$$

则称$\|\boldsymbol{x}\|_a$与$\|\boldsymbol{x}\|_b$是等价的。

下面的命题可以帮助我们更好地理解范数等价，其证明可以直接从式(4.1.8)得到。

命题 设$\boldsymbol{x}_1,\boldsymbol{x}_2,\cdots,\boldsymbol{x}_n,\cdots$是线性空间$V$中的向量序列，$\boldsymbol{x}^*$是$V$中某给定向量。设$\|\cdot\|_a$与$\|\cdot\|_b$是$V$的两个向量范数，则$\|\cdot\|_a$与$\|\cdot\|_b$等价的充分必要条件是

$$\lim_{n\to\infty}\|\boldsymbol{x}_n-\boldsymbol{x}^*\|_a=0\Leftrightarrow\lim_{n\to\infty}\|\boldsymbol{x}_n-\boldsymbol{x}^*\|_b=0,\tag{4.1.9}$$

此时称序列$\{\boldsymbol{x}_n\}$按范数收敛于$\boldsymbol{x}^*$，换句话说，两个范数等价$\Leftrightarrow$它们具有相同的敛散性(即有相同的极限)。

定理 4.1.2　有限维线性空间上的不同范数是等价的。

证　设$\boldsymbol{\varepsilon}_1,\boldsymbol{\varepsilon}_2,\cdots,\boldsymbol{\varepsilon}_n$是$V^n$的一个基，于是$V^n$中任意向量$\boldsymbol{x}$可以表示为

$$\boldsymbol{x}=x_1\boldsymbol{\varepsilon}_1+x_2\boldsymbol{\varepsilon}_2+\cdots+x_n\boldsymbol{\varepsilon}_n,$$

定义

$$\|\boldsymbol{x}\|_2=\sqrt{x_1^2+x_2^2+\cdots+x_n^2},$$

显然它是一种范数，若存在正常数c_1',c_2'和c_1'',c_2''，使得$c_1'\|\boldsymbol{x}\|_2\leqslant\|\boldsymbol{x}\|_a\leqslant c_2'\|\boldsymbol{x}\|_2$和$c_1''\|\boldsymbol{x}\|_b\leqslant\|\boldsymbol{x}\|_2\leqslant c_2''\|\boldsymbol{x}\|_b$成立，则显然有$c_1'c_1''\|\boldsymbol{x}\|_b\leqslant\|\boldsymbol{x}\|_a\leqslant c_2'c_2''\|\boldsymbol{x}\|_b$，令$c_1=c_1'c_1''$，$c_2=c_2'c_2''$，便得不等式(4.1.8)。因此只要对$b=2$证明式(4.1.8)成立就行了。

考察

$$\|\boldsymbol{x}\|_a=\|x_1\boldsymbol{\varepsilon}_1+x_2\boldsymbol{\varepsilon}_2+\cdots+x_n\boldsymbol{\varepsilon}_n\|_a,$$

它可以看作n个坐标分量$(x_1,x_2,\cdots,x_n)$的函数，记

$$\|\boldsymbol{x}\|_a=\varphi(x_1,x_2,\cdots,x_n),$$

可以证明$\varphi(x_1,x_2,\cdots,x_n)$是坐标分量$x_1,x_2,\cdots,x_n$的连续函数。

事实上，设另一个向量为

$$\boldsymbol{x}'=x_1'\boldsymbol{\varepsilon}_1+x_2'\boldsymbol{\varepsilon}_2+\cdots+x_n'\boldsymbol{\varepsilon}_n,$$
$$\|\boldsymbol{x}'\|_a=\varphi(x_1',x_2',\cdots,x_n'),$$

则

$$\begin{aligned}&|\varphi(x_1',x_2',\cdots,x_n')-\varphi(x_1,x_2,\cdots,x_n)|\\=&|\|\boldsymbol{x}'\|_a-\|\boldsymbol{x}\|_a|\\\leqslant&\|\boldsymbol{x}'-\boldsymbol{x}\|_a\\=&\|(x_1'-x_1)\boldsymbol{\varepsilon}_1+(x_2'-x_2)\boldsymbol{\varepsilon}_2+\cdots+(x_n'-x_n)\boldsymbol{\varepsilon}_n\|_a\\\leqslant&|x_1'-x_1|\|\boldsymbol{\varepsilon}_1\|_a+|x_2'-x_2|\|\boldsymbol{\varepsilon}_2\|_a+\cdots+|x_n'-x_n|\|\boldsymbol{\varepsilon}_n\|_a,\end{aligned}$$

由于$\|\boldsymbol{\varepsilon}_i\|_a(i=1,2,\cdots,n)$是常数，因此当$x_i'$与$x_i$充分接近时，$\varphi(x_1',x_2',\cdots,x_n')$就充分接近$\varphi(x_1,x_2,\cdots,x_n)$，这就证明了$\varphi(x_1,x_2,\cdots,x_n)$是连续函数。

根据连续函数的性质可知，在有界闭集

$$x_1^2+x_2^2+\cdots+x_n^2=1 \tag{4.1.10}$$

上(即n维欧氏空间$\mathbb{R}^n$的单位球)函数$\varphi(x_1,x_2,\cdots,x_n)$可达到最大值$M$和最小值$m$，因为在式(4.1.10)中的$x_i$不能全为零，因此$m>0$，记

$$d=\|\boldsymbol{x}\|_2=\sqrt{\sum_{i=1}^n x_i^2},$$

则向量

$$\boldsymbol{y}=\frac{x_1}{d}\boldsymbol{\varepsilon}_1+\frac{x_2}{d}\boldsymbol{\varepsilon}_2+\cdots+\frac{x_n}{d}\boldsymbol{\varepsilon}_n$$

的分量满足

$$\left(\frac{x_1}{d}\right)^2+\left(\frac{x_2}{d}\right)^2+\cdots+\left(\frac{x_n}{d}\right)^2=1。$$

因此，向量 $\boldsymbol{y}$ 在单位球上，从而有

$$0<m\leqslant\|\boldsymbol{y}\|_a=\varphi\left(\frac{x_1}{d},\frac{x_2}{d},\cdots,\frac{x_n}{d}\right)\leqslant M,$$

但 $\boldsymbol{y}=\frac{1}{d}\cdot\boldsymbol{x}$，故

$$md\leqslant\|\boldsymbol{x}\|_a\leqslant Md,$$

即

$$m\|\boldsymbol{x}\|_2\leqslant\|\boldsymbol{x}\|_a\leqslant M\|\boldsymbol{x}\|_2。$$

由于等价的范数导致相同的收敛性，而函数的微积分学均由极限定义，因此等价的范数将导致相同的微积分学。

如上所述，正因为有了各种范数的等价性，才保证了在各种范数下考虑向量序列收敛的一致性。因此，我们常常根据不同的需求选择一种方便的范数来研究收敛性问题。

4.2 矩阵的范数

本节将进一步把范数的概念推广到 $m\times n$ 矩阵上。一个 $m\times n$ 矩阵当然可以看作 $m\times n$ 的向量，因此可以按向量定义范数的办法来定义矩阵的范数。但是，由于在线性空间中只考虑加法运算和数乘运算，而现在对矩阵空间 $\mathbb{C}^{m\times n}$ 中的矩阵，还必须考虑矩阵与向量以及矩阵与矩阵之间的乘法运算，因此在定义矩阵范数时，必须多一条反映矩阵乘法的公理。

4.2.1 矩阵范数的定义与性质

定义 4.2.1 设 $\boldsymbol{A}\in\mathbb{C}^{m\times n}$，按某一法则在 $\mathbb{C}^{m\times n}$ 上规定 $\boldsymbol{A}$ 的一个实值函数，记作 $\|\boldsymbol{A}\|$，它满足下面 4 个条件：

（1）非负性：如果 $\boldsymbol{A}\neq\boldsymbol{O}$，则 $\|\boldsymbol{A}\|>0$；如果 $\boldsymbol{A}=\boldsymbol{O}$，则 $\|\boldsymbol{A}\|=0$；

（2）齐次性：对任意的 $k\in\mathbb{C}$, $\|k\boldsymbol{A}\|=|k|\|\boldsymbol{A}\|$；

（3）三角不等式：对任意 $\boldsymbol{A},\boldsymbol{B}\in\mathbb{C}^{m\times n}$, $\|\boldsymbol{A}+\boldsymbol{B}\|\leqslant\|\boldsymbol{A}\|+\|\boldsymbol{B}\|$；

(4) 次乘性：当矩阵乘积 $\boldsymbol{AB}$ 有意义时，若有

$$\|\boldsymbol{AB}\| \leqslant \|\boldsymbol{A}\|\|\boldsymbol{B}\|,$$

则称 $\|\boldsymbol{A}\|$ 为矩阵范数。

注 1　(次乘性的合理性)如果将矩阵范数定义中的次乘性的不等式反向，即 $\|\boldsymbol{AB}\| \geqslant \|\boldsymbol{A}\|\|\boldsymbol{B}\|$，则幂零矩阵($\boldsymbol{A}^2=\boldsymbol{O}$)的矩阵范数将是 0，与非负性不符。

注 2　(次乘性的意义)设 $\|\boldsymbol{A}\|<1$，则次乘性保证了 $\|\boldsymbol{A}^k\|\to 0$ ($k\to\infty$)。因此，矩阵范数的次乘性实际上保证了矩阵幂级数的敛散性的“合理性”。

如前所述，我们若把 $m\times n$ 矩阵 $\boldsymbol{A}$ 看成是一个 $m\times n$ 的向量，那么很自然地就可以仿照前面的式(4.1.1)~式(4.1.3)来得出矩阵的几种范数。为简单起见，下面给出方阵的几个例子。

例 4.2.1　设 $\boldsymbol{A}=(a_{ij})\in\mathbb{C}^{n\times n}$，试验证下面规定的实值函数：

$$\|\boldsymbol{A}\|_{m_1}=\sum_{i=1}^{n}\sum_{j=1}^{n}|a_{ij}|, \tag{4.2.1}$$

$$\|\boldsymbol{A}\|_{m_\infty}=n\cdot\max_{i,j}|a_{ij}|, \tag{4.2.2}$$

$$\|\boldsymbol{A}\|_{m_2}=\left(\sum_{i=1}^{n}\sum_{j=1}^{n}|a_{ij}|^2\right)^{\frac{1}{2}} \tag{4.2.3}$$

都是矩阵 $\boldsymbol{A}$ 的范数。

事实上，由于矩阵范数定义中的前 3 条与向量范数定义的 3 条类似，故它们满足矩阵范数定义的前 3 条是显然的，现只证它们满足矩阵范数定义的第(4)条次乘性即可。

$$\begin{aligned}\|\boldsymbol{AB}\|_{m_1}&=\sum_{i=1}^{n}\sum_{j=1}^{n}\left|\sum_{k=1}^{n}a_{ik}b_{kj}\right|\leqslant\sum_{i=1}^{n}\sum_{j=1}^{n}\sum_{k=1}^{n}|a_{ik}||b_{kj}|\\&\leqslant\left(\sum_{i=1}^{n}\sum_{k=1}^{n}|a_{ik}|\right)\left(\sum_{k=1}^{n}\sum_{j=1}^{n}|b_{kj}|\right)=\|\boldsymbol{A}\|_{m_1}\|\boldsymbol{B}\|_{m_1},\end{aligned}$$

$$\begin{aligned}\|\boldsymbol{AB}\|_{m_\infty}&=n\cdot\max_{i,j}\left|\sum_{k=1}^{n}a_{ik}b_{kj}\right|\leqslant n\cdot\max_{i,j}\sum_{k=1}^{n}|a_{ik}||b_{kj}|\\&\leqslant n\cdot\max_{i,j}(n\cdot\max_{k}|a_{ik}||b_{kj}|)\\&\leqslant(n\cdot\max_{i,k}|a_{ik}|)(n\cdot\max_{k,j}|b_{kj}|)\\&=\|\boldsymbol{A}\|_{m_\infty}\|\boldsymbol{B}\|_{m_\infty},\end{aligned}$$

$$\begin{aligned}\|\boldsymbol{AB}\|_{m_2}&=\left(\sum_{i=1}^{n}\sum_{j=1}^{n}\left|\sum_{k=1}^{n}a_{ik}b_{kj}\right|^2\right)^{\frac{1}{2}}\\&\leqslant\left(\sum_{i=1}^{n}\sum_{j=1}^{n}\left(\sum_{k=1}^{n}|a_{ik}||b_{kj}|\right)^2\right)^{\frac{1}{2}}\end{aligned}$$

$$\leqslant\left(\sum_{i=1}^{n}\sum_{j=1}^{n}\left(\sum_{k=1}^{n}|a_{ik}|^{2}\right)\left(\sum_{k=1}^{n}|b_{kj}|^{2}\right)\right)^{\frac{1}{2}}$$

$$=\left(\sum_{i=1}^{n}\sum_{k=1}^{n}|a_{ik}|^{2}\right)^{\frac{1}{2}}\left(\sum_{k=1}^{n}\sum_{j=1}^{n}|b_{kj}|^{2}\right)^{\frac{1}{2}}$$

$$=\|\boldsymbol{A}\|_{m_2}\|\boldsymbol{B}\|_{m_2}。$$

式(4.2.3)实际上可视为 $n\times n$ 向量 $\boldsymbol{A}$ 的 2-范数，我们称这种范数为 $\boldsymbol{A}$ 的弗罗贝尼乌斯(Frobenius)范数，或简称为 F-范数，记为 $\|\boldsymbol{A}\|_F$。

与向量范数类似，矩阵范数也具有相应的性质，我们将不加证明地给出如下定理。

定理 4.2.1 设 $\boldsymbol{A}\in\mathbb{C}^{m\times n}$，$\|\boldsymbol{A}\|$ 是 $\mathbb{C}^{m\times n}$ 上的矩阵范数，则 $\mathbb{C}^{m\times n}$ 上的任意两个矩阵范数等价。

这个定理的证明与上节定理 4.1.2 证明类似。

如前所述，矩阵范数也是多种多样的，而矩阵范数与向量范数又是有差异的，可是，在矩阵范数的定义 4.2.1 中，虽然考虑到了矩阵的乘法性质，但还没有将矩阵和线性算子(或线性变换)联系起来。矩阵的“真正范数”应能体现矩阵的这两层含义，或者说矩阵自身的范数应考虑到矩阵的乘法以及线性算子(变换)作用下的复合效果，这样定义出来的矩阵范数，才是最有用的或者说是最合理的。这就是下面将要介绍的算子范数。

4.2.2 算子范数

我们知道线性算子 T 作用在向量 $\boldsymbol{\alpha}$ 上，在某基下有如下的对应关系：

$$T(\boldsymbol{\alpha})\leftrightarrow\boldsymbol{A}\boldsymbol{x},\boldsymbol{A}\in\mathbb{C}^{m\times n},\boldsymbol{x}=(x_1,x_2,\cdots,x_n)^{\mathrm{T}}\in\mathbb{C}^{n},$$

若将坐标向量 $\boldsymbol{x}$ 视作矩阵，根据矩阵范数的定义 4.2.1 的次乘性(4)，应有

$$\|\boldsymbol{A}\boldsymbol{x}\|\leqslant\|\boldsymbol{A}\|\|\boldsymbol{x}\|,\tag{4.2.4}$$

因此矩阵 $\boldsymbol{A}$ 的范数应满足如下不等式：

$$\|\boldsymbol{A}\|\geqslant\frac{\|\boldsymbol{A}\boldsymbol{x}\|}{\|\boldsymbol{x}\|}。\tag{4.2.5}$$

遗憾的是，对于任意的矩阵 $\boldsymbol{A}$，式(4.2.5)的右端可能不是一个常数，而和向量 $\boldsymbol{x}$ 有关，但可以肯定的是，矩阵 $\boldsymbol{A}$ 的范数绝对不能取 $\frac{\|\boldsymbol{A}\boldsymbol{x}\|}{\|\boldsymbol{x}\|}$，因为如果 $\boldsymbol{A}$ 是非零不可逆矩阵，则存在非零向量 $\boldsymbol{x}$

使得 $\boldsymbol{Ax}=\boldsymbol{0}$，于是有 $\|\boldsymbol{A}\|=0$，这与矩阵的非负性矛盾。因此应该取式(4.2.5)右端的最大值或者上确界(最小上界)，即定义

$$\|\boldsymbol{A}\|=\sup_{\|\boldsymbol{x}\|\neq 0}\frac{\|\boldsymbol{Ax}\|}{\|\boldsymbol{x}\|},\tag{4.2.6}$$

当 $\|\boldsymbol{x}\|=1$ 时，有

$$\|\boldsymbol{A}\|=\sup_{\|\boldsymbol{x}\|=1}\|\boldsymbol{Ax}\|=\max_{\|\boldsymbol{x}\|=1}\|\boldsymbol{Ax}\|。\tag{4.2.7}$$

因向量赋范线性空间的单位闭球或单位球面($\|\boldsymbol{x}\|=1$)皆为有界闭集，而 $\|\boldsymbol{Ax}\|$ 为 $\boldsymbol{x}$ 的连续函数，故在单位球或单位球面上取得最大值，所以式(4.2.7)中的“sup”可以换为“max”。

在不等式(4.2.4)中，同时出现了矩阵范数和向量范数，尽管它们各自的范数可能有不同的取法，但都应当保持这个不等式成立，这就是矩阵范数与向量范数相容的概念。

定义 4.2.2　设 $\boldsymbol{A}\in\mathbb{C}^{m\times n}$，$\boldsymbol{x}\in\mathbb{C}^n$，如果取定的向量范数 $\|\boldsymbol{x}\|$ 和矩阵范数 $\|\boldsymbol{A}\|$ 满足不等式

$$\|\boldsymbol{Ax}\|\leqslant\|\boldsymbol{A}\|\|\boldsymbol{x}\|,$$

则称矩阵范数 $\|\boldsymbol{A}\|$ 与向量范数 $\|\boldsymbol{x}\|$ 是相容的。

式(4.2.6)和式(4.2.7)实际上是一个从向量范数出发构造与之相容的矩阵范数的方法，将其写成下面的定理。

定理 4.2.2　设 $\boldsymbol{A}\in\mathbb{C}^{m\times n}$，$\boldsymbol{x}=(x_1,x_2,\cdots,x_n)^{\mathrm{T}}\in\mathbb{C}^n$，且在 $\mathbb{C}^n$ 中已规定了向量的范数(即 $\mathbb{C}^n$ 是 n 维赋范线性空间)。定义

$$\|\boldsymbol{A}\|=\sup_{\|\boldsymbol{x}\|\neq 0}\frac{\|\boldsymbol{Ax}\|}{\|\boldsymbol{x}\|}=\max_{\|\boldsymbol{x}\|=1}\|\boldsymbol{Ax}\|,\tag{4.2.8}$$

则式(4.2.8)定义了一个与向量范数 $\|\cdot\|$ 相容的矩阵范数，称为由向量范数 $\|\cdot\|$ 诱导的矩阵范数或算子范数。

证　为简单起见，下面只要证明由 $\|\boldsymbol{A}\|=\max\limits_{\|\boldsymbol{x}\|=1}\|\boldsymbol{Ax}\|$ 定义的矩阵范数同时满足定义 4.2.1 中的 4 个条件和相容性条件(4.2.4)即可。

下面先验证相容性条件，设 $\boldsymbol{y}\neq\boldsymbol{0}$ 为任意一个向量，则 $\boldsymbol{x}=\dfrac{1}{\|\boldsymbol{y}\|}\boldsymbol{y}$ 满足条件 $\|\boldsymbol{x}\|=1$，于是有

$$\|\boldsymbol{Ay}\|=\|\boldsymbol{A}(\|\boldsymbol{y}\|\boldsymbol{x})\|=\|\boldsymbol{y}\|\|\boldsymbol{Ax}\|\leqslant\|\boldsymbol{y}\|\|\boldsymbol{A}\|=\|\boldsymbol{A}\|\|\boldsymbol{y}\|,$$

再验证 $\|\boldsymbol{A}\|$ 确实是矩阵范数。

(1) 若 $\boldsymbol{A}\neq\boldsymbol{O}$，则一定可以找到 $\|\boldsymbol{x}\|=1$ 的向量 $\boldsymbol{x}$，使得 $\boldsymbol{Ax}\neq\boldsymbol{0}$，从而 $\|\boldsymbol{Ax}\|\neq 0$，所以

$\|A\|=\max\limits_{\|x\|=1}\|Ax\|>0$；若 $A=O$，则一定有 $\|A\|=\max\limits_{\|x\|=1}\|Ox\|=0$；

(2) 由式(4.2.8)，对 $\forall k\in\mathbb{C}$ 有

$$\|kA\|=\max_{\|x\|=1}\|kAx\|=|k|\max_{\|x\|=1}\|Ax\|=|k|\|A\|;$$

(3) 对于矩阵 $A+B$，可以找到向量 x_0，使得

$$\|A+B\|=\|(A+B)x_0\|,\|x_0\|=1,$$

于是

$$\begin{aligned}\|A+B\|&=\|(A+B)x_0\|=\|Ax_0+Bx_0\|\\&\leqslant\|Ax_0\|+\|Bx_0\|\\&\leqslant\|A\|\|x_0\|+\|B\|\|x_0\|=\|A\|+\|B\|;\end{aligned}$$

(4) 对于矩阵 AB，可找到向量 x_0，使得

$$\|x_0\|=1,\|ABx_0\|=\|AB\|,$$

于是

$$\begin{aligned}\|AB\|&=\|ABx_0\|=\|A(Bx_0)\|\leqslant\|A\|\|Bx_0\|\\&\leqslant\|A\|\|B\|\|x_0\|=\|A\|\|B\|,\end{aligned}$$

这就证明了式(4.2.8)定义的实值函数确实是一种矩阵范数。

显然，n 阶单位矩阵 E 的从属于任何向量范数的算子范数 $\|E\|=\max\limits_{\|x\|=1}\|Ex\|=1$；而对于 E 的非算子范数，如 $\|E\|_{m_1}=n$，$\|E\|_F=\sqrt{n}$，它们都大于 1。由于 $x=Ex$，所以 $\|x\|\leqslant\|E\|\|x\|$，当取 $\|x\|=1$ 时，有 $\|E\|\geqslant1$。这说明单位矩阵的算子范数是所有与 $\|x\|$ 相容的范数 $\|E\|$ 中最小的一个。

直接从式(4.2.8)来求矩阵的算子范数的值显然是很不方便的。为此，下面介绍几种常用的算子范数的求法，当在式(4.2.8)中取向量 x 的范数依次为 $\|x\|_1,\|x\|_2,\|x\|_\infty$ 时，希望由它们诱导的 3 种算子范数 $\|A\|_1,\|A\|_2,\|A\|_\infty$ 的值可以通过矩阵 A 的元素及 A^HA 的特征值具体地表示出来，有下面的定理。

定理 4.2.3 设 $A=(a_{ij})\in\mathbb{C}^{m\times n}$，$x=(x_1,x_2,\cdots,x_n)^T\in\mathbb{C}^n$，则从属于向量 x 的 3 种范数 $\|x\|_1,\|x\|_2,\|x\|_\infty$ 的算子范数依次是

(1) $$\|A\|_1=\max_j\sum_{i=1}^m|a_{ij}|\text{（称为列范数）}; \tag{4.2.9}$$

(2) $$\|A\|_2=\sqrt{\lambda_{\max}(A^HA)}\text{（称为谱范数）}, \tag{4.2.10}$$

其中 $\lambda_{\max}(A^HA)$ 是矩阵 A^HA 的特征值绝对值的最大值；

(3) $$\|A\|_\infty=\max_i\sum_{j=1}^n|a_{ij}|\text{（称为行范数）}。 \tag{4.2.11}$$

证 (1)对于任何非零向量 x，设 $\|x\|_1=1$，则有

$$\begin{aligned}\|Ax\|_1 &= \sum_{i=1}^{m}\left|\sum_{j=1}^{n} a_{ij}x_j\right| \\ &\leqslant \sum_{i=1}^{m}\sum_{j=1}^{n}|a_{ij}||x_j| \\ &= \sum_{j=1}^{n}\sum_{i=1}^{m}|a_{ij}||x_j| \\ &= \sum_{j=1}^{n}\left(\sum_{i=1}^{m}|a_{ij}|\right)|x_j| \\ &\leqslant \max_j \sum_{i=1}^{m}|a_{ij}| \sum_{j=1}^{n}|x_j| \\ &\leqslant \max_j \sum_{i=1}^{m}|a_{ij}|,\end{aligned}$$

所以

$$\|Ax\|_1 \leqslant \max_j \sum_{i=1}^{m}|a_{ij}|,$$

设在 $j=j_0$ 时，$\sum_{i=1}^{m}|a_{ij}|$ 达到最大值，即

$$\sum_{i=1}^{m}|a_{ij_0}| = \max_{1\leqslant j\leqslant n}\sum_{i=1}^{m}|a_{ij}|。$$

取向量

$$x_0=(0,\cdots,0,1,0,\cdots,0)^{\mathrm{T}},$$

其中第 j_0 个分量为 1，显见 $\|x_0\|_1=1$，而且

$$\|Ax_0\|_1=\sum_{i=1}^{m}\left|\sum_{j=1}^{n}a_{ij}x_j\right|=\sum_{i=1}^{m}|a_{ij_0}|=\max_j\sum_{i=1}^{m}|a_{ij}|,$$

于是

$$\|A\|_1=\max_{\|x\|_1=1}\|Ax\|_1=\max_j\sum_{i=1}^{m}|a_{ij}|。$$

（2）因为 $\|A\|_2=\max\limits_{\|x\|_2=1}\|Ax\|_2$，但是

$$\|Ax\|_2^2=(Ax,Ax)=(x,A^{\mathrm{H}}Ax)。$$

显然，矩阵 $A^{\mathrm{H}}A$ 是埃尔米特矩阵且非负，从而它的特征值也都是非负实数。

设 $\lambda_1\geqslant\lambda_2\geqslant\cdots\geqslant\lambda_n\geqslant0$ 为 $A^{\mathrm{H}}A$ 的特征值，而 $x_1,x_2,\cdots,x_n$ 是对应于这些特征值的一组标准正交特征向量，任何一个范数为 1 的向量 x 可表示为

$$x=a_1x_1+a_2x_2+\cdots+a_nx_n,$$

则

$$(x,x)=|a_1|^2+|a_2|^2+\cdots+|a_n|^2=1。$$

又

$$
\begin{aligned}
\|Ax\|_2^2 &= (x, A^{\mathrm{H}}Ax) \\
&= (a_1x_1+\cdots+a_nx_n, \lambda_1 a_1 x_1+\cdots+\lambda_n a_n x_n) \\
&= \lambda_1 |a_1|^2+\lambda_2 |a_2|^2+\cdots+\lambda_n |a_n|^2 \\
&\leqslant \lambda_1(|a_1|^2+|a_2|^2+\cdots+|a_n|^2) \\
&= \lambda_1 = \lambda_{\max}(A^{\mathrm{H}}A),
\end{aligned}
$$

而对于向量 $x=x_1$，有

$$
\begin{aligned}
\|Ax_1\|_2^2 &= (x_1, A^{\mathrm{H}}Ax_1) = (x_1, \lambda_1 x_1) = \overline{\lambda_1}(x_1, x_1) \\
&= \lambda_1 = \lambda_{\max}(A^{\mathrm{H}}A),
\end{aligned}
$$

所以

$$\|A\|_2 = \max_{\|x\|_2=1} \|Ax\|_2 = \sqrt{\lambda_{\max}(A^{\mathrm{H}}A)}\text{。}$$

（3）设 $\|x\|_\infty=1$,则

$$
\begin{aligned}
\|Ax\|_\infty &= \max_i \left| \sum_{i=1}^{m} a_{ij}x_j \right| \\
&\leqslant \max_i \sum_{j=1}^{n} |a_{ij}||x_j| \\
&\leqslant \max_i \sum_{j=1}^{n} |a_{ij}|,
\end{aligned}
$$

所以

$$\max_{\|x\|_\infty=1} \|Ax\|_\infty \leqslant \max_i \sum_{j=1}^{n} |a_{ij}|,$$

设 $\sum_{j=1}^{n} |a_{ij}|$ 在 $i=i_0$ 时达到最大值,取下列向量

$$x_0 = (x_1, x_2, \cdots, x_n)^{\mathrm{T}},$$

其中

$$x_j = \begin{cases} \dfrac{|a_{i_0j}|}{a_{i_0j}}, & a_{i_0j} \neq 0, \\ 1, & a_{i_0j} = 0\text{。} \end{cases}$$

易知

$$\|x_0\|_\infty = \max_j |x_j| = 1,$$

且当 $i=i_0$ 时,

$$\left| \sum_{j=1}^{n} a_{ij}x_j \right| = \max_i \sum_{j=1}^{n} |a_{ij}|,$$

从而

$$\|Ax_0\|_\infty = \max_i \sum_{j=1}^{n} |a_{ij}|,$$

于是

$$\|A\|_\infty=\max_{\|x\|_\infty=1}\|Ax\|_\infty=\max_i\sum_{j=1}^n|a_{ij}|。$$

例 4.2.2　设

$$A=\begin{pmatrix}1&-2\\-3&4\end{pmatrix},$$

试计算 $\|A\|_1,\|A\|_\infty,\|A\|_2$。

解　$\|A\|_1=6,\|A\|_\infty=7,\|A\|_2=\sqrt{15+\sqrt{221}}\approx5.46$。

由此可见，A 的各种范数的大小可能是不相等的。

例 4.2.2 的 Maple 源程序

```
> #example4.2.2
> with(linalg):with(LinearAlgebra):
> A:=Matrix(2,2,[1,-2,-3,4]);
```

$$A:=\begin{bmatrix}1&-2\\-3&4\end{bmatrix}$$

```
> norm(A,1);
```

$$6$$

```
> norm(A,infinity);
```

$$7$$

```
> norm(A,2);
```

$$\frac{\sqrt{34}}{2}+\frac{\sqrt{26}}{2}$$

尽管 $\|A\|_F$ 不是算子范数，但它有优点，已成为人们常用的矩阵范数之一，请看下面的定理。

定理 4.2.4　设 $A\in\mathbb{C}^{m\times n}$，而 $U\in\mathbb{C}^{m\times m}$ 与 $V\in\mathbb{C}^{n\times n}$ 都是酉矩阵，证明

$$\|UA\|_F=\|A\|_F=\|AV\|_F,\tag{4.2.12}$$

即给 A 左乘或右乘酉矩阵(正交矩阵)后，$\|\cdot\|_F$ 的值不变。

证　若记 A 的第 i 列为 $\alpha_i(i=1,2,\cdots,n)$，则有

$$\begin{aligned}\|UA\|_F^2&=\|U(\alpha_1,\alpha_2,\cdots,\alpha_n)\|_F^2\\&=\|(U\alpha_1,U\alpha_2,\cdots,U\alpha_n)\|_F^2\\&=\sum_{i=1}^n\|U\alpha_i\|_2^2=\sum_{i=1}^n\|\alpha_i\|_2^2=\|A\|_F^2,\end{aligned}$$

即

$$\|UA\|_F=\|A\|_F,$$

又

$$\begin{aligned}\|AV\|_F&=\|(AV)^H\|_F=\|V^HA^H\|_F\\&=\|A^H\|_F=\|A\|_F。\end{aligned}$$

推论 与 A 酉（或正交）相似的矩阵的 F-范数是相同的，即若 $B=U^HAU$，则 $\|B\|_F=\|A\|_F$，其中 $A\in\mathbb{C}^{m\times n}$，$U$ 为酉矩阵。

4.2.3 谱范数的性质和谱半径

我们知道，矩阵的算子范数 $\|A\|_2$ 称为 A 的谱范数，它的值是通过矩阵 A^HA 的最大特征值来计算的，尽管求特征值比较麻烦，但这种范数有非常好的性质，所以在矩阵分析和系统理论中常常使用。下面专门讨论谱范数的性质。

定理 4.2.5 设 $A\in\mathbb{C}^{m\times n}$，则

（1）$\|A\|_2=\max\limits_{\|x\|_2=\|y\|_2=1}|y^HAx|,x\in\mathbb{C}^n,y\in\mathbb{C}^m$；

（2）$\|A^H\|_2=\|A\|_2$；

（3）$\|A^HA\|_2=\|A\|_2^2$。

证 （1）对满足 $\|x\|_2=\|y\|_2=1$ 的 x 与 y 有

$$|y^HAx|\leqslant\|y\|_2\|Ax\|_2\leqslant\|A\|_2。$$

又设有 $\|x\|_2=1$ 的 x，并使 $\|Ax\|_2=\|A\|_2\neq0$，若令 $y=\dfrac{Ax}{\|Ax\|_2}$，就有

$$|y^HAx|=\frac{\|Ax\|_2^2}{\|Ax\|_2}=\|Ax\|_2=\|A\|_2,$$

从而 $\max\limits_{\|x\|_2=\|y\|_2=1}|y^HAx|=\|A\|_2$。

（2）
$$\begin{aligned}\|A\|_2&=\max_{\|x\|_2=\|y\|_2=1}|y^HAx|\\&=\max_{\|x\|_2=\|y\|_2=1}|x^HA^Hy|=\|A^H\|_2。\end{aligned}$$

（3）由 $\|A^HA\|_2\leqslant\|A^H\|_2\|A\|_2$，$\|A^H\|_2=\|A\|_2$，可知

$$\|A^HA\|_2\leqslant\|A\|_2^2。\tag{4.2.13}$$

令 $\|x\|_2=1$，并使 $\|Ax\|_2=\|A\|_2$，于是

$$\begin{aligned}\|A^HA\|_2&\geqslant\max_{\|x\|_2=1}|x^HA^HAx|\\&=\max_{\|x\|_2=1}\|Ax\|_2^2=\|A\|_2^2。\end{aligned}\tag{4.2.14}$$

由式(4.2.13)和式(4.2.14)即知(3)成立。

定理 4.2.6　设 $\boldsymbol{A}\in\mathbb{C}^{m\times n}$, $\boldsymbol{U}\in\mathbb{C}^{m\times m}$, $\boldsymbol{V}\in\mathbb{C}^{n\times n}$ 且 $\boldsymbol{U}^{\mathrm{H}}\boldsymbol{U}=\boldsymbol{E}_m$, $\boldsymbol{V}^{\mathrm{H}}\boldsymbol{V}=\boldsymbol{E}_n$，则

$$\|\boldsymbol{UAV}\|_2=\|\boldsymbol{A}\|_2。\tag{4.2.15}$$

证　令 $\boldsymbol{v}=\boldsymbol{V}^{\mathrm{H}}\boldsymbol{x}$, $\boldsymbol{u}=\boldsymbol{U}\boldsymbol{y}$，则

$$\|\boldsymbol{x}\|_2=1 \text{ 当且仅当 } \|\boldsymbol{v}\|_2=1;$$

$$\|\boldsymbol{y}\|_2=1 \text{ 当且仅当 } \|\boldsymbol{u}\|_2=1;$$

于是

$$\begin{aligned}\|\boldsymbol{A}\|_2&=\max_{\|\boldsymbol{x}\|_2=\|\boldsymbol{y}\|_2=1}|\boldsymbol{y}^{\mathrm{H}}\boldsymbol{A}\boldsymbol{x}|\\&=\max_{\|\boldsymbol{v}\|_2=\|\boldsymbol{u}\|_2=1}|\boldsymbol{u}^{\mathrm{H}}\boldsymbol{UAV}\boldsymbol{v}|\\&=\|\boldsymbol{UAV}\|_2。\end{aligned}$$

对任何一种算子范数，还有如下的性质。

定理 4.2.7　设 $\boldsymbol{A}\in\mathbb{C}^{n\times n}$，若 $\|\boldsymbol{A}\|<1$，则 $\boldsymbol{E}-\boldsymbol{A}$ 为非奇异矩阵，且

$$\|(\boldsymbol{E}-\boldsymbol{A})^{-1}\|\leqslant(1-\|\boldsymbol{A}\|)^{-1}。\tag{4.2.16}$$

证　设 $\boldsymbol{x}$ 为任一非零向量，则

$$\begin{aligned}\|(\boldsymbol{E}-\boldsymbol{A})\boldsymbol{x}\|&=\|\boldsymbol{x}-\boldsymbol{A}\boldsymbol{x}\|\\&\geqslant\|\boldsymbol{x}\|-\|\boldsymbol{A}\boldsymbol{x}\|\\&\geqslant\|\boldsymbol{x}\|-\|\boldsymbol{A}\|\|\boldsymbol{x}\|\\&=(1-\|\boldsymbol{A}\|)\|\boldsymbol{x}\|>0。\end{aligned}$$

于是，若 $\boldsymbol{x}\neq\boldsymbol{0}$，则 $(\boldsymbol{E}-\boldsymbol{A})\boldsymbol{x}\neq\boldsymbol{0}$，从而方程

$$(\boldsymbol{E}-\boldsymbol{A})\boldsymbol{x}=\boldsymbol{0}$$

无非零解，故矩阵 $\boldsymbol{E}-\boldsymbol{A}$ 非奇异。

因为 $\boldsymbol{E}-\boldsymbol{A}$ 非奇异，故有

$$(\boldsymbol{E}-\boldsymbol{A})(\boldsymbol{E}-\boldsymbol{A})^{-1}=\boldsymbol{E},$$

于是

$$\begin{aligned}(\boldsymbol{E}-\boldsymbol{A})^{-1}&=[(\boldsymbol{E}-\boldsymbol{A})+\boldsymbol{A}](\boldsymbol{E}-\boldsymbol{A})^{-1}\\&=(\boldsymbol{E}-\boldsymbol{A})(\boldsymbol{E}-\boldsymbol{A})^{-1}+\boldsymbol{A}(\boldsymbol{E}-\boldsymbol{A})^{-1}\\&=\boldsymbol{E}+\boldsymbol{A}(\boldsymbol{E}-\boldsymbol{A})^{-1},\end{aligned}$$

从而

$$\begin{aligned}\|(\boldsymbol{E}-\boldsymbol{A})^{-1}\|&\leqslant\|\boldsymbol{E}\|+\|\boldsymbol{A}\|\|(\boldsymbol{E}-\boldsymbol{A})^{-1}\|\\&=1+\|\boldsymbol{A}\|\|(\boldsymbol{E}-\boldsymbol{A})^{-1}\|,\end{aligned}$$

即

$$\|(\boldsymbol{E}-\boldsymbol{A})^{-1}\|\leqslant\frac{1}{1-\|\boldsymbol{A}\|}。$$

下面我们引进一个数值代数中讨论收敛性时经常遇到的概念——谱半径。

定义 4.2.3 设 $A\in\mathbb{C}^{n\times n}$, $\lambda_1,\lambda_2,\cdots,\lambda_n$ 为 A 的特征值，我们称

$$\rho(A)=\max_i|\lambda_i| \tag{4.2.17}$$

为 A 的**谱半径**。

谱半径在几何上可以解释为：以原点为中心、能包含 A 的全部特征值的圆的半径中最小的一个。

定理 4.2.8（特征值上界定理） 对任意矩阵 $A\in\mathbb{C}^{n\times n}$，总有

$$\rho(A)\leqslant\|A\|, \tag{4.2.18}$$

即 A 的谱半径 $\rho(A)$ 不会超过 A 的任何一种范数。

证　设 λ 是 A 的任一特征值，x 为相应的特征向量，则有 $Ax=\lambda x$，再由相容性条件，有

$$|\lambda|\|x\|=\|\lambda x\|\leqslant\|A\|\|x\|,$$

即有 $|\lambda|\leqslant\|A\|$，故得

$$\rho(A)\leqslant\|A\|。$$

特别地，如果 A 为正规矩阵（包含实对称矩阵），则有下面的结果。

定理 4.2.9 如果 $A\in\mathbb{C}^{n\times n}$，且 A 为正规矩阵，则

$$\rho(A)=\|A\|_2。 \tag{4.2.19}$$

证　由于 A 是正规矩阵，所以存在有 $U, U^{H}U=E$，使

$$U^{H}AU=\mathbf{diag}(\lambda_1,\lambda_2,\cdots,\lambda_n)=\Lambda,$$

由定理 4.2.6 知

$$\begin{aligned}\|A\|_2&=\|U^{H}AU\|_2=\|\mathbf{diag}(\lambda_1,\lambda_2,\cdots,\lambda_n)\|_2\\&=\sqrt{(\Lambda^{H}\Lambda)\text{的特征值绝对值的最大值}}=\sqrt{\max_i(\overline{\lambda_i}\lambda_i)}\\&=\sqrt{\max_i|\lambda_i|^2}=\rho(A)。\end{aligned}$$

定理 4.2.10 对任意非奇异矩阵 $A\in\mathbb{C}^{n\times n}$，$A$ 的谱范数为

$$\|A\|_2=\sqrt{\rho(A^{H}A)}=\sqrt{\rho(AA^{H})}。 \tag{4.2.20}$$

证　$\|A\|_2=\sqrt{(A^{H}A)\text{的最大特征值}}$

$$=\sqrt{\max_i|\lambda_i(A^{H}A)|}=\sqrt{\rho(A^{H}A)}。$$

又因为 $AA^{\mathrm{H}}=A(A^{\mathrm{H}}A)A^{-1}$，即 $AA^{\mathrm{H}}\sim A^{\mathrm{H}}A$，所以它们有相同的特征值，从而有

$$\|A\|_2=\sqrt{\rho(A^{\mathrm{H}}A)}=\sqrt{\rho(AA^{\mathrm{H}})}。$$

4.3 摄动分析与矩阵的条件数

在数值计算中，通常存在两类误差影响计算结果的精度，即计算方法引起的截断误差和计算环境引起的舍入误差。为了分析这些误差对数学问题解的影响，人们将其归结为原始数据的扰动(或摄动)对解的影响。下面我们将分别研究在线性方程组求解和矩阵特征值求解过程中，因原始数据的摄动而引起问题的解有多大的变化，即研究问题解的稳定性。

4.3.1 病态方程组与病态矩阵

在求解线性方程组问题中，假定系数矩阵和自由项的元素有摄动，该摄动有时会对解的精度产生巨大的影响。不妨先看一个简单的例子。

考察一个二元线性方程组

$$\begin{pmatrix}1 & 0.99\\ 0.99 & 0.98\end{pmatrix}\begin{pmatrix}x_1\\ x_2\end{pmatrix}=\begin{pmatrix}1\\ 1\end{pmatrix},\tag{4.3.1}$$

可以验证，该方程组的精确解是 $x_1=100, x_2=-100$。

如果系数矩阵有摄动 $\delta A=\begin{pmatrix}0 & 0\\ 0 & 0.01\end{pmatrix}$，并且右端项也有摄动 $\delta b=\begin{pmatrix}0\\ 0.001\end{pmatrix}$，则摄动后的线性方程组为

$$\begin{pmatrix}1 & 0.99\\ 0.99 & 0.99\end{pmatrix}\begin{pmatrix}x_1+\delta x_1\\ x_2+\delta x_2\end{pmatrix}=\begin{pmatrix}1\\ 1.001\end{pmatrix},$$

可以验证，这个方程组的精确解变为 $x_1+\delta x_1=-0.1$，$x_2+\delta x_2=\dfrac{10}{9}$。

可见，系数矩阵和右端项的微小摄动引起了解的巨大变化。这种现象通常叫作“病态”。所以，我们有如下的定义。

定义 4.3.1　如果系数矩阵 A 或常数项 b 的微小变化，引起方程组 $Ax=b$ 解的巨大变化，则称方程组为病态方程组，其系数矩阵 A 就叫作对应于解方程组(或求逆)的病态矩阵；反之，方程组就称为良态方程组，A 称为良态矩阵。

应该指出，谈到“病态矩阵”概念时，必须明确它是对什么而言的。因为对于解方程组(或求逆)来说是病态的，对于求特征值来说并不一定是病态的，反之亦然。所以我们不能笼统地说某个矩阵是“病态”的，这里所说的“病态”就是相对于解方程组而言的。还应指出，“病态”是系数矩阵本身的特性，与所用的计算工具和计算方法无关。但是，实际计算中“病态”的程度却是通过所用的计算工具等表现出来的，例如计算机的字长越长，“病态”程度就会相对越轻。

了解“病态”的概念以后，我们希望能给出衡量一个矩阵是否“病态”的标准。这就是所谓的“条件数”的概念。

4.3.2 矩阵的条件数

设有方程组

$$\boldsymbol{Ax}=\boldsymbol{b}, \tag{4.3.2}$$

我们先来弄清楚系数矩阵和自由项有一个微小的变化时，方程组的解是怎样变化的，这个问题也叫作摄动分析。

设 $\boldsymbol{A}$ 是精确的，$\boldsymbol{b}$ 有误差 $\delta\boldsymbol{b}$，解为 $\boldsymbol{x}+\delta\boldsymbol{x}$，则

$$\boldsymbol{A}(\boldsymbol{x}+\delta\boldsymbol{x})=\boldsymbol{b}+\delta\boldsymbol{b},$$

$$\delta\boldsymbol{x}=\boldsymbol{A}^{-1}\delta\boldsymbol{b},$$

$$\|\delta\boldsymbol{x}\|\leqslant\|\boldsymbol{A}^{-1}\|\|\delta\boldsymbol{b}\|, \tag{4.3.3}$$

这里对范数不加下标，以表示任取一种范数。

由式(4.3.2)，有

$$\|\boldsymbol{b}\|\leqslant\|\boldsymbol{A}\|\|\boldsymbol{x}\|,$$

即

$$\frac{1}{\|\boldsymbol{x}\|}\leqslant\frac{\|\boldsymbol{A}\|}{\|\boldsymbol{b}\|}, \tag{4.3.4}$$

设 $\boldsymbol{b}\neq\boldsymbol{0}$，于是由式(4.3.3)及式(4.3.4)得到下面的定理。

定理 4.3.1 设 $\boldsymbol{A}$ 是非奇异矩阵，$\boldsymbol{Ax}=\boldsymbol{b}\neq\boldsymbol{0}$，且

$$\boldsymbol{A}(\boldsymbol{x}+\delta\boldsymbol{x})=\boldsymbol{b}+\delta\boldsymbol{b},$$

则

$$\frac{\|\delta\boldsymbol{x}\|}{\|\boldsymbol{x}\|}\leqslant\|\boldsymbol{A}^{-1}\|\|\boldsymbol{A}\|\frac{\|\delta\boldsymbol{b}\|}{\|\boldsymbol{b}\|}。 \tag{4.3.5}$$

式(4.3.5)给出了解的相对误差的上界，常数项 $\boldsymbol{b}$ 的相对误差在解中可能放大 $\|\boldsymbol{A}^{-1}\|\|\boldsymbol{A}\|$ 倍。

现设 $\boldsymbol{b}$ 是精确的，$\boldsymbol{A}$ 有微小误差(摄动)$\delta\boldsymbol{A}$，解为 $\boldsymbol{x}+\delta\boldsymbol{x}$，则

$$(\boldsymbol{A}+\delta\boldsymbol{A})(\boldsymbol{x}+\delta\boldsymbol{x})=\boldsymbol{b},$$

$$(\boldsymbol{A}+\delta\boldsymbol{A})\delta\boldsymbol{x}=-(\delta\boldsymbol{A})\boldsymbol{x},\tag{4.3.6}$$

如果 $\delta\boldsymbol{A}$ 不受限制的话，$\boldsymbol{A}+\delta\boldsymbol{A}$ 可能奇异，而

$$(\boldsymbol{A}+\delta\boldsymbol{A})=\boldsymbol{A}(\boldsymbol{E}+\boldsymbol{A}^{-1}\delta\boldsymbol{A}),$$

由上节定理 4.2.7 知，当 $\|\boldsymbol{A}^{-1}\delta\boldsymbol{A}\|<1$ 时，$(\boldsymbol{E}+\boldsymbol{A}^{-1}\delta\boldsymbol{A})^{-1}$存在，由式(4.3.6)有

$$\delta\boldsymbol{x}=-(\boldsymbol{E}+\boldsymbol{A}^{-1}\delta\boldsymbol{A})^{-1}\boldsymbol{A}^{-1}(\delta\boldsymbol{A})\boldsymbol{x},$$

因此

$$\delta\boldsymbol{x}\leqslant\frac{\|\boldsymbol{A}^{-1}\|\|\delta\boldsymbol{A}\|\|\boldsymbol{x}\|}{1-\|\boldsymbol{A}^{-1}\delta\boldsymbol{A}\|}。$$

矩阵 $\boldsymbol{A}$ 的微小变化 $\delta\boldsymbol{A}$ 可能满足条件

$$\|\boldsymbol{A}^{-1}\|\|\delta\boldsymbol{A}\|<1,\tag{4.3.7}$$

$$\frac{\|\delta\boldsymbol{x}\|}{\|\boldsymbol{x}\|}\leqslant\frac{\|\boldsymbol{A}^{-1}\|\|\boldsymbol{A}\|\dfrac{\|\delta\boldsymbol{A}\|}{\|\boldsymbol{A}\|}}{1-\|\boldsymbol{A}^{-1}\|\|\boldsymbol{A}\|\dfrac{\|\delta\boldsymbol{A}\|}{\|\boldsymbol{A}\|}}。\tag{4.3.8}$$

这组不等式说明了解的相对变化与系数矩阵的相对变化之间的关系，从其中可以看出，只要满足条件式(4.3.7)，对于系数矩阵的同样相对变化来说，$\|\boldsymbol{A}^{-1}\|\|\boldsymbol{A}\|$越大，解的相对变化也越大；$\|\boldsymbol{A}^{-1}\|\|\boldsymbol{A}\|$越小，解的相对变化也越小。综合式(4.3.5)与式(4.3.8)可以看出，$\|\boldsymbol{A}^{-1}\|\|\boldsymbol{A}\|$在某种程度上刻画了方程组的解对于原始数据变化的灵敏度，也就是刻画了方程组的“病态”程度，于是引进下述定义。

定义 4.3.2　设 $\boldsymbol{A}$ 为非奇异矩阵，称数 $\mathrm{cond}(\boldsymbol{A})=\|\boldsymbol{A}^{-1}\|_p\|\boldsymbol{A}\|_p(p=1,2,\infty)$为矩阵 $\boldsymbol{A}$ 的条件数。

由此看出矩阵的条件数与范数有关，它刻画了方程组解的相对误差可能的放大率，若 $\mathrm{cond}(\boldsymbol{A})\geqslant 1$，则方程组(4.3.2)是“病态”的(即 $\boldsymbol{A}$ 是病态矩阵，或者说 $\boldsymbol{A}$ 是坏条件的)；若 $\mathrm{cond}(\boldsymbol{A})$相对小，则方程组(4.3.2)是“良态”的(或者说 $\boldsymbol{A}$ 是好条件的)。究竟条件数多大矩阵才算病态，一般来讲是没有具体标准的，也只是相对而言。

通常使用的条件数，有：

(1) $\mathrm{cond}(\boldsymbol{A})_\infty=\|\boldsymbol{A}^{-1}\|_\infty\|\boldsymbol{A}\|_\infty$；

(2) $\boldsymbol{A}$ 的谱条件数

$$\mathrm{cond}(\boldsymbol{A})_2=\|\boldsymbol{A}^{-1}\|_2\|\boldsymbol{A}\|_2=\sqrt{\frac{\lambda_{\max}(\boldsymbol{A}^{\mathrm{H}}\boldsymbol{A})}{\lambda_{\min}(\boldsymbol{A}^{\mathrm{H}}\boldsymbol{A})}}。$$

显然，当 $\boldsymbol{A}$ 是实对称矩阵时，

$$\mathrm{cond}(\boldsymbol{A})_2=\frac{|\lambda_1|}{|\lambda_n|},\tag{4.3.9}$$

其中 λ_1 与 λ_n 分别为矩阵 $\boldsymbol{A}$ 的按模最大和最小的特征值。

条件数的性质：

（1）对任何非奇异矩阵 $\boldsymbol{A}$，都有 $\mathrm{cond}(\boldsymbol{A})_p \geqslant 1$。事实上，

$$\mathrm{cond}(\boldsymbol{A})_p = \|\boldsymbol{A}^{-1}\|_p \|\boldsymbol{A}\|_p \geqslant \|\boldsymbol{A}^{-1}\boldsymbol{A}\|_p = 1。$$

（2）设 $\boldsymbol{A}$ 为非奇异矩阵，$k \neq 0$，则

$$\mathrm{cond}(k\boldsymbol{A})_p = \mathrm{cond}(\boldsymbol{A})_p。$$

（3）如果 $\boldsymbol{A}$ 为非奇异矩阵，则 $\mathrm{cond}(\boldsymbol{A})_2 = 1$；如果 $\boldsymbol{A}$ 为非奇异矩阵，$\boldsymbol{R}$ 为正交矩阵，则

$$\mathrm{cond}(\boldsymbol{RA})_F = \mathrm{cond}(\boldsymbol{AR})_F = \mathrm{cond}(\boldsymbol{A})_F。$$

例 4.3.1 对希尔伯特矩阵

$$\boldsymbol{H}_n = \begin{pmatrix} 1 & \frac{1}{2} & \cdots & \frac{1}{n} \\ \frac{1}{2} & \frac{1}{3} & \cdots & \frac{1}{n+1} \\ \vdots & \vdots & & \vdots \\ \frac{1}{n} & \frac{1}{n+1} & \cdots & \frac{1}{2n-1} \end{pmatrix},$$

求 $\boldsymbol{H}_3$ 的条件数。

解

$$\boldsymbol{H}_3 = \begin{pmatrix} 1 & \frac{1}{2} & \frac{1}{3} \\ \frac{1}{2} & \frac{1}{3} & \frac{1}{4} \\ \frac{1}{3} & \frac{1}{4} & \frac{1}{5} \end{pmatrix}, \boldsymbol{H}_3^{-1} = \begin{pmatrix} 9 & -36 & 30 \\ -36 & 192 & -180 \\ 30 & -180 & 180 \end{pmatrix},$$

$$\|\boldsymbol{H}_3\|_\infty = \frac{11}{6}, \|\boldsymbol{H}_3^{-1}\|_\infty = 408,$$

所以 $\mathrm{cond}(\boldsymbol{H}_3)_\infty = 748$。

例 4.3.1 的 Maple 源程序

```
> #example4.3.1
> with(linalg):with(LinearAlgebra):
> H:=Matrix(3,3,[1,1/2,1/3,1/2,1/3,1/4,1/3,1/4,1/5]);
```

$$H := \begin{bmatrix} 1 & \frac{1}{2} & \frac{1}{3} \\ \frac{1}{2} & \frac{1}{3} & \frac{1}{4} \\ \frac{1}{3} & \frac{1}{4} & \frac{1}{5} \end{bmatrix}$$

```
> cond(H,infinity);
                    748
```

同样可计算 $\mathrm{cond}(\boldsymbol{H}_6)_\infty=2.9\times10^6$，对于一般的矩阵 $\boldsymbol{H}_n$，当 n 越大时，病态越严重。

例 4.3.2　设

$$\boldsymbol{A}=\begin{pmatrix}1 & 10^4\\ 1 & 1\end{pmatrix},$$

计算 $\mathrm{cond}(\boldsymbol{A})_\infty$。

解

$$\boldsymbol{A}^{-1}=\frac{1}{10^4-1}\begin{pmatrix}-1 & 10^4\\ 1 & -1\end{pmatrix},$$

$$\mathrm{cond}(\boldsymbol{A})_\infty=\frac{(1+10^4)^2}{10^4-1}\approx10^4。$$

例 4.3.2 的 Maple 源程序

```
> #example4.3.2
> with(linalg):with(LinearAlgebra):
> A:=Matrix(2,2,[1,10^4,1,1]);
                 A := [1  10000]
                      [1      1]
> cond(A,infinity);
                 100020001
                 ---------
                   9999
```

可见，当矩阵 $\boldsymbol{A}$ 的元素大小不均匀时，往往造成很高的条件数，在这种情况下，如果要解方程组，则可以对 $\boldsymbol{A}$ 的行引进适当的比例因子，以减少条件数。

例 4.3.3　设有方程组

$$\begin{pmatrix}1 & 10^4\\ 1 & 1\end{pmatrix}\begin{pmatrix}x_1\\ x_2\end{pmatrix}=\begin{pmatrix}10^4\\ 2\end{pmatrix},$$

在 $\boldsymbol{A}$ 的第 1 行引进比例因子，如用 $s_1=\max\limits_{1\leqslant j\leqslant 2}|a_{1j}|=10^4$ 除第 1 个方程，得 $\boldsymbol{A}'\boldsymbol{x}=\boldsymbol{b}'$，即

$$\begin{pmatrix}10^{-4} & 1\\ 1 & 1\end{pmatrix}\begin{pmatrix}x_1\\ x_2\end{pmatrix}=\begin{pmatrix}1\\ 2\end{pmatrix},$$

$$(\boldsymbol{A}')^{-1}=\frac{1}{1-10^{-4}}\begin{pmatrix}-1 & 1\\ 1 & -10^{-4}\end{pmatrix},$$

于是

$$\operatorname{cond}(\boldsymbol{A}')_{\infty}=\frac{4}{1-10^{-4}}\approx 4。$$

数学家与数学家精神 4

矩阵论的创立者——凯莱

凯莱(Cayley，1821—1895)英国数学家，纯粹数学的近代学派带头人。自小就喜欢解决复杂的数学问题，1863 年担任剑桥大学纯粹数学的第一个萨德勒教授，直至逝世。凯莱是极丰产的数学家，他一生发表了几百篇论文，包括关于非欧几何、线性代数、群论和高维几何，同时对线性代数的理论、矢量和张量分析、高次曲线的性质等都有研究，他的数学论文几乎涉及纯粹数学的所有领域。

凯莱最主要的贡献是与西尔维斯特一起，创立了代数型的理论，共同奠定了关于代数不变量理论的基础。他是矩阵论的创立者，研究了线性变换下的不变量，首先引进了矩阵以简化记号。1858 年，他发表了关于这一课题的第一篇论文《矩阵论的研究报告》，系统地阐述了关于矩阵的理论。文中他定义了矩阵的相等、矩阵的运算法则、矩阵的转置以及矩阵的逆等一系列基本概念，指出了矩阵加法的可交换性与可结合性。另外，凯莱还给出了方阵的特征方程和特征根(特征值)以及有关矩阵的一些基本结果。

19 世纪伟大的代数几何学家——埃尔米特

埃尔米特(Hermite，1822—1901)，法国数学家。巴黎综合工科学校毕业，曾任法兰西学院、巴黎高等师范学校、巴黎大学教授，法兰西科学院院士，在函数论、高等代数、微分方程等方面都有重要发现。

1855 年，埃尔米特证明了别的数学家发现的一些矩阵类的特征根的特殊性质，如现在称为埃尔米特矩阵的特征根性质等。埃尔米特对纯数学和应用数学都进行了大量的研究，包括函数论的一般理论、特殊函数论、数论、代数型理论以及力学问题等，他曾发表约 200 篇著作和论文，其主要成就在于椭圆函数论及其应用。1892 年他写道：我不能离开椭圆领域，山羊被系在那里，就必须在那里吃青草。他创立了椭圆函数论的基本结果，并研究了与数论的联系，他应用椭圆模函数解出了一般的五次方程，并处理了包含这种函数的力学问题。他还因证明了 e 的超越性和引进埃尔米特多项式而闻名于世。除了埃尔米特多项式以外，还有

数学上的许多概念和定理，如矩阵、算符、张量、空间、簇等，
也是以埃尔米特命名的。

习题 4

1. 求向量 $\boldsymbol{\alpha}=(1,1,\cdots,1)$ 的 l_1,l_2 及 l_∞ 范数。

2. 设 $\boldsymbol{\alpha}=(1,-2,3)^{\mathrm{T}},\boldsymbol{\beta}=(0,2,3)^{\mathrm{T}}$，计算 $\boldsymbol{\alpha}$ 与 $\boldsymbol{\beta}$ 的 3 种常用范数。

3. 设 $a_1,a_2,\cdots,a_n$ 都是正实数，向量 $\boldsymbol{x}=(x_1,x_2,\cdots,x_n)^{\mathrm{T}}\in\mathbb{R}^n$，证明由 $\|\boldsymbol{x}\|=\left(\sum\limits_{i=1}^{n}a_ix_i^2\right)^{\frac{1}{2}}$ 定义的非负实数是 $\mathbb{R}^n$ 空间的一个向量范数。

4. 区间$[a,b]$上全体实值连续函数的集合，按照通常的函数加法和数乘运算，构成 $\mathbb{R}$ 上的线性空间，记作 $C[a,b]$。对于 $f(t)\in C[a,b]$，分别定义实数：

(1) $\|f(t)\|_1=\int_a^b|f(t)|\,\mathrm{d}t$；

(2) $\|f(t)\|_\infty=\max\limits_{t\in[a,b]}|f(t)|$，

验证 $\|f(t)\|_1$ 与 $\|f(t)\|_\infty$ 都是 $C[a,b]$ 中的向量范数。

5. 设 $\boldsymbol{X}=(x_1,x_2,\cdots,x_n)^{\mathrm{T}}\in\mathbb{C}^n$，定义

$$\|\boldsymbol{X}\|_p=\left(\sum_{i=1}^{n}|x_i|^p\right)^{\frac{1}{p}},0<p<1,$$

问 $\|\boldsymbol{X}\|_p$ 是否为 $\mathbb{C}^n$ 上的向量范数？如果是，请予以证明；如果不是，请举反例说明。

6. 设 $\boldsymbol{A}=\begin{pmatrix}2&1&0\\-1&2&3\\0&-2&1\end{pmatrix}$，计算 $\|\boldsymbol{A}\|_1,\|\boldsymbol{A}\|_2,\|\boldsymbol{A}\|_\infty$ 及 $\|\boldsymbol{A}\|_F$。

7. 设 $\boldsymbol{A}=(a_{ij})_{n\times n}$，举例说明 $\max\limits_{1\leqslant i,j\leqslant n}|a_{ij}|$ 不是矩阵 $\boldsymbol{A}$ 的范数。

8. 设 $\boldsymbol{A}=(a_{ij})_{n\times n}$，分别定义实数：

(1) $\|\boldsymbol{A}\|=\sqrt{mn}\cdot\max\limits_{i,j}|a_{ij}|$；

(2) $\|\boldsymbol{A}\|=\max\{m,\ n\}\cdot\max\limits_{i,j}|a_{ij}|$，

验证它们都是 $\mathbb{C}^{m\times n}$ 中的矩阵范数。

9. 证明：

$$\frac{1}{\sqrt{n}}\|\boldsymbol{A}\|_F\leqslant\|\boldsymbol{A}\|_2\leqslant\|\boldsymbol{A}\|_F。$$

10. 对所有的非奇异矩阵 $\boldsymbol{A}$ 和 $\boldsymbol{B}$，在算子范数意义下证明：

(1) $\|\boldsymbol{A}^{-1}\|\geqslant\dfrac{1}{\|\boldsymbol{A}\|}$；

(2) $\|\boldsymbol{A}^{-1}-\boldsymbol{B}^{-1}\|\leqslant\|\boldsymbol{A}^{-1}\|\|\boldsymbol{B}^{-1}\|\|\boldsymbol{A}-\boldsymbol{B}\|$。

11. 证明：若 $\|\boldsymbol{A}\|<1$，则 $\|\boldsymbol{E}-(\boldsymbol{E}-\boldsymbol{A})^{-1}\|\leqslant\dfrac{\|\boldsymbol{A}\|}{1-\|\boldsymbol{A}\|}$。

12. 设 $\boldsymbol{A}=(a_{ij})_{m\times n}$，列向量 $\boldsymbol{\alpha}\in\mathbb{C}^n$。证明：矩阵范数

$$\|\boldsymbol{A}\|=\max\{m,n\}\max_{i,j}|a_{ij}|$$

与向量 2-范数和∞-范数都相容。

13. 设 $\boldsymbol{A},\boldsymbol{B}\in\mathbb{C}^{n\times n}$，证明：

$$\|\boldsymbol{AB}\|_F\leqslant\min\{\|\boldsymbol{A}\|_2\|\boldsymbol{B}\|_F,\|\boldsymbol{A}\|_F\|\boldsymbol{B}\|_2\}。$$

14. 证明：若 $\boldsymbol{A}\in\mathbb{C}^{n\times n}$，则有 $\|\boldsymbol{A}\|_2\leqslant\|\boldsymbol{A}\|_F$。

15. 设 $\boldsymbol{A},\boldsymbol{B}\in\mathbb{C}^{n\times n}$ 都是对称矩阵，证明：

$$\rho(\boldsymbol{A}+\boldsymbol{B})\leqslant\rho(\boldsymbol{A})+\rho(\boldsymbol{B})。$$

16. 设 $\|\cdot\|_\alpha$ 是 $\mathbb{C}^{n\times n}$ 上的矩阵范数，$\boldsymbol{P}$ 是可逆矩阵，对任意的矩阵 $\boldsymbol{A}\in\mathbb{C}^{n\times n}$，记 $\|\boldsymbol{A}\|_\beta=\|\boldsymbol{P}^{-1}\boldsymbol{AP}\|_\alpha$，证明 $\|\cdot\|_\beta$ 也是 $\mathbb{C}^{n\times n}$ 上的矩阵范数。

17. 设 $\boldsymbol{A}=(a_{ij})\in\mathbb{C}^{n\times n}$，试证：$\|\boldsymbol{A}\|=[\mathrm{tr}(\boldsymbol{A}^{\mathrm{H}}\boldsymbol{A})]^{1/2}$ 是矩阵范数。

18. 设 $\boldsymbol{A}\in\mathbb{C}^{n\times n}$，且 $\boldsymbol{A}^{\mathrm{H}}\boldsymbol{A}=\boldsymbol{E}_{n\times n}$，试证：

$$\|\boldsymbol{A}\|_2=1,\ \|\boldsymbol{A}\|_F=\sqrt{n}。$$

19. 设矩阵 $\boldsymbol{A}$ 非奇异，λ 是它的任意一个特征值，证明

$$|\lambda|\leqslant\sqrt[m]{\|\boldsymbol{A}^m\|}。$$

20. 设 $\boldsymbol{A}\in\mathbb{C}^{n\times n}$，$\|\boldsymbol{A}\|\leqslant1$，证明：

(1) $\boldsymbol{E}+\boldsymbol{A}$ 可逆，且

$$\frac{\|\boldsymbol{E}\|}{1+\|\boldsymbol{A}\|}\leqslant\|(\boldsymbol{E}+\boldsymbol{A})^{-1}\|\leqslant\frac{\|\boldsymbol{E}\|}{1-\|\boldsymbol{A}\|};$$

(2) $\|\boldsymbol{E}-(\boldsymbol{E}+\boldsymbol{A})^{-1}\|\leqslant\dfrac{\|\boldsymbol{A}\|}{1-\|\boldsymbol{A}\|}$。

21. 求矩阵 $\boldsymbol{A}=\begin{pmatrix}1&0\\0&10^{-10}\end{pmatrix}$ 的条件数 $\mathrm{cond}(\boldsymbol{A})_\infty$。

22. 设 $A=\begin{pmatrix}2\lambda & \lambda\\ 1 & 1\end{pmatrix}$，证明：当 $\lambda=\pm\dfrac{2}{3}$ 时，$\mathrm{cond}(A)_\infty$ 有最小值。

23. 方程组

$$\begin{pmatrix}6 & 13 & -17\\ 13 & 29 & -38\\ -17 & -38 & 50\end{pmatrix}\begin{pmatrix}x_1\\ x_2\\ x_3\end{pmatrix}=\begin{pmatrix}1\\ 2\\ -3\end{pmatrix}$$

是否病态？

24. 已知威尔逊(Wilson)矩阵

$$W=\begin{pmatrix}10 & 7 & 8 & 7\\ 7 & 5 & 6 & 5\\ 8 & 6 & 10 & 9\\ 7 & 5 & 9 & 10\end{pmatrix},$$

求解线性方程组 $Wx=b$。其中

(1) $b=(32,23,33,31)^{\mathrm{T}}$；

(2) $b=(32.01,22.99,33.01,30.99)^{\mathrm{T}}$，

并讨论右端项 b 的摄动对解 x 的影响。

25. (1) 求线性方程组 $Ax=b$ 的准确解，这里

$$A=\begin{pmatrix}1 & \frac{1}{2} & \frac{1}{3}\\ \frac{1}{2} & \frac{1}{3} & \frac{1}{4}\\ \frac{1}{3} & \frac{1}{4} & \frac{1}{5}\end{pmatrix},\ b=\begin{pmatrix}0.3\\ 1\\ 1\end{pmatrix};$$

(2) 当(1)中的 $b=\begin{pmatrix}0.3\\ 1\\ 1.01\end{pmatrix}$ 时，再解 $Ax=b$。

“深海一号”能源站

第 5 章 矩阵分析及其应用

同数学分析一样，矩阵分析理论的建立，也是以极限理论为重要基础的，其内容丰富，是研究数值分析和其他数学分支以及许多工程问题的重要工具。本章首先介绍向量序列与矩阵序列的极限，再介绍矩阵级数与矩阵函数的有关概念，最后介绍矩阵的微分和积分的概念及其性质，同时介绍它们在微分方程组中的应用。

5.1 向量序列和矩阵序列的极限

矩阵分析理论的建立，也是以极限理论为基础的。因此，下面我们先讨论向量和矩阵序列的极限运算。

5.1.1 向量序列的极限

定义 5.1.1 设 $\boldsymbol{x}^{(k)},\boldsymbol{x}\in\mathbb{C}^n(k=1,2,\cdots)$，如果

$$\|\boldsymbol{x}^{(k)}-\boldsymbol{x}\|\to 0,k\to\infty, \tag{5.1.1}$$

则称向量序列 $\{\boldsymbol{x}^{(k)}\}$ **收敛**于向量 $\boldsymbol{x}$，或说向量 $\boldsymbol{x}$ 是向量序列 $\{\boldsymbol{x}^{(k)}\}$ 当 $k\to\infty$ 时的**极限**，记为

$$\lim_{k\to+\infty}\boldsymbol{x}^{(k)}=\boldsymbol{x} \tag{5.1.2}$$

或

$$\boldsymbol{x}^{(k)}\to\boldsymbol{x},k\to\infty。 \tag{5.1.3}$$

由向量范数之间的等价关系可知，在某一向量范数意义下收敛，在其他向量范数意义下也一定收敛。

例 5.1.1 设 $\boldsymbol{x}=(1,1,\cdots,1)^{\mathrm{T}}\in\mathbb{R}^n$，且

$$\boldsymbol{x}^{(k)}=\left(1+\frac{1}{2^k},1+\frac{1}{3^k},\cdots,1+\frac{1}{(n+1)^k}\right)^{\mathrm{T}},$$

试证：$\lim\limits_{k\to+\infty}\boldsymbol{x}^{(k)}=\boldsymbol{x}$。

证 由于 $\lim\limits_{k\to+\infty}\|x^{(k)}-x\|_\infty=\lim\limits_{k\to+\infty}\max\limits_{2\leqslant i\leqslant n+1}\dfrac{1}{i^k}=\lim\limits_{k\to+\infty}\dfrac{1}{2^k}=0$,

所以 $\lim\limits_{k\to+\infty}x^{(k)}=x$。

如果赋范线性空间是 $\mathbb{C}^n$，则向量序列在范数意义下的收敛定义 5.1.1 与下面的各坐标分量序列的同时收敛等价。

定理 5.1.1 设 $\boldsymbol{x}^{(k)}=(x_1^{(k)},x_2^{(k)},\cdots,x_n^{(k)})^{\mathrm{T}},\boldsymbol{x}=(x_1,x_2,\cdots,x_n)^{\mathrm{T}}\in\mathbb{C}^n$，则向量序列 $\{\boldsymbol{x}^{(k)}\}$ 收敛于 $\boldsymbol{x}$ 的充要条件为：每一个坐标分量 $\{x_i^{(k)}\}$ 序列收敛于 x_i，即

$$\lim_{k\to+\infty}x_i^{(k)}=x_i,i=1,2,\cdots,n。\tag{5.1.4}$$

证 必要性：设 $\|\boldsymbol{x}\|=\|\boldsymbol{x}\|_\infty=\max\limits_i|x_i|$，则

$$\|\boldsymbol{x}^{(k)}-\boldsymbol{x}\|_\infty\to0,k\to\infty,$$

由于 $\max\limits_i|x_i^{(k)}-x_i|\geqslant|x_i^{(k)}-x_i|$，故有

$$|x_i^{(k)}-x_i|\to0,\ k\to\infty,\ 即\lim_{k\to+\infty}x_i^{(k)}=x_i,i=1,2,\cdots,n。$$

充分性：如果 $\lim\limits_{k\to+\infty}x_i^{(k)}=x_i,i=1,2,\cdots,n$,

则
$$\lim_{k\to\infty}\max_i|x_i^{(k)}-x_i|=0,$$

即
$$\|\boldsymbol{x}^{(k)}-\boldsymbol{x}\|_\infty\to0,k\to\infty。$$

再由范数的等价性知，上述结论对 $\mathbb{C}^n$ 中任意向量范数均成立。

例 5.1.2 试考察下列两向量序列的收敛性。

(1) $\boldsymbol{x}^{(k)}=\left(\dfrac{1}{2^k},\dfrac{\sin k}{k}\right)(k=1,2,3,\cdots)$;

(2) $\boldsymbol{y}^{(k)}=\left(\sum\limits_{i=1}^k\dfrac{1}{2^i},\sum\limits_{i=1}^k\dfrac{1}{i}\right)(k=1,2,3,\cdots)$。

解 (1) 因为当 $k\to+\infty$ 时，$\dfrac{1}{2^k}\to0$，$\dfrac{\sin k}{k}\to0$，所以

$$\lim_{k\to+\infty}\boldsymbol{x}^{(k)}=\left(\lim_{k\to+\infty}\frac{1}{2^k},\lim_{k\to+\infty}\frac{\sin k}{k}\right)=(0,0)=\boldsymbol{0},$$

即收敛。

(2) 因为

$$\sum_{i=1}^k\frac{1}{2^i}=\frac{1}{2}\frac{1-\left(\frac{1}{2}\right)^{k+1}}{1-\frac{1}{2}}\to1,\quad k\to\infty,$$

而 $\sum\limits_{i=1}^k\dfrac{1}{i}$ 当 $k\to+\infty$ 时为调和级数，发散，因而 $\{\boldsymbol{y}^{(k)}\}$ 发散。

5.1.2 矩阵序列的极限

由于 n 阶矩阵可以看作一个 $n\times n$ 向量，其收敛性可以和 $\mathbb{C}^n$ 中的向量一样考虑，所以，我们可以按照矩阵各个元素序列的同时收敛来规定矩阵序列的收敛性。

定义 5.1.2　设有矩阵序列 $\{\boldsymbol{A}^{(k)}\}$，其中 $\boldsymbol{A}^{(k)}=(a_{ij}^{(k)})$，当 $k\to+\infty$ 时，$a_{ij}^{(k)}\to a_{ij}$，则称 $\{\boldsymbol{A}^{(k)}\}$ **收敛**，并把矩阵 $\boldsymbol{A}=(a_{ij})$ 叫作 $\{\boldsymbol{A}^{(k)}\}$ 的极限，记为

$$\lim_{k\to+\infty}\boldsymbol{A}^{(k)}=\boldsymbol{A}\ 或\ \boldsymbol{A}^{(k)}\to\boldsymbol{A},k\to\infty,\qquad(5.1.5)$$

不收敛的矩阵序列称为**发散**的。

下面我们说明定义 5.1.2 和在范数意义下的收敛是等价的。

定理 5.1.2　$\lim\limits_{k\to+\infty}\boldsymbol{A}^{(k)}=\boldsymbol{A}\Leftrightarrow\lim\limits_{k\to+\infty}\|\boldsymbol{A}^{(k)}-\boldsymbol{A}\|=0$。

证　由范数的等价性，只需对 F-范数进行证明，有

$$\lim_{k\to+\infty}\boldsymbol{A}^{(k)}=\boldsymbol{A}\Leftrightarrow\lim_{k\to+\infty}(a_{ij}^{(k)}-a_{ij})=0\Leftrightarrow\lim_{k\to+\infty}\sqrt{\sum_{i,\ j=1}^{n}|a_{ij}^{(k)}-a_{ij}|^2}$$
$$=\lim_{k\to+\infty}\|\boldsymbol{A}^{(k)}-\boldsymbol{A}\|_F=0。$$

关于矩阵序列的极限运算有下列性质。

性质 1　设 $\lim\limits_{k\to+\infty}\boldsymbol{A}^{(k)}=\boldsymbol{A}$，$\lim\limits_{k\to+\infty}\boldsymbol{B}^{(k)}=\boldsymbol{B},a,b\in\mathbb{C}$，则

$$\lim_{k\to+\infty}(a\boldsymbol{A}^{(k)}+b\boldsymbol{B}^{(k)})=a\boldsymbol{A}+b\boldsymbol{B},\quad\lim_{k\to+\infty}\boldsymbol{A}^{(k)}\boldsymbol{B}^{(k)}=\boldsymbol{AB}。$$

性质 2　设 $\lim\limits_{k\to+\infty}\boldsymbol{A}^{(k)}=\boldsymbol{A}$，且 $\boldsymbol{A}^{(k)}(k=1,2,\cdots)$，$\boldsymbol{A}$ 均可逆，则 $\{(\boldsymbol{A}^{(k)})^{-1}\}$ 也收敛，且

$$\lim_{k\to+\infty}(\boldsymbol{A}^{(k)})^{-1}=\boldsymbol{A}^{-1}。$$

下面考察由方阵 $\boldsymbol{A}\in\mathbb{C}^{n\times n}$ 的幂组成的矩阵序列 $\{\boldsymbol{A}^k\}:\boldsymbol{A},\boldsymbol{A}^2,\cdots,\boldsymbol{A}^k,\cdots$，研究其收敛于零矩阵的条件。

定义 5.1.3　设 $\boldsymbol{A}$ 为方阵，若 $\lim\limits_{k\to+\infty}\boldsymbol{A}^k=\boldsymbol{O}$，则称 $\boldsymbol{A}$ 为**收敛矩阵**。

定理 5.1.3　$\lim\limits_{k\to+\infty}\boldsymbol{A}^k=\boldsymbol{O}$ 的充分条件是对于方阵 $\boldsymbol{A}$ 的某一范数有 $\|\boldsymbol{A}\|<1$。

证 由矩阵范数的定义有

$$\|A^k\| \leqslant \|A\|^k,$$

所以当$\|A\|<1$时，有

$$\lim_{k\to+\infty} \|A^k\| = 0,$$

即

$$\lim_{k\to+\infty} \|A^k - O\| = 0,$$

故

$$\lim_{k\to+\infty} A^k = O。$$

定理 5.1.4 $\lim\limits_{k\to+\infty} A^k = O$ 的充分必要条件是矩阵 A 的所有特征值的模都小于 1，即 A 的谱半径小于 1，也即

$$\rho(A)<1。\tag{5.1.6}$$

证 必要性：设$\lim\limits_{k\to+\infty} A^k = O$，由于$A^k = TJ^kT^{-1}$，故有

$$\lim_{k\to+\infty} J^k = O,\tag{5.1.7}$$

显然，式(5.1.7)成立的充要条件为

$$\lim_{k\to+\infty} J_i^{\,k} = O, i=1,2,\cdots,r,\tag{5.1.8}$$

其中

$$J=\begin{pmatrix} J_1 & & & \\ & J_2 & & \\ & & \ddots & \\ & & & J_r \end{pmatrix}_{n\times n},\quad J_i=\begin{pmatrix} \lambda_i & 1 & & & \\ & \lambda_i & 1 & & \\ & & \lambda_i & \ddots & \\ & & & \ddots & 1 \\ & & & & \lambda_i \end{pmatrix}_{n_i\times n_i},$$

J_i 为若尔当块，$\lambda_i(i=1,2,\cdots,r)$可能有相同的，初等因子的指数 $n_i(i=1,2,\cdots,r)$也可能有相同的，且$\sum\limits_{i=1}^{r} n_i = n$。

又因为 k 充分大($k \geqslant n_i-1$)时，

$$J_i^k=\begin{pmatrix} \lambda_i^k & C_k^1\lambda_i^{k-1} & \cdots & C_k^{n_i-1}\lambda_i^{k-n_i+1} \\ & \lambda_i^k & \cdots & C_k^{n_i-2}\lambda_i^{k-n_i+2} \\ & & \ddots & \vdots \\ & & & \lambda_i^k \end{pmatrix}_{n_i\times n_i},$$

所以，式(5.1.8)成立的充要条件为

$$\lim_{k\to+\infty} \lambda_i^k = 0, i=1,2,\cdots,r,$$

故$|\lambda_i|<1(i=1,2,\cdots,r)$，从而$\rho(A)<1$。

例 5.1.3

判断 $A=\begin{pmatrix}\frac{1}{2} & \frac{1}{3}\\ \frac{1}{4} & \frac{1}{5}\end{pmatrix}$ 是否为收敛矩阵。

解　因为 $\|A\|_1=0.75<1$，所以 A 是收敛矩阵。

5.2 矩阵级数与矩阵函数

5.2.1 矩阵级数

在建立矩阵函数以及表示系统微分方程的解时，常常用到矩阵级数。特别是矩阵的幂级数在矩阵分析中占有重要的地位。矩阵级数理论与数学分析中数项级数的相应定义与性质完全类似，现给出如下。

定义 5.2.1　有矩阵序列

$$A^{(0)},A^{(1)},A^{(2)},\cdots,A^{(k)},\cdots,$$

其中 $A^{(k)}=(a_{ij}^{(k)})\in\mathbb{C}^{n\times n}$，称无穷和

$$A^{(0)}+A^{(1)}+A^{(2)}+\cdots+A^{(k)}+\cdots$$

为**矩阵级数**，记为 $\sum\limits_{k=0}^{\infty}A^{(k)}$，即有

$$\sum_{k=0}^{\infty}A^{(k)}=A^{(0)}+A^{(1)}+A^{(2)}+\cdots+A^{(k)}+\cdots。\tag{5.2.1}$$

令
$$S^{(n)}=\sum_{k=0}^{n}A^{(k)},$$

若矩阵序列 $\{S^{(n)}\}$ 收敛于 S，即有

$$\lim_{n\to+\infty}S^{(n)}=S,$$

则称矩阵级数**收敛**，且其和为 S，记作

$$S=\sum_{k=0}^{\infty}A^{(k)},\tag{5.2.2}$$

不收敛的矩阵级数称为是**发散**的。

显然 $\sum\limits_{k=0}^{\infty}A^{(k)}$ 收敛的充要条件是 n^2 个数项级数 $\sum\limits_{k=0}^{\infty}a_{ij}^{(k)}(i,j=1,2,\cdots,n)$ 都收敛。

定义 5.2.2　设 $\sum\limits_{k=0}^{\infty}A^{(k)}=A^{(0)}+A^{(1)}+A^{(2)}+\cdots+A^{(k)}+\cdots$，如果 n^2 个数项级数

$$a_{ij}^{(0)}+a_{ij}^{(1)}+a_{ij}^{(2)}+\cdots+a_{ij}^{(k)}+\cdots$$

都绝对收敛，则称矩阵级数**绝对收敛**。

关于矩阵级数的收敛问题，有下列基本性质：

性质 1 矩阵级数 $\sum_{k=0}^{\infty}\boldsymbol{A}^{(k)}$ 绝对收敛的充要条件是对任意一种矩阵范数 $\|\cdot\|$，正项级数 $\sum_{k=0}^{\infty}\|\boldsymbol{A}^{(k)}\|$ 收敛。

性质 2 若矩阵级数 $\sum_{k=0}^{\infty}\boldsymbol{A}^{(k)}$ 绝对收敛，则它一定收敛，且任意交换各项的次序所得的新级数仍收敛，且其和不变。

性质 3 设 $\boldsymbol{P},\boldsymbol{Q}$ 为 n 阶非奇异矩阵，若级数 $\sum_{k=0}^{\infty}\boldsymbol{A}^{(k)}$ 收敛(或绝对收敛)，则矩阵级数 $\sum_{k=0}^{\infty}\boldsymbol{P}\boldsymbol{A}^{(k)}\boldsymbol{Q}$ 也收敛(或绝对收敛)。

对于矩阵级数也有幂级数的概念。

定义 5.2.3 给定 n 阶方阵序列 $\{\boldsymbol{A}^k\}$ 及复数序列 $\{c_k\}$，则方阵级数

$$\sum_{k=0}^{\infty}c_k\boldsymbol{A}^k=c_0\boldsymbol{E}+c_1\boldsymbol{A}+c_2\boldsymbol{A}^2+\cdots+c_k\boldsymbol{A}^k+\cdots \tag{5.2.3}$$

称为方阵 $\boldsymbol{A}$ 的幂级数。

定理 5.2.1 若复变数幂级数 $\sum_{k=0}^{\infty}c_kz^k$ 的收敛半径为 R，而方阵 $\boldsymbol{A}\in\mathbb{C}^{n\times n}$ 的谱半径为 $\rho(\boldsymbol{A})$，则

(1) 当 $\rho(\boldsymbol{A})<R$ 时，方阵幂级数 $\sum_{k=0}^{\infty}c_k\boldsymbol{A}^k$ 绝对收敛；

(2) 当 $\rho(\boldsymbol{A})>R$ 时，方阵幂级数 $\sum_{k=0}^{\infty}c_k\boldsymbol{A}^k$ 发散。

证 设 $\boldsymbol{J}$ 为 $\boldsymbol{A}$ 的若尔当标准形，则

$$\boldsymbol{A}=\boldsymbol{T}\boldsymbol{J}\boldsymbol{T}^{-1}=\boldsymbol{T}\begin{pmatrix}\boldsymbol{J}_1 & & & \\ & \boldsymbol{J}_2 & & \\ & & \ddots & \\ & & & \boldsymbol{J}_r\end{pmatrix}\boldsymbol{T}^{-1},$$

其中

$$\boldsymbol{J}_i=\begin{pmatrix}\lambda_i & 1 & & & \\ & \lambda_i & 1 & & \\ & & \lambda_i & \ddots & \\ & & & \ddots & 1 \\ & & & & \lambda_i\end{pmatrix},$$

因此

$$\boldsymbol{A}^k=\boldsymbol{T}\boldsymbol{J}^k\boldsymbol{T}^{-1}=\boldsymbol{T}\begin{pmatrix}\boldsymbol{J}_1^k & & & \\ & \boldsymbol{J}_2^k & & \\ & & \ddots & \\ & & & \boldsymbol{J}_r^k\end{pmatrix}\boldsymbol{T}^{-1},$$

于是

$$\sum_{k=0}^{\infty}c_k\boldsymbol{A}^k=\boldsymbol{T}\begin{pmatrix}\sum\limits_{k=0}^{\infty}c_k\boldsymbol{J}_1^k & & & \\ & \sum\limits_{k=0}^{\infty}c_k\boldsymbol{J}_2^k & & \\ & & \ddots & \\ & & & \sum\limits_{k=0}^{\infty}c_k\boldsymbol{J}_r^k\end{pmatrix}\boldsymbol{T}^{-1},$$

而

$$\sum_{k=0}^{\infty}c_k\boldsymbol{J}_i^k=\begin{pmatrix}\sum\limits_{k=0}^{\infty}c_k\lambda_i^k & \sum\limits_{k=0}^{\infty}c_k\mathrm{C}_k^1\boldsymbol{J}_i^{k-1} & \sum\limits_{k=0}^{\infty}c_k\mathrm{C}_k^2\boldsymbol{J}_i^{k-2} & \cdots & \sum\limits_{k=0}^{\infty}c_k\mathrm{C}_k^{n_i-1}\boldsymbol{J}_i^{k-n_i+1} \\ & \sum\limits_{k=0}^{\infty}c_k\lambda_i^k & \sum\limits_{k=0}^{\infty}c_k\mathrm{C}_k^1\boldsymbol{J}_i^{k-1} & \cdots & \sum\limits_{k=0}^{\infty}c_k\mathrm{C}_k^{n_i-2}\boldsymbol{J}_i^{k-n_i+2} \\ & & \ddots & & \vdots \\ & & & & \sum\limits_{k=0}^{\infty}c_k\lambda_i^k\end{pmatrix},$$

其中

$$\mathrm{C}_k^i=\frac{k(k-1)\cdots(k-i+1)}{i!},i\geqslant 1,$$

$$\mathrm{C}_k^0=0。$$

当 $|\lambda_i|>R$，即 $\rho(\boldsymbol{A})>R$ 时，$\sum\limits_{k=0}^{\infty}c_k\boldsymbol{J}_i^k$ 发散，从而级数 $\sum\limits_{k=0}^{\infty}c_k\boldsymbol{A}^k$ 发散；

当 $|\lambda_i|<R$ 时，级数

$$\sum_{k=0}^{\infty} c_k \lambda_i^k, \sum_{k=0}^{\infty} c_k k \lambda_i^{k-1}, \cdots, \sum_{k=0}^{\infty} c_k k(k-1)\cdots(k-n_i+1)\lambda_i^{k-n_i+1}$$

均绝对收敛，因此，级数

$$\sum_{k=0}^{\infty} c_k \lambda_i^k, \sum_{k=0}^{\infty} c_k \mathrm{C}_k^1 \boldsymbol{J}_i^{k-1}, \cdots, \sum_{k=0}^{\infty} c_k \mathrm{C}_k^{n_i-1} \boldsymbol{J}_i^{k-n_i+1}$$

也都绝对收敛，其余同理。因此，右端的所有级数都绝对收敛，故当$|\lambda_i|<R$，即$\rho(\boldsymbol{A})<R$时，$\sum_{k=0}^{\infty} c_k \boldsymbol{J}_i^k$ 绝对收敛，从而级数$\sum_{k=0}^{\infty} c_k \boldsymbol{A}^k$绝对收敛。

推论 1 若复变数幂级数$\sum_{k=0}^{\infty} c_k(z-\lambda_0)^k$的收敛半径是$R$，则对于方阵$\boldsymbol{A} \in \mathbb{C}^{n\times n}$，当其特征值$\lambda_1,\lambda_2,\cdots,\lambda_n$满足

$$|\lambda_i-\lambda_0|<R \quad (i=1,2,\cdots,n)$$

时，方阵幂级数

$$\sum_{k=0}^{\infty} c_k(\boldsymbol{A}-\lambda_0\boldsymbol{E})^k$$

绝对收敛；若有某一λ_i，使得$|\lambda-\lambda_i|>R$，则方阵幂级数发散。

推论 2 若复变数幂级数$\sum_{k=0}^{\infty} c_k z^k$在整个复平面上都收敛，则对任意方阵$\boldsymbol{A} \in \mathbb{C}^{n\times n}$，方阵幂级数$\sum_{k=0}^{\infty} c_k \boldsymbol{A}^k$也收敛。

5.2.2 矩阵函数

利用方阵幂级数可以定义方阵函数。

在函数论中，复变数的幂级数

$$\mathrm{e}^z = 1+\frac{z}{1!}+\frac{z^2}{2!}+\frac{z^3}{3!}+\cdots+\frac{z^k}{k!}+\cdots, \tag{5.2.4}$$

$$\sin z = z-\frac{z^3}{3!}+\frac{z^5}{5!}-\cdots+(-1)^k\frac{z^{2k+1}}{(2k+1)!}+\cdots, \tag{5.2.5}$$

$$\cos z = 1-\frac{z^2}{2!}+\frac{z^4}{4!}-\cdots+(-1)^k\frac{z^{2k}}{(2k)!}+\cdots \tag{5.2.6}$$

在整个复平面上都是收敛的，于是可知，对$\forall \boldsymbol{A} \in \mathbb{C}^{n\times n}$，矩阵幂级数

$$\boldsymbol{E}+\frac{\boldsymbol{A}}{1!}+\frac{\boldsymbol{A}^2}{2!}+\frac{\boldsymbol{A}^3}{3!}+\cdots+\frac{\boldsymbol{A}^k}{k!}+\cdots,$$

$$\boldsymbol{A}-\frac{\boldsymbol{A}^3}{3!}+\frac{\boldsymbol{A}^5}{5!}-\cdots+(-1)^k\frac{\boldsymbol{A}^{2k+1}}{(2k+1)!}+\cdots,$$

$$\boldsymbol{E}-\frac{\boldsymbol{A}^2}{2!}+\frac{\boldsymbol{A}^4}{4!}-\cdots+(-1)^k\frac{\boldsymbol{A}^{2k}}{(2k)!}+\cdots$$

都是绝对收敛的，因此，可用它们来定义下列三个方阵函数：

$$\mathrm{e}^{A}=\sum_{k=0}^{\infty}\frac{\boldsymbol{A}^k}{k!}, \tag{5.2.7}$$

$$\sin\boldsymbol{A}=\sum_{k=0}^{\infty}(-1)^k\frac{\boldsymbol{A}^{2k+1}}{(2k+1)!}, \tag{5.2.8}$$

$$\cos\boldsymbol{A}=\sum_{k=0}^{\infty}(-1)^k\frac{\boldsymbol{A}^{2k}}{(2k)!} \tag{5.2.9}$$

分别称为方阵 $\boldsymbol{A}$ 的指数函数、正弦函数及余弦函数。同样地，由

$$\ln(1+z)=z-\frac{z^2}{2}+\frac{z^3}{3}-\cdots+(-1)^{k-1}\frac{z^k}{k}+\cdots\quad(|z|<1),$$

$$(1+z)^{\alpha}=1+\alpha z+\frac{\alpha(\alpha-1)}{2!}z^2+\frac{\alpha(\alpha-1)(\alpha-2)}{3!}z^3+\cdots+$$
$$\frac{\alpha(\alpha-1)(\alpha-2)\cdots(\alpha-k+1)}{k!}z^k+\cdots\quad(|z|<1),$$

$$\frac{1}{1-z}=1+z+z^2+\cdots+z^k+\cdots\quad(|z|<1)$$

可定义方阵函数 $\ln(\boldsymbol{E}+\boldsymbol{A})$、$(\boldsymbol{E}+\boldsymbol{A})^{\alpha}$及$(\boldsymbol{E}-\boldsymbol{A})^{-1}$分别为

$$\ln(\boldsymbol{E}+\boldsymbol{A})=\sum_{k=1}^{\infty}(-1)^{k-1}\frac{\boldsymbol{A}^k}{k}\quad(\rho(\boldsymbol{A})<1),$$

$$(\boldsymbol{E}+\boldsymbol{A})^{\alpha}=\boldsymbol{E}+\sum_{k=1}^{\infty}\frac{\alpha(\alpha-1)(\alpha-2)\cdots(\alpha-k+1)}{k!}\boldsymbol{A}^k\quad(\rho(\boldsymbol{A})<1),$$

$$(\boldsymbol{E}-\boldsymbol{A})^{-1}=\sum_{k=0}^{\infty}\boldsymbol{A}^k\quad(\rho(\boldsymbol{A})<1)。$$

一般地，若复变数幂级数 $\sum\limits_{k=0}^{\infty}c_kz^k$ 的收敛半径为 R，其和为 $f(z)$，即

$$f(z)=\sum_{k=0}^{\infty}c_kz^k\quad(|z|<R), \tag{5.2.10}$$

则由定理 5.2.1，就可以定义矩阵函数

$$f(\boldsymbol{A})=\sum_{k=0}^{\infty}c_k\boldsymbol{A}^k\quad(\rho(\boldsymbol{A})<R,\boldsymbol{A}\in\mathbb{C}^{n\times n})。 \tag{5.2.11}$$

现在的问题是如何求出矩阵函数 $f(\boldsymbol{A})$，为此先给出如下两个定理。

定理 5.2.2 若对任一方阵 $\boldsymbol{X}$，幂级数 $\sum_{k=0}^{\infty} c_k \boldsymbol{X}^k$ 都收敛，其和为 $f(\boldsymbol{X})=\sum_{k=0}^{\infty} c_k \boldsymbol{X}^k$，则当 $\boldsymbol{X}$ 为分块对角矩阵

$$\boldsymbol{X}=\begin{pmatrix} \boldsymbol{X}_1 & & & \\ & \boldsymbol{X}_2 & & \\ & & \ddots & \\ & & & \boldsymbol{X}_m \end{pmatrix}$$

时，有

$$f(\boldsymbol{X})=\begin{pmatrix} f(\boldsymbol{X}_1) & & & \\ & f(\boldsymbol{X}_2) & & \\ & & \ddots & \\ & & & f(\boldsymbol{X}_m) \end{pmatrix}。\quad (5.2.12)$$

证 由于

$$f(\boldsymbol{X})=\lim_{n\to\infty}\sum_{k=0}^{n} c_k \boldsymbol{X}^k,$$

即

$$f(\boldsymbol{X})=\lim_{n\to\infty}\sum_{k=0}^{n} c_k \begin{pmatrix} \boldsymbol{X}_1^k & & & \\ & \boldsymbol{X}_2^k & & \\ & & \ddots & \\ & & & \boldsymbol{X}_m^k \end{pmatrix}$$

$$=\begin{pmatrix} \lim\limits_{n\to\infty}\sum\limits_{k=0}^{n} c_k \boldsymbol{X}_1^k & & & \\ & \lim\limits_{n\to\infty}\sum\limits_{k=0}^{n} c_k \boldsymbol{X}_2^k & & \\ & & \ddots & \\ & & & \lim\limits_{n\to\infty}\sum\limits_{k=0}^{n} c_k \boldsymbol{X}_m^k \end{pmatrix}$$

$$=\begin{pmatrix} f(\boldsymbol{X}_1) & & & \\ & f(\boldsymbol{X}_2) & & \\ & & \ddots & \\ & & & f(\boldsymbol{X}_m) \end{pmatrix}。$$

定理 5.2.3 如果

$$f(z)=\sum_{k=0}^{\infty} c_k z^k \quad (|z|<R)$$

是收敛半径为 R 的复变数幂级数，又

$$\boldsymbol{J}_0=\begin{pmatrix}\lambda_0 & 1 & & \\ & \lambda_0 & \ddots & \\ & & \ddots & 1 \\ & & & \lambda_0\end{pmatrix}$$

是 n 阶若尔当块，则当 $|\lambda_0|<R$ 时，方阵幂级数

$$\sum_{k=0}^{\infty} c_k \boldsymbol{J}_0^k$$

绝对收敛，且其和为

$$f(\boldsymbol{J}_0)=\begin{pmatrix} f(\lambda_0) & f'(\lambda_0) & \frac{1}{2!}f''(\lambda_0) & \cdots & \frac{1}{(n-1)!}f^{(n-1)}(\lambda_0) \\ & f(\lambda_0) & f'(\lambda_0) & \ddots & \vdots \\ & & \ddots & \ddots & \frac{1}{2!}f''(\lambda_0) \\ & & & \ddots & f'(\lambda_0) \\ & & & & f(\lambda_0)\end{pmatrix}。\tag{5.2.13}$$

下面给出计算矩阵函数 $f(\boldsymbol{A})$ 的方法。

1. 对角形法

若 $\boldsymbol{A}$ 相似于对角矩阵

$$\boldsymbol{A}=\boldsymbol{P}\begin{pmatrix}\lambda_1 & & & \\ & \lambda_2 & & \\ & & \ddots & \\ & & & \lambda_n\end{pmatrix}\boldsymbol{P}^{-1},$$

记为 $\boldsymbol{A}=\boldsymbol{PJP}^{-1}$，这里 λ_i 是 $\boldsymbol{A}$ 的特征值$(i=1,2,\cdots,n)$。

由定理 5.2.1，如果 $\sum\limits_{k=0}^{\infty} c_k z^k$ 的收敛半径为 R，则当 $|z|<R$ 时，此级数绝对收敛，其和设为 $f(z)$。当方阵 $\boldsymbol{A}$ 的谱半径 $\rho(\boldsymbol{A})<R$ 时，方阵幂级数 $\sum\limits_{k=0}^{\infty} c_k \boldsymbol{A}^k$ 也绝对收敛，且其和为

$$f(\boldsymbol{A})=\sum_{k=0}^{\infty} c_k \boldsymbol{A}^k,$$

从而

$$f(\boldsymbol{PJP}^{-1})=\sum_{k=0}^{\infty} c_k(\boldsymbol{PJP}^{-1})^k=\sum_{k=0}^{\infty} c_k \boldsymbol{PJ}^k\boldsymbol{P}^{-1}=\boldsymbol{P}\left(\sum_{k=0}^{\infty} c_k \boldsymbol{J}^k\right)\boldsymbol{P}^{-1}=\boldsymbol{P}f(\boldsymbol{J})\boldsymbol{P}^{-1},$$

由定理 5.2.2 得

$$f(\boldsymbol{A})=\boldsymbol{P}\begin{pmatrix} f(\lambda_1) & & & \\ & f(\lambda_2) & & \\ & & \ddots & \\ & & & f(\lambda_n) \end{pmatrix}\boldsymbol{P}^{-1},$$

特别地，有

$$\mathrm{e}^{\boldsymbol{A}}=\boldsymbol{P}\cdot\mathbf{diag}(\mathrm{e}^{\lambda_1},\mathrm{e}^{\lambda_2},\cdots,\mathrm{e}^{\lambda_n})\cdot\boldsymbol{P}^{-1}, \tag{5.2.14}$$

$$\sin\boldsymbol{A}=\boldsymbol{P}\cdot\mathbf{diag}(\sin\lambda_1,\sin\lambda_2,\cdots,\sin\lambda_n)\cdot\boldsymbol{P}^{-1}, \tag{5.2.15}$$

$$\cos\boldsymbol{A}=\boldsymbol{P}\cdot\mathbf{diag}(\cos\lambda_1,\cos\lambda_2,\cdots,\cos\lambda_n)\cdot\boldsymbol{P}^{-1}。 \tag{5.2.16}$$

对于变量 t 的函数矩阵 $\boldsymbol{A}t$ 的矩阵函数 $f(\boldsymbol{A}t)$，注意到

$$\boldsymbol{A}=\boldsymbol{PJP}^{-1}=\boldsymbol{P}\begin{pmatrix} \lambda_1 & & & \\ & \lambda_2 & & \\ & & \ddots & \\ & & & \lambda_n \end{pmatrix}\boldsymbol{P}^{-1}$$

时，则

$$\boldsymbol{A}t=\boldsymbol{P}(\boldsymbol{J}t)\boldsymbol{P}^{-1}=\boldsymbol{P}\begin{pmatrix} \lambda_1 t & & & \\ & \lambda_2 t & & \\ & & \ddots & \\ & & & \lambda_n t \end{pmatrix}\boldsymbol{P}^{-1}。$$

类似上述的推导，有

$$f(\boldsymbol{A}t)=\boldsymbol{P}\begin{pmatrix} f(\lambda_1 t) & & & \\ & f(\lambda_2 t) & & \\ & & \ddots & \\ & & & f(\lambda_n t) \end{pmatrix}\boldsymbol{P}^{-1}。$$

特别地，有

$$\mathrm{e}^{\boldsymbol{A}t}=\boldsymbol{P}\cdot\mathbf{diag}(\mathrm{e}^{\lambda_1 t},\mathrm{e}^{\lambda_2 t},\cdots,\mathrm{e}^{\lambda_n t})\cdot\boldsymbol{P}^{-1}, \tag{5.2.17}$$

$$\sin\boldsymbol{A}t=\boldsymbol{P}\cdot\mathbf{diag}(\sin\lambda_1 t,\sin\lambda_2 t,\cdots,\sin\lambda_n t)\cdot\boldsymbol{P}^{-1}, \tag{5.2.18}$$

$$\cos\boldsymbol{A}t=\boldsymbol{P}\cdot\mathbf{diag}(\cos\lambda_1 t,\cos\lambda_2 t,\cdots,\cos\lambda_n t)\cdot\boldsymbol{P}^{-1}。 \tag{5.2.19}$$

例 5.2.1 设

$$\boldsymbol{A}=\begin{pmatrix} 0 & 1 \\ 0 & 2 \end{pmatrix},$$

求 $\mathrm{e}^{\boldsymbol{A}}$，$\sin\boldsymbol{A}$，$\cos\boldsymbol{A}$ 及 $\mathrm{e}^{\boldsymbol{A}t}$。

解 $$\det(\lambda\boldsymbol{E}-\boldsymbol{A})=\begin{vmatrix} \lambda & -1 \\ 0 & \lambda-2 \end{vmatrix}=\lambda(\lambda-2),$$

故 $\boldsymbol{A}$ 有不同的特征值 $\lambda_1=0,\lambda_2=2$，它们对应的特征向量为

$\boldsymbol{\alpha}_1=(1,0)^{\mathrm{T}}$ 和 $\boldsymbol{\alpha}_2=(1,2)^{\mathrm{T}}$，从而化 $\boldsymbol{A}$ 为对角矩阵的非奇异矩阵为

$$\boldsymbol{P}=\begin{pmatrix}1&1\\0&2\end{pmatrix},\boldsymbol{P}^{-1}=\begin{pmatrix}1&-\dfrac{1}{2}\\0&\dfrac{1}{2}\end{pmatrix},$$

故有

$$\mathrm{e}^{\boldsymbol{A}}=\boldsymbol{P}\begin{pmatrix}\mathrm{e}^0&\\&\mathrm{e}^2\end{pmatrix}\boldsymbol{P}^{-1}=\begin{pmatrix}1&1\\0&2\end{pmatrix}\begin{pmatrix}\mathrm{e}^0&\\&\mathrm{e}^2\end{pmatrix}\begin{pmatrix}1&-\dfrac{1}{2}\\0&\dfrac{1}{2}\end{pmatrix}=\begin{pmatrix}1&-\dfrac{1}{2}+\dfrac{1}{2}\mathrm{e}^2\\0&\mathrm{e}^2\end{pmatrix},$$

$$\sin\boldsymbol{A}=\begin{pmatrix}1&1\\0&2\end{pmatrix}\begin{pmatrix}\sin0&\\&\sin2\end{pmatrix}\begin{pmatrix}1&-\dfrac{1}{2}\\0&\dfrac{1}{2}\end{pmatrix}=\begin{pmatrix}0&\dfrac{1}{2}\sin2\\0&\sin2\end{pmatrix},$$

$$\cos\boldsymbol{A}=\begin{pmatrix}1&1\\0&2\end{pmatrix}\begin{pmatrix}\cos0&\\&\cos2\end{pmatrix}\begin{pmatrix}1&-\dfrac{1}{2}\\0&\dfrac{1}{2}\end{pmatrix}=\begin{pmatrix}1&-\dfrac{1}{2}+\dfrac{1}{2}\cos2\\0&\cos2\end{pmatrix},$$

$$\mathrm{e}^{\boldsymbol{A}t}=\begin{pmatrix}1&1\\0&2\end{pmatrix}\begin{pmatrix}\mathrm{e}^{0t}&\\&\mathrm{e}^{2t}\end{pmatrix}\begin{pmatrix}1&-\dfrac{1}{2}\\0&\dfrac{1}{2}\end{pmatrix}=\begin{pmatrix}1&\dfrac{1}{2}(-1+\mathrm{e}^{2t})\\0&\mathrm{e}^{2t}\end{pmatrix}。$$

例 5.2.1 的 Maple 源程序

```
> #example5.2.1
> with(linalg):with(LinearAlgebra):
> A:=Matrix(2,2,[0,1,0,2]);
```

$$A:=\begin{bmatrix}0&1\\0&2\end{bmatrix}$$

```
> J:=diag(eigenvalues(A));
```

$$J:=\begin{bmatrix}0&0\\0&2\end{bmatrix}$$

```
> issimilar(J,A,P);
```

true

```
> print(P);
```

$$\begin{bmatrix}-1&1\\0&2\end{bmatrix}$$

```
> Pinv:=inverse(P);
```

$$Pinv:=\begin{bmatrix} -1 & \frac{1}{2} \\ 0 & \frac{1}{2} \end{bmatrix}$$

```
>multiply(P,diag(exp(0),exp(2)),Pinv);
```

$$\begin{bmatrix} 1 & -\frac{1}{2}+\frac{1}{2}e^2 \\ 0 & e^2 \end{bmatrix}$$

```
>multiply(P,diag(sin(0),sin(2)),Pinv);
```

$$\begin{bmatrix} 0 & \frac{1}{2}\sin(2) \\ 0 & \sin(2) \end{bmatrix}$$

```
>multiply(P,diag(cos(0),cos(2)),Pinv);
```

$$\begin{bmatrix} 1 & -\frac{1}{2}+\frac{1}{2}\cos(2) \\ 0 & \cos(2) \end{bmatrix}$$

```
>multiply(P,diag(exp(0*t),exp(2*t)),Pinv);
```

$$\begin{bmatrix} 1 & -\frac{1}{2}+\frac{1}{2}e^{(2t)} \\ 0 & e^{(2t)} \end{bmatrix}$$

2. 若尔当标准形法

当 $\boldsymbol{A}$ 不能与对角形矩阵相似，此时必可与其若尔当标准形相似

$$\boldsymbol{A}=\boldsymbol{P}\begin{pmatrix} \boldsymbol{J}_1(\lambda_1) & & & \\ & \boldsymbol{J}_2(\lambda_2) & & \\ & & \ddots & \\ & & & \boldsymbol{J}_m(\lambda_m) \end{pmatrix}\boldsymbol{P}^{-1},$$

其中若尔当块

$$\boldsymbol{J}_i=\begin{pmatrix} \lambda_i & 1 & & \\ & \lambda_i & \ddots & \\ & & \ddots & 1 \\ & & & \lambda_i \end{pmatrix}_{n_i\times n_i}$$

由初等因子 $(\lambda-\lambda_i)^{n_i}$ 所决定，又 $n_1+n_2+\cdots+n_m=n$，因此，应用定理 5.2.2 有

$$f(\boldsymbol{A})=\sum_{k=0}^{\infty}c_k\boldsymbol{A}^k=\sum_{k=0}^{\infty}c_k\boldsymbol{P}\begin{pmatrix} \boldsymbol{J}_1^k & & & \\ & \boldsymbol{J}_2^k & & \\ & & \ddots & \\ & & & \boldsymbol{J}_m^k \end{pmatrix}\boldsymbol{P}^{-1}$$

$$=\boldsymbol{P}\left(\sum_{k=0}^{\infty}c_k\begin{pmatrix}\boldsymbol{J}_1^k & & & \\ & \boldsymbol{J}_2^k & & \\ & & \ddots & \\ & & & \boldsymbol{J}_m^k\end{pmatrix}\right)\boldsymbol{P}^{-1}$$

$$=\boldsymbol{P}\begin{pmatrix}f(\boldsymbol{J}_1) & & & \\ & f(\boldsymbol{J}_2) & & \\ & & \ddots & \\ & & & f(\boldsymbol{J}_m)\end{pmatrix}\boldsymbol{P}^{-1},\qquad(5.2.20)$$

再参照定理 5.2.3 的公式计算出每个 $f(\boldsymbol{J}_i)\,(i=1,2,\cdots,m)$，从而可得到 $f(\boldsymbol{A})$。

类似地，有

$$f(\boldsymbol{A}t)=\boldsymbol{P}\begin{pmatrix}f(\boldsymbol{J}_1t) & & & \\ & f(\boldsymbol{J}_2t) & & \\ & & \ddots & \\ & & & f(\boldsymbol{J}_mt)\end{pmatrix}\boldsymbol{P}^{-1}。\quad(5.2.21)$$

例 5.2.2　设

$$\boldsymbol{A}=\begin{pmatrix}-1 & 1 & 0\\ -4 & 3 & 0\\ 1 & 0 & 2\end{pmatrix},$$

求 $e^{\boldsymbol{A}}$，$e^{\boldsymbol{A}t}$。

解　不难求得 $\boldsymbol{A}$ 的初级因子为 $\lambda-2$，$(\lambda-1)^2$，于是有可逆矩阵 $\boldsymbol{P}=(x_1,x_2,x_3)$，使得

$$\boldsymbol{P}^{-1}\boldsymbol{A}\boldsymbol{P}=\boldsymbol{J}=\begin{pmatrix}2 & 0 & 0\\ 0 & 1 & 1\\ 0 & 0 & 1\end{pmatrix},$$

由 $\boldsymbol{AP}=\boldsymbol{PJ}$，有 $\boldsymbol{A}(\boldsymbol{x}_1,\boldsymbol{x}_2,\boldsymbol{x}_3)=(\boldsymbol{x}_1,\boldsymbol{x}_2,\boldsymbol{x}_3)\boldsymbol{J}$，即

$$(\boldsymbol{A}\boldsymbol{x}_1,\boldsymbol{A}\boldsymbol{x}_2,\boldsymbol{A}\boldsymbol{x}_3)=(2\boldsymbol{x}_1,\boldsymbol{x}_2,\boldsymbol{x}_2+\boldsymbol{x}_3),$$

故有

$$\begin{cases}\boldsymbol{A}\boldsymbol{x}_1=2\boldsymbol{x}_1,\\ \boldsymbol{A}\boldsymbol{x}_2=\boldsymbol{x}_2,\\ \boldsymbol{A}\boldsymbol{x}_3=\boldsymbol{x}_2+\boldsymbol{x}_3,\end{cases}$$

求得

$$\boldsymbol{x}_1=(0,0,1)^{\mathrm{T}},\boldsymbol{x}_2=(-1,-2,1)^{\mathrm{T}},\boldsymbol{x}_3=(1,1,0)^{\mathrm{T}},$$

所以有

$$\boldsymbol{P}=\begin{pmatrix}0&-1&1\\0&-2&1\\1&1&0\end{pmatrix},\ 且\ \boldsymbol{P}^{-1}=\begin{pmatrix}-1&1&1\\1&-1&0\\2&-1&0\end{pmatrix},$$

使得

$$\boldsymbol{P}^{-1}\boldsymbol{AP}=\boldsymbol{J}=\begin{pmatrix}2&0&0\\0&1&1\\0&0&1\end{pmatrix},$$

因此

$$\mathrm{e}^{\boldsymbol{A}}=\begin{pmatrix}0&-1&1\\0&-2&1\\1&1&0\end{pmatrix}\begin{pmatrix}\mathrm{e}^2&0&0\\0&\mathrm{e}&\mathrm{e}\\0&0&\mathrm{e}\end{pmatrix}\begin{pmatrix}-1&1&1\\1&-1&0\\2&-1&0\end{pmatrix}=\begin{pmatrix}-\mathrm{e}&\mathrm{e}&0\\-4\mathrm{e}&3\mathrm{e}&0\\3\mathrm{e}-\mathrm{e}^2&\mathrm{e}^2-2\mathrm{e}&\mathrm{e}^2\end{pmatrix},$$

$$\mathrm{e}^{\boldsymbol{A}t}=\begin{pmatrix}0&-1&1\\0&-2&1\\1&1&0\end{pmatrix}\begin{pmatrix}\mathrm{e}^{2t}&0&0\\0&\mathrm{e}^t&t\mathrm{e}^t\\0&0&\mathrm{e}^t\end{pmatrix}\begin{pmatrix}-1&1&1\\1&-1&0\\2&-1&0\end{pmatrix}$$

$$=\begin{pmatrix}\mathrm{e}^t(1-2t)&t\mathrm{e}^t&0\\-4t\mathrm{e}^t&\mathrm{e}^t(1+2t)&0\\\mathrm{e}^t(1-\mathrm{e}^t+2t)&\mathrm{e}^t(\mathrm{e}^t-1-t)&\mathrm{e}^{2t}\end{pmatrix}。$$

例 5.2.2 的 Maple 源程序

```
> #example5.2.2
> with(linalg):with(LinearAlgebra):
> A:=matrix(3,3,[-1,1,0,-4,3,0,1,0,2]);
```

$$A:=\begin{bmatrix}-1&1&0\\-4&3&0\\1&0&2\end{bmatrix}$$

```
> J:=diag(eigenvalues(A));
```

$$J:=\begin{bmatrix}2&0&0\\0&1&0\\0&0&1\end{bmatrix}$$

```
> issimilar(J,A,P);
```

false

```
> jordan(A,'P');
```

$$\begin{bmatrix}2&0&0\\0&1&1\\0&0&1\end{bmatrix}$$

```
> print(P);
```

$$\begin{bmatrix} 0 & -2 & 1 \\ 0 & -4 & 0 \\ -1 & 2 & 1 \end{bmatrix}$$

```
> Pinv:=inverse(P);
```

$$Pinv:=\begin{bmatrix} 1 & -1 & -1 \\ 0 & \frac{-1}{4} & 0 \\ 1 & \frac{-1}{2} & 0 \end{bmatrix}$$

```
> M1:=Matrix(3,3,[exp(2),0,0,0,exp(1),exp(1),0,0,
exp(1)]);
```

$$M1:=\begin{bmatrix} e^2 & 0 & 0 \\ 0 & e & e \\ 0 & 0 & e \end{bmatrix}$$

```
> M2:=Matrix(3,3,[exp(2*t),0,0,0,exp(t),t*
exp(t),0,0,exp(t)]);
```

$$M2:=\begin{bmatrix} e^{(2t)} & 0 & 0 \\ 0 & e^t & te^t \\ 0 & 0 & e^t \end{bmatrix}$$

```
> multiply(P,M2,Pinv);
```

$$\begin{bmatrix} -2t\,e^t+e^t & t\,e^t & 0 \\ -4t\,e^t & 2t\,e^t+e^t & 0 \\ -e^{(2t)}+2t\,e^t+e^t & e^{(2t)}-e^t-t\,e^t & e^{(2t)} \end{bmatrix}$$

3. 待定系数法

以上算法需要计算相似变换矩阵 $\boldsymbol{P}$ 及 $\boldsymbol{P}^{-1}$，下面介绍利用最小多项式求矩阵函数的计算方法。

若 $f(\lambda)$ 是 $t(>m)$ 次多项式，$\varphi(\lambda)$ 是方阵 $\boldsymbol{A}$ 的最小多项式，它的次数为 m，则

$$f(\lambda)=\varphi(\lambda)q(\lambda)+r(\lambda), \tag{5.2.22}$$

其中 $r(\lambda)=0$ 或 $\partial(r(\lambda))<\partial(\varphi(\lambda))$，因此

$$f(\boldsymbol{A})=\varphi(\boldsymbol{A})q(\boldsymbol{A})+r(\boldsymbol{A})=r(\boldsymbol{A}), \tag{5.2.23}$$

即若 $f(\boldsymbol{A})$ 是一个 $t(t>m)$ 次的矩阵多项式

$$f(\boldsymbol{A})=a_0\boldsymbol{E}+a_1\boldsymbol{A}+a_2\boldsymbol{A}^2+\cdots+a_t\boldsymbol{A}^t, \tag{5.2.24}$$

而 $\varphi(\lambda)$ 是 $\boldsymbol{A}$ 的最小多项式，其次数为 m，则有

$$f(\boldsymbol{A})=r(\boldsymbol{A})=a_0\boldsymbol{E}+a_1\boldsymbol{A}+a_2\boldsymbol{A}^2+\cdots+a_{m-1}\boldsymbol{A}^{m-1}, \tag{5.2.25}$$

即 $f(\boldsymbol{A})$ 可以表示为一个关于 $\boldsymbol{A}$ 的次数小于等于 $m-1$ 次的矩阵多

项式 $r(\boldsymbol{A})$。于是有如下定理：

定理 5.2.4 设 n 阶方阵 $\boldsymbol{A}$ 的最小多项式为 m 次多项式

$$\varphi(\lambda)=(\lambda-\lambda_1)^{n_1}(\lambda-\lambda_2)^{n_2}\cdots(\lambda-\lambda_s)^{n_s},$$

其中 $\lambda_1,\lambda_2,\cdots,\lambda_s$ 是 $\boldsymbol{A}$ 的所有互不相同的特征值，又与收敛的复变数幂级数 $f(z)=\sum\limits_{k=0}^{\infty}c_k z^k$ 相应的

$$f(\boldsymbol{A})=\sum_{k=0}^{\infty}c_k\boldsymbol{A}^k$$

是 $\boldsymbol{A}$ 的收敛幂级数，则矩阵函数 $f(\boldsymbol{A})$ 可以表示成 $\boldsymbol{A}$ 的 $m-1$ 次多项式

$$f(\boldsymbol{A})=a_0\boldsymbol{E}+a_1\boldsymbol{A}+a_2\boldsymbol{A}^2+\cdots+a_{m-1}\boldsymbol{A}^{m-1},\tag{5.2.26}$$

其中，系数 $a_0,a_1,a_2,\cdots,a_{m-1}$ 由下列方程组的解给出：

$$\begin{cases}a_0+a_1\lambda_i+\cdots+a_{m-1}\lambda_i^{m-1}=f(\lambda_i),\\ a_1+2a_2\lambda_i+\cdots+(m-1)a_{m-1}\lambda_i^{m-2}=f'(\lambda_i),\ (\forall\lambda_i,i=1,2,\cdots,s)\\ \qquad\vdots\\ (n_i-1)!a_{n_i-1}+\cdots+(m-1)\cdots(m-n_i+1)a_{m-1}\lambda_i^{m-n_i}=f^{(n_i-1)}(\lambda_i)。\end{cases}\tag{5.2.27}$$

例 5.2.3 用定理 5.2.4 提供的方法，对矩阵

$$\boldsymbol{A}=\begin{pmatrix}0&1\\0&2\end{pmatrix}$$

求 $\mathrm{e}^{\boldsymbol{A}}$。

解 由 $\boldsymbol{A}$ 的特征多项式 $|\lambda\boldsymbol{E}-\boldsymbol{A}|=\lambda(\lambda-2)$

及最小多项式的性质，知 $\boldsymbol{A}$ 的最小多项式为 $\varphi(\lambda)=\lambda(\lambda-2)$，这时 $m=2$，所以可以设

$$\mathrm{e}^{\boldsymbol{A}}=a_0\boldsymbol{E}+a_1\boldsymbol{A},$$

建立方程组

$$\begin{cases}a_0+a_1\cdot 0=\mathrm{e}^0,\\ a_0+a_1\cdot 2=\mathrm{e}^2,\end{cases}$$

解得

$$a_0=1,a_1=\frac{1}{2}(\mathrm{e}^2-1),$$

于是有

$$\mathrm{e}^{\boldsymbol{A}}=\boldsymbol{E}+\frac{1}{2}(\mathrm{e}^2-1)\boldsymbol{A}=\begin{pmatrix}1&0\\0&1\end{pmatrix}+\frac{1}{2}(\mathrm{e}^2-1)\begin{pmatrix}0&1\\0&2\end{pmatrix}=\begin{pmatrix}1&\frac{1}{2}(\mathrm{e}^2-1)\\0&\mathrm{e}^2\end{pmatrix}。$$

对含变数 t 的方阵函数 $f(\boldsymbol{A}t)$，有类似的方法，这时

$$f(\boldsymbol{A}t)=a_0(t)\boldsymbol{E}+a_1(t)\boldsymbol{A}+a_2(t)\boldsymbol{A}^2+\cdots+a_{m-1}(t)\boldsymbol{A}^{m-1},\quad(5.2.28)$$

其中 $a_i(t)(i=1,2,\cdots,m-1)$ 是 t 的函数，对 $\forall\lambda_i,i=1,2,\cdots,s$，$a_i(t)$ 满足方程组

$$\begin{cases}a_0(t)+a_1(t)\lambda_i+\cdots+a_{m-1}(t)\lambda_i^{m-1}=f(\lambda_i t),\\ a_1(t)+2a_2(t)\lambda_i+\cdots+(m-1)a_{m-1}(t)\lambda_i^{m-2}=\left.\dfrac{\mathrm{d}f(\lambda t)}{\mathrm{d}\lambda}\right|_{\lambda=\lambda_i},\\ \qquad\vdots\\ (n_i-1)!a_{n_i-1}(t)+\cdots+m(m-1)\cdots(m-n_i+1)a_{m-1}(t)\lambda_i^{m-n_i}=\left.\dfrac{\mathrm{d}f^{(n_i-1)}(\lambda t)}{\mathrm{d}\lambda}\right|_{\lambda=\lambda_i}。\end{cases}$$

(5.2.29)

例 5.2.4　计算 $\mathrm{e}^{At},\sin At$，其中

$$\boldsymbol{A}=\begin{pmatrix}2&1&4\\0&2&0\\0&3&1\end{pmatrix}。$$

解　矩阵 $\boldsymbol{A}$ 的特征多项式为

$$|\lambda\boldsymbol{E}-\boldsymbol{A}|=\begin{vmatrix}\lambda-2&-1&-4\\0&\lambda-2&0\\0&-3&\lambda-1\end{vmatrix}=(\lambda-1)(\lambda-2)^2,$$

特征值为 $\lambda_1=2,\lambda_2=1$，由于 $(\lambda-1)(\lambda-2)$ 不是 $\boldsymbol{A}$ 的零化多项式，所以 $\boldsymbol{A}$ 的最小多项式为

$$\varphi(\lambda)=(\lambda-1)(\lambda-2)^2,$$

它是 3 次多项式，故设

$$\mathrm{e}^{At}=a_0(t)\boldsymbol{E}+a_1(t)\boldsymbol{A}+a_2(t)\boldsymbol{A}^2,$$

由此得方程组

$$\begin{cases}a_0(t)+a_1(t)\lambda_1+a_2(t)\lambda_1^2=\mathrm{e}^{\lambda_1 t},\\ a_1(t)+2a_2(t)\lambda_1=t\mathrm{e}^{\lambda_1 t},\\ a_0(t)+a_1(t)\lambda_2+a_2(t)\lambda_2^2=\mathrm{e}^{\lambda_2 t},\end{cases}$$

即

$$\begin{cases}a_0(t)+2a_1(t)+4a_2(t)=\mathrm{e}^{2t},\\ a_1(t)+4a_2(t)=t\mathrm{e}^{2t},\\ a_0(t)+a_1(t)+a_2(t)=\mathrm{e}^{t},\end{cases}$$

解得

$$\begin{cases}a_0(t)=4\mathrm{e}^{t}-3\mathrm{e}^{2t}+2t\mathrm{e}^{2t},\\ a_1(t)=-4\mathrm{e}^{t}+4\mathrm{e}^{2t}-3t\mathrm{e}^{2t},\\ a_2(t)=\mathrm{e}^{t}-\mathrm{e}^{2t}+t\mathrm{e}^{2t},\end{cases}$$

于是

$$e^{At}=\begin{pmatrix} e^{2t} & 12e^{t}-12e^{2t}+13te^{2t} & -4e^{t}+4e^{2t} \\ 0 & e^{2t} & 0 \\ 0 & -3e^{t}+3e^{2t} & e^{t} \end{pmatrix}。$$

类似地，设

$$\sin \boldsymbol{A}t=a_0(t)\boldsymbol{E}+a_1(t)\boldsymbol{A}+a_2(t)\boldsymbol{A}^2,$$

由此得方程组

$$\begin{cases} a_0(t)+a_1(t)\lambda_1+a_2(t)\lambda_1^2=\sin\lambda_1 t, \\ a_1(t)+2a_2(t)\lambda_1=\lambda_1\cos\lambda_1 t, \\ a_0(t)+a_1(t)\lambda_2+a_2(t)\lambda_2^2=\sin\lambda_2 t, \end{cases}$$

即

$$\begin{cases} a_0(t)+2a_1(t)+4a_2(t)=\sin 2t, \\ a_1(t)+4a_2(t)=t\cos 2t, \\ a_0(t)+a_1(t)+a_2(t)=\sin t, \end{cases}$$

解得

$$\begin{cases} a_0(t)=4\sin t-3\sin 2t+2t\cos 2t, \\ a_1(t)=-4\sin t+4\sin 2t-3t\cos 2t, \\ a_2(t)=\sin t-\sin 2t+t\cos 2t, \end{cases}$$

于是

$$\sin \boldsymbol{A}t=\begin{pmatrix} \sin 2t & 12\sin t-12\sin 2t+13t\cos 2t & -4\sin t+4\sin 2t \\ 0 & \sin 2t & 0 \\ 0 & -3\sin t+3\sin 2t & \sin t \end{pmatrix}。$$

例 5.2.4 的 Maple 源程序

```
> #example5.2.4
> with(linalg):with(LinearAlgebra):
> A:=matrix(3,3,[2,1,4,0,2,0,0,3,1]);
```

$$A:=\begin{bmatrix} 2 & 1 & 4 \\ 0 & 2 & 0 \\ 0 & 3 & 1 \end{bmatrix}$$

```
> J:=diag(eigenvalues(A));
```

$$J:=\begin{bmatrix} 2 & 0 & 0 \\ 0 & 2 & 0 \\ 0 & 0 & 1 \end{bmatrix}$$

```
> issimilar(J,A,P);
```

false

```
> jordan(A,'P');
```

$$\begin{bmatrix}1&0&0\\0&2&1\\0&0&2\end{bmatrix}$$

```
> print(P);
```

$$\begin{bmatrix}12&13&-12\\0&0&1\\-3&0&3\end{bmatrix}$$

```
> Pinv:=inverse(P);
```

$$Pinv:=\begin{bmatrix}0&1&\frac{-1}{3}\\\frac{1}{13}&0&\frac{4}{13}\\0&1&0\end{bmatrix}$$

```
> M1:=Matrix(3,3,[exp(t),0,0,0,exp(2*t),t*exp(2*
t),0,0,exp(2*t)]);
```

$$M1:=\begin{bmatrix}e^{t}&0&0\\0&e^{(2t)}&te^{(2t)}\\0&0&e^{(2t)}\end{bmatrix}$$

```
> multiply(P,M1,Pinv);
```

$$\begin{bmatrix}e^{(2t)}&12e^{t}+13te^{(2t)}-12e^{(2t)}&-4e^{t}+4e^{(2t)}\\0&e^{(2t)}&0\\0&-3e^{t}+3e^{(2t)}&e^{t}\end{bmatrix}$$

```
> M2:=Matrix(3,3,[sin(t),0,0,0,sin(2*t),t*cos(2*
t),0,0,sin(2*t)]);
```

$$M2:=\begin{bmatrix}\sin(t)&0&0\\0&\sin(2t)&t\cos(2t)\\0&0&\sin(2t)\end{bmatrix}$$

```
> multiply(P,M2,Pinv);
```

$$\begin{bmatrix}\sin(2t)&12\sin(t)+13t\cos(2t)-12\sin(2t)&-4\sin(t)+4\sin(2t)\\0&\sin(2t)&0\\0&-3\sin(t)+3\sin(2t)&\sin(t)\end{bmatrix}$$

例 5.2.5　设 $\boldsymbol{A}=\begin{pmatrix}2&0&0\\1&1&1\\1&-1&3\end{pmatrix}$，求 $e^{\boldsymbol{A}}$ 与 $e^{\boldsymbol{A}t}$。

解　$\varphi(\lambda)=\det(\lambda\boldsymbol{E}-\boldsymbol{A})=(\lambda-2)^3$，容易求得 $\boldsymbol{A}$ 的最小多项式

$m(\lambda)=(\lambda-2)^2$，取 $\psi(\lambda)=(\lambda-2)^2$。

(1) 取 $f(\lambda)=\mathrm{e}^{\lambda}$，设 $f(\lambda)=\psi(\lambda)g(\lambda)+(a+b\lambda)$，则有

$$\begin{cases}f(2)=\mathrm{e}^2,\\ f'(2)=\mathrm{e}^2\end{cases}\quad 或者\quad \begin{cases}a+2b=\mathrm{e}^2,\\ \quad b=\mathrm{e}^2,\end{cases}$$

解此方程组得 $a=-\mathrm{e}^2,b=\mathrm{e}^2$。于是 $r(\lambda)=\mathrm{e}^2(\lambda-1)$，从而

$$\mathrm{e}^{\boldsymbol{A}}=f(\boldsymbol{A})=r(\boldsymbol{A})=\mathrm{e}^2(\boldsymbol{A}-\boldsymbol{E})=\mathrm{e}^2\begin{pmatrix}1&0&0\\1&0&1\\1&-1&2\end{pmatrix}。$$

(2) 取 $f(\lambda)=\mathrm{e}^{\lambda t}$，设 $f(\lambda)=\psi(\lambda)g(\lambda)+(a+b\lambda)$，则有

$$\begin{cases}f(2)=\mathrm{e}^{2t},\\ f'(2)=t\mathrm{e}^{2t}\end{cases}\quad 或者\quad \begin{cases}a+2b=\mathrm{e}^{2t},\\ \quad b=t\mathrm{e}^{2t},\end{cases}$$

解此方程组得 $a=(1-2t)\mathrm{e}^{2t},b=t\mathrm{e}^{2t}$。于是 $r(\lambda)=\mathrm{e}^{2t}[(1-2t)+\lambda t]$，从而

$$\mathrm{e}^{\boldsymbol{A}t}=f(\boldsymbol{A})=r(\boldsymbol{A})=\mathrm{e}^{2t}[(1-2t)\boldsymbol{E}+\boldsymbol{A}t]=\mathrm{e}^{2t}\begin{pmatrix}1&0&0\\t&1-t&t\\t&-t&1+t\end{pmatrix}。$$

例 5.2.5 的 Maple 源程序

```
> #example5.2.5
> with(linalg):with(LinearAlgebra):
> A:=matrix(3,3,[2,0,0,1,1,1,1,-1,3]);
```

$$A:=\begin{bmatrix}2&0&0\\1&1&1\\1&-1&3\end{bmatrix}$$

```
> J:=diag(eigenvalues(A));
```

$$J:=\begin{bmatrix}2&0&0\\0&2&0\\0&0&2\end{bmatrix}$$

```
> issimilar(J,A,P)
```

false

```
> jordan(A,'P');
```

$$\begin{bmatrix}2&1&0\\0&2&0\\0&0&2\end{bmatrix}$$

```
> print(P);
```

$$\begin{bmatrix}0&0&-1\\1&0&0\\1&1&1\end{bmatrix}$$

```
> Pinv:=inverse(P);
```

$$Pinv := \begin{bmatrix} 0 & 1 & 0 \\ 1 & -1 & 1 \\ -1 & 0 & 0 \end{bmatrix}$$

```
> M1:=Matrix(3,3,[exp(2),exp(2),0,0,exp(2),0,0,0,
exp(2)]);
```

$$M1 := \begin{bmatrix} e^2 & e^2 & 0 \\ 0 & e^2 & 0 \\ 0 & 0 & e^2 \end{bmatrix}$$

```
> multiply(P,M1,Pinv);
```

$$\begin{bmatrix} e^2 & 0 & 0 \\ e^2 & 0 & e^2 \\ e^2 & -e^2 & 2e^2 \end{bmatrix}$$

```
> M2:=Matrix(3,3,[exp(2*t),t*exp(2*t),0,0,
exp(2*t),0,0,0,exp(2*t)]);
```

$$M2 := \begin{bmatrix} e^{(2t)} & t e^{(2t)} & 0 \\ 0 & e^{(2t)} & 0 \\ 0 & 0 & e^{(2t)} \end{bmatrix}$$

```
> multiply(P,M2,Pinv);
```

$$\begin{bmatrix} e^{(2t)} & 0 & 0 \\ t e^{(2t)} & e^{(2t)} - t e^{(2t)} & t e^{(2t)} \\ t e^{(2t)} & -t e^{(2t)} & t e^{(2t)} + e^{(2t)} \end{bmatrix}$$

4. 数项级数求和法

设首 1 多项式

$$\varphi(\lambda) = \lambda^m + b_1 \lambda^{m-1} + \cdots + b_{m-1}\lambda + b_m,$$

且满足 $\varphi(\boldsymbol{A}) = \boldsymbol{O}$，即

$$\boldsymbol{A}^m + b_1 \boldsymbol{A}^{m-1} + \cdots + b_{m-1}\boldsymbol{A} + b_m \boldsymbol{E} = \boldsymbol{O}$$

或者

$$\boldsymbol{A}^m = k_0 \boldsymbol{E} + k_1 \boldsymbol{A} + \cdots + k_{m-1} \boldsymbol{A}^{m-1} \quad (k_i = -b_{m-i}), \tag{5.2.30}$$

由此可以求出

$$\begin{cases} \boldsymbol{A}^{m+1} = k_0^{(1)} \boldsymbol{E} + k_1^{(1)} \boldsymbol{A} + \cdots + k_{m-1}^{(1)} \boldsymbol{A}^{m-1} \\ \quad\vdots \\ \boldsymbol{A}^{m+l} = k_0^{(l)} \boldsymbol{E} + k_1^{(l)} \boldsymbol{A} + \cdots + k_{m-1}^{(l)} \boldsymbol{A}^{m-1} \\ \quad\vdots \end{cases}, \tag{5.2.31}$$

于是有

$$
\begin{aligned}
f(\boldsymbol{A}) &= \sum_{k=0}^{\infty} c_k \boldsymbol{A}^k = (c_0\boldsymbol{E}+c_1\boldsymbol{A}+\cdots+c_{m-1}\boldsymbol{A}^{m-1})+ \\
&\quad c_m(k_0\boldsymbol{E}+k_1\boldsymbol{A}+\cdots+k_{m-1}\boldsymbol{A}^{m-1})+\cdots+ \\
&\quad c_{m+l}(k_0^{(l)}\boldsymbol{E}+k_1^{(l)}\boldsymbol{A}+\cdots+k_{m-1}^{(l)}\boldsymbol{A}^{m-1})+\cdots \\
&= \left(c_0+\sum_{l=0}^{\infty} c_{m+l}k_0^{(l)}\right)\boldsymbol{E}+\left(c_1+\sum_{l=0}^{\infty} c_{m+l}k_1^{(l)}\right)\boldsymbol{A}+\cdots+ \\
&\quad \left(c_{m-1}+\sum_{l=0}^{\infty} c_{m+l}k_{m-1}^{(l)}\right)\boldsymbol{A}^{m-1}。
\end{aligned} \tag{5.2.32}
$$

这表明，利用式(5.2.32)可以将一个矩阵幂级数的求和问题转化为 m 个数项级数的求和问题。当式(5.2.30)中只有少数几个系数不为零时，式(5.2.32)中需要计算的数项级数也只有少数几个。

例 5.2.6

设 $\boldsymbol{A}=\begin{pmatrix}\pi & 0 & 0 & 0\\ 0 & -\pi & 0 & 0\\ 0 & 0 & 0 & 1\\ 0 & 0 & 0 & 0\end{pmatrix}$，求 $\sin\boldsymbol{A}$ 及 $\cos\boldsymbol{A}$。

解　$\varphi(\lambda)=\det(\lambda\boldsymbol{E}-\boldsymbol{A})=\lambda^4-\pi^2\lambda^2$。由于 $\varphi(\boldsymbol{A})=\boldsymbol{O}$，所以 $\boldsymbol{A}^4=\pi^2\boldsymbol{A}^2,\boldsymbol{A}^5=\pi^2\boldsymbol{A}^3,\boldsymbol{A}^7=\pi^4\boldsymbol{A}^3,\cdots$，于是有

$$
\begin{aligned}
\sin\boldsymbol{A} &= \boldsymbol{A}-\frac{1}{3!}\boldsymbol{A}^3+\frac{1}{5!}\boldsymbol{A}^5-\frac{1}{7!}\boldsymbol{A}^7+\frac{1}{9!}\boldsymbol{A}^9-\cdots \\
&= \boldsymbol{A}-\frac{1}{3!}\boldsymbol{A}^3+\frac{1}{5!}\pi^2\boldsymbol{A}^3-\frac{1}{7!}\pi^4\boldsymbol{A}^3+\frac{1}{9!}\pi^6\boldsymbol{A}^3-\cdots \\
&= \boldsymbol{A}+\left(-\frac{1}{3!}+\frac{1}{5!}\pi^2-\frac{1}{7!}\pi^4+\frac{1}{9!}\pi^6-\cdots\right)\boldsymbol{A}^3 \\
&= \boldsymbol{A}+\frac{\sin\pi-\pi}{\pi^3}\boldsymbol{A}^3=\boldsymbol{A}-\pi^{-2}\boldsymbol{A}^3,
\end{aligned}
$$

并且 $\boldsymbol{A}^4=\pi^2\boldsymbol{A}^2,\boldsymbol{A}^6=\pi^4\boldsymbol{A}^2,\boldsymbol{A}^8=\pi^6\boldsymbol{A}^2,\cdots$，于是有

$$
\begin{aligned}
\cos\boldsymbol{A} &= \boldsymbol{E}-\frac{1}{2!}\boldsymbol{A}^2+\frac{1}{4!}\boldsymbol{A}^4-\frac{1}{6!}\boldsymbol{A}^6+\frac{1}{8!}\boldsymbol{A}^8-\cdots \\
&= \boldsymbol{E}-\frac{1}{2!}\boldsymbol{A}^2+\frac{1}{4!}\pi^2\boldsymbol{A}^2-\frac{1}{6!}\pi^4\boldsymbol{A}^2+\frac{1}{8!}\pi^6\boldsymbol{A}^2-\cdots \\
&= \boldsymbol{E}+\left(-\frac{1}{2!}+\frac{1}{4!}\pi^2-\frac{1}{6!}\pi^4+\frac{1}{8!}\pi^6-\cdots\right)\boldsymbol{A}^2 \\
&= \boldsymbol{E}+\frac{\cos\pi-1}{\pi^2}\boldsymbol{A}^2=\boldsymbol{E}-2\pi^{-2}\boldsymbol{A}^2。
\end{aligned}
$$

例 5.2.6 的 Maple 源程序

```
> #example5.2.6
> with(linalg):with(LinearAlgebra):
```

```
> A:=matrix(4,4,[pi,0,0,0,0,-pi,0,0,0,0,0,1,0,0,0,0]);
```

$$A := \begin{bmatrix} \pi & 0 & 0 & 0 \\ 0 & -\pi & 0 & 0 \\ 0 & 0 & 0 & 1 \\ 0 & 0 & 0 & 0 \end{bmatrix}$$

```
> J:=diag(eigenvalues(A));
```

$$J := \begin{bmatrix} \pi & 0 & 0 & 0 \\ 0 & -\pi & 0 & 0 \\ 0 & 0 & 0 & 0 \\ 0 & 0 & 0 & 0 \end{bmatrix}$$

```
> issimilar(J,A,P);
```

false

```
> jordan(A,'P');
```

$$\begin{bmatrix} 0 & 1 & 0 & 0 \\ 0 & 0 & 0 & 0 \\ 0 & 0 & \pi & 0 \\ 0 & 0 & 0 & -\pi \end{bmatrix}$$

```
> print(P);
```

$$\begin{bmatrix} 0 & 0 & 1 & 0 \\ 0 & 0 & 0 & 1 \\ 1 & 0 & 0 & 0 \\ 0 & 1 & 0 & 0 \end{bmatrix}$$

```
> Pinv:=inverse(P);
```

$$Pinv := \begin{bmatrix} 0 & 0 & 1 & 0 \\ 0 & 0 & 0 & 1 \\ 1 & 0 & 0 & 0 \\ 0 & 1 & 0 & 0 \end{bmatrix}$$

```
> M1:=Matrix(4,4,[0,1,0,0,0,0,0,0,0,0,0,0,0,0,0,0]);
```

$$M1 := \begin{bmatrix} 0 & 1 & 0 & 0 \\ 0 & 0 & 0 & 0 \\ 0 & 0 & 0 & 0 \\ 0 & 0 & 0 & 0 \end{bmatrix}$$

```
> multiply(P,M1,Pinv);
```

$$\begin{bmatrix} 0 & 0 & 0 & 0 \\ 0 & 0 & 0 & 0 \\ 0 & 0 & 0 & 1 \\ 0 & 0 & 0 & 0 \end{bmatrix}$$

```
> M2:=Matrix(4,4,[1,0,0,0,0,1,0,0,0,0,1,0,0,0,0,1]);
```

$$M2 := \begin{bmatrix} 1 & 0 & 0 & 0 \\ 0 & 1 & 0 & 0 \\ 0 & 0 & 1 & 0 \\ 0 & 0 & 0 & 1 \end{bmatrix}$$

```
>> multiply(P,M1,Pinv);
```

$$\begin{bmatrix} 0 & 0 & 0 & 0 \\ 0 & 0 & 0 & 0 \\ 0 & 0 & 0 & 1 \\ 0 & 0 & 0 & 0 \end{bmatrix}$$

5.3 矩阵的微分与积分

在本节，先论述以变量 t 的函数 $a_{ij}(t)\ (i=1,2,\cdots,m;j=1,2,\cdots,n)$ 为元素的矩阵 $\boldsymbol{A}(t)=(a_{ij}(t))_{m\times n}$ 对 t 的导数(微商)及 $\boldsymbol{A}(t)$ 的积分问题；然后论述一些实际中经常用到的其他微分概念。

5.3.1 矩阵 $\boldsymbol{A}(t)$ 的导数与积分

定义 5.3.1 如果矩阵 $\boldsymbol{A}(t)=(a_{ij}(t))_{m\times n}$ 的每一个元素 $a_{ij}(t)$ 是变量 t 的可微函数，则称 $\boldsymbol{A}(t)$ 可微，其导数(微商)定义为

$$\boldsymbol{A}'(t)=\frac{\mathrm{d}}{\mathrm{d}t}\boldsymbol{A}(t)=\left(\frac{\mathrm{d}}{\mathrm{d}t}a_{ij}(t)\right)_{m\times n}。\tag{5.3.1}$$

从定义 5.3.1 不难证明下面的定理。

定理 5.3.1 设 $\boldsymbol{A}(t)$，$\boldsymbol{B}(t)$ 是可进行运算的两个可微矩阵，则以下的运算规则成立：

$$\frac{\mathrm{d}}{\mathrm{d}t}(\boldsymbol{A}(t)+\boldsymbol{B}(t))=\frac{\mathrm{d}}{\mathrm{d}t}\boldsymbol{A}(t)+\frac{\mathrm{d}}{\mathrm{d}t}\boldsymbol{B}(t),\tag{5.3.2}$$

$$\frac{\mathrm{d}}{\mathrm{d}t}(\boldsymbol{A}(t)\boldsymbol{B}(t))=\frac{\mathrm{d}}{\mathrm{d}t}\boldsymbol{A}(t)\cdot\boldsymbol{B}(t)+\boldsymbol{A}(t)\cdot\frac{\mathrm{d}}{\mathrm{d}t}\boldsymbol{B}(t),\tag{5.3.3}$$

$$\frac{\mathrm{d}}{\mathrm{d}t}(a\boldsymbol{A}(t))=\frac{\mathrm{d}a}{\mathrm{d}t}\cdot\boldsymbol{A}(t)+a\frac{\mathrm{d}}{\mathrm{d}t}\boldsymbol{A}(t),\tag{5.3.4}$$

这里 $a=a(t)$ 为 t 的可微函数。

证 仅证明式(5.3.3)，类似地可证式(5.3.2)和式(5.3.4)。为此令

$$\boldsymbol{P}(t)=\boldsymbol{A}(t)\boldsymbol{B}(t)=(p_{ij}(t)),$$

则

$$p_{ij}(t)=\sum_{k=1}^{n}a_{ik}(t)b_{kj}(t)\,(i=1,2,\cdots,m;j=1,2,\cdots,s),$$

其中，$a_{ik}(t)$与$b_{kj}(t)$依次是$\boldsymbol{A}(t)$与$\boldsymbol{B}(t)$的元素，故有

$$\frac{\mathrm{d}}{\mathrm{d}t}p_{ij}(t)=\sum_{k=1}^{n}\left(\frac{\mathrm{d}}{\mathrm{d}t}a_{ik}(t)\right)b_{kj}(t)+\sum_{k=1}^{n}a_{ik}(t)\left(\frac{\mathrm{d}}{\mathrm{d}t}b_{kj}(t)\right),$$

这意味着有

$$\frac{\mathrm{d}}{\mathrm{d}t}\boldsymbol{P}(t)=\frac{\mathrm{d}}{\mathrm{d}t}\boldsymbol{A}(t)\cdot\boldsymbol{B}(t)+\boldsymbol{A}(t)\cdot\frac{\mathrm{d}}{\mathrm{d}t}\boldsymbol{B}(t)。$$

定理 5.3.2　设 n 阶矩阵 $\boldsymbol{A}$ 与 t 无关，则有

$$\frac{\mathrm{d}}{\mathrm{d}t}\mathrm{e}^{\boldsymbol{A}t}=\boldsymbol{A}\mathrm{e}^{\boldsymbol{A}t}=\mathrm{e}^{\boldsymbol{A}t}\boldsymbol{A},\tag{5.3.5}$$

$$\frac{\mathrm{d}}{\mathrm{d}t}\cos(\boldsymbol{A}t)=-\boldsymbol{A}(\sin(\boldsymbol{A}t))=-(\sin(\boldsymbol{A}t))\boldsymbol{A},\tag{5.3.6}$$

$$\frac{\mathrm{d}}{\mathrm{d}t}\sin(\boldsymbol{A}t)=\boldsymbol{A}(\cos(\boldsymbol{A}t))=(\cos(\boldsymbol{A}t))\boldsymbol{A}。\tag{5.3.7}$$

证　这里只证式(5.3.5)，而式(5.3.6)和式(5.3.7)的证明完全类似。为证式(5.3.5)，首先注意

$$(\mathrm{e}^{\boldsymbol{A}t})_{ij}=\sum_{k=0}^{\infty}\frac{1}{k!}t^{k}(\boldsymbol{A}^{k})_{ij},$$

上述右边是 t 的幂级数。不管 t 取何值，它总是收敛的。因此，可以逐项微分

$$\frac{\mathrm{d}}{\mathrm{d}t}(\mathrm{e}^{\boldsymbol{A}t})_{ij}=\sum_{k=1}^{\infty}\frac{1}{(k-1)!}t^{k-1}(\boldsymbol{A}^{k})_{ij},$$

于是有

$$\frac{\mathrm{d}}{\mathrm{d}t}\mathrm{e}^{\boldsymbol{A}t}=\sum_{k=1}^{\infty}\frac{1}{(k-1)!}t^{k-1}\boldsymbol{A}^{k}=\begin{cases}\boldsymbol{A}\displaystyle\sum_{k=1}^{\infty}\frac{1}{(k-1)!}t^{k-1}\boldsymbol{A}^{k-1}=\boldsymbol{A}\mathrm{e}^{\boldsymbol{A}t},\\ \left(\displaystyle\sum_{k=1}^{\infty}\frac{1}{(k-1)!}t^{k-1}\boldsymbol{A}^{k-1}\right)\boldsymbol{A}=\mathrm{e}^{\boldsymbol{A}t}\boldsymbol{A}。\end{cases}$$

定义 5.3.2　如果矩阵$\boldsymbol{A}(t)=(a_{ij}(t))_{m\times n}$的每个元素 $a_{ij}(t)$都是区间$[t_0,t_1]$上的可积函数，则定义$\boldsymbol{A}(t)$在$[t_0,t_1]$上的积分为

$$\int_{t_0}^{t_1}\boldsymbol{A}(t)\,\mathrm{d}t=\left(\int_{t_0}^{t_1}a_{ij}(t)\,\mathrm{d}t\right)_{m\times n}。\tag{5.3.8}$$

容易验证如下的运算规则成立：

$$\int_{t_0}^{t_1}(\boldsymbol{A}(t)+\boldsymbol{B}(t))\mathrm{d}t=\int_{t_0}^{t_1}\boldsymbol{A}(t)\mathrm{d}t+\int_{t_0}^{t_1}\boldsymbol{B}(t)\mathrm{d}t, \tag{5.3.9}$$

$$\int_{t_0}^{t_1}\boldsymbol{A}(t)\boldsymbol{B}\mathrm{d}t=\left(\int_{t_0}^{t_1}\boldsymbol{A}(t)\mathrm{d}t\right)\boldsymbol{B}\quad(\boldsymbol{B}\text{ 与 }t\text{ 无关}), \tag{5.3.10}$$

$$\int_{t_0}^{t_1}\boldsymbol{A}\cdot\boldsymbol{B}(t)\mathrm{d}t=\boldsymbol{A}\left(\int_{t_0}^{t_1}\boldsymbol{B}(t)\mathrm{d}t\right)\quad(\boldsymbol{A}\text{ 与 }t\text{ 无关})。 \tag{5.3.11}$$

当 $a_{ij}(t)$ 都在 $[t_0,t_1]$ 上连续时，就称 $\boldsymbol{A}(t)$ 在 $[t_0,t_1]$ 上连续，且有

$$\frac{\mathrm{d}}{\mathrm{d}t}\int_a^t\boldsymbol{A}(s)\mathrm{d}s=\boldsymbol{A}(t)。 \tag{5.3.12}$$

当 $a'_{ij}(t)$ 都在 $[a,b]$ 上连续时，则

$$\int_a^b\boldsymbol{A}'(t)\mathrm{d}t=\boldsymbol{A}(b)-\boldsymbol{A}(a)。 \tag{5.3.13}$$

5.3.2 其他微分概念

在自动控制理论及一些实际问题中，还经常碰到矩阵的特殊的导数问题。常见的有数量函数对于向量、向量对于向量、矩阵对于向量以及矩阵对于矩阵的导数(微商)等，现分述如下。

1. 数量函数对于向量的导数

定义 5.3.3 设 $\boldsymbol{x}=(x_1,x_2,\cdots,x_n)^{\mathrm{T}},f(\boldsymbol{x})=f(x_1,x_2,\cdots,x_n)$ 是以向量 $\boldsymbol{x}$ 为自变量的数量函数，即为 n 元函数，则规定数量函数 $f(\boldsymbol{x})$ 对于向量 $\boldsymbol{x}$ 的导数为

$$\frac{\mathrm{d}f}{\mathrm{d}\boldsymbol{x}}=\left(\frac{\partial f}{\partial x_1},\frac{\partial f}{\partial x_2},\cdots,\frac{\partial f}{\partial x_n}\right)^{\mathrm{T}}。 \tag{5.3.14}$$

显然，若还有向量 $\boldsymbol{x}$ 的数量函数

$$h(\boldsymbol{x})=h(x_1,x_2,\cdots,x_n),$$

则下列导数法则成立：

$$\frac{\mathrm{d}(f(\boldsymbol{x})\pm h(\boldsymbol{x}))}{\mathrm{d}\boldsymbol{x}}=\frac{\mathrm{d}f(\boldsymbol{x})}{\mathrm{d}\boldsymbol{x}}\pm\frac{\mathrm{d}h(\boldsymbol{x})}{\mathrm{d}\boldsymbol{x}},$$

$$\frac{\mathrm{d}f(\boldsymbol{x})h(\boldsymbol{x})}{\mathrm{d}\boldsymbol{x}}=\frac{\mathrm{d}f(\boldsymbol{x})}{\mathrm{d}\boldsymbol{x}}h(\boldsymbol{x})+f(\boldsymbol{x})\frac{\mathrm{d}h(\boldsymbol{x})}{\mathrm{d}\boldsymbol{x}}。$$

例 5.3.1 令 $\boldsymbol{x}=(\xi_1(t),\xi_2(t),\cdots,\xi_n(t))^{\mathrm{T}},f(\boldsymbol{x})=f(\xi_1,\xi_2,\cdots,\xi_n)$。证明：

$$\frac{\mathrm{d}f}{\mathrm{d}t}=\left(\frac{\mathrm{d}f}{\mathrm{d}\boldsymbol{x}}\right)^{\mathrm{T}}\frac{\mathrm{d}\boldsymbol{x}}{\mathrm{d}t}。$$

证 $$\frac{\mathrm{d}f}{\mathrm{d}t}=\frac{\partial f}{\partial\xi_1}\frac{\mathrm{d}\xi_1}{\mathrm{d}t}+\frac{\partial f}{\partial\xi_2}\frac{\mathrm{d}\xi_2}{\mathrm{d}t}+\cdots+\frac{\partial f}{\partial\xi_n}\frac{\mathrm{d}\xi_n}{\mathrm{d}t}$$

$$=\left(\frac{\partial f}{\partial \xi_1},\frac{\partial f}{\partial \xi_2},\cdots,\frac{\partial f}{\partial \xi_n}\right)\left(\frac{\mathrm{d}\xi_1}{\mathrm{d}t},\frac{\mathrm{d}\xi_2}{\mathrm{d}t},\cdots,\frac{\mathrm{d}\xi_n}{\mathrm{d}t}\right)^{\mathrm{T}}=\left(\frac{\mathrm{d}f}{\mathrm{d}\boldsymbol{x}}\right)^{\mathrm{T}}\frac{\mathrm{d}\boldsymbol{x}}{\mathrm{d}t}。$$

由于向量是特殊的矩阵，因此，我们可以定义数量函数对于矩阵的导数。

定义 5.3.4　设 $\boldsymbol{A}\in\mathbb{R}^{m\times n}$，$f(\boldsymbol{A})$为矩阵 $\boldsymbol{A}$ 的数量函数，即看成 $m\times n$ 元函数，则规定数量函数$f(\boldsymbol{A})$对于矩阵 $\boldsymbol{A}$ 的导数为

$$\frac{\mathrm{d}f}{\mathrm{d}\boldsymbol{A}}=\left(\frac{\partial f}{\partial a_{ij}}\right)_{m\times n}=\begin{pmatrix}\dfrac{\partial f}{\partial a_{11}} & \cdots & \dfrac{\partial f}{\partial a_{1n}}\\ \vdots & & \vdots\\ \dfrac{\partial f}{\partial a_{m1}} & & \dfrac{\partial f}{\partial a_{mn}}\end{pmatrix}。\tag{5.3.15}$$

例 5.3.2　设 $\boldsymbol{X}=\begin{pmatrix}a & b & c\\ d & e & f\end{pmatrix}$，$F(\boldsymbol{X})=a^2+b^2+c^2+d^2-2e+15f$，求$\dfrac{\mathrm{d}\boldsymbol{F}}{\mathrm{d}\boldsymbol{X}}$。

解　$$\frac{\mathrm{d}\boldsymbol{F}}{\mathrm{d}\boldsymbol{X}}=\begin{pmatrix}\dfrac{\partial F}{\partial a} & \dfrac{\partial F}{\partial b} & \dfrac{\partial F}{\partial c}\\ \dfrac{\partial F}{\partial d} & \dfrac{\partial F}{\partial e} & \dfrac{\partial F}{\partial f}\end{pmatrix}=\begin{pmatrix}2a & 2b & 2c\\ 2d & -2 & 15\end{pmatrix}。$$

2. 矩阵对于矩阵的导数

由于向量是特殊的矩阵，所以向量对于向量的导数、矩阵对于向量的导数等都可视为矩阵对于矩阵的导数的特殊情况来计算。

定义 5.3.5　设矩阵 $\boldsymbol{F}$ 是以 $\boldsymbol{A}\in\mathbb{C}^{m\times n}$为自变量的 $p\times q$ 矩阵，即

$$F(\boldsymbol{A})=\begin{pmatrix}f_{11}(\boldsymbol{A}) & f_{12}(\boldsymbol{A}) & \cdots & f_{1q}(\boldsymbol{A})\\ f_{21}(\boldsymbol{A}) & f_{22}(\boldsymbol{A}) & \cdots & f_{2q}(\boldsymbol{A})\\ \vdots & \vdots & & \vdots\\ f_{p1}(\boldsymbol{A}) & f_{p2}(\boldsymbol{A}) & \cdots & f_{pq}(\boldsymbol{A})\end{pmatrix}_{p\times q},$$

其元素$f_{ks}(\boldsymbol{A})$是以矩阵 $\boldsymbol{A}=(a_{ij})_{m\times n}$的元素为自变量的 mn 元函数，则规定矩阵 $\boldsymbol{F}(\boldsymbol{A})$对于矩阵 $\boldsymbol{A}$ 的导数为

$$\frac{\mathrm{d}\boldsymbol{F}}{\mathrm{d}\boldsymbol{A}}=\left(\frac{\partial \boldsymbol{F}}{\partial a_{ij}}\right)_{pm\times qn}=\begin{pmatrix}\dfrac{\partial \boldsymbol{F}}{\partial a_{11}} & \dfrac{\partial \boldsymbol{F}}{\partial a_{12}} & \cdots & \dfrac{\partial \boldsymbol{F}}{\partial a_{1n}}\\ \dfrac{\partial \boldsymbol{F}}{\partial a_{21}} & \dfrac{\partial \boldsymbol{F}}{\partial a_{22}} & \cdots & \dfrac{\partial \boldsymbol{F}}{\partial a_{2n}}\\ \vdots & \vdots & & \vdots\\ \dfrac{\partial \boldsymbol{F}}{\partial a_{m1}} & \dfrac{\partial \boldsymbol{F}}{\partial a_{m2}} & \cdots & \dfrac{\partial \boldsymbol{F}}{\partial a_{mn}}\end{pmatrix},\tag{5.3.16}$$

其中

$$\frac{\partial F}{\partial a_{ij}}=\begin{pmatrix}\frac{\partial f_{11}}{\partial a_{ij}} & \frac{\partial f_{12}}{\partial a_{ij}} & \cdots & \frac{\partial f_{1q}}{\partial a_{ij}}\\ \frac{\partial f_{21}}{\partial a_{ij}} & \frac{\partial f_{22}}{\partial a_{ij}} & \cdots & \frac{\partial f_{2q}}{\partial a_{ij}}\\ \vdots & \vdots & & \vdots\\ \frac{\partial f_{p1}}{\partial a_{ij}} & \frac{\partial f_{p2}}{\partial a_{ij}} & \cdots & \frac{\partial f_{pq}}{\partial a_{ij}}\end{pmatrix},i=1,2,\cdots,m;j=1,2,\cdots,n。$$

例 5.3.3 设 $\boldsymbol{x}=(x_1,x_2,\cdots,x_n)$，$\boldsymbol{y}=(y_1,y_2,\cdots,y_n)^{\mathrm{T}}=f(\boldsymbol{x})$，其中

$$\begin{cases}y_1=f_1(x_1,\ x_2,\ \cdots,\ x_n)=f_1(\boldsymbol{x}),\\ y_2=f_2(x_1,\ x_2,\ \cdots,\ x_n)=f_2(\boldsymbol{x}),\\ \qquad\vdots\\ y_n=f_n(x_1,\ x_2,\ \cdots,\ x_n)=f_n(\boldsymbol{x}),\end{cases}$$

求 $\frac{\mathrm{d}f}{\mathrm{d}\boldsymbol{x}}$。

解 由式(5.3.16)有

$$\frac{\mathrm{d}f}{\mathrm{d}\boldsymbol{x}}=\left(\frac{\partial f}{\partial x_1},\frac{\partial f}{\partial x_2},\cdots,\frac{\partial f}{\partial x_n}\right)=\begin{pmatrix}\frac{\partial f_1}{\partial x_1} & \frac{\partial f_1}{\partial x_2} & \cdots & \frac{\partial f_1}{\partial x_n}\\ \frac{\partial f_2}{\partial x_1} & \frac{\partial f_2}{\partial x_2} & \cdots & \frac{\partial f_2}{\partial x_n}\\ \vdots & \vdots & & \vdots\\ \frac{\partial f_n}{\partial x_1} & \frac{\partial f_n}{\partial x_2} & \cdots & \frac{\partial f_n}{\partial x_n}\end{pmatrix}。$$

5.4 矩阵函数在微分方程组中的应用

5.4.1 常系数齐次线性微分方程组的解

设一阶线性常系数微分方程组为

$$\begin{cases}\frac{\mathrm{d}x_1}{\mathrm{d}t}=a_{11}x_1(t)+a_{12}x_2(t)+\cdots+a_{1n}x_n(t),\\ \frac{\mathrm{d}x_2}{\mathrm{d}t}=a_{21}x_1(t)+a_{22}x_2(t)+\cdots+a_{2n}x_n(t),\\ \qquad\vdots\\ \frac{\mathrm{d}x_n}{\mathrm{d}t}=a_{n1}x_1(t)+a_{n2}x_2(t)+\cdots+a_{nn}x_n(t),\end{cases}$$

其中 $x_i=x_i(t)$ 是自变量 t 的函数，$a_{ij}\in\mathbb{C}^{n\times n}(i,j=1,2,\cdots,n)$。

设

$$A=\begin{pmatrix}a_{11}&a_{12}&\cdots&a_{1n}\\a_{21}&a_{22}&\cdots&a_{2n}\\\vdots&\vdots&&\vdots\\a_{n1}&a_{n2}&\cdots&a_{nn}\end{pmatrix},\quad \boldsymbol{x}(t)=\begin{pmatrix}x_1(t)\\x_2(t)\\\vdots\\x_n(t)\end{pmatrix},$$

则上述方程组写成矩阵形式为

$$\frac{\mathrm{d}\boldsymbol{x}}{\mathrm{d}t}=\boldsymbol{A}\boldsymbol{x}。\tag{5.4.1}$$

下面讨论该方程组满足初始条件

$$\boldsymbol{x}(t)\big|_{t=0}=\boldsymbol{x}(0)=(x_1(0),x_2(0),\cdots,x_n(0))^{\mathrm{T}}\tag{5.4.2}$$

的定解问题。

设 $\boldsymbol{x}(t)=(x_1(t),x_2(t),\cdots,x_n(t))^{\mathrm{T}}$ 是方程组(5.4.1)的解，将 $x_i(t)(i=1,2,\cdots,n)$ 在 $t=0$ 处展开成幂级数

$$x_i(t)=x_i(0)+x_i'(0)t+\frac{1}{2!}x_i''(0)t^2+\cdots,$$

则有

$$\boldsymbol{x}(t)=\boldsymbol{x}(0)+\boldsymbol{x}'(0)t+\frac{1}{2!}\boldsymbol{x}''(0)t^2+\cdots,$$

其中

$$\boldsymbol{x}'(0)=(x_1'(0),x_2'(0),\cdots,x_n'(0))^{\mathrm{T}},$$
$$\boldsymbol{x}''(0)=(x_1''(0),x_2''(0),\cdots,x_n''(0))^{\mathrm{T}},$$
$$\vdots$$

但由 $\frac{\mathrm{d}\boldsymbol{x}}{\mathrm{d}t}=\boldsymbol{A}\boldsymbol{x}$ 逐次求导可得

$$\frac{\mathrm{d}^2\boldsymbol{x}}{\mathrm{d}t^2}=\boldsymbol{A}\frac{\mathrm{d}\boldsymbol{x}}{\mathrm{d}t}=\boldsymbol{A}^2\boldsymbol{x},$$

$$\frac{\mathrm{d}^3\boldsymbol{x}}{\mathrm{d}t^3}=\frac{\mathrm{d}\boldsymbol{x}}{\mathrm{d}t}(\boldsymbol{A}^2\boldsymbol{x})=\boldsymbol{A}^2\frac{\mathrm{d}\boldsymbol{x}}{\mathrm{d}t}=\boldsymbol{A}^2(\boldsymbol{A}\boldsymbol{x})=\boldsymbol{A}^3\boldsymbol{x},$$

因而有

$$\boldsymbol{x}'(0)=\boldsymbol{A}\boldsymbol{x}(0),\boldsymbol{x}''(0)=\boldsymbol{A}^2\boldsymbol{x}(0),\boldsymbol{x}'''=\boldsymbol{A}^3\boldsymbol{x}(0),\cdots,$$

所以

$$\begin{aligned}\boldsymbol{x}&=\boldsymbol{x}(t)=\boldsymbol{x}(0)+\boldsymbol{A}\boldsymbol{x}(0)t+\frac{1}{2!}\boldsymbol{A}^2\boldsymbol{x}(0)t^2+\cdots\\&=\left[\boldsymbol{E}+(\boldsymbol{A}t)+\frac{1}{2!}(\boldsymbol{A}t)^2+\cdots\right]\boldsymbol{x}(0)\\&=\mathrm{e}^{\boldsymbol{A}t}\boldsymbol{x}(0)。\end{aligned}$$

由此可见，微分方程组(5.4.1)在给定初始条件(5.4.2)下的解必定具有

$$\boldsymbol{x}=\mathrm{e}^{\boldsymbol{A}t}\boldsymbol{x}(0)$$

的形式。下面我们来证明它确实是式(5.4.1)的解。

事实上，

$$\begin{aligned}\frac{\mathrm{d}\boldsymbol{x}}{\mathrm{d}t}&=\frac{\mathrm{d}}{\mathrm{d}t}(\mathrm{e}^{\boldsymbol{A}t}\boldsymbol{x}(0))=\left(\frac{\mathrm{d}}{\mathrm{d}t}\mathrm{e}^{\boldsymbol{A}t}\right)\boldsymbol{x}(0)+\mathrm{e}^{\boldsymbol{A}t}\frac{\mathrm{d}\boldsymbol{x}(0)}{\mathrm{d}t}\\&=\boldsymbol{A}\mathrm{e}^{\boldsymbol{A}t}\boldsymbol{x}(0)=\boldsymbol{A}\boldsymbol{x},\end{aligned}$$

又当 $t=0$ 时，$\boldsymbol{x}(0)=\mathrm{e}^{0}\boldsymbol{x}(0)=\boldsymbol{E}\boldsymbol{x}(0)=\boldsymbol{x}(0)$，因此这个解是满足初始条件的。于是就证明了下面的定理。

定理 5.4.1 一阶线性常系数微分方程组的定解问题

$$\begin{cases}\dfrac{\mathrm{d}\boldsymbol{x}}{\mathrm{d}t}=\boldsymbol{A}\boldsymbol{x},\\ \boldsymbol{x}(0)=(x_1(0),x_2(0),\cdots,x_n(0))^{\mathrm{T}}\end{cases}\tag{5.4.3}$$

有唯一解 $\boldsymbol{x}=\mathrm{e}^{\boldsymbol{A}t}\boldsymbol{x}(0)$，其中 $\boldsymbol{A}=(a_{ij})\in\mathbb{C}^{n\times n}$，$\boldsymbol{x}(t)=(x_1(t),x_2(t),\cdots,x_n(t))^{\mathrm{T}}$。

同理可证定解问题

$$\begin{cases}\dfrac{\mathrm{d}\boldsymbol{x}}{\mathrm{d}t}=\boldsymbol{A}\boldsymbol{x},\\ \boldsymbol{x}\big|_{t=t_0}=\boldsymbol{x}(t_0)\end{cases}\tag{5.4.4}$$

的唯一解是

$$\boldsymbol{x}(t)=\mathrm{e}^{\boldsymbol{A}(t-t_0)}\boldsymbol{x}(t_0)。$$

例 5.4.1 求定解问题

$$\begin{cases}\dfrac{\mathrm{d}\boldsymbol{x}}{\mathrm{d}t}=\boldsymbol{A}\boldsymbol{x},\\ \boldsymbol{x}(0)=(1,\ 1,\ 1)^{\mathrm{T}}\end{cases}$$

的解，其中 $\boldsymbol{A}=\begin{pmatrix}3&-1&1\\2&0&-1\\1&-1&2\end{pmatrix}$。

解 矩阵的特征多项式为

$$|\lambda\boldsymbol{E}-\boldsymbol{A}|=\begin{vmatrix}\lambda-3&1&-1\\-2&\lambda&1\\-1&1&\lambda-2\end{vmatrix}=\lambda(\lambda-2)(\lambda-3),$$

特征值为

$$\lambda_1=0,\lambda_2=2,\lambda_3=3,$$

相应的特征向量为

$$\boldsymbol{x}_1=(1,5,2)^{\mathrm{T}},\boldsymbol{x}_2=(1,1,0)^{\mathrm{T}},\boldsymbol{x}_3=(2,1,1)^{\mathrm{T}},$$

矩阵可与对角形矩阵相似，故

$$\boldsymbol{P}=\begin{pmatrix}1&1&2\\5&1&1\\2&0&1\end{pmatrix},\quad \boldsymbol{P}^{-1}=-\frac{1}{6}\begin{pmatrix}1&-1&-1\\-3&-3&9\\-2&2&-4\end{pmatrix},$$

于是可得所求的解为

$$\boldsymbol{x}=\mathrm{e}^{\boldsymbol{A}t}\cdot\boldsymbol{x}(0)=\boldsymbol{P}\begin{pmatrix}1&&\\&\mathrm{e}^{2t}&\\&&\mathrm{e}^{3t}\end{pmatrix}\boldsymbol{P}^{-1}\cdot\boldsymbol{x}(0)$$

$$=\begin{pmatrix}1&1&2\\5&1&1\\2&0&1\end{pmatrix}\begin{pmatrix}1&&\\&\mathrm{e}^{2t}&\\&&\mathrm{e}^{3t}\end{pmatrix}\left(-\frac{1}{6}\right)\begin{pmatrix}1&-1&-1\\-3&-3&9\\-2&2&-4\end{pmatrix}\begin{pmatrix}1\\1\\1\end{pmatrix}$$

$$=-\frac{1}{6}\begin{pmatrix}-1+3\mathrm{e}^{2t}-8\mathrm{e}^{3t}\\-5+3\mathrm{e}^{2t}-4\mathrm{e}^{3t}\\-2-4\mathrm{e}^{3t}\end{pmatrix}。$$

例 5.4.1 的 Maple 源程序

```
> #example5.4.1
> with(linalg):with(LinearAlgebra):
> A:=Matrix(3,3,[3,-1,1,2,0,-1,1,-1,2]);
```

$$A:=\begin{bmatrix}3&-1&1\\2&0&-1\\1&-1&2\end{bmatrix}$$

```
> J:=diag(eigenvalues(A));
```

$$J:=\begin{bmatrix}0&0&0\\0&3&0\\0&0&2\end{bmatrix}$$

```
> issimilar(J,A,P);
```

true

```
> print(P);
```

$$\begin{bmatrix}1&-1&1\\5&\frac{-1}{2}&1\\2&\frac{-1}{2}&0\end{bmatrix}$$

```
> Pinv:=inverse(P);
```

$$Pinv:=\begin{bmatrix}\frac{-1}{6} & \frac{1}{6} & \frac{1}{6}\\ \frac{-2}{3} & \frac{2}{3} & \frac{-4}{3}\\ \frac{1}{2} & \frac{1}{2} & \frac{-3}{2}\end{bmatrix}$$

```
> M:=Matrix(3,3,[exp(0*t),0,0,0,exp(3*t),0,0,0,
exp(2*t)]);
```

$$M:=\begin{bmatrix}1 & 0 & 0\\ 0 & e^{(3t)} & 0\\ 0 & 0 & e^{(2t)}\end{bmatrix}$$

```
> x:=Matrix(3,1,[1,1,1]);
```

$$x:=\begin{bmatrix}1\\ 1\\ 1\end{bmatrix}$$

```
> multiply(P,M,Pinv,x);
```

$$\begin{bmatrix}\frac{1}{6}+\frac{4}{3}e^{(3t)}-\frac{1}{2}e^{(2t)}\\ \frac{5}{6}+\frac{2}{3}e^{(3t)}-\frac{1}{2}e^{(2t)}\\ \frac{1}{3}+\frac{2}{3}e^{(3t)}\end{bmatrix}$$

例 5.4.2 求定解问题

$$\begin{cases}\dfrac{\mathrm{d}\boldsymbol{x}}{\mathrm{d}t}=\boldsymbol{A}\boldsymbol{x}\\ \boldsymbol{x}(0)=(1,1,1)^{\mathrm{T}}\end{cases}$$

的解，其中 $\boldsymbol{A}=\begin{pmatrix}2 & 0 & 0\\ 1 & 1 & 1\\ 1 & -1 & 3\end{pmatrix}$。

解 $\varphi(\lambda)=\det(\lambda\boldsymbol{E}-\boldsymbol{A})=(\lambda-2)^3$，容易求得 $\boldsymbol{A}$ 的最小多项式 $m(\lambda)=(\lambda-2)^2$，取 $\psi(\lambda)=(\lambda-2)^2$，令 $f(\lambda)=e^{\lambda t}$，设 $f(\lambda)=\psi(\lambda)g(\lambda)+(a+b\lambda)$，则有

$$\begin{cases}f(2)=e^{2t},\\ f'(2)=te^{2t}\end{cases} \quad 或者 \quad \begin{cases}a+2b=e^{2t},\\ b=te^{2t},\end{cases}$$

解此方程组得 $a=(1-2t)e^{2t}, b=te^{2t}$。于是 $r(\lambda)=e^{2t}[(1-2t)+\lambda t]$，

从而

$$e^{At}=f(A)=r(A)=e^{2t}[(1-2t)E+At]=e^{2t}\begin{pmatrix}1 & 0 & 0\\ t & 1-t & t\\ t & -t & 1+t\end{pmatrix},$$

于是可得所求的解为

$$x=e^{At}\cdot x(0)=e^{2t}\begin{pmatrix}1 & 0 & 0\\ t & 1-t & t\\ t & -t & 1+t\end{pmatrix}\begin{pmatrix}1\\1\\1\end{pmatrix}=\begin{pmatrix}e^{2t}\\(1+t)e^{2t}\\(1+t)e^{2t}\end{pmatrix}。$$

例 5.4.2 的 Maple 源程序

```
> #example5.4.2
> with(linalg):with(LinearAlgebra):
> A:=matrix(3,3,[2,0,0,1,1,1,1,-1,3]);
```

$$A:=\begin{bmatrix}2 & 0 & 0\\ 1 & 1 & 1\\ 1 & -1 & 3\end{bmatrix}$$

```
> J:=diag(eigenvalues(A));
```

$$J:=\begin{bmatrix}2 & 0 & 0\\ 0 & 2 & 0\\ 0 & 0 & 2\end{bmatrix}$$

```
> issimilar(J,A,P);
```

false

```
> jordan(A,'P');
```

$$\begin{bmatrix}2 & 1 & 0\\ 0 & 2 & 0\\ 0 & 0 & 2\end{bmatrix}$$

```
> print(P);
```

$$\begin{bmatrix}0 & 0 & -1\\ 1 & 0 & 0\\ 1 & 1 & 1\end{bmatrix}$$

```
> Pinv:=inverse(P);
```

$$Pinv:=\begin{bmatrix}0 & 1 & 0\\ 1 & -1 & 1\\ -1 & 0 & 0\end{bmatrix}$$

```
> M:=Matrix(3,3,[exp(2*t),t*exp(2*t),0,0,exp(2*
t),0,0,0,exp(2*t)]);
```

$$M:=\begin{bmatrix} e^{(2t)} & t\,e^{(2t)} & 0 \\ 0 & e^{(2t)} & 0 \\ 0 & 0 & e^{(2t)} \end{bmatrix}$$

```
> x:=Matrix(3,1,[1,1,1]);
```

$$x:=\begin{bmatrix} 1 \\ 1 \\ 1 \end{bmatrix}$$

```
> multiply(P,M,Pinv,x);
```

$$\begin{bmatrix} e^{(2t)} \\ t\,e^{(2t)}+e^{(2t)} \\ t\,e^{(2t)}+e^{(2t)} \end{bmatrix}$$

5.4.2 常系数非齐次线性微分方程组的解

考虑一阶常系数非齐次线性微分方程组的定解问题

$$\begin{cases} \dfrac{\mathrm{d}\boldsymbol{x}}{\mathrm{d}t}=\boldsymbol{A}\boldsymbol{x}+\boldsymbol{F}(t), \\ \boldsymbol{x}\big|_{t=t_0}=\boldsymbol{x}(t_0), \end{cases} \tag{5.4.5}$$

这里$\boldsymbol{F}(t)=(F_1(t),F_2(t),\cdots,F_n(t))^{\mathrm{T}}$是已知向量函数，$\boldsymbol{A}$与$\boldsymbol{x}$的意义同前，改写方程为

$$\frac{\mathrm{d}\boldsymbol{x}}{\mathrm{d}t}-\boldsymbol{A}\boldsymbol{x}=\boldsymbol{F}(t),$$

以$\mathrm{e}^{-\boldsymbol{A}t}$左乘方程两边，可得

$$\mathrm{e}^{-\boldsymbol{A}t}\left(\frac{\mathrm{d}\boldsymbol{x}}{\mathrm{d}t}-\boldsymbol{A}\boldsymbol{x}\right)=\mathrm{e}^{-\boldsymbol{A}t}\boldsymbol{F}(t),$$

即

$$\frac{\mathrm{d}}{\mathrm{d}t}(\mathrm{e}^{-\boldsymbol{A}t}\boldsymbol{x})=\mathrm{e}^{-\boldsymbol{A}t}\boldsymbol{F}(t),$$

两边在$[t_0,t]$上进行积分，可得

$$\mathrm{e}^{-\boldsymbol{A}t}\boldsymbol{x}(t)-\mathrm{e}^{-\boldsymbol{A}t_0}\boldsymbol{x}(t_0)=\int_{t_0}^{t}\mathrm{e}^{-\boldsymbol{A}\tau}\boldsymbol{F}(\tau)\,\mathrm{d}\tau,$$

即

$$\boldsymbol{x}(t)=\mathrm{e}^{\boldsymbol{A}(t-t_0)}\boldsymbol{x}(t_0)+\int_{t_0}^{t}\mathrm{e}^{\boldsymbol{A}(t-\tau)}\boldsymbol{F}(\tau)\,\mathrm{d}\tau,$$

它就是我们考虑的定解问题的解。

例 5.4.3　求定解问题

$$\begin{cases}\dfrac{d\boldsymbol{x}}{dt}=\boldsymbol{A}\boldsymbol{x}+\boldsymbol{F}(t),\\ \boldsymbol{x}(0)=(1,1,1)^{T}\end{cases}$$

的解，其中 $\boldsymbol{A}=\begin{pmatrix}3&-1&1\\2&0&-1\\1&-1&2\end{pmatrix}$，$\boldsymbol{F}(t)=(0,0,e^{2t})^{T}$。

解　由

$$\boldsymbol{x}=e^{\boldsymbol{A}(t-t_0)}\boldsymbol{x}(t_0)+\int_0^t e^{\boldsymbol{A}(t-\tau)}\boldsymbol{F}(\tau)d\tau$$

有

$$\boldsymbol{x}=e^{\boldsymbol{A}t}\boldsymbol{x}(0)+\int_0^t e^{\boldsymbol{A}(t-\tau)}\boldsymbol{F}(\tau)d\tau,$$

由例 5.4.1 的结果可得

$$e^{\boldsymbol{A}t}\cdot\boldsymbol{x}(0)=-\frac{1}{6}\begin{pmatrix}-1+3e^{2t}-8e^{3t}\\-5+3e^{2t}-4e^{3t}\\-2-4e^{3t}\end{pmatrix},$$

故只需计算

$$\boldsymbol{I}=\int_0^t e^{\boldsymbol{A}(t-\tau)}\boldsymbol{F}(\tau)d\tau,$$

而

$$\begin{aligned}e^{\boldsymbol{A}(t-\tau)}\boldsymbol{F}(\tau)&=\boldsymbol{P}\begin{pmatrix}1&&\\&e^{2(t-\tau)}&\\&&e^{3(t-\tau)}\end{pmatrix}\boldsymbol{P}^{-1}\begin{pmatrix}0\\0\\e^{2\tau}\end{pmatrix}\\&=\boldsymbol{P}\begin{pmatrix}1&&\\&e^{2(t-\tau)}&\\&&e^{3(t-\tau)}\end{pmatrix}\left(-\frac{1}{6}\right)\begin{pmatrix}-e^{2\tau}\\9e^{2\tau}\\-4e^{2\tau}\end{pmatrix}\\&=-\frac{1}{6}\begin{pmatrix}-e^{2\tau}+9e^{2t}-8e^{3t-\tau}\\-5e^{2\tau}+9e^{2t}+4e^{3t-\tau}\\-e^{2\tau}-4e^{3t-\tau}\end{pmatrix},\end{aligned}$$

于是

$$\boldsymbol{I}=\int_0^t e^{\boldsymbol{A}(t-\tau)}\boldsymbol{F}(\tau)d\tau=-\frac{1}{6}\begin{pmatrix}\dfrac{1}{2}+\left(9t+\dfrac{15}{2}\right)e^{2t}-8e^{3t}\\\dfrac{5}{2}+\left(9t+\dfrac{3}{2}\right)e^{2t}-4e^{3t}\\1+3e^{2t}-4e^{3t}\end{pmatrix},$$

因此

$$\boldsymbol{x}=\mathrm{e}^{\boldsymbol{A}t}\boldsymbol{x}(0)+\boldsymbol{I}=-\frac{1}{6}\begin{pmatrix}-1+3\mathrm{e}^{2t}-8\mathrm{e}^{3t}\\-5+3\mathrm{e}^{2t}-4\mathrm{e}^{3t}\\-2-4\mathrm{e}^{3t}\end{pmatrix}-\frac{1}{6}\begin{pmatrix}\frac{1}{2}+\left(9t+\frac{15}{2}\right)\mathrm{e}^{2t}-8\mathrm{e}^{3t}\\\frac{5}{2}+\left(9t+\frac{3}{2}\right)\mathrm{e}^{2t}-4\mathrm{e}^{3t}\\1+3\mathrm{e}^{2t}-4\mathrm{e}^{3t}\end{pmatrix}$$

$$=-\frac{1}{6}\begin{pmatrix}-\frac{1}{2}+\left(9t+\frac{21}{2}\right)\mathrm{e}^{2t}-16\mathrm{e}^{3t}\\-\frac{5}{2}+\left(9t+\frac{9}{2}\right)\mathrm{e}^{2t}-8\mathrm{e}^{3t}\\-1+3\mathrm{e}^{2t}-8\mathrm{e}^{3t}\end{pmatrix}。$$

例 5.4.4 求定解问题

$$\begin{cases}\dfrac{\mathrm{d}\boldsymbol{x}}{\mathrm{d}t}=\boldsymbol{A}\boldsymbol{x}+\boldsymbol{F}(t),\\\boldsymbol{x}(0)=(-1,1,0)^{\mathrm{T}}\end{cases}$$

的解，其中 $\boldsymbol{A}=\begin{pmatrix}2&0&0\\1&1&1\\1&-1&3\end{pmatrix}$，$\boldsymbol{F}(t)=(\mathrm{e}^{2t},\mathrm{e}^{2t},0)^{\mathrm{T}}$。

解 在例 5.4.2 中已经求出

$$\mathrm{e}^{\boldsymbol{A}t}=\mathrm{e}^{2t}\begin{pmatrix}1&0&0\\t&1-t&t\\t&-t&1+t\end{pmatrix},$$

计算

$$\mathrm{e}^{-\boldsymbol{A}\tau}\boldsymbol{F}(\tau)=\mathrm{e}^{-2\tau}\begin{pmatrix}1&0&0\\-\tau&1+\tau&-\tau\\-\tau&\tau&1-\tau\end{pmatrix}\begin{pmatrix}\mathrm{e}^{2\tau}\\\mathrm{e}^{\tau}\\0\end{pmatrix}=\begin{pmatrix}1\\1\\0\end{pmatrix},$$

$$\int_0^t\mathrm{e}^{-\boldsymbol{A}\tau}\boldsymbol{F}(\tau)\,\mathrm{d}\tau=\begin{pmatrix}t\\t\\0\end{pmatrix},$$

于是可得

$$\boldsymbol{x}(t)=\mathrm{e}^{\boldsymbol{A}t}\left(\begin{pmatrix}-1\\1\\0\end{pmatrix}+\begin{pmatrix}t\\t\\0\end{pmatrix}\right)=\mathrm{e}^{2t}\begin{pmatrix}1&0&0\\t&1-t&t\\t&-t&1+t\end{pmatrix}\begin{pmatrix}t-1\\t+1\\0\end{pmatrix}=\begin{pmatrix}(t-1)\mathrm{e}^{2t}\\(1-t)\mathrm{e}^{2t}\\-2t\mathrm{e}^{2t}\end{pmatrix}。$$

数学家与数学家精神 5

现代代数(不变量代数)和现代几何(代数几何)的创始人之一——克莱布什

克莱布什(Clebsch，1833—1872)，德国数学家。他是现代代数(不变量代数)和现代几何(代数几何)的创始人之一，曾给出“克莱布什-哥尔丹定理”“克莱布什-阿龙霍尔德符号法”和“普吕克-克莱布什原理”等结果，其工作对 19 世纪后期的德国数学有较大影响。1861 年，克莱布什从埃尔米特定理推导出实斜对称矩阵的非零特征根是纯虚数。他的主要工作是代数不变量和代数几何，是第一个用曲线术语来重新叙述第一类阿贝尔积分定理的人。为了对曲线进行分类，他首次引入连通、亏格等概念，证明了一系列有关定理。

多才多艺的数学家——若尔当

若尔当(Jordan，1838—1922)，法国数学家。1854 年，若尔当研究了矩阵化为标准形的问题，1855 年入巴黎综合工科学校，1861 年获得博士学位，任工程师直至 1885 年。从 1873 年起，他同时在巴黎综合工科学校和法兰西学院执教，1881 年被选为法国科学院院士，1895 年当选为彼得堡科学院通讯院士。1885—1921 年曾任《纯粹与应用数学》杂志编辑，若尔当的主要工作是在分析和群论方面，但他发表的论文几乎涉及他那个时代数学的所有分支，把置换群用线性变换来表示是若尔当开创的。19 世纪最后十年，若尔当积极参与现代分析的创立。在分析学中，若尔当对严密证明的理解远比他的大多数同时代人更确切。

习题 5

1. 下列矩阵是否为收敛矩阵？为什么？

(1) $\boldsymbol{A}=\begin{pmatrix}0.2 & 0.1 & 0.2\\ 0.5 & 0.5 & 0.4\\ 0.1 & 0.3 & 0.2\end{pmatrix}$；

(2) $\boldsymbol{B}=\begin{pmatrix}\frac{1}{6} & -\frac{4}{3}\\ -\frac{1}{3} & \frac{1}{6}\end{pmatrix}$。

2. 设 $\boldsymbol{A}=\begin{pmatrix}0 & a & a\\ a & 0 & a\\ a & a & 0\end{pmatrix}$，讨论实数 a 取何值时，$\boldsymbol{A}$ 为收敛矩阵？

3. 讨论下列矩阵幂级数的敛散性。

(1) $\sum\limits_{k=1}^{\infty}\frac{1}{k^2}\begin{pmatrix}1 & 7\\ -1 & -3\end{pmatrix}^k$；

(2) $\sum\limits_{k=0}^{\infty}\frac{k}{6^k}\begin{pmatrix}1 & -8\\ -2 & 1\end{pmatrix}^k$。

4. 设

$$\boldsymbol{A}=\begin{pmatrix}\frac{1}{2} & 1 & 1\\ 0 & \frac{1}{3} & 1\\ 0 & 0 & \frac{1}{5}\end{pmatrix}$$

求 $\lim\limits_{k\to\infty}\boldsymbol{A}^k$。

5. 判断矩阵幂级数 $\sum\limits_{k=0}^{\infty}\begin{pmatrix}\frac{1}{6} & -\frac{1}{3}\\ -\frac{4}{3} & \frac{1}{6}\end{pmatrix}^k$ 的敛散性。

6. 判断矩阵幂级数 $\sum_{k=0}^{\infty}\frac{1}{k^2}\begin{pmatrix}-2&1&-1\\0&1&0\\1&1&0\end{pmatrix}^k$ 的敛散性。

7. 设 $\boldsymbol{A}=\begin{pmatrix}-2&1&0\\-4&2&0\\1&0&1\end{pmatrix}$，求矩阵函数 $\mathrm{e}^{\boldsymbol{A}}$ 和 $\sin\boldsymbol{A}$。

8. 设 $\boldsymbol{A}=\begin{pmatrix}2&1&0\\0&0&1\\0&1&0\end{pmatrix}$，求 $\mathrm{e}^{\boldsymbol{A}}$，$\mathrm{e}^{\boldsymbol{A}t}$及 $\sin\boldsymbol{A}$。

9. 设$f(z)=\ln z$，求$f(\boldsymbol{A})$，这里 $\boldsymbol{A}$ 分别为

(1) $\boldsymbol{A}=\begin{pmatrix}1&0&0&0\\1&1&0&0\\0&1&1&0\\0&0&1&1\end{pmatrix}$； (2) $\boldsymbol{A}=\begin{pmatrix}2&1&0&0\\0&2&0&0\\0&0&1&1\\0&0&0&1\end{pmatrix}$。

10. 对下列矩阵，求矩阵函数 $\mathrm{e}^{\boldsymbol{A}t}$。

(1) $\boldsymbol{A}=\begin{pmatrix}0&1\\-2&-3\end{pmatrix}$； (2) $\boldsymbol{A}=\begin{pmatrix}2&-2&3\\1&1&1\\1&3&-1\end{pmatrix}$。

11. 用若尔当标准形法求 $\mathrm{e}^{\boldsymbol{A}t}$，其中

$$\boldsymbol{A}=\begin{pmatrix}1&0&0\\0&1&-1\\-1&0&1\end{pmatrix}。$$

12. 设 $\boldsymbol{A}=\begin{pmatrix}1&2&-6\\1&0&-3\\1&1&-4\end{pmatrix}$，求 $\mathrm{e}^{\boldsymbol{A}}$，$\mathrm{e}^{\boldsymbol{A}t}$及 $\sin\boldsymbol{A}$。

13. 设$f(x)=x^{\frac{1}{2}}$，$\boldsymbol{A}=\begin{pmatrix}1&1&0\\0&1&0\\0&0&2\end{pmatrix}$，求$f(\boldsymbol{A})$。

14. 设 $\boldsymbol{A}=\begin{pmatrix}4&1&0&0\\0&4&0&0\\0&0&1&1\\0&0&0&1\end{pmatrix}$，计算 $\sin\boldsymbol{A}$ 和$\sqrt{\boldsymbol{A}}$。

15. 设 $\boldsymbol{A}=\begin{pmatrix}3&1&0&0\\0&3&0&0\\0&0&2&1\\0&0&0&2\end{pmatrix}$，计算 $\cos\boldsymbol{A}$ 和$\frac{1}{\boldsymbol{A}}$。

16. 设 $\boldsymbol{A}=\begin{pmatrix}5&1&0&0\\0&5&0&0\\0&0&6&1\\0&0&0&6\end{pmatrix}$，计算 $\ln\boldsymbol{A}$ 和$\frac{1}{\boldsymbol{A}}$。

17. 设$\boldsymbol{A}(t)=\begin{pmatrix}\cos t&\sin t\\-\sin t&\cos t\end{pmatrix}$，求$\frac{\mathrm{d}}{\mathrm{d}t}\boldsymbol{A}(t)$，$\frac{\mathrm{d}}{\mathrm{d}t}\boldsymbol{A}^{-1}(t)$，$\frac{\mathrm{d}}{\mathrm{d}t}\left|\boldsymbol{A}(t)\right|$，$\left|\frac{\mathrm{d}}{\mathrm{d}t}\boldsymbol{A}(t)\right|$。

18. 设 $\boldsymbol{A}(t)=\begin{pmatrix}\cos t&\sin t\\2+t&0\end{pmatrix}$，求：(1) $\frac{\mathrm{d}\boldsymbol{A}(t)}{\mathrm{d}t}$；(2) $\int_0^{\pi}\boldsymbol{A}(t)\mathrm{d}t$。

19. 求$\int_0^t\boldsymbol{A}(\tau)\mathrm{d}\tau$，其中$\boldsymbol{A}(t)=\begin{pmatrix}\mathrm{e}^{2t}&t\mathrm{e}^{t}&1+t\\\mathrm{e}^{-2t}&2\mathrm{e}^{2t}&\sin t\\3t&0&t\end{pmatrix}$。

20. 已知函数矩阵

$$\boldsymbol{A}(x)=\begin{pmatrix}\mathrm{e}^{2x}&x\mathrm{e}^{x}&x^2\\\mathrm{e}^{-x}&2\mathrm{e}^{2x}&0\\3x&0&0\end{pmatrix},$$

试求$\int_0^1\boldsymbol{A}(x)\mathrm{d}x$ 和$\frac{\mathrm{d}}{\mathrm{d}x}\left(\int_0^{x^2}\boldsymbol{A}(t)\mathrm{d}t\right)$。

21. 求微分方程组

$$\begin{cases}\frac{\mathrm{d}\boldsymbol{x}}{\mathrm{d}t}=\begin{pmatrix}-1&2\\-2&1\end{pmatrix}\boldsymbol{x}(t),\\\boldsymbol{x}(0)=\begin{pmatrix}0\\1\end{pmatrix}\end{cases}$$

的解。

22. 求微分方程组$\begin{cases}\frac{\mathrm{d}\boldsymbol{x}}{\mathrm{d}t}=\boldsymbol{A}\boldsymbol{x},\\\boldsymbol{x}(0)=(1,1,1)^{\mathrm{T}}\end{cases}$的解，其中 $\boldsymbol{A}=\begin{pmatrix}3&0&8\\3&-1&6\\-2&0&-5\end{pmatrix}$。

23. 求微分方程组$\begin{cases}\frac{\mathrm{d}\boldsymbol{x}}{\mathrm{d}t}=\boldsymbol{A}\boldsymbol{x},\\\boldsymbol{x}(0)=(1,1,1)^{\mathrm{T}}\end{cases}$的解，其中 $\boldsymbol{A}=\begin{pmatrix}1&-1&4\\3&2&-1\\2&1&-1\end{pmatrix}$。

24. 求微分方程组

$$\begin{cases}\frac{\mathrm{d}x_1}{\mathrm{d}t}=2x_1+2x_2-x_3,\\\frac{\mathrm{d}x_2}{\mathrm{d}t}=-x_1-x_2+x_3,\\\frac{\mathrm{d}x_3}{\mathrm{d}t}=-x_1-2x_2+2x_3\end{cases}$$

满足初始条件 $x_1(0)=1, x_2(0)=1, x_3(0)=3$ 的解。

25. 求微分方程组

$$\begin{cases}\dfrac{\mathrm{d}\boldsymbol{x}}{\mathrm{d}t}=\begin{pmatrix}3 & 5\\ -5 & 3\end{pmatrix}\boldsymbol{x}(t)+\begin{pmatrix}\mathrm{e}^{-t}\\ 0\end{pmatrix},\\ \boldsymbol{x}(0)=\begin{pmatrix}0\\ 1\end{pmatrix}\end{cases}$$

的解。

26. 求微分方程组

$$\begin{cases}\dfrac{\mathrm{d}x_1}{\mathrm{d}t}=-2x_1+x_2+1,\\ \dfrac{\mathrm{d}x_2}{\mathrm{d}t}=-4x_1+2x_2+2,\\ \dfrac{\mathrm{d}x_3}{\mathrm{d}t}=x_1+x_3+\mathrm{e}^{t}-1\end{cases}$$

满足初始条件 $x_1(0)=1, x_2(0)=1, x_3(0)=-1$ 的解。

西迁精神

6

第 6 章 矩阵的广义逆

摩尔(E. H. Moore)于1920年在美国数学会上提出了他的广义逆矩阵的一个论文摘要，该论文发表于1935年。20世纪30年代，我国的曾远荣先生将它推广到希尔伯特空间的线性算子中。由于人们不知道广义逆矩阵的用途，所以一直未受到重视。后来随着数学和科学技术的迅速发展，广义逆矩阵概念的需求日益增多。1955年，彭罗斯(R. Penrose)发表了与摩尔等价的广义逆矩阵的理论，现在就称为Moorc-Penrose广义逆矩阵，并记成A^{+}。同年，拉奥(Rao)提出了一个更一般的广义逆矩阵概念，现称为g逆。此后，广义逆矩阵的理论才逐步发展起来，并开始广泛地应用于许多学科中。

6.1 矩阵的若干种常用广义逆

6.1.1 广义逆矩阵的基本概念

定义 6.1.1 设矩阵$\boldsymbol{A}\in\mathbb{C}^{m\times n}$，若存在矩阵$\boldsymbol{X}\in\mathbb{C}^{m\times n}$满足如下四个方程：

$$\boldsymbol{AXA}=\boldsymbol{A}, \tag{6.1.1}$$

$$\boldsymbol{XAX}=\boldsymbol{X}, \tag{6.1.2}$$

$$(\boldsymbol{AX})^{\mathrm{H}}=\boldsymbol{AX}, \tag{6.1.3}$$

$$(\boldsymbol{XA})^{\mathrm{H}}=\boldsymbol{XA}, \tag{6.1.4}$$

则称$\boldsymbol{X}$为$\boldsymbol{A}$的Moore-Penrose广义逆，记为A^{+}，并把上述四个方程称为Moore-Penrose方程，简称为M-P方程。

由于M-P的四个方程都各自有一定的解释，并且应用起来各有方便之处，所以出于不同的目的，常常考虑满足部分方程的$\boldsymbol{X}$。为方便起见，给出如下的广义逆矩阵的定义。

定义 6.1.2　设矩阵 $\boldsymbol{A}\in\mathbb{C}^{m\times n}$，若存在某个 $\boldsymbol{X}\in\mathbb{C}^{m\times n}$ 满足 M-P 方程(6.1.1)～方程(6.1.4)中的全部或部分，则称 $\boldsymbol{X}$ 为 $\boldsymbol{A}$ 的广义逆矩阵，简称为广义逆。

例如，有某个 $\boldsymbol{X}$ 只满足式(6.1.1)，则 $\boldsymbol{X}$ 为 $\boldsymbol{A}$ 的 $\{1\}$ 广义逆，记为 $\boldsymbol{X}\in\boldsymbol{A}\{1\}$；如果另一个 $\boldsymbol{Y}$ 满足式(6.1.1)和式(6.1.2)，则称 $\boldsymbol{Y}$ 为 $\boldsymbol{A}$ 的 $\{1,2\}$ 广义逆，记为 $\boldsymbol{Y}\in\boldsymbol{A}\{1,2\}$；如果 $\boldsymbol{X}\in\boldsymbol{A}\{1,2,3,4\}$，则 $\boldsymbol{X}$ 同时满足四个方程，它就是 Moore-Penrose 广义逆等。按定义 6.1.2 可推得，满足 M-P 方程中的一个、两个、三个、四个方程的广义逆矩阵共有 15 类，即 $C_4^1+C_4^2+C_4^3+C_4^4=15$，但应用较多的是以下五类：$\boldsymbol{A}\{1\}$，$\boldsymbol{A}\{1,2\}$，$\boldsymbol{A}\{1,3\}$，$\boldsymbol{A}\{1,4\}$，$\boldsymbol{A}\{1,2,3,4\}$。事实上，可以证明只有 $\boldsymbol{A}\{1,2,3,4\}$ 是唯一的，即 $\boldsymbol{A}^+$，而其他各种广义逆矩阵都不是唯一的。

例 6.1.1　设 $\boldsymbol{A}=\begin{pmatrix}1&1\\0&0\end{pmatrix}$，由定义直接验算可得

$$\boldsymbol{A}^+=\begin{pmatrix}\frac{1}{2}&0\\\frac{1}{2}&0\end{pmatrix},$$

当 $\boldsymbol{A}$ 是可逆方阵时，则它的所有广义逆矩阵都等于 $\boldsymbol{A}^{-1}$。

6.1.2　减号逆 $\boldsymbol{A}^-$

定义 6.1.3　对于 $\boldsymbol{A}\in\mathbb{C}^{m\times n}$，若有 $\boldsymbol{X}\in\mathbb{C}^{n\times m}$ 使 $\boldsymbol{AXA}=\boldsymbol{A}$ 成立，则称 $\boldsymbol{X}$ 为 $\boldsymbol{A}$ 的减号逆，记为 $\boldsymbol{A}^-$。所有减号逆的全体是 $\boldsymbol{A}\{1\}$。

定理 6.1.1　设 $\boldsymbol{A}\in\mathbb{C}^{m\times n}$，则 $\boldsymbol{A}$ 的减号逆 $\boldsymbol{A}^-$ 一定存在。进一步，若 $\boldsymbol{A}$ 的等价标准形为

$$\boldsymbol{PAQ}=\begin{pmatrix}\boldsymbol{E}_r&\boldsymbol{O}\\\boldsymbol{O}&\boldsymbol{O}\end{pmatrix},\tag{6.1.5}$$

其中，$\operatorname{rank}\boldsymbol{A}=r$，$\boldsymbol{P}$，$\boldsymbol{Q}$ 分别为 m 阶和 n 阶的可逆矩阵；$\boldsymbol{E}_r$ 为 r 阶单位矩阵，则

$$\boldsymbol{A}^-=\boldsymbol{Q}\begin{pmatrix}\boldsymbol{E}_r&\boldsymbol{B}_{12}\\\boldsymbol{B}_{21}&\boldsymbol{B}_{22}\end{pmatrix}\boldsymbol{P},\tag{6.1.6}$$

这里 $\boldsymbol{B}_{12},\boldsymbol{B}_{21},\boldsymbol{B}_{22}$ 分别是 $r\times(m-r),(n-r)\times r,(n-r)\times(m-r)$ 的任意矩阵。

证 如果 rank$\boldsymbol{A}=r=0$，这时对任意的 $\boldsymbol{X}\in\mathbb{R}^{n\times m}$，都有 $\boldsymbol{OXO}=\boldsymbol{O}$，所以任意 $n\times m$ 矩阵 $\boldsymbol{X}$ 都是零矩阵的减号逆。

若 rank$\boldsymbol{A}=r>0$，因为 $\boldsymbol{A}$ 的减号逆 $\boldsymbol{A}^{-}$ 满足 $\boldsymbol{AA}^{-}\boldsymbol{A}=\boldsymbol{A}$，将式(6.1.5)代入得

$$\boldsymbol{P}^{-1}\begin{pmatrix}\boldsymbol{E}_r & \boldsymbol{O}\\ \boldsymbol{O} & \boldsymbol{O}\end{pmatrix}\boldsymbol{Q}^{-1}\boldsymbol{A}^{-}\boldsymbol{P}^{-1}\begin{pmatrix}\boldsymbol{E}_r & \boldsymbol{O}\\ \boldsymbol{O} & \boldsymbol{O}\end{pmatrix}\boldsymbol{Q}^{-1}=\boldsymbol{P}^{-1}\begin{pmatrix}\boldsymbol{E}_r & \boldsymbol{O}\\ \boldsymbol{O} & \boldsymbol{O}\end{pmatrix}\boldsymbol{Q}^{-1},\tag{6.1.7}$$

令

$$\boldsymbol{Q}^{-1}\boldsymbol{A}^{-}\boldsymbol{P}^{-1}=\begin{pmatrix}\boldsymbol{B}_{11} & \boldsymbol{B}_{12}\\ \boldsymbol{B}_{21} & \boldsymbol{B}_{22}\end{pmatrix},\tag{6.1.8}$$

将它代入式(6.1.7)，可得

$$\begin{pmatrix}\boldsymbol{E}_r & \boldsymbol{O}\\ \boldsymbol{O} & \boldsymbol{O}\end{pmatrix}\begin{pmatrix}\boldsymbol{B}_{11} & \boldsymbol{B}_{12}\\ \boldsymbol{B}_{21} & \boldsymbol{B}_{22}\end{pmatrix}\begin{pmatrix}\boldsymbol{E}_r & \boldsymbol{O}\\ \boldsymbol{O} & \boldsymbol{O}\end{pmatrix}=\begin{pmatrix}\boldsymbol{E}_r & \boldsymbol{O}\\ \boldsymbol{O} & \boldsymbol{O}\end{pmatrix},$$

则

$$\begin{pmatrix}\boldsymbol{B}_{11} & \boldsymbol{O}\\ \boldsymbol{O} & \boldsymbol{O}\end{pmatrix}=\begin{pmatrix}\boldsymbol{E}_r & \boldsymbol{O}\\ \boldsymbol{O} & \boldsymbol{O}\end{pmatrix},\quad \boldsymbol{B}_{11}=\boldsymbol{E}_r,$$

而 $\boldsymbol{B}_{12},\boldsymbol{B}_{21},\boldsymbol{B}_{22}$ 为任意的矩阵。将 $\boldsymbol{B}_{11}=\boldsymbol{E}_r$ 代入式(6.1.8)，便得式(6.1.6)。

如果 rank$\boldsymbol{A}<m$，则 $\boldsymbol{A}^{-}$ 有无穷多个；当 $r(\boldsymbol{A})=n=m$ 时，$\boldsymbol{A}^{-}$ 唯一且等于 $\boldsymbol{A}^{-1}$。

例 6.1.2 设 $\boldsymbol{A}=\begin{pmatrix}1 & -1 & 2\\ 2 & 2 & 3\end{pmatrix}$，求 $\boldsymbol{A}^{-}$。

解 将 $\boldsymbol{A}$ 通过初等变换，化为一个等价的标准形，在 $\boldsymbol{A}$ 的右边放上一个单位矩阵 $\boldsymbol{E}_2$，在 $\boldsymbol{A}$ 的下方放上一个单位矩阵 $\boldsymbol{E}_3$，当 $\boldsymbol{A}$ 变成 $\boldsymbol{E}_r$ 时，则 $\boldsymbol{E}_2$ 就变成 $\boldsymbol{P}$，而 $\boldsymbol{E}_3$ 就变成 $\boldsymbol{Q}$。

$$\begin{pmatrix}\boldsymbol{A} & \boldsymbol{E}_2\\ \boldsymbol{E}_3 & \boldsymbol{O}\end{pmatrix}=\begin{pmatrix}1 & -1 & 2 & 1 & 0\\ 2 & 2 & 3 & 0 & 1\\ 1 & 0 & 0 & 0 & 0\\ 0 & 1 & 0 & 0 & 0\\ 0 & 0 & 1 & 0 & 0\end{pmatrix}\xrightarrow[c_3+(-2)c_1]{c_2+c_1}\begin{pmatrix}1 & 0 & 0 & 1 & 0\\ 2 & 4 & -1 & 0 & 1\\ 1 & 1 & -2 & 0 & 0\\ 0 & 1 & 0 & 0 & 0\\ 0 & 0 & 1 & 0 & 0\end{pmatrix}$$

$$\xrightarrow[c_2+4c_3]{c_1+2c_3}\begin{pmatrix}1 & 0 & 0 & 1 & 0\\ 0 & 0 & -1 & 0 & 1\\ -3 & -7 & -2 & 0 & 0\\ 0 & 1 & 0 & 0 & 0\\ 2 & 4 & 1 & 0 & 0\end{pmatrix}\xrightarrow{c_2\leftrightarrow c_3}\begin{pmatrix}1 & 0 & 0 & 1 & 0\\ 0 & -1 & 0 & 0 & 1\\ -3 & -2 & -7 & 0 & 0\\ 0 & 0 & 1 & 0 & 0\\ 2 & 1 & 4 & 0 & 0\end{pmatrix}$$

$$\xrightarrow{(-1)r_2}\begin{pmatrix}1&0&0&1&0\\0&1&0&0&-1\\-3&-2&-7&0&0\\0&0&1&0&0\\2&1&4&0&0\end{pmatrix},$$

因此有

$$\begin{pmatrix}1&0\\0&-1\end{pmatrix}\boldsymbol{A}\begin{pmatrix}-3&-2&-7\\0&0&1\\2&1&4\end{pmatrix}=\begin{pmatrix}1&0&0\\0&1&0\end{pmatrix},$$

故

$$\boldsymbol{A}^-=\boldsymbol{Q}\begin{pmatrix}1&0&0\\0&1&0\end{pmatrix}^-\boldsymbol{P}=\boldsymbol{Q}\begin{pmatrix}1&0\\0&1\\*&*\end{pmatrix}\boldsymbol{P}$$

如果 $*$ 为 0，则 $\boldsymbol{A}^-=\boldsymbol{Q}\begin{pmatrix}1&0\\0&1\\0&0\end{pmatrix}\boldsymbol{P}=\begin{pmatrix}-3&2\\0&0\\2&-1\end{pmatrix}$，这只是其中的一个减号逆。

例 6.1.3　设 $\boldsymbol{A}=\begin{pmatrix}1&2&0\\0&0&2\\2&4&0\end{pmatrix}$，求 $\boldsymbol{A}^-$。

解　$$\begin{pmatrix}\boldsymbol{A}&\boldsymbol{E}_3\\\boldsymbol{E}_3&*\end{pmatrix}=\begin{pmatrix}1&2&0&1&0&0\\0&0&2&0&1&0\\2&4&0&0&0&1\\1&0&0&*&*&*\\0&1&0&*&*&*\\0&0&1&*&*&*\end{pmatrix}\xrightarrow[\frac{1}{2}r_2]{r_3+(-2)r_1}\begin{pmatrix}1&2&0&1&0&0\\0&0&1&0&\frac{1}{2}&0\\0&0&0&-2&0&1\\1&0&0&*&*&*\\0&1&0&*&*&*\\0&0&1&*&*&*\end{pmatrix}$$

$$\xrightarrow{c_2+(-2)c_1}\begin{pmatrix}1&0&0&1&0&0\\0&0&1&0&\frac{1}{2}&0\\0&0&0&-2&0&1\\1&-2&0&*&*&*\\0&1&0&*&*&*\\0&0&1&*&*&*\end{pmatrix}\xrightarrow{c_2\leftrightarrow c_3}\begin{pmatrix}1&0&0&1&0&0\\0&1&0&0&\frac{1}{2}&0\\0&0&0&-2&0&1\\1&0&-2&*&*&*\\0&0&1&*&*&*\\0&1&0&*&*&*\end{pmatrix}=$$

$$\begin{pmatrix}\boldsymbol{A}_1&\boldsymbol{P}\\\boldsymbol{Q}&*\end{pmatrix},$$

因此有
$$\begin{pmatrix}1&0&0\\0&\frac{1}{2}&0\\-2&0&1\end{pmatrix}A\begin{pmatrix}1&0&-2\\0&0&1\\0&1&0\end{pmatrix}=\begin{pmatrix}1&0&0\\0&1&0\\0&0&1\end{pmatrix},$$

即
$$PAQ=A_1=\begin{pmatrix}E_2&0\\0&0\end{pmatrix},$$

其中
$$P=\begin{pmatrix}1&0&0\\0&\frac{1}{2}&0\\-2&0&1\end{pmatrix},\ Q=\begin{pmatrix}1&0&-2\\0&0&1\\0&1&0\end{pmatrix}。$$

$$令\ B=P^{-1}\begin{pmatrix}E_2\\\mathbf{0}\end{pmatrix}=\begin{pmatrix}1&0&0\\0&\frac{1}{2}&0\\-2&0&1\end{pmatrix}^{-1}\begin{pmatrix}1&0\\0&1\\0&0\end{pmatrix}=\begin{pmatrix}1&0\\0&2\\2&0\end{pmatrix},$$

$$C=(E_2,\mathbf{0})Q^{-1}=\begin{pmatrix}1&0&0\\0&1&0\end{pmatrix}\begin{pmatrix}1&0&-2\\0&0&1\\0&1&0\end{pmatrix}^{-1}=\begin{pmatrix}1&2&0\\0&0&1\end{pmatrix},$$

于是 $C_R^{-1}=C^T(CC^T)^{-1}=\frac{1}{5}\begin{pmatrix}1&0\\2&0\\0&5\end{pmatrix}$，$B_L^{-1}=(B^TB)^{-1}B^T=\frac{1}{10}\begin{pmatrix}2&0&4\\0&5&0\end{pmatrix}$，

所以
$$A^{-1}=C_R^{-1}B_L^{-1}=\frac{1}{50}\begin{pmatrix}2&0&4\\4&0&8\\0&25&0\end{pmatrix}。$$

定理 6.1.2 设 $A\in\mathbb{C}^{m\times n}$，$A^-$ 是一个特定的减号逆，则有

$$A\{1\}=\{A^-+G-A^-AGAA^-,\text{其中 } G\in\mathbb{C}^{n\times m}\text{ 是任意矩阵}\},\quad(6.1.9)$$

$$A\{1\}=\{A^-+Z(E_m-AA^-)+(E_n-A^-A)Y,\ \text{其中 } Y,Z\in\mathbb{C}^{n\times m}\text{ 是任意矩阵}\}。\quad(6.1.10)$$

证 $A(A^-+G-A^-AGAA^-)A=AA^-A+AGA-AA^-AGAA^-A=A$,

$$\begin{aligned}&A[A^-+Z(E_m-AA^-)+(E_n-AA^-)Y]A\\&=AA^-A+AZ(E_m-AA^-)A+A(E_n-AA^-)YA\\&=A+AZA-AZAA^-A+AYA-AA^-AYA=A,\end{aligned}$$

因此 $A^-+G-A^-AGAA^-\in A\{1\}$，$A^-+Z(E_m-AA^-)+(E_n-A^-A)Y\in A\{1\}$，

反之，对于满足 $AXA=A$ 的任意一个 X，都可以表示成式(6.1.9)和式(6.1.10)的形式。这是因为，

$$X=A^-+(X-A^-)=A^-+(X-A^-)-A^-A(X-A^-)AA^-,$$

可取式(6.1.9)中的 $G=X-A^-$ 即可。

同理 $X=A^-+X-A^-=A^-+(X-A^-)(E_m-AA^-)+(E_n-A^-A)XAA^-$，取式(6.1.10)中的 $Z=X-A^-, Y=XAA^-$，即可。

设有 $A\in\mathbb{C}^{m\times n}$，下面考察 $\mathrm{rank}A^-$ 与 $\mathrm{rank}A$ 之间的关系。

定理 6.1.3　$\mathrm{rank}A^-\geqslant\mathrm{rank}A$。

证　因为 $AA^-A=A$，即 $(AA^-)A=A$，所以 $\mathrm{rank}(AA^-)\geqslant\mathrm{rank}A$。

又因为
$$\mathrm{rank}A^-\geqslant\mathrm{rank}(AA^-),$$
故
$$\mathrm{rank}A^-\geqslant\mathrm{rank}(AA^-)\geqslant\mathrm{rank}A。$$

6.1.3　极小范数广义逆 A_m^-

定义 6.1.4　设 $A\in\mathbb{C}^{m\times n}$，如果存在 $X\in\mathbb{C}^{n\times m}$ 使得 $AXA=A$ 及 $(XA)^{\mathrm{H}}=XA$ 成立，则称 X 为 A 的一个极小范数广义逆，记为 A_m^-，所有极小范数广义逆是 $A\{1,4\}$。

极小范数广义逆 A_m^- 通常有下列的计算方法：

(1) 若 $A\in\mathbb{C}_m^{m\times n}(m\leqslant n)$，或 $A\in\mathbb{C}_n^{m\times n}(n\leqslant m)$，则 $A_{\mathrm{R}}^{-1}=A^{\mathrm{H}}(AA^{\mathrm{H}})^{-1}$ 或 $A_{\mathrm{L}}^{-1}=(A^{\mathrm{H}}A)^{-1}A^{\mathrm{H}}$ 是 A 的一个极小范数广义逆 A_m^-。

(2) 若 $A\in\mathbb{C}_r^{m\times n}$，$r=\mathrm{rank}A<\min\{m,n\}(r>0)$，且 A 有最大秩分解为 $A=BC$，其中 $B\in\mathbb{C}_r^{m\times r}$，$C\in\mathbb{C}_r^{r\times n}$，则 $X=C_{\mathrm{R}}^{-1}B_{\mathrm{L}}^{-1}$ 是 A 的一个极小范数广义逆，即可取 $A_m^-=C_{\mathrm{R}}^{-1}B_{\mathrm{L}}^{-1}$。

事实上，只需补充它满足 M-P 的第四个方程。因为
$$\begin{aligned}(C_{\mathrm{R}}^{-1}B_{\mathrm{L}}^{-1}BC)^{\mathrm{H}}&=[C^{\mathrm{H}}(CC^{\mathrm{H}})^{-1}(B^{\mathrm{H}}B)^{-1}B^{\mathrm{H}}BC]^{\mathrm{H}}=[C^{\mathrm{H}}(CC^{\mathrm{H}})^{-1}C]^{\mathrm{H}}\\&=C^{\mathrm{H}}(CC^{\mathrm{H}})^{-1}C,\end{aligned}$$
故有 $(A_m^-A)^{\mathrm{H}}=A_m^-A$。所以 $A_m^-=C_{\mathrm{R}}^{-1}B_{\mathrm{L}}^{-1}$ 是 A 的一个极小范数广义逆。

在一般情况下，用满秩分解来求 A_m^- 是很麻烦的，可以用以下的方法。

(3) 对于 $A\in\mathbb{C}^{m\times n}$(假定 $m\leqslant n$)，有 $A_m^-=A^{\mathrm{H}}(AA^{\mathrm{H}})^-$。

6.1.4　加号逆 A^+

前面我们对减号逆 A^- 加以不同的限制，得出一些具有不同性质的减号逆，如自反广义逆、最小范数广义逆、最小二乘广义逆等。其实，还有一类更特殊也更为重要的广义逆，这就是将要介绍的加号逆 A^+。它的实质是在减号逆的条件 $AGA=A$ 的基础上用上述所有条件同时加以限制。用这样的方式得出的 A^+，不仅在应

用上特别重要，而且有很多有趣的性质。

定义 6.1.5 设 $A\in\mathbb{R}^{m\times n}$，若存在 $n\times m$ 矩阵 G，同时满足：

(1) $AGA=A$；

(2) $GAG=G$；

(3) $(AG)^{\mathrm{T}}=AG$；

(4) $(GA)^{\mathrm{T}}=GA$，

则称 G 为 A 的加号逆，或伪逆，记为 A^{+}。

从定义可以看出，加号逆必同时是减号逆、自反广义逆、最小范数广义逆和最小二乘广义逆。在 4 个条件中，G 与 A 完全处于对称地位，因此 A 也是 A^{+}的加号逆，即有

$$(A^{+})^{+}=A。$$

另外可见，加号逆很类似于通常的逆矩阵，因为通常的 A^{-1}也有下列 4 个类似的性质：

(1) $AA^{-1}A=A$；

(2) $A^{-1}AA^{-1}=A^{-1}$；

(3) $AA^{-1}=E$；

(4) $A^{-1}A=E$。

由定义 6.1.5 中的条件(3)和(4)还可看出，AA^{+}与 $A^{+}A$ 都是对称矩阵。

例 6.1.4 (1) 设 $O\in\mathbb{R}^{m\times n}$，则 $O^{+}=O\in\mathbb{R}^{n\times m}$；

(2) 设 $A=\begin{pmatrix}E_r & O\\ O & O\end{pmatrix}$是 n 阶方阵，则 $A^{+}=A$；

(3) 设对角矩阵

$$A=\begin{pmatrix}\lambda_1 & & \\ & \ddots & \\ & & \lambda_n\end{pmatrix}，则\ A^{+}=\begin{pmatrix}\lambda_1^{+} & & \\ & \ddots & \\ & & \lambda_n^{+}\end{pmatrix}，$$

其中

$$\lambda_i^{+}=\begin{cases}\dfrac{1}{\lambda_i}, & 当\ \lambda_i\neq 0\ 时，\\ 0, & 当\ \lambda_i=0\ 时。\end{cases}$$

例如，$2^{+}=\dfrac{1}{2}$，$\left(-\dfrac{1}{3}\right)^{+}=-3$，$0^{+}=0$ 等。

证 (1)显然，只要证明(3)，那么(2)是(3)的直接推论。下面证明(3)，不失一般性，令

$$\lambda_1,\cdots,\lambda_s\neq 0,\lambda_{s+1}=\cdots=\lambda_n=0,$$

那么，令

$$B=\begin{pmatrix} \lambda_1^{-1} & & & & & \\ & \ddots & & & & \\ & & \lambda_s^{-1} & & & \\ & & & 0 & & \\ & & & & \ddots & \\ & & & & & 0 \end{pmatrix},$$

容易验证 B 满足定义 6.1.5 的 4 个条件，从而

$$A^+=B。$$

定理 6.1.4　若 $A\in\mathbb{R}^{m\times n}$，且 $A=BC$ 是最大秩分解，则

$$X=C^{\mathrm{T}}(CC^{\mathrm{T}})^{-1}(B^{\mathrm{T}}B)B^{\mathrm{T}}. \tag{6.1.11}$$

式(6.1.11)是 A 的加号逆。

证　$AXA=BCC^{\mathrm{T}}(CC^{\mathrm{T}})^{-1}(B^{\mathrm{T}}B)^{-1}B^{\mathrm{T}}BC=BC=A$,

$$\begin{aligned} XAX&=C^{\mathrm{T}}(CC^{\mathrm{T}})^{-1}(B^{\mathrm{T}}B)^{-1}B^{\mathrm{T}}BCC^{\mathrm{T}}(CC^{\mathrm{T}})^{-1}(B^{\mathrm{T}}B)^{-1}B^{\mathrm{T}}\\ &=C^{\mathrm{T}}(CC^{\mathrm{T}})^{-1}(B^{\mathrm{T}}B)^{-1}B^{\mathrm{T}}=X, \end{aligned}$$

$$\begin{aligned} (AX)^{\mathrm{T}}&=[BCC^{\mathrm{T}}(CC^{\mathrm{T}})^{-1}(B^{\mathrm{T}}B)^{-1}B^{\mathrm{T}}]^{\mathrm{T}}\\ &=[B(B^{\mathrm{T}}B)^{-1}B^{\mathrm{T}}]^{\mathrm{T}}=B(B^{\mathrm{T}}B)^{-1}B^{\mathrm{T}}=AX, \end{aligned}$$

$$\begin{aligned} (XA)^{\mathrm{T}}&=[C^{\mathrm{T}}(CC^{\mathrm{T}})^{-1}(B^{\mathrm{T}}B)^{-1}(B^{\mathrm{T}}B)C]^{\mathrm{T}}\\ &=[C^{\mathrm{T}}(CC^{\mathrm{T}})^{-1}C]^{\mathrm{T}}=C^{\mathrm{T}}(CC^{\mathrm{T}})^{-1}C=XA, \end{aligned}$$

因此，式(6.1.11)是加号逆。

推论　设 $A\in\mathbb{R}^{m\times n}$，$\operatorname{rank}(A)=r$，则

(1) 当 $r=n$(即 A 列满秩)时，$A^+=(A^{\mathrm{T}}A)^{-1}A^{\mathrm{T}}$；

(2) 当 $r=m$(即 A 行满秩)时，$A^+=A^{\mathrm{T}}(AA^{\mathrm{T}})^{-}$。

这里要注意到 $A=AE_n=E_mA$ 即可。

定理 6.1.5　对于任意 $A\in\mathbb{R}^{m\times n}$，其加号逆 A^+存在且唯一。

证　令 $G=A_m^-AA_1^-$，则 G 满足(由 A_m^-,A_1^- 性质)：

(1) $AGA=AA_m^-AA_1^-A=AA_1^-A=A$；

(2) $GAG=A_m^-AA_1^-AA_m^-AA_1^-=A_m^-AA_m^-AA_1^-=A_m^-AA_1^-=G$；

(3) $(GA)^{\mathrm{T}}=(A_m^-AA_1^-A)^{\mathrm{T}}=(A_m^-A)^{\mathrm{T}}=A_m^-A=GA$；

(4) $(AG)^{\mathrm{T}}=(AA_m^-AA_1^-)^{\mathrm{T}}=(AA_1^-)^{\mathrm{T}}=AA_1^-=AG$。

显然，$A_m^-AA_1^-$ 就是 A 的加号逆。下面证明唯一性。

设 X 与 Y 均是 A 的加号逆，于是同时有

$$AXA=A,\ AYA=A,$$

用 $\boldsymbol{Y}$ 右乘上面的第一式，再利用 $\boldsymbol{AY}$ 和 $\boldsymbol{AX}$ 的对称性，便得

$$\boldsymbol{AXAY}=\boldsymbol{AY},$$

$$\begin{aligned}\boldsymbol{AY}&=(\boldsymbol{AY})^{\mathrm{T}}=(\boldsymbol{AXAY})^{\mathrm{T}}=(\boldsymbol{AY})^{\mathrm{T}}(\boldsymbol{AX})^{\mathrm{T}}\\&=(\boldsymbol{AYAX})=(\boldsymbol{AYA})\boldsymbol{X}=\boldsymbol{AX},\end{aligned}$$

即 $\boldsymbol{AY}=\boldsymbol{AX}$。

类似地，得

$$\boldsymbol{YA}=\boldsymbol{XA},$$

用 $\boldsymbol{Y}$ 左乘等式 $\boldsymbol{AY}=\boldsymbol{AX}$，并利用上式，便得

$$\boldsymbol{YAY}=\boldsymbol{YAX}=\boldsymbol{XAX}。$$

但是

$$\boldsymbol{YAY}=\boldsymbol{Y},\ \boldsymbol{XAX}=\boldsymbol{X},$$

故最终得 $\boldsymbol{Y}=\boldsymbol{X}$，这表明 $\boldsymbol{A}^{+}$ 是唯一的。

推论 若 $\boldsymbol{A}$ 是 n 阶满秩方阵，即 $\boldsymbol{A}^{-1}$ 存在，则

$$\boldsymbol{A}^{+}=\boldsymbol{A}^{-1}=\boldsymbol{A}^{-},\tag{6.1.12}$$

这是因为前面我们已直接验证 $\boldsymbol{A}^{-1}$ 满足定义 6.1.5 的 4 个条件，再由 $\boldsymbol{A}^{+}$ 的唯一性即知式(6.1.12)成立。换句话说，当 $|\boldsymbol{A}|\neq0$ 时，这 3 种逆是统一的，且是唯一的，一般情况下，当 $\boldsymbol{A}^{-1}$ 不存在时，$\boldsymbol{A}^{+}$ 总是存在的，而 $\boldsymbol{A}^{-}$ 存在但不唯一。

下面我们来证明 $\boldsymbol{A}^{+}$ 的一些特殊性质。

定理 6.1.6 (1) $(\boldsymbol{A}^{\mathrm{T}})^{+}=(\boldsymbol{A}^{+})^{\mathrm{T}}$。

(2) $\boldsymbol{A}^{+}=(\boldsymbol{A}^{\mathrm{T}}\boldsymbol{A})^{+}\boldsymbol{A}^{\mathrm{T}}=\boldsymbol{A}^{\mathrm{T}}(\boldsymbol{A}\boldsymbol{A}^{\mathrm{T}})^{+}$。

(3) $(\boldsymbol{A}^{\mathrm{T}}\boldsymbol{A})^{+}=\boldsymbol{A}^{+}(\boldsymbol{A}^{\mathrm{T}})^{+}$。

(4) $\operatorname{rank}\boldsymbol{A}=\operatorname{rank}\boldsymbol{A}^{+}=\operatorname{rank}(\boldsymbol{A}^{+}\boldsymbol{A})=\operatorname{rank}(\boldsymbol{A}\boldsymbol{A}^{+})$。

证 (1) 令 $\boldsymbol{X}=(\boldsymbol{A}^{+})^{\mathrm{T}}$，下面证明 $\boldsymbol{X}$ 是 $\boldsymbol{A}^{\mathrm{T}}$ 的加号逆。

$$\boldsymbol{A}^{\mathrm{T}}\boldsymbol{X}\boldsymbol{A}^{\mathrm{T}}=\boldsymbol{A}^{\mathrm{T}}(\boldsymbol{A}^{+})^{\mathrm{T}}\boldsymbol{A}^{\mathrm{T}}=(\boldsymbol{A}\boldsymbol{A}^{+}\boldsymbol{A})^{\mathrm{T}}=\boldsymbol{A}^{\mathrm{T}},$$

$$\boldsymbol{X}\boldsymbol{A}^{\mathrm{T}}\boldsymbol{X}=(\boldsymbol{A}^{+})^{\mathrm{T}}\boldsymbol{A}^{\mathrm{T}}(\boldsymbol{A}^{+})^{\mathrm{T}}=(\boldsymbol{A}^{+}\boldsymbol{A}\boldsymbol{A}^{+})^{\mathrm{T}}=(\boldsymbol{A}^{+})^{\mathrm{T}}=\boldsymbol{X},$$

$$(\boldsymbol{A}^{\mathrm{T}}\boldsymbol{X})^{\mathrm{T}}=(\boldsymbol{A}^{\mathrm{T}}(\boldsymbol{A}^{+})^{\mathrm{T}})^{\mathrm{T}}=\boldsymbol{A}^{+}\boldsymbol{A}=(\boldsymbol{A}^{+}\boldsymbol{A})^{\mathrm{T}}=\boldsymbol{A}^{\mathrm{T}}(\boldsymbol{A}^{+})^{\mathrm{T}}=\boldsymbol{A}^{\mathrm{T}}\boldsymbol{X}。$$

类似地，可证明 $(\boldsymbol{X}\boldsymbol{A}^{\mathrm{T}})^{\mathrm{T}}=\boldsymbol{X}\boldsymbol{A}^{\mathrm{T}}$。

(2) 设 $\boldsymbol{A}=\boldsymbol{BC}$，则 $\boldsymbol{A}^{\mathrm{T}}\boldsymbol{A}$ 的最大秩分解可写成

$$\boldsymbol{A}^{\mathrm{T}}\boldsymbol{A}=\boldsymbol{C}^{\mathrm{T}}(\boldsymbol{B}^{\mathrm{T}}\boldsymbol{BC}),$$

于是利用式(6.1.11)，有

$$\begin{aligned}(\boldsymbol{A}^{\mathrm{T}}\boldsymbol{A})^{+}&=(\boldsymbol{B}^{\mathrm{T}}\boldsymbol{BC})^{\mathrm{T}}(\boldsymbol{B}^{\mathrm{T}}\boldsymbol{BC}\boldsymbol{C}^{\mathrm{T}}\boldsymbol{B}^{\mathrm{T}}\boldsymbol{B})^{-1}(\boldsymbol{C}\boldsymbol{C}^{\mathrm{T}})^{-1}\boldsymbol{C}\\&=\boldsymbol{C}^{\mathrm{T}}(\boldsymbol{B}^{\mathrm{T}}\boldsymbol{B})(\boldsymbol{B}^{\mathrm{T}}\boldsymbol{B})^{-1}(\boldsymbol{C}\boldsymbol{C}^{\mathrm{T}})^{-1}(\boldsymbol{B}^{\mathrm{T}}\boldsymbol{B})^{-1}(\boldsymbol{C}\boldsymbol{C}^{\mathrm{T}})^{-1}\boldsymbol{C}\end{aligned}$$

$$=\boldsymbol{C}^{\mathrm{T}}(\boldsymbol{C}\boldsymbol{C}^{\mathrm{T}})^{-1}(\boldsymbol{B}^{\mathrm{T}}\boldsymbol{B})^{-1}(\boldsymbol{C}\boldsymbol{C}^{\mathrm{T}})^{-1}\boldsymbol{C}。$$

再利用式(6.1.11)，得

$$\begin{aligned}(\boldsymbol{A}^{\mathrm{T}}\boldsymbol{A})^{+}\boldsymbol{A}^{\mathrm{T}} &=\boldsymbol{C}^{\mathrm{T}}(\boldsymbol{C}\boldsymbol{C}^{\mathrm{T}})^{-1}(\boldsymbol{B}^{\mathrm{T}}\boldsymbol{B})^{-1}(\boldsymbol{C}\boldsymbol{C}^{\mathrm{T}})^{-1}\boldsymbol{C}(\boldsymbol{C}^{\mathrm{T}}\boldsymbol{B}^{\mathrm{T}})\\ &=\boldsymbol{C}^{\mathrm{T}}(\boldsymbol{C}\boldsymbol{C}^{\mathrm{T}})^{-1}(\boldsymbol{B}^{\mathrm{T}}\boldsymbol{B})^{-1}(\boldsymbol{C}\boldsymbol{C}^{\mathrm{T}})^{-1}(\boldsymbol{C}\boldsymbol{C}^{\mathrm{T}})\boldsymbol{B}^{\mathrm{T}}\\ &=\boldsymbol{C}^{\mathrm{T}}(\boldsymbol{C}\boldsymbol{C}^{\mathrm{T}})^{-1}(\boldsymbol{B}^{\mathrm{T}}\boldsymbol{B})^{-1}\boldsymbol{B}^{\mathrm{T}}=\boldsymbol{A}^{+},\end{aligned}$$

同样可证 $\boldsymbol{A}^{\mathrm{T}}(\boldsymbol{A}\boldsymbol{A}^{\mathrm{T}})^{+}=\boldsymbol{A}^{+}$。

(3) $(\boldsymbol{A}^{\mathrm{T}}\boldsymbol{A})^{+}=(\boldsymbol{A}^{\mathrm{T}}\boldsymbol{A})^{+}\boldsymbol{A}^{\mathrm{T}}\boldsymbol{A}(\boldsymbol{A}^{\mathrm{T}}\boldsymbol{A})^{+}=\boldsymbol{A}^{+}[\boldsymbol{A}(\boldsymbol{A}^{\mathrm{T}}\boldsymbol{A})^{+}]$

$$=\boldsymbol{A}^{+}(\boldsymbol{A}^{\mathrm{T}})^{+}。$$

(4) 由 $\boldsymbol{A}=\boldsymbol{A}\boldsymbol{A}^{+}\boldsymbol{A}$，$\boldsymbol{A}^{+}=\boldsymbol{A}^{+}\boldsymbol{A}\boldsymbol{A}^{+}$知

$$\begin{aligned}\operatorname{rank}\boldsymbol{A} &=\operatorname{rank}(\boldsymbol{A}\boldsymbol{A}^{+}\boldsymbol{A})\leqslant\operatorname{rank}(\boldsymbol{A}^{+}\boldsymbol{A})\leqslant\operatorname{rank}\boldsymbol{A}^{+}\\ &=\operatorname{rank}(\boldsymbol{A}^{+}\boldsymbol{A}\boldsymbol{A}^{+})\leqslant\operatorname{rank}(\boldsymbol{A}\boldsymbol{A}^{+})\leqslant\operatorname{rank}\boldsymbol{A}。\end{aligned}$$

注意，对于同阶可逆矩阵 $\boldsymbol{A},\boldsymbol{B}$ 有 $(\boldsymbol{A}\boldsymbol{B})^{-1}=\boldsymbol{B}^{-1}\boldsymbol{A}^{-1}$，定理 6.1.6(3)表明对于特殊的矩阵 $\boldsymbol{A}$ 和 $\boldsymbol{A}^{\mathrm{T}}$，加号逆 $(\boldsymbol{A}^{\mathrm{T}}\boldsymbol{A})^{+}$ 有类似的性质。但是一般来讲，这个性质不成立，即

$$(\boldsymbol{A}\boldsymbol{B})^{+}\neq\boldsymbol{B}^{+}\boldsymbol{A}^{+}。$$

例如，取 $\boldsymbol{A}=\begin{pmatrix}1&0\\0&0\end{pmatrix}$，$\boldsymbol{B}=\begin{pmatrix}1&1\\0&1\end{pmatrix}$，则 $\boldsymbol{A}\boldsymbol{B}=\begin{pmatrix}1&1\\0&0\end{pmatrix}$，

不难验证 $\boldsymbol{A}^{+}=\begin{pmatrix}1&0\\0&0\end{pmatrix}$，$\boldsymbol{B}^{+}=\boldsymbol{B}^{-}=\begin{pmatrix}1&-1\\0&1\end{pmatrix}$，则 $(\boldsymbol{A}\boldsymbol{B})^{+}=\dfrac{1}{2}\begin{pmatrix}1&0\\1&0\end{pmatrix}$，

但 $$\boldsymbol{B}^{+}\boldsymbol{A}^{+}=\begin{pmatrix}1&-1\\0&1\end{pmatrix}\begin{pmatrix}1&0\\0&0\end{pmatrix}=\begin{pmatrix}1&0\\0&0\end{pmatrix}\neq(\boldsymbol{A}\boldsymbol{B})^{+}。$$

此外，$(\boldsymbol{A}^{2})^{+}$ 也未必等于 $(\boldsymbol{A}^{+})^{2}$。

例如，设

$$\boldsymbol{A}=\begin{pmatrix}1&-1\\0&0\end{pmatrix},$$

不难验证 $\boldsymbol{A}^{+}=\dfrac{1}{2}\begin{pmatrix}1&0\\-1&0\end{pmatrix}$，显然 $\boldsymbol{A}^{2}=\boldsymbol{A}$，故 $(\boldsymbol{A}^{2})^{+}=\boldsymbol{A}^{+}=\dfrac{1}{2}\begin{pmatrix}1&0\\-1&0\end{pmatrix}$。

但 $(\boldsymbol{A}^{+})^{2}=\dfrac{1}{4}\begin{pmatrix}1&0\\-1&0\end{pmatrix}$。

下面介绍 $\boldsymbol{A}^{+}$ 的各种算法，有些算法前面虽然已讲过，但为了完整起见，现综述如下：

(1) 如果 $\boldsymbol{A}$ 为满秩方阵，则 $\boldsymbol{A}^{+}=\boldsymbol{A}^{-1}$；

(2) 如果 $\boldsymbol{A}=\mathbf{diag}(d_1,d_2,\cdots,d_n)$，$d_i\in\mathbb{R}(i=1,2,\cdots,n)$，则

$$\boldsymbol{A}^{+}=\mathbf{diag}(d_1^{+},d_2^{+},\cdots,d_n^{+}),$$

其中

$$d_i^+=\begin{cases}0, & 当\ d_i=0\ 时,\\ \dfrac{1}{d_i}, & 当\ d_i\neq 0\ 时;\end{cases}$$

（3）如果 $\boldsymbol{A}$ 为行满秩矩阵，则 $\boldsymbol{A}^+=\boldsymbol{A}_{\mathrm{R}}^{-1}=\boldsymbol{A}^{\mathrm{T}}(\boldsymbol{A}\boldsymbol{A}^{\mathrm{T}})^{-1}$；

（4）如果 $\boldsymbol{A}$ 为列满秩矩阵，则 $\boldsymbol{A}^+=\boldsymbol{A}_{\mathrm{L}}^{-1}=(\boldsymbol{A}^{\mathrm{T}}\boldsymbol{A})^{-1}\boldsymbol{A}^{\mathrm{T}}$；

（5）如果 $\boldsymbol{A}$ 为降秩的 $m\times n$ 矩阵，可用满秩分解求 $\boldsymbol{A}^+$，即将 $\boldsymbol{A}$ 满秩分解成 $\boldsymbol{A}=\boldsymbol{BC}$，其中 $\boldsymbol{B}$ 列满秩，$\boldsymbol{C}$ 行满秩，且

$$\operatorname{rank}(\boldsymbol{B})=\operatorname{rank}(\boldsymbol{C})=r=\operatorname{rank}(\boldsymbol{A})<\min\{m,n\},$$

则有

$$\boldsymbol{A}^+=\boldsymbol{C}_{\mathrm{R}}^{-1}\boldsymbol{B}_{\mathrm{L}}^{-1}=\boldsymbol{C}^+\boldsymbol{B}^+,\tag{6.1.13}$$

这里

$$\boldsymbol{B}_{\mathrm{L}}^{-1}=(\boldsymbol{B}^{\mathrm{T}}\boldsymbol{B})^{-1}\boldsymbol{B}^{\mathrm{T}},\boldsymbol{C}_{\mathrm{R}}^{-1}=\boldsymbol{C}^{\mathrm{T}}(\boldsymbol{C}\boldsymbol{C}^{\mathrm{T}})^{-1}。$$

前面在介绍计算 $\boldsymbol{A}_r^-$，$\boldsymbol{A}_m^-$ 和 $\boldsymbol{A}_1^-$ 的方法时，已验证了 $\boldsymbol{C}_{\mathrm{R}}^{-1}\boldsymbol{B}_{\mathrm{L}}^{-1}$ 满足 M-P 的 4 个方程，所以它也必为加号逆，即式(6.1.13)成立。必须注意的是，这里的 $\boldsymbol{B}_{\mathrm{L}}^{-1}$ 与 $\boldsymbol{C}_{\mathrm{R}}^{-1}$ 只能按式(6.1.8)和式(6.1.9)求出。如果按左、右逆的通式写出别的形式作为 $\boldsymbol{B}_{\mathrm{L}}^{-1}$ 与 $\boldsymbol{C}_{\mathrm{R}}^{-1}$，就不能保证 $\boldsymbol{A}^+$是唯一的。

例 6.1.5 设

$$\boldsymbol{A}=\begin{pmatrix}1&1&0&1&0\\0&1&1&1&1\\1&0&1&1&0\end{pmatrix},$$

求其加号逆 $\boldsymbol{A}^+$。

解 首先对 $\boldsymbol{A}$ 进行满秩分解

$$\boldsymbol{A}\to\begin{pmatrix}1&0&0&\frac{1}{2}&-\frac{1}{2}\\0&1&0&\frac{1}{2}&\frac{1}{2}\\0&0&1&\frac{1}{2}&\frac{1}{2}\end{pmatrix},$$

所以 $\boldsymbol{A}$ 的满秩分解为

$$\boldsymbol{A}=\boldsymbol{BC}=\begin{pmatrix}1&1&0\\0&1&1\\1&0&1\end{pmatrix}\begin{pmatrix}1&0&0&\frac{1}{2}&-\frac{1}{2}\\0&1&0&\frac{1}{2}&\frac{1}{2}\\0&0&1&\frac{1}{2}&\frac{1}{2}\end{pmatrix},$$

由于

$$B_L^{-1}=B^{-1}=\begin{pmatrix}\frac{1}{2} & -\frac{1}{2} & \frac{1}{2}\\ \frac{1}{2} & \frac{1}{2} & -\frac{1}{2}\\ -\frac{1}{2} & \frac{1}{2} & \frac{1}{2}\end{pmatrix},$$

而 $C_R^{-1}=C^{\mathrm{T}}(CC^{\mathrm{T}})^{-1}$，于是

$$C_R^{-1}=\begin{pmatrix}1 & 0 & 0\\ 0 & 1 & 0\\ 0 & 0 & 1\\ \frac{1}{2} & \frac{1}{2} & \frac{1}{2}\\ -\frac{1}{2} & \frac{1}{2} & \frac{1}{2}\end{pmatrix}\begin{pmatrix}\frac{2}{3} & 0 & 0\\ 0 & \frac{3}{4} & -\frac{1}{4}\\ 0 & -\frac{1}{4} & \frac{3}{4}\end{pmatrix}=\begin{pmatrix}\frac{2}{3} & 0 & 0\\ 0 & \frac{3}{4} & -\frac{1}{4}\\ 0 & -\frac{1}{4} & \frac{3}{4}\\ \frac{1}{3} & \frac{1}{4} & \frac{1}{4}\\ -\frac{1}{3} & \frac{1}{4} & \frac{1}{4}\end{pmatrix},$$

$$A^{+}=C_R^{-1}B_L^{-1}=\begin{pmatrix}\frac{1}{3} & -\frac{1}{3} & \frac{1}{3}\\ \frac{1}{2} & \frac{1}{4} & -\frac{1}{2}\\ -\frac{1}{2} & \frac{1}{4} & \frac{1}{2}\\ \frac{1}{6} & \frac{1}{12} & \frac{1}{6}\\ -\frac{1}{6} & \frac{5}{12} & -\frac{1}{6}\end{pmatrix}。$$

6.2 广义逆在解线性方程组中的应用

在这一节，我们将会看到广义逆理论能够把相容线性方程组的一般解、极小范数解以及矛盾方程组的最小二乘解、极小最小二乘解(最佳逼近解)全部概括和统一起来，从而，以线性代数古典理论所不曾有的姿态解决了一般线性方程组的求解问题。

6.2.1 线性方程组求解问题的提法

考虑非齐次线性方程组

$$Ax=b, \tag{6.2.1}$$

其中 $A\in\mathbb{C}^{m\times n}$，$b\in\mathbb{C}^{m}$ 给定，而 $x\in\mathbb{C}^{n}$ 为待定向量。

若 $\mathrm{rank}(\boldsymbol{A} \vdots \boldsymbol{b})=\mathrm{rank}(\boldsymbol{A})$，则方程组(6.2.1)有解，或称方程组相容；否则，若 $\mathrm{rank}(\boldsymbol{A} \vdots \boldsymbol{b}) \neq \mathrm{rank}(\boldsymbol{A})$，则方程组(6.2.1)无解，或称方程组不相容或为矛盾方程组。

关于线性方程组的求解问题，常见的有以下几种情形：

(1) 当方程组(6.2.1)相容时，若系数矩阵 $\boldsymbol{A} \in \mathbb{C}^{n\times n}$，且非奇异，则有唯一的解

$$\boldsymbol{x}=\boldsymbol{A}^{-1}\boldsymbol{b}。 \tag{6.2.2}$$

但当 $\boldsymbol{A}$ 是奇异方阵或长方阵时，它的解不是唯一的。此时 A^{-1} 不存在或无意义，那么我们自然会想到，这时是否也能用某个矩阵 $\boldsymbol{G}$ 把一般解(无穷多)表示成

$$\boldsymbol{x}=\boldsymbol{G}\boldsymbol{b} \tag{6.2.3}$$

的形式呢？这个问题的回答是肯定的，我们将会发现 $\boldsymbol{A}$ 的减号逆 $\boldsymbol{A}^{-}$ 充当了这一角色。

(2) 如果方程组(6.2.1)相容，且其解有无穷多个，怎样求具有极小范数的解，即

$$\min_{\boldsymbol{A}\boldsymbol{x}=\boldsymbol{b}} \|\boldsymbol{x}\|, \tag{6.2.4}$$

其中 $\|\cdot\|$ 是欧氏范数。可以证明，满足该条件的解是唯一的，称之为极小范数解。

(3) 如果方程组(6.2.1)不相容，则不存在通常意义下的解，但在许多实际问题中，要求出这样的解

$$\boldsymbol{x}=\min_{\boldsymbol{x}\in\mathbb{C}^n} \|\boldsymbol{A}\boldsymbol{x}-\boldsymbol{b}\|, \tag{6.2.5}$$

其中 $\|\cdot\|$ 是欧氏范数。我们称这个问题为求矛盾方程组的最小二乘问题，相应的 $\boldsymbol{x}$ 称为矛盾方程组的最小二乘解。

(4) 一般来说，矛盾方程组的最小二乘解是不唯一的。但在最小二乘解的集合中，具有极小范数的解

$$\boldsymbol{x}=\min_{\min\|\boldsymbol{A}\boldsymbol{x}-\boldsymbol{b}\|} \|\boldsymbol{x}\| \tag{6.2.6}$$

是唯一的，称之为极小范数最小二乘解，或最佳逼近解。

广义逆矩阵与线性方程组的求解有着极为密切的联系。利用前一节的减号逆 $\boldsymbol{A}^{-}$(特别有用的是自反减号逆 $\boldsymbol{A}_r^{-}$)、最小范数广义逆 $\boldsymbol{A}_m^{-}$、最小二乘广义逆 $\boldsymbol{A}_1^{-}$ 以及加号逆 $\boldsymbol{A}^{+}$ 可以给出上述诸问题的解。

6.2.2 相容方程组的通解与 $\boldsymbol{A}^{-}$

定理 6.2.1 一个 $m\times n$ 的线性方程组(6.2.1)是相容的，$\boldsymbol{A}^{-}$ 是 $\boldsymbol{A}$ 的任一个减号逆，则线性方程组(6.2.1)的一个特解可表示成

$$\boldsymbol{x}=\boldsymbol{A}^{-}\boldsymbol{b}, \tag{6.2.7}$$

而通解可以表示成

$$x=A^{-}b+(E-A^{-}A)z, \tag{6.2.8}$$

其中 z 是与 x 同维的任意向量。

证　首先，因为 $Ax=b$ 相容，所以必有一个 n 维向量 w，使得 $Aw=b$ 成立。又由于 A^{-} 是 A 的一个减号逆，所以 $AA^{-}A=A$，则有 $AA^{-}Aw=Aw$，亦即 $AA^{-}b=b$，由此得出 $x=A^{-}b$，是方程组的一个特解。

其次，在式(6.2.8)两端左乘 A，则有

$$Ax=AA^{-}b+A(E-A^{-}A)z=A^{-}Ab,$$

由于 $A(A^{-}b)=b$，所以式(6.2.8)确定的 x 是方程组(6.2.1)的解。而且当 $\tilde{x}$ 为任意一个解时，若令 $z=\tilde{x}-A^{-}b$，则有

$$\begin{aligned}(E-A^{-}A)z &=(E-A^{-}A)(\tilde{x}-A^{-}b)\\ &=\tilde{x}-A^{-}b-A^{-}Ax+A^{-}AA^{-}b\\ &=\tilde{x}-A^{-}b-A^{-}b+A^{-}b\\ &=\tilde{x}-A^{-}b,\end{aligned}$$

从而得

$$\tilde{x}=A^{-}b+(E-A^{-}A)z。 \tag{6.2.9}$$

这表明由式(6.2.8)确定的解是方程组(6.2.1)的通解。

特别地，当 $b=0$ 时，$Ax=b=0$ 即为齐次线性方程组，而齐次线性方程组总是有解的，因此，有如下的结果。

推论　齐次线性方程组 $Ax=0$ 的通解为

$$x=(E-A^{-}A)z。 \tag{6.2.10}$$

注　由式(6.2.8)、式(6.2.10)可得相容方程组解的结构为：非齐次线性方程组的通解为它的一个特解加上对应的齐次线性方程组的通解。

例 6.2.1　求解

$$\begin{cases}x_1+2x_2-x_3=1,\\ -x_2+2x_3=2。\end{cases} \tag{6.2.11}$$

解　将方程组写成矩阵形式　$Ax=b$，

其中

$$A=\begin{pmatrix}1 & 2 & -1\\ 0 & -1 & 2\end{pmatrix},\quad b=\begin{pmatrix}1\\ 2\end{pmatrix},$$

由于 $\operatorname{rank}(A)=\operatorname{rank}(A\vdots b)=2$，所以方程组是相容的。又因为自反减号逆也是一种减号逆，且此处 A 为行满秩矩阵，因此利用

例 6.1.4 的结果，有

$$A^{-}=A_r^{-}=A^{\mathrm{T}}(AA^{\mathrm{T}})^{-1}=\frac{1}{14}\begin{pmatrix}5&4\\6&2\\3&8\end{pmatrix},$$

利用式(6.2.8) 可立即求得方程组(6.2.11)的通解

$$\begin{aligned}x&=A^{-}b+(E-A^{-}A)z\\&=\frac{1}{14}\begin{pmatrix}13+9z_1-6z_2-3z_3\\10-6z_1+4z_2+2z_3\\19-3z_1+2z_2+z_3\end{pmatrix},\end{aligned}$$

即
$$\begin{cases}x_1=\dfrac{1}{14}(13+9z_1-6z_2-3z_3),\\x_2=\dfrac{1}{14}(10-6z_1+4z_2+2z_3),\\x_3=\dfrac{1}{14}(19-3z_1+2z_2+z_3),\end{cases}$$

其中

$$z=\begin{pmatrix}z_1\\z_2\\z_3\end{pmatrix}\text{为任意向量。}$$

例 6.2.2 求齐次线性方程组$\begin{cases}x_1+2x_2-x_3=0,\\-x_2+2x_3=0\end{cases}$的通解。

解 由例 6.2.1 的结果及式(6.2.10)，得

$$\begin{aligned}x&=(E-A^{-}A)z\\&=\left(\begin{pmatrix}1&0&0\\0&1&0\\0&0&1\end{pmatrix}-\frac{1}{14}\begin{pmatrix}5&4\\6&2\\3&8\end{pmatrix}\begin{pmatrix}1&2&-1\\0&-1&2\end{pmatrix}\right)\begin{pmatrix}z_1\\z_2\\z_3\end{pmatrix}\\&=\frac{1}{14}\begin{pmatrix}9z_1-6z_2-3z_3\\-6z_1+4z_2+2z_3\\-3z_1+2z_2+z_3\end{pmatrix},\end{aligned}$$

其中 $z=(z_1,z_2,z_3)^{\mathrm{T}}$ 为 $\mathbb{C}^3$ 中任意常数。

从上面两个例子可以看出，用减号逆来表示相容方程组的通解 $x=A^{-}b+(E-A^{-}A)z$ 是很方便的，这是线性方程组理论的一个重大发展。但是，如何在无穷多个解向量中求出一个长度最短的解向量呢？这便是下面要研究的极小范数解。

6.2.3 相容方程组的极小范数解与 A_m^-

定义 6.2.1 对于相容的线性方程组 $\boldsymbol{Ax}=\boldsymbol{b}$，如果存在与 $\boldsymbol{b}$ 无关的 $\boldsymbol{A}$ 的某些特殊减号逆 $\boldsymbol{G}$，使得 $\boldsymbol{Gb}$ 和其他的解相比较，具有最小范数，即

$$\|\boldsymbol{Gb}\|_2 \leqslant \|\boldsymbol{x}\|_2, \tag{6.2.12}$$

其中 $\boldsymbol{x}$ 是 $\boldsymbol{Ax}=\boldsymbol{b}$ 的解，$\|\cdot\|_2$ 是欧几里得范数，则称 $\boldsymbol{x}=\boldsymbol{Gb}$ 为极小范数解，简记为 LN 解。

现在要问：相容方程组 $\boldsymbol{Ax}=\boldsymbol{b}$ 的极小范数解可以用什么样的广义逆来表示？极小范数解是否唯一？

定理 6.2.2 在相容线性方程组 $\boldsymbol{Ax}=\boldsymbol{b}$ 的一切解中具有极小范数解的充要条件是

$$\boldsymbol{x}=\boldsymbol{A}_m^-\boldsymbol{b}, \tag{6.2.13}$$

其中 $\boldsymbol{A}_m^-$ 是 $\boldsymbol{A}$ 的最小范数广义逆。

证　先证必要性。设 $\boldsymbol{G}$ 是 $\boldsymbol{A}$ 的减号逆，那么 $\boldsymbol{Ax}=\boldsymbol{b}$ 的一般解是 $\boldsymbol{Gb}+(\boldsymbol{E}-\boldsymbol{GA})\boldsymbol{z}$，$\boldsymbol{z}$ 是任意向量。如果 $\boldsymbol{Gb}$ 具有最小范数，则对任意向量 $\boldsymbol{z}$ 及一切与 $\boldsymbol{A}$ 相容的向量 $\boldsymbol{b}$，有

$$\|\boldsymbol{Gb}\|_2 \leqslant \|\boldsymbol{Gb}+(\boldsymbol{E}-\boldsymbol{GA})\boldsymbol{z}\|_2。$$

或者等价地，对任意向量 $\boldsymbol{z}$ 及任意解向量 $\tilde{\boldsymbol{x}}$，有

$$\|\boldsymbol{GA}\tilde{\boldsymbol{x}}\|_2 \leqslant \|\boldsymbol{GA}\tilde{\boldsymbol{x}}+(\boldsymbol{E}-\boldsymbol{GA})\boldsymbol{z}\|_2, \tag{6.2.14}$$

其中 $\boldsymbol{b}=\boldsymbol{A}\tilde{\boldsymbol{x}}$，不等式(6.2.14)意味着如下关系是成立的：

$$(\boldsymbol{GA}\tilde{\boldsymbol{x}},\boldsymbol{GA}\tilde{\boldsymbol{x}})^{1/2} \leqslant (\boldsymbol{GA}\tilde{\boldsymbol{x}}+(\boldsymbol{E}-\boldsymbol{GA})\boldsymbol{z},\boldsymbol{GA}\tilde{\boldsymbol{x}}+(\boldsymbol{E}-\boldsymbol{GA})\boldsymbol{z})^{1/2},$$

即 $$(\boldsymbol{GA}\tilde{\boldsymbol{x}},\boldsymbol{GA}\tilde{\boldsymbol{x}}) \leqslant (\boldsymbol{GA}\tilde{\boldsymbol{x}}+(\boldsymbol{E}-\boldsymbol{GA})\boldsymbol{z},\boldsymbol{GA}\tilde{\boldsymbol{x}}+(\boldsymbol{E}-\boldsymbol{GA})\boldsymbol{z}),$$

或 $$(\boldsymbol{GA}\tilde{\boldsymbol{x}},\boldsymbol{GA}\tilde{\boldsymbol{x}}) \leqslant (\boldsymbol{GA}\tilde{\boldsymbol{x}},\boldsymbol{GA}\tilde{\boldsymbol{x}})+2(\boldsymbol{GA}\tilde{\boldsymbol{x}},(\boldsymbol{E}-\boldsymbol{GA})\boldsymbol{z})+ ((\boldsymbol{E}-\boldsymbol{GA})\boldsymbol{z},\boldsymbol{GA}\tilde{\boldsymbol{x}}+(\boldsymbol{E}-\boldsymbol{GA})\boldsymbol{z}),$$

即 $$0 \leqslant ((\boldsymbol{E}-\boldsymbol{GA})\boldsymbol{z},(\boldsymbol{E}-\boldsymbol{GA})\boldsymbol{z})+2(\tilde{\boldsymbol{x}},(\boldsymbol{GA})^{\mathrm{T}}(\boldsymbol{E}-\boldsymbol{GA})\boldsymbol{z})。$$

上式右边第一项是向量 $(\boldsymbol{E}-\boldsymbol{GA})\boldsymbol{z}$ 的范数的平方，恒大于等于零；第二项是任意解向量 $\tilde{\boldsymbol{x}}$ 与向量 $(\boldsymbol{GA})^{\mathrm{T}}(\boldsymbol{E}-\boldsymbol{GA})\boldsymbol{z}$ 的内积。由于 $\tilde{\boldsymbol{x}},\boldsymbol{z}$ 的任意性，显然上述不等式成立的充要条件是

$$(\boldsymbol{GA})^{\mathrm{T}}(\boldsymbol{E}-\boldsymbol{GA})=\boldsymbol{O},$$

由此推出

$$(\boldsymbol{GA})^{\mathrm{T}}=(\boldsymbol{GA})^{\mathrm{T}}\boldsymbol{GA},$$

两边转置得

$$\boldsymbol{GA}=(\boldsymbol{GA})^{\mathrm{T}}\boldsymbol{GA},$$

可见有

$$(GA)^{\mathrm{T}}=GA$$

(即满足定义 6.1.5 第二个条件),从而 $G=A_m^-$,说明极小范数解的形式是 $x=A_m^-b$,定理的必要性得证。关于定理的充分性,只要将上面的过程倒推回去便可以完成。

定理 6.2.3 相容的线性方程组 $Ax=b$,具有唯一的极小范数解。

证 设 G_1 和 G_2 是 A 的两个不同的最小范数广义逆,应有

$$G_1AA^{\mathrm{T}}=A^{\mathrm{T}}, G_2AA^{\mathrm{T}}=A^{\mathrm{T}},$$

所以

$$G_1AA^{\mathrm{T}}=G_2AA^{\mathrm{T}},$$

$$(G_1-G_2)AA^{\mathrm{T}}=O。$$

上式两边同时右乘以 $G_1^{\mathrm{T}}-G_2^{\mathrm{T}}$,得

$$(G_1-G_2)AA^{\mathrm{T}}(G_1^{\mathrm{T}}-G_2^{\mathrm{T}})=O$$

或

$$[(G_1-G_2)A][(G_1-G_2)A]^{\mathrm{T}}=O,$$

上式成立仅当 $(G_1-G_2)A=O$ 才有可能,因此有

$$(G_1-G_2)A\tilde{x}=\mathbf{0}(\tilde{x}\text{ 为任意解向量}),$$

又由于 $A\tilde{x}=b$,所以有 $G_1b=G_2b$。这说明,不同的最小范数广义逆 G_1 和 G_2,按 $x=Gb$ 求得的极小范数解却是唯一的。

注 按定义,$x=A_m^-b$ 是相容 $Ax=b$ 的极小范数解,虽然 A_m^- 不是唯一的,但极小范数解 A_m^-b 是唯一的(见例 6.2.4)。

例 6.2.3 求方程组 $AX=b$ 的极小范数解,其中

$$A=\begin{pmatrix}1 & 2 & -1\\ 0 & -1 & 2\end{pmatrix}, b=\begin{pmatrix}1\\ 2\end{pmatrix}。$$

解 由题意,矩阵 A 为行满秩矩阵,因此 AA^{T} 是满秩方阵,AA^{T} 的减号逆 $(AA^{\mathrm{T}})^-$ 就是普通的逆矩阵 $(AA^{\mathrm{T}})^{-1}$,所以可作出一个最小范数广义逆

$$A_m^-=A^{\mathrm{T}}(AA^{\mathrm{T}})^-=A^{\mathrm{T}}(AA^{\mathrm{T}})^{-1},$$

而这正是行满秩矩阵的右逆,易知 A 的右逆为

$$A_{\mathrm{R}}^-=A_m^-=\frac{1}{14}\begin{pmatrix}5 & 4\\ 6 & 2\\ 3 & 8\end{pmatrix},$$

根据式(6.2.13),我们可求得方程组的极小范数解

$$x=A_m^-b=\frac{1}{14}\begin{pmatrix}13\\ 10\\ 19\end{pmatrix}, \tag{6.2.15}$$

又在例 6.2.1 中已求得这个方程组的一般解为

$$x=\frac{1}{14}\begin{pmatrix}13+9z_1-6z_2-3z_3\\10-6z_1+4z_2+2z_3\\19-3z_1+2z_2+z_3\end{pmatrix},$$

如果令 $z_1=z_2=0$，$z_3=1$，代入上式可得一特解

$$x=\frac{1}{14}\begin{pmatrix}10\\12\\20\end{pmatrix},\qquad(6.2.16)$$

分别对式(6.2.15)、式(6.2.16)的 x 求其范数有

$$\|x\|_2=\sqrt{x^{\mathrm{T}}x}=\frac{1}{14}\sqrt{13^2+10^2+19^2}=\frac{1}{14}\sqrt{630},$$

$$\|x\|_2=\sqrt{x^{\mathrm{T}}x}=\frac{1}{14}\sqrt{10^2+12^2+20^2}=\frac{1}{14}\sqrt{644},$$

显然式(6.2.15)中 x 的范数比式(6.2.16)中 x 的范数要小。

例 6.2.4　求方程组

$$\begin{cases}x_1+2x_2+3x_3=1,\\x_1+x_3=0,\\2x_1+2x_3=0,\\2x_1+4x_2+6x_3=2\end{cases}$$

的极小范数解与通解。

解　由所给方程组可知

$$A=\begin{pmatrix}1&2&3\\1&0&1\\2&0&2\\2&4&6\end{pmatrix},\quad b=\begin{pmatrix}1\\0\\0\\2\end{pmatrix},$$

由于

$$\mathrm{rank}A=\mathrm{rank}(A\ \vdots\ b),$$

所以，方程组相容，由 A 的减号逆的求法，容易求得

$$A_m^-=C_{\mathrm{R}}^{-1}B_{\mathrm{L}}^{-1}=\frac{1}{30}\begin{pmatrix}-1&5&10&-2\\2&-4&-8&4\\1&1&2&2\end{pmatrix},$$

故得方程组的极小范数解为

$$x=A_m^-b=\frac{1}{30}\begin{pmatrix}-1&5&10&-2\\2&-4&-8&4\\1&1&2&2\end{pmatrix}\begin{pmatrix}1\\0\\0\\2\end{pmatrix}=\begin{pmatrix}-\frac{1}{6}\\\frac{1}{3}\\\frac{1}{6}\end{pmatrix}。$$

注 如果 A_m^- 取本章例 6.1.8 的结果，则得到的极小范数解为

$$x=A_m^-b=\frac{1}{2}\begin{pmatrix}-\frac{1}{3} & \frac{5}{3} & 0 & 0\\ \frac{2}{3} & -\frac{4}{3} & 0 & 0\\ \frac{1}{3} & \frac{1}{3} & 0 & 0\end{pmatrix}\begin{pmatrix}1\\0\\0\\2\end{pmatrix}=\begin{pmatrix}-\frac{1}{6}\\ \frac{1}{3}\\ \frac{1}{6}\end{pmatrix},$$

可见，尽管 A_m^- 的形式不同，但极小范数解却是相同的。

而方程组的通解为

$$\begin{aligned}x&=Gb+(E-GA)z\\&=\begin{pmatrix}-\frac{1}{6}\\ \frac{1}{3}\\ \frac{1}{6}\end{pmatrix}+\left(\begin{pmatrix}1&0&0\\0&1&0\\0&0&1\end{pmatrix}-\frac{1}{30}\begin{pmatrix}-1&5&10&-2\\2&-4&-8&4\\1&1&2&2\end{pmatrix}\begin{pmatrix}1&2&3\\1&0&1\\2&0&2\\2&4&6\end{pmatrix}\right)\begin{pmatrix}z_1\\z_2\\z_3\end{pmatrix}\\&=\frac{1}{3}\begin{pmatrix}-\frac{1}{2}+z_1+z_2-z_3\\ 1+z_1+z_2-z_3\\ \frac{1}{2}-z_1-z_2+z_3\end{pmatrix}。\end{aligned}$$

6.2.4 矛盾方程组的最小二乘解与 A_1^-

线性方程组理论告诉我们：不相容的线性方程组是没有解的，但是，有了广义逆矩阵这个工具，我们可以研究这类方程组的最优近似解的问题。

定义 6.2.2 对于不相容的线性方程组 $Ax=b$，如果有这样的解 $\hat{x}$，使它的误差向量的 2 范数为最小：

$$\|A\hat{x}-b\|_2=\min_{x\in\mathbb{C}^n}\|Ax-b\|, \tag{6.2.17}$$

即
$$\|A\hat{x}-b\|_2\leqslant\|Ax-b\|_2,$$

则称 $\hat{x}$ 是方程组 $Ax=b$ 的最小二乘解。这是因为和任何其他近似解 x 相比较，$\hat{x}$ 所导致的误差平方和 $\|A\hat{x}-b\|_2^2$ 是最小的。

注 最小二乘解并不是方程组 $Ax=b$ 的解。现在的问题是：是否有这样的矩阵 G，对于任意向量 b，都使 $x=Gb$ 为方程组 $Ax=b$ 的最小二乘解？下面的定理回答了这一问题。

定理 6.2.4　不相容方程组 $\boldsymbol{Ax}=\boldsymbol{b}$ 有最小二乘解的充要条件是 $\boldsymbol{x}=\boldsymbol{A}_1^-\boldsymbol{b}$，其中 $\boldsymbol{A}_1^-$ 是 $\boldsymbol{A}$ 的最小二乘广义逆。

证　先证必要性。设 $\boldsymbol{G}$ 是一矩阵（不必是矩阵 $\boldsymbol{A}$ 的减号逆）。如果 $\boldsymbol{Gb}$ 是不相容方程组 $\boldsymbol{Ax}=\boldsymbol{b}$ 的最小二乘解，于是有

$$\|\boldsymbol{AGb}-\boldsymbol{b}\|_2\leqslant\|\boldsymbol{Ax}-\boldsymbol{b}\|_2,$$

上式右边可以改写成

$$\begin{aligned}\|\boldsymbol{Ax}-\boldsymbol{b}\|_2&=\|\boldsymbol{AGb}-\boldsymbol{b}+\boldsymbol{Ax}-\boldsymbol{AGb}\|_2\\&=\|(\boldsymbol{AG}-\boldsymbol{E})\boldsymbol{b}+\boldsymbol{A}(\boldsymbol{x}-\boldsymbol{Gb})\|_2\\&=\|(\boldsymbol{AG}-\boldsymbol{E})\boldsymbol{b}+\boldsymbol{A}\tilde{\boldsymbol{x}}\|_2,\end{aligned}$$

其中 $\tilde{\boldsymbol{x}}=\boldsymbol{x}-\boldsymbol{Gb}$。因此，上述不等式可改写为

$$\begin{aligned}\|\boldsymbol{AGb}-\boldsymbol{b}\|_2&=\|(\boldsymbol{AG}-\boldsymbol{E})\boldsymbol{b}\|_2\\&\leqslant\|(\boldsymbol{AG}-\boldsymbol{E})\boldsymbol{b}+\boldsymbol{A}\tilde{\boldsymbol{x}}\|_2。\end{aligned}$$

仿照定理 6.2.2 的证明过程可知，上述不等式成立的充要条件是

$$((\boldsymbol{AG}-\boldsymbol{E})\boldsymbol{b},\boldsymbol{A}\tilde{\boldsymbol{x}})=(\boldsymbol{b},(\boldsymbol{AG}-\boldsymbol{E})^{\mathrm{T}}\boldsymbol{A}\tilde{\boldsymbol{x}})=\boldsymbol{0},$$

而上式等于零的充要条件又是 $(\boldsymbol{AG}-\boldsymbol{E})^{\mathrm{T}}\boldsymbol{A}=\boldsymbol{O}$，即

$$\boldsymbol{A}^{\mathrm{T}}\boldsymbol{AG}=\boldsymbol{A}^{\mathrm{T}}。\tag{6.2.18}$$

式(6.2.18)两边同时右乘 $\boldsymbol{A}$，得 $\boldsymbol{A}^{\mathrm{T}}\boldsymbol{AGA}=\boldsymbol{A}^{\mathrm{T}}\boldsymbol{A}$，所以有 $\boldsymbol{AGA}=\boldsymbol{A}$；另外，在式(6.2.18)两边同时左乘 $\boldsymbol{G}^{\mathrm{T}}$，得

$$\boldsymbol{G}^{\mathrm{T}}\boldsymbol{A}^{\mathrm{T}}\boldsymbol{AG}=\boldsymbol{G}^{\mathrm{T}}\boldsymbol{A}^{\mathrm{T}},$$

$$(\boldsymbol{AG})^{\mathrm{T}}\boldsymbol{AG}=(\boldsymbol{AG})^{\mathrm{T}},$$

两边取转置，并比较等式两边可得

$$(\boldsymbol{AG})^{\mathrm{T}}=\boldsymbol{AG},$$

由最小二乘广义逆的定义知 $\boldsymbol{G}=\boldsymbol{A}_1^-$。这说明不相容方程组 $\boldsymbol{Ax}=\boldsymbol{b}$ 的最小二乘解的形式是 $\boldsymbol{x}=\boldsymbol{A}_1^-\boldsymbol{b}$，定理的必要性得证。

关于定理充分性的证明，请读者自己完成。

必须注意，矛盾方程组的最小二乘解 $\hat{\boldsymbol{x}}$ 导致的误差平方和 $\|\boldsymbol{A}\hat{\boldsymbol{x}}-\boldsymbol{b}\|_2^2$ 是唯一的，但是，最小二乘解可以不唯一。为此，有下面的定理：

定理 6.2.5　不相容方程组 $\boldsymbol{Ax}=\boldsymbol{b}$ 的最小二乘解的通式为

$$\hat{\boldsymbol{x}}=\boldsymbol{A}_1^-\boldsymbol{b}+(\boldsymbol{E}-\boldsymbol{A}_1^-\boldsymbol{A})\boldsymbol{z},\tag{6.2.19}$$

其中 $\boldsymbol{z}$ 是任意列向量。

证　先证式(6.2.19)中的 $\hat{\boldsymbol{x}}$ 确为最小二乘解。因为 $\boldsymbol{A}_1^-\boldsymbol{b}$ 是 $\boldsymbol{Ax}=\boldsymbol{b}$ 的最小二乘解，所以 $\|\boldsymbol{AA}_1^-\boldsymbol{b}-\boldsymbol{b}\|$ 取最小值，而

$$\boldsymbol{A}[\boldsymbol{A}_1^-\boldsymbol{b}+(\boldsymbol{E}-\boldsymbol{A}_1^-\boldsymbol{A})\boldsymbol{z}]=\boldsymbol{A}_1^-\boldsymbol{Ab}+(\boldsymbol{A}-\boldsymbol{AA}_1^-\boldsymbol{A})\boldsymbol{z}=\boldsymbol{A}_1^-\boldsymbol{Ab},$$

所以，$\hat{\boldsymbol{x}}=\boldsymbol{A}_1^-\boldsymbol{b}+(\boldsymbol{E}-\boldsymbol{A}_1^-\boldsymbol{A})\boldsymbol{z}$ 也为最小二乘解。

再证 $\boldsymbol{A}\boldsymbol{x}=\boldsymbol{b}$ 的任一个最小二乘解 $\boldsymbol{x}_0$ 必可表示成式(6.2.19)的形式。事实上，由于 $\boldsymbol{x}_0$，$\boldsymbol{A}_1^-\boldsymbol{b}$ 都是最小二乘解，故有 $\|\boldsymbol{A}\boldsymbol{x}_0-\boldsymbol{b}\|_2=\|\boldsymbol{A}\boldsymbol{A}_1^-\boldsymbol{b}-\boldsymbol{b}\|_2=\min$。

由于 A_1^- 满足 M-P 第 1 和第 4 个方程，故有

$$(\boldsymbol{A}\boldsymbol{A}_1^-)^{\mathrm{T}}=\boldsymbol{A}\boldsymbol{A}_1^-,\boldsymbol{A}\boldsymbol{A}_1^-\boldsymbol{A}=\boldsymbol{A},(\boldsymbol{A}\boldsymbol{A}_1^--\boldsymbol{E})^{\mathrm{T}}\boldsymbol{A}=\boldsymbol{O}, \tag{6.2.20}$$

考虑误差向量范数的平方，有

$$\begin{aligned}\|\boldsymbol{A}\boldsymbol{x}_0-\boldsymbol{b}\|_2^2&=\|\boldsymbol{A}\boldsymbol{A}_1^-\boldsymbol{b}-\boldsymbol{b}+\boldsymbol{A}(\boldsymbol{x}_0-\boldsymbol{A}_1^-\boldsymbol{b})\|_2^2\\&=\|\boldsymbol{A}\boldsymbol{A}_1^-\boldsymbol{b}-\boldsymbol{b}\|_2^2+2(\boldsymbol{A}\boldsymbol{A}_1^-\boldsymbol{b}-\boldsymbol{b})^{\mathrm{T}}\boldsymbol{A}(\boldsymbol{x}_0-\boldsymbol{A}_1^-\boldsymbol{b})+\\&\quad\|\boldsymbol{A}(\boldsymbol{x}_0-\boldsymbol{A}_1^-\boldsymbol{b})\|_2^2,\end{aligned}$$

即有

$$\begin{aligned}&\|\boldsymbol{A}\boldsymbol{x}_0-\boldsymbol{b}\|_2^2-\|\boldsymbol{A}\boldsymbol{A}_1^-\boldsymbol{b}-\boldsymbol{b}\|_2^2\\&=\|\boldsymbol{A}(\boldsymbol{x}_0-\boldsymbol{A}_1^-\boldsymbol{b})\|_2^2+2\boldsymbol{b}^{\mathrm{T}}(\boldsymbol{A}\boldsymbol{A}_1^--\boldsymbol{E})^{\mathrm{T}}\boldsymbol{A}(\boldsymbol{x}_0-\boldsymbol{A}_1^-\boldsymbol{b})。\end{aligned}$$

将式(6.2.20)代入上式有

$$\|\boldsymbol{A}\boldsymbol{x}_0-\boldsymbol{b}\|_2^2-\|\boldsymbol{A}\boldsymbol{A}_1^-\boldsymbol{b}-\boldsymbol{b}\|_2^2=\|\boldsymbol{A}(\boldsymbol{x}_0-\boldsymbol{A}_1^-\boldsymbol{b})\|_2^2。$$

又由 $\|\boldsymbol{A}\boldsymbol{x}_0-\boldsymbol{b}\|_2=\|\boldsymbol{A}\boldsymbol{A}_1^-\boldsymbol{b}-\boldsymbol{b}\|_2=\min$ 知

$$\|\boldsymbol{A}(\boldsymbol{x}_0-\boldsymbol{A}_1^-\boldsymbol{b})\|_2^2=0。$$

于是

$$\boldsymbol{A}(\boldsymbol{x}_0-\boldsymbol{A}_1^-\boldsymbol{b})=\boldsymbol{0},$$

这说明 $\boldsymbol{x}_0-\boldsymbol{A}_1^-\boldsymbol{b}$ 为齐次方程组 $\boldsymbol{A}\boldsymbol{x}=\boldsymbol{0}$ 的一个解，再由齐次方程组的通解公式(6.2.10)知，存在 z_0 使得

$$\boldsymbol{x}_0-\boldsymbol{A}_1^-\boldsymbol{b}=(\boldsymbol{E}-\boldsymbol{A}_1^-\boldsymbol{A})\boldsymbol{z}_0,$$

即

$$\boldsymbol{x}_0=\boldsymbol{A}_1^-\boldsymbol{b}+(\boldsymbol{E}-\boldsymbol{A}_1^-\boldsymbol{A})\boldsymbol{z}_0。$$

如定理 6.2.5 所述，不相容方程组的最小二乘解不是唯一的，而由前面 6.1 节知道 $\boldsymbol{A}$ 的最小二乘广义逆 $\boldsymbol{A}_1^-$ 也不是唯一的。现在要找出计算最小二乘广义逆 $\boldsymbol{A}_1^-$ 的通式。

引理 设 $\boldsymbol{A}\in\mathbb{R}^{m\times n}$，$\boldsymbol{A}_1^-$ 是 $\boldsymbol{A}$ 的某个最小二乘广义逆，则另一个矩阵 $\boldsymbol{G}\in\mathbb{R}^{m\times n}$ 也是 $\boldsymbol{A}$ 的最小二乘广义逆的充要条件是

$$\boldsymbol{A}\boldsymbol{G}=\boldsymbol{A}\boldsymbol{A}_1^-。\tag{6.2.21}$$

证　充分性：设 $\boldsymbol{G}$ 满足式(6.2.21)，在式(6.2.21)两端右乘 $\boldsymbol{A}$，由于 $\boldsymbol{A}_1^-$ 是某个已知的最小二乘广义逆，于是有

$$\boldsymbol{A}\boldsymbol{G}\boldsymbol{A}=\boldsymbol{A}\boldsymbol{A}_1^-\boldsymbol{A}=\boldsymbol{A},$$

故 $\boldsymbol{G}$ 满足 M-P 第 1 个方程。又因为

$$(\boldsymbol{A}\boldsymbol{G})^{\mathrm{T}}=(\boldsymbol{A}\boldsymbol{A}_1^-)^{\mathrm{T}}=\boldsymbol{A}\boldsymbol{A}_1^-=\boldsymbol{A}\boldsymbol{G},$$

故 $\boldsymbol{G}$ 满足 M-P 第 4 个方程。

必要性：设 $\boldsymbol{G}$ 也是最小二乘广义逆，则有

$$AA_1^- = AGAA_1^- = (AG)^{\mathrm T}(AA_1^-)^{\mathrm T} = G^{\mathrm T}A^{\mathrm T}(A_1^-)^{\mathrm T}A^{\mathrm T}$$
$$= G^{\mathrm T}(AA_1^-A)^{\mathrm T} = G^{\mathrm T}A^{\mathrm T} = (AG)^{\mathrm T} = AG,$$

即式(6.2.21)成立。

定理 6.2.6　设 $A\in\mathbb{R}^{m\times n}$，$A_1^-$ 是某个最小二乘广义逆，则 A 的任何最小二乘广义逆都可表示成

$$G = A_1^- + (E_n - A_1^{-1}A)U, \tag{6.2.22}$$

其中 U 是任意的 $n\times m$ 矩阵。

证　首先证明，对于任何 $U\in\mathbb{R}^{n\times m}$，式(6.2.22)所确定的 G 是 A 的最小二乘广义逆，事实上，

$$AG = AA_1^- + A(E_n - A_1^-A)U = AA_1^- + (A - AA_1^-A)U = AA_1^- + (A - A)U = AA_1^-,$$

由引理知，G 为 A 的最小二乘广义逆。

再证明对任意的最小二乘广义逆 G，必存在 $U\in\mathbb{R}^{n\times m}$，使 G 具有式(6.2.22)的形式。事实上，取 $U=G-A_1^-$ 即可。因为由引理有 $AG=AA_1^-$，所以

$$A_1^- + (E_n - A_1^-A)(G - A_1^-) = A_1^- + G - A_1^- - A_1^-AG + A_1^-AA_1^-$$
$$= A_1^- + G - A_1^- - A_1^-AA_1^- + A_1^-AA_1^- = G。$$

从上述定理可以看出，最小二乘广义逆的通式(6.2.22)与最小二乘解 $\hat{x}$ 的通式(6.2.19)形式上有类似之处，首先求出 A 的某一个 A_1^-，然后再用通式(6.2.22)或式(6.2.19)求得其他的(不同的)最小二乘广义逆或最小二乘解。

例 6.2.5　求不相容方程组

$$\begin{cases} x_1+2x_2+3x_3=1, \\ x_1+x_3=0, \\ 2x_1+2x_3=1, \\ 2x_1+4x_2+6x_3=3 \end{cases}$$

的两个不同的最小二乘解，并比较它们的最小误差。

解　由所给方程组可知

$$A=\begin{pmatrix} 1 & 2 & 3 \\ 1 & 0 & 1 \\ 2 & 0 & 2 \\ 2 & 4 & 6 \end{pmatrix},\quad b=\begin{pmatrix} 1 \\ 0 \\ 1 \\ 3 \end{pmatrix},$$

由于 $\mathrm{rank}(A)=2\neq\mathrm{rank}(A \vdots b)=3$，故此方程组为不相容方程组(即矛盾方程组)。

由于用满秩分解法所得的 $C_{\mathrm R}^{-1}B_{\mathrm L}^{-1}$ 即是 A_m^-，也是 A_1^-，A_r^- 和

A^+，它们又都属于 A^-，所以

$$A_1^- = \frac{1}{30}\begin{pmatrix} -1 & 5 & 10 & -2 \\ 2 & -4 & -8 & 4 \\ 1 & 1 & 2 & 2 \end{pmatrix},$$

于是其中的一个最小二乘解为

$$\hat{x}_1 = A_1^- b = \frac{1}{30}\begin{pmatrix} -1 & 5 & 10 & -2 \\ 2 & -4 & -8 & 4 \\ 1 & 1 & 2 & 2 \end{pmatrix}\begin{pmatrix} 1 \\ 0 \\ 1 \\ 3 \end{pmatrix} = \frac{1}{10}\begin{pmatrix} 1 \\ 2 \\ 3 \end{pmatrix},$$

若取 $U=\begin{pmatrix} 1 & 0 & 0 & 0 \\ 0 & 0 & 0 & 0 \\ 0 & 0 & 0 & 0 \end{pmatrix}$，按通式(6.2.22)又可得到另一个最小二乘广义逆

$$G = A_1^- + (E_3 - A_1^{-1}A)U = \frac{1}{30}\begin{pmatrix} 9 & 5 & 10 & -2 \\ 12 & -4 & -8 & 4 \\ -9 & 1 & 2 & 2 \end{pmatrix},$$

于是第二个最小二乘解为

$$\hat{x}_2 = Gb = \frac{1}{30}\begin{pmatrix} 9 & 5 & 10 & -2 \\ 12 & -4 & -8 & 4 \\ -9 & 1 & 2 & 2 \end{pmatrix}\begin{pmatrix} 1 \\ 0 \\ 1 \\ 3 \end{pmatrix} = \frac{1}{30}\begin{pmatrix} 13 \\ 16 \\ -1 \end{pmatrix},$$

经计算，这两个最小二乘解的“最小误差平方和”分别是

$$\| A\hat{x}_1 - b \|_2^2 = \frac{4}{10} = 0.4, \| A\hat{x}_2 - b \|_2^2 = \frac{4}{10} = 0.4。$$

可见，尽管最小二乘解不同，但是它们的“最小误差平方和”确是相同的。

注　一般来说，不相容方程组的最小二乘解不是唯一的，但在系数矩阵的列向量线性无关时(即 A 为列满秩矩阵)，解是唯一的。此时，必须取 $A_1^- = A_L^{-1} = (A^TA)^{-1}A^T$，注意到 $A_L^{-1}A = E_n$，故 $\hat{x} = A_L^{-1}b = (A^TA)^{-1}A^Tb$。

例 6.2.6　求矛盾方程组

$$\begin{cases} x_1 + 2x_2 = 1, \\ 2x_1 + x_2 = 0, \\ x_1 + x_2 = 0 \end{cases}$$

的最小二乘解。

解　系数矩阵 A 和向量 b 分别为

$$A=\begin{pmatrix}1&2\\2&1\\1&1\end{pmatrix},\ b=\begin{pmatrix}1\\0\\0\end{pmatrix},$$

A 为列满秩矩阵，且

$$A_L^{-1}=(A^TA)^{-1}A^T=\frac{1}{11}\begin{pmatrix}-4&7&1\\7&-4&1\end{pmatrix}=A_1^-,$$

于是，最小二乘解为

$$\hat{x}=A_L^{-1}b=A_1^{-1}b=\frac{1}{11}\begin{pmatrix}-4&7&1\\7&-4&1\end{pmatrix}\begin{pmatrix}1\\0\\0\end{pmatrix}=\frac{1}{11}\begin{pmatrix}-4\\7\end{pmatrix},$$

即 $$\hat{x}_1=-\frac{4}{11},\hat{x}_2=\frac{7}{11},$$

将 $\hat{x}$ 代入误差平方的公式得

$$\|A\hat{x}-b\|_2^2=\frac{1}{11}。$$

在最小二乘曲线拟合和多元线性回归分析中常常要计算矛盾方程组的最小二乘解，广义逆矩阵的理论使得求矛盾方程组最小二乘解的方法简单化、标准化。整个求解的关键在于求出 A 的最小二乘广义逆 A_1^-。

数学家与数学家精神 6

抽象群的奠基者——弗罗贝尼乌斯

弗罗贝尼乌斯(Frobenius，1849—1917)，德国数学家。在矩阵论的发展史上，弗罗贝尼乌斯的贡献是不可磨灭的。1874 年，弗罗贝尼乌斯给出了有正则奇点的任意次齐次线性微分方程的一种无穷级数解，后被称为“弗罗贝尼乌斯方法”。1878 年，弗罗贝尼乌斯发表了正交矩阵的正式定义，并对合同矩阵进行了研究。1879 年，他联系行列式引入矩阵秩的概念。弗罗贝尼乌斯还扩展了魏尔斯特拉斯在不变因子和初等因子方面的工作，以合乎逻辑的形式整理了不变因子和初等因子理论，这对线性微分方程理论具有重要意义。

20 世纪初的领袖数学家——亨利 · 庞加莱

亨利 · 庞加莱(Henri Poincaré，1854—1912)，法国数学家、天体力学家、数学物理学家、科学哲学家。庞加莱的研究涉及数论、代数学、几何学、拓扑学、天体力学、数学物理、多复变函数论、科学哲学等许多领域。

庞加莱为了研究行星轨道和卫星轨道的稳定性问题，在 1881—

中国创造：彩云号

1886 年发表的四篇关于微分方程所确定的积分曲线的论文中，创立了微分方程的定性理论。他研究了微分方程的解在四种类型的奇点（焦点、鞍点、结点、中心）附近的性态。他提出根据解对极限环（他求出的一种特殊的封闭曲线）的关系，可以判定解的稳定性。庞加莱还开创了动力系统理论，1895 年证明了“庞加莱回归定理”。他在天体力学方面的另一重要结果是，在引力作用下，转动流体的形状除了已知的旋转椭球体、不等轴椭球体和环状体外，还有三种庞加莱梨形体存在。庞加莱对数学物理和偏微分方程也有贡献，他用括去法（sweepingout）证明了狄利克雷问题解的存在性，这一方法后来促使位势论有新发展。他还研究了拉普拉斯算子的特征值问题，给出了特征值和特征函数存在性的严格证明。他在积分方程中引进了复参数方法，促进了弗雷德霍姆（Fredholm）理论的发展。

习题 6

1. 求下列矩阵的减号逆 $\boldsymbol{A}^{-}$：

(1) $\boldsymbol{A}_1=\begin{pmatrix}1&0&2\\0&1&0\\1&0&2\\1&0&2\end{pmatrix}$；(2) $\boldsymbol{A}_2=\begin{pmatrix}2&1&0&1\\1&0&1&1\\1&0&1&1\end{pmatrix}$。

2. 设 $\boldsymbol{A}\in\mathbb{C}^{m\times n}$，$\operatorname{rank}\boldsymbol{A}=r$ 若有 m 阶可逆矩阵 $\boldsymbol{P}$ 和 n 阶置换矩阵 $\boldsymbol{T}$，使得

$$\boldsymbol{PAT}=\begin{pmatrix}\boldsymbol{E}_r&\boldsymbol{S}\\\boldsymbol{O}&\boldsymbol{O}\end{pmatrix},\ \boldsymbol{S}\in\mathbb{C}^{(m-r)\times(n-r)},$$

证明：对任一个 $\boldsymbol{L}\in\mathbb{C}^{(n-r)\times(m-r)}$，矩阵 $\boldsymbol{G}=\boldsymbol{T}\begin{pmatrix}\boldsymbol{E}_r&\boldsymbol{O}\\\boldsymbol{O}&\boldsymbol{L}\end{pmatrix}\boldsymbol{P}$ 是 $\boldsymbol{A}$ 的一个减号逆；若取 $\boldsymbol{L}=\boldsymbol{O}$，则相应的 $\boldsymbol{G}$ 是 $\boldsymbol{A}$ 的一个自反减号逆 $\boldsymbol{A}_r^{-}$。

3. 设 $\boldsymbol{A}$ 是 $m\times n$ 零矩阵，哪一类矩阵 $\boldsymbol{G}$ 是 $\boldsymbol{A}$ 的减号逆？哪一类矩阵 $\boldsymbol{G}$ 是 $\boldsymbol{A}$ 的自反减号逆？

4. 已知

$$\boldsymbol{A}=\begin{pmatrix}0&-a_3&a_2\\a_3&0&-a_1\\-a_2&a_1&0\end{pmatrix},$$

证明：$\boldsymbol{G}=-(a_1^2+a_2^2+a_3^2)^{-1}\boldsymbol{A}$ 是 $\boldsymbol{A}$ 的减号逆。

5. 已知矩阵

$$\boldsymbol{A}=\begin{pmatrix}0&1&-1&-1&1\\0&-2&2&-2&6\\0&1&-1&-2&3\end{pmatrix},$$

求 $\boldsymbol{A}$ 的一个减号逆和自反减号逆。

6. 对第 1 题中的两个矩阵，分别求出方程 $\boldsymbol{A}_1\boldsymbol{x}=\boldsymbol{b}_1$ 和 $\boldsymbol{A}_2\boldsymbol{x}=\boldsymbol{b}_2$ 的通解，其中 $\boldsymbol{b}_1=(1,0,1,1)^{\mathrm{T}}$，$\boldsymbol{b}_2=(2,1,1)^{\mathrm{T}}$。

7. 已知

$$\boldsymbol{A}=\begin{pmatrix}1&0&0&1\\1&1&0&0\\0&1&1&0\\0&0&1&1\end{pmatrix},$$

(1) 求 $\boldsymbol{A}$ 的一个减号逆和自反减号逆；

(2) 求 $\boldsymbol{A}^{+}$。

8. 求矩阵

$$\boldsymbol{A}=\begin{pmatrix}1&0&-1&1\\0&2&2&2\\-1&4&5&3\end{pmatrix}$$

的 M-P 逆 $\boldsymbol{A}^{+}$。

9. 求 $\boldsymbol{A}=\begin{pmatrix}1&0\\2&-1\\-1&2\end{pmatrix}$ 的左逆 $\boldsymbol{A}_{\mathrm{L}}^{-1}$。

10. 设 $\boldsymbol{A}\in\mathbb{R}^{m\times n}$，且 $\boldsymbol{A}=\boldsymbol{PBQ}$，其中 $\boldsymbol{P}$ 为 $m\times k$ 列满秩矩阵，$\boldsymbol{Q}$ 为 $s\times n$ 行满秩矩阵，证明：$\operatorname{rank}(\boldsymbol{A})=\operatorname{rank}(\boldsymbol{B})$。

11. 设 $\boldsymbol{A}\in\mathbb{C}^{m\times n}$，$\boldsymbol{B}\in\mathbb{C}^{n\times m}$，$\boldsymbol{BA}=\boldsymbol{E}_n$，$\operatorname{rank}(\boldsymbol{AB})=n$，$m\geqslant n$。

（1）求 AB 的全部特征值；

（2）证明：$\text{rank}(AB)=\text{rank}(A)$，$N(AB)=N(B)$。

12. 设矩阵 $A\in\mathbb{C}^{m\times m}$，$C\in\mathbb{C}^{n\times n}$ 是可逆的，证明：

（1）若 $B\in\mathbb{C}^{m\times n}$ 是左可逆的，则 ABC 左可逆；

（2）若 $B\in\mathbb{C}^{m\times n}$ 是右可逆的，则 ABC 右可逆。

13. 设矩阵 $A\in\mathbb{R}^{m\times n}$ 是一个行满秩矩阵，证明 A 有右逆为 $G=VA^{\mathrm{T}}(AVA^{\mathrm{T}})^{-1}$，其中 V 是使 $\text{rank}(AVA^{\mathrm{T}})=\text{rank}(A)$ 成立的任一 n 阶方阵。

14. 设

（1）$A=\begin{pmatrix}1&2&0\\0&0&1\\1&2&2\end{pmatrix}$；

（2）$A=\begin{pmatrix}1&0&0\\0&1&-1\\1&0&0\\2&1&-1\end{pmatrix}$，

分别求 A^+。

15. 已知矩阵

$$A=\begin{pmatrix}1&1\\2&2\end{pmatrix},\quad B=\begin{pmatrix}-1&0&1\\2&0&-2\end{pmatrix},$$

分别求 A^+，B^+。

16. 设 $A\in\mathbb{C}^{m\times n}$，$P$ 与 Q 分别为 m 阶与 n 阶酉矩阵，试证

$$(PAQ)^+=Q^+A^+P^+。$$

17. 设 A 是一个正规矩阵，证明：$AA^+=A^+A$。

18. 设 $A\in\mathbb{R}^{m\times n}$，且 A 的 n 个列是标准正交的，证明：$A^+=A^{\mathrm{T}}$。

19. A 是幂等且是埃尔米特矩阵（即 A 是正交投影矩阵），证明：$A^+=A$。

20. 设 $A\in\mathbb{C}^{m\times n}$，$\text{rank}(A)=1$ 证明：

（1）存在数 $a_1,a_2,\cdots,a_m$ 与 $b_1,b_2,\cdots,b_n$ 使得 $A=(a_1,a_2,\cdots,a_m)^{\mathrm{T}}(b_1,b_2,\cdots,b_n)$；

（2）$A^+=\dfrac{1}{a}A^{\mathrm{H}}$ 其中 $a=\sum\limits_{i=1}^{m}\sum\limits_{j=1}^{n}|a_ib_j|^2$。

21. 设 $A\in\mathbb{R}^{m\times n}$，$\text{rank}(A)=r$，$U,V$ 是正交矩阵，若 $A=U\begin{pmatrix}A_1&O\\O&O\end{pmatrix}V$，其中 A_1 为可逆矩阵，则 $A^+=V^{\mathrm{H}}\begin{pmatrix}A_1^{-1}&O\\O&O\end{pmatrix}U^{\mathrm{H}}$。

22. 证明：$A^+AB=A^+AC$ 的充分必要条件是 $AB=AC$。

23. 设 $A\in\mathbb{R}^{m\times n}$，且 $\text{rank}(A)=n$，A 的正交上三角分解为 $A=QR$，其中 $Q_{m\times n}$ 的 n 个列标准正交，R 是正对角线元的上三角矩阵，证明：$A^+=R^{-1}Q^{\mathrm{T}}$。

24. 设 $A\in\mathbb{R}^{m\times n}$，$A^{\mathrm{T}}A$ 的特征值为 $\lambda_1,\lambda_2,\cdots,\lambda_n$ 对应的 n 个标准正交的特征向量 $X_1,X_2,\cdots,X_n$ 组成正交矩阵 $Q=(X_1,X_2,\cdots,X_n)$，则 $A^+=Q\Lambda^+Q^{\mathrm{T}}A^{\mathrm{T}}$，其中 $\Lambda=\mathbf{diag}(\lambda_1,\lambda_2,\cdots,\lambda_n)$。

25. 求下列矩阵的极小范数广义逆 A_m^-：

（1）$A_1=\begin{pmatrix}1&0&2\\2&1&4\end{pmatrix}$；（2）$A_2=\begin{pmatrix}1&0&3\\2&3&0\\1&1&1\end{pmatrix}$，

并分别求方程 $A_1x=b_1$ 和 $A_2x=b_2$ 的最小范数解，其中 $b_1=(1,-1)^{\mathrm{T}}$，$b_2=(3,0,1)^{\mathrm{T}}$。

26. 已知

$$A=\begin{pmatrix}1&0&-1&1\\0&2&2&2\\-1&4&5&3\end{pmatrix},\quad b=\begin{pmatrix}4\\-2\\-2\end{pmatrix};$$

（1）用广义逆矩阵方法判定线性方程组 $Ax=b$ 是否相容？

（2）指出 $Ax=b$ 的极小范数解或极小范数最小二乘解（指出解的类型）。

27. 求下列矩阵的最小二乘广义逆 A_l^-：

（1）$A_1=\begin{pmatrix}1&2\\2&1\\2&1\end{pmatrix}$；　（2）$A_2=\begin{pmatrix}1&0&1&1\\2&1&2&1\\2&0&2&2\\4&2&4&2\end{pmatrix}$，

并分别求不相容方程组 $A_1x=b_1$ 和 $A_2x=b_2$ 的最小二乘解，其中 $b_1=(1,0,0)^{\mathrm{T}}$，$b_2=(0,1,0,1)^{\mathrm{T}}$。

28. 证明：线性方程组 $Ax=b$ 有解的充分必要条件是 $AA^+b=b$ 和 $\text{rank}A=\text{rank}(A\,\vdots\,b)$。

29. 证明：设 $A\in\mathbb{C}^{m\times n}$，$B\in\mathbb{C}^{p\times q}$，$C\in\mathbb{C}^{m\times q}$，则矩阵方程 $AXB=C$ 相容的充分必要条件是：对某个 A^-，B^- 有 $AA^-CB^-B=C$ 成立，且方程的通解为

$$X=A^-CB^-+(Z-A^-AZBB^-),$$

其中 $Z\in\mathbb{C}^{m\times p}$ 为任意矩阵。

30. 设非齐次线性方程组 $Ax=b$ 有解，证明：此方程组的一般解为 $X=A^-b$，其中 A^- 是 A 的任意一个广义逆。

第7章 几类特殊矩阵与矩阵积

7.1 非负矩阵

在数理经济学、概率论、弹性系统微振动理论等许多领域里，常常出现“元素都是非负的实数”的矩阵，数学上把这类矩阵归成一类，叫作“非负矩阵”，它的基本特征已被认为是矩阵理论的经典内容之一。为此，本节介绍非负矩阵的一些基本性质，包括著名的佩龙-弗罗贝尼乌斯(Perron-Frobenius)定理，以及正矩阵、不可约非负矩阵、素矩阵等概念。

7.1.1 非负矩阵与正矩阵

定义 7.1.1 设$\boldsymbol{A}=(a_{ij})_{m\times n}$，如果

$$a_{ij}\geqslant 0(i=1,\cdots,m;j=1,\cdots,n), \tag{7.1.1}$$

即$\boldsymbol{A}$的所有元素是非负的，则称$\boldsymbol{A}$为非负矩阵，记作$\boldsymbol{A}\geqslant\boldsymbol{O}$；若式(7.1.1)中不等号严格成立，即$a_{ij}>0(i=1,\cdots,m;j=1,\cdots,n)$，则称$\boldsymbol{A}$为正矩阵，记为$\boldsymbol{A}>\boldsymbol{O}$。

设$\boldsymbol{A},\boldsymbol{B}\in\mathbb{R}^{m\times n}$，如果成立$\boldsymbol{A}-\boldsymbol{B}\geqslant\boldsymbol{O}$，则记作$\boldsymbol{A}\geqslant\boldsymbol{B}$；如果成立$\boldsymbol{A}-\boldsymbol{B}>\boldsymbol{O}$，则记作$\boldsymbol{A}>\boldsymbol{B}$。

对于任意的$\boldsymbol{A}=(a_{ij})\in\mathbb{C}^{m\times n}$，引进记号$|\boldsymbol{A}|=(|a_{ij}|)$，即表示以$a_{ij}$的模$|a_{ij}|$为元素所得的非负矩阵；特别地，当$\boldsymbol{x}=(x_1,\cdots,x_n)^{\mathrm{T}}\in\mathbb{C}^n$时，$|\boldsymbol{x}|=(|x_1|,\cdots,|x_n|)^{\mathrm{T}}$表示一个非负向量。

注 这里使用的记号$|\boldsymbol{A}|$与$|\boldsymbol{x}|$，不要与前面讲的“方阵的行列式”和“向量的长度”概念混淆。由定义7.1.1可直接得到如下定理。

定理 7.1.1 设$\boldsymbol{A},\boldsymbol{B},\boldsymbol{C},\boldsymbol{D}\in\mathbb{C}^{m\times n}$，则

(1) $|\boldsymbol{A}|\geqslant\boldsymbol{O}$并且$|\boldsymbol{A}|=\boldsymbol{O}$当且仅当$\boldsymbol{A}=\boldsymbol{O}$；

(2) 对任意复数 α，有 $|\alpha \boldsymbol{A}| = |\alpha||\boldsymbol{A}|$；

(3) $|\boldsymbol{A}+\boldsymbol{B}| \leqslant |\boldsymbol{A}| + |\boldsymbol{B}|$；

(4) 若 $\boldsymbol{A} \geqslant \boldsymbol{O}, \boldsymbol{B} \geqslant \boldsymbol{O}, a, b$ 是非负实数，则 $a\boldsymbol{A}+b\boldsymbol{B} \geqslant \boldsymbol{O}$；

(5) 若 $\boldsymbol{A} \geqslant \boldsymbol{B}$，且 $\boldsymbol{C} \geqslant \boldsymbol{D}$，则 $\boldsymbol{A}+\boldsymbol{C} \geqslant \boldsymbol{B}+\boldsymbol{D}$；

(6) 若 $\boldsymbol{A} \geqslant \boldsymbol{B}$，且 $\boldsymbol{B} \geqslant \boldsymbol{C}$，则 $\boldsymbol{A} \geqslant \boldsymbol{C}$。

一般由 $\boldsymbol{A} \geqslant \boldsymbol{O}$ 和 $\boldsymbol{A} \neq \boldsymbol{O}$，不能导出 $\boldsymbol{A} > \boldsymbol{O}$。

定理 7.1.2　设 $\boldsymbol{A}, \boldsymbol{B}, \boldsymbol{C}, \boldsymbol{D} \in \mathbb{C}^{n\times n}$，$\boldsymbol{x} \in \mathbb{C}^n$，则

(1) $|\boldsymbol{A}\boldsymbol{x}| \leqslant |\boldsymbol{A}||\boldsymbol{x}|$；

(2) $|\boldsymbol{A}\boldsymbol{B}| \leqslant |\boldsymbol{A}||\boldsymbol{B}|$；

(3) 对任意的正整数 m，有 $|\boldsymbol{A}^m| \leqslant |\boldsymbol{A}|^m$；

(4) 若 $\boldsymbol{O} \leqslant \boldsymbol{A} \leqslant \boldsymbol{B}$，$\boldsymbol{O} \leqslant \boldsymbol{C} \leqslant \boldsymbol{D}$，则 $\boldsymbol{O} \leqslant \boldsymbol{A}\boldsymbol{C} \leqslant \boldsymbol{B}\boldsymbol{D}$；

(5) 若 $\boldsymbol{O} \leqslant \boldsymbol{A} \leqslant \boldsymbol{B}$，对任意正整数 m，有 $\boldsymbol{O} \leqslant \boldsymbol{A}^m \leqslant \boldsymbol{B}^m$；

(6) 若 $\boldsymbol{A} \geqslant \boldsymbol{O}(\boldsymbol{A} > \boldsymbol{O})$，对任意正整数 m，$\boldsymbol{A}^m \geqslant \boldsymbol{O}(\boldsymbol{A}^m > \boldsymbol{O})$；

(7) 若 $\boldsymbol{A} > \boldsymbol{O}, \boldsymbol{x} \geqslant \boldsymbol{0}$ 且 $\boldsymbol{x} \neq \boldsymbol{0}$，则 $\boldsymbol{A}\boldsymbol{x} > \boldsymbol{0}$；

(8) 若 $|\boldsymbol{A}| \leqslant \boldsymbol{B}$，则 $\|\boldsymbol{A}\|_2 \leqslant \||\boldsymbol{A}|\|_2 \leqslant \|\boldsymbol{B}\|_2$。

证　(1)~(7) 显然成立，下面证明(8)。

因为 $\forall \boldsymbol{x} \in \mathbb{C}^n$，都有
$$|\boldsymbol{A}\boldsymbol{x}| \leqslant |\boldsymbol{A}||\boldsymbol{x}| \leqslant \boldsymbol{B}|\boldsymbol{x}|,$$
则
$$\|\boldsymbol{A}\boldsymbol{x}\|_2 = \||\boldsymbol{A}\boldsymbol{x}|\|_2 \leqslant \||\boldsymbol{A}||\boldsymbol{x}|\|_2 \leqslant \|\boldsymbol{B}|\boldsymbol{x}|\|_2,$$
于是
$$\max_{\|\boldsymbol{x}\|_2=1} \|\boldsymbol{A}\boldsymbol{x}\|_2 = \max_{\|\boldsymbol{x}\|_2=1} \||\boldsymbol{A}\boldsymbol{x}|\|_2 \leqslant \max_{\|\boldsymbol{x}\|_2=1} \||\boldsymbol{A}||\boldsymbol{x}|\|_2 \leqslant \max_{\|\boldsymbol{x}\|_2=1} \|\boldsymbol{B}|\boldsymbol{x}|\|_2。$$
由上式有
$$\|\boldsymbol{A}\|_2 \leqslant \||\boldsymbol{A}|\|_2 \leqslant \|\boldsymbol{B}\|_2。\tag{7.1.2}$$

定理 7.1.3（谱半径的单调性）　设 $\boldsymbol{A}, \boldsymbol{B} \in \mathbb{C}^{n\times n}$，若 $|\boldsymbol{A}| \leqslant \boldsymbol{B}$，则
$$\rho(\boldsymbol{A}) \leqslant \rho(|\boldsymbol{A}|) \leqslant \rho(\boldsymbol{B})。\tag{7.1.3}$$

证　由定理 7.1.2 的(3)和(5)知，对任意正整数 m，有 $|\boldsymbol{A}^m| \leqslant |\boldsymbol{A}|^m \leqslant \boldsymbol{B}^m$，由定理 7.1.2(8)，有 $\|\boldsymbol{A}^m\|_2 \leqslant \||\boldsymbol{A}|^m\|_2 \leqslant \|\boldsymbol{B}^m\|_2$，从而 $\|\boldsymbol{A}^m\|_2^{\frac{1}{m}} \leqslant \||\boldsymbol{A}|^m\|_2^{\frac{1}{m}} \leqslant \|\boldsymbol{B}^m\|_2^{\frac{1}{m}}$。

由于 $(\rho(\boldsymbol{A}))^m = \rho(\boldsymbol{A}^m) \leqslant \|\boldsymbol{A}^m\|_2$，所以对所有 $m=1,2,\cdots$，有 $\rho(\boldsymbol{A}) \leqslant \|\boldsymbol{A}^m\|_2^{\frac{1}{m}}$。另一方面，对任意 $\varepsilon>0$，矩阵 $\widetilde{\boldsymbol{A}} = [\rho(\boldsymbol{A})+\varepsilon]^{-1}\boldsymbol{A}$ 的谱半径严格小于 1，由定理 5.1.2 知，$\lim\limits_{m\to\infty} \widetilde{\boldsymbol{A}}^m = \boldsymbol{O}$，于是当 $m\to\infty$ 时，$\|\widetilde{\boldsymbol{A}}^m\|_2 \to 0$。因此，存在正整数 k，使得当 $m>k$ 时，$\|\widetilde{\boldsymbol{A}}^m\|_2 < 1$，即对所有 $m>k$ 有 $\|\boldsymbol{A}^m\|_2 \leqslant [\rho(\boldsymbol{A})+\varepsilon]^m$ 或 $\|\boldsymbol{A}^m\|_2^{\frac{1}{m}} \leqslant \rho(\boldsymbol{A})+\varepsilon$，故

$\lim\limits_{m\to\infty}\|A^m\|_2^{\frac{1}{m}}=\rho(A)$。

同理有 $\lim\limits_{m\to\infty}\||A|^m\|_2^{\frac{1}{m}}=\rho(|A|)$ 和 $\lim\limits_{m\to\infty}\|B^m\|_2^{\frac{1}{m}}=\rho(B)$，即得

$$\rho(A)\leqslant\rho(|A|)\leqslant\rho(B)。$$

由定理 7.1.3 立即得到如下推论。

推论 1 设 $A,B\in\mathbb{R}^{n\times n}$，若 $O\leqslant A\leqslant B$，则 $\rho(A)\leqslant\rho(B)$。

推论 2 设 $A\in\mathbb{R}^{n\times n}$，若 $A\geqslant O$，$A^{(k)}$ 是 A 的任一主子矩阵，则 $\rho(A^{(k)})\leqslant\rho(A)$。特别地，$\max\limits_{1\leqslant i\leqslant n}\{a_{ij}\}\leqslant\rho(A)$。

事实上，对任意正整数 $k(1\leqslant k\leqslant n)$，用 $\widetilde{A}$ 表示把 $A^{(k)}$ 的所有元素放在 A 的原来位置而把 0 放在其余位置所得的 n 阶矩阵，则 $\rho(A^{(k)})=\rho(\widetilde{A})$ 并且 $O\leqslant\widetilde{A}\leqslant A$，则由推论 1 知，$\rho(A^{(k)})=\rho(\widetilde{A})\leqslant\rho(A)$。

佩龙在 1907 年建立了正矩阵的特征值与特征向量的重要性质，这就是下面的定理。

定理 7.1.4(佩龙定理) 设 $A\in\mathbb{R}^{n\times n}$，且 $\rho(A)$ 为其谱半径，若 $A>O$(正矩阵)，则

(1) $\rho(A)$ 为 A 的正特征值，其对应的一个特征向量 $y\in\mathbb{R}^{n\times n}$ 必为正向量；

(2) 对 A 的任何其他特征值 λ，都有 $|\lambda|<\rho(A)$；

(3) $\rho(A)$ 是 A 的特征值。

证 首先证明(1)。设 μ 是 A 的按模最大的特征值，$x=(x_1,\cdots,x_n)^{\mathrm{T}}$ 是相应的特征向量，则 $Ax=\mu x$，且

$$|\mu|=\rho(A)。\tag{7.1.4}$$

令 $y=(|x_1|,\cdots,|x_n|)^{\mathrm{T}}$，下面证明 y 是 A 对应于特征值 $\rho(A)$ 的正特征向量。因为 $Ax=\mu x$，所以对于 $i(1\leqslant i\leqslant n)$，有

$$\mu x_i=\sum_{j=1}^{n}a_{ij}x_j,\text{从而 }\rho(A)|x_i|=|\mu x_i|\leqslant\sum_{j=1}^{n}a_{ij}|x_j|。$$

写成矩阵形式，有

$$\rho(A)y\leqslant Ay,\tag{7.1.5}$$

即

$$(A-\rho(A)E)y\geqslant 0。$$

下面证明式(7.1.5)的等号成立。用反证法，设 $(A-\rho(A)E)y=z\neq 0$，因为 A 是正矩阵，且 z 是非负的非零向量，所以 $Az>0$。又显然有 $Ay>0$，则存在 $\varepsilon>0$，使得 $Az\geqslant\varepsilon Ay$，因为 $Az=A(A-\rho(A)E)y$，所以

$$\boldsymbol{A}^2\boldsymbol{y}=\boldsymbol{A}\boldsymbol{z}+\rho(\boldsymbol{A})\boldsymbol{A}\boldsymbol{y}\geqslant[\varepsilon+\rho(\boldsymbol{A})]\boldsymbol{A}\boldsymbol{y}。$$

令$[\varepsilon+\rho(\boldsymbol{A})]^{-1}\boldsymbol{A}=\boldsymbol{B}$，则有 $\boldsymbol{B}>\boldsymbol{O}$，$\rho(\boldsymbol{B})<1$，且

$$\boldsymbol{B}\boldsymbol{A}\boldsymbol{y}>\boldsymbol{A}\boldsymbol{y}。\tag{7.1.6}$$

由式(7.1.6)可逐步推得

$$\boldsymbol{B}^k\boldsymbol{A}\boldsymbol{y}>\boldsymbol{A}\boldsymbol{y},k=1,2,\cdots,\tag{7.1.7}$$

又因为 $\rho(\boldsymbol{B})<1$，所以，当 $k\to\infty$，$\boldsymbol{B}^k\to\boldsymbol{O}$。对式(7.1.7)两端取极限，即得 $\boldsymbol{A}\boldsymbol{y}\leqslant\boldsymbol{0}$，这与 $\boldsymbol{A}\boldsymbol{y}>\boldsymbol{0}$ 矛盾，因此有 $z=\boldsymbol{0}$。于是证明了

$$\boldsymbol{A}\boldsymbol{y}=\rho(\boldsymbol{A})\boldsymbol{y}。\tag{7.1.8}$$

这表明 $\rho(\boldsymbol{A})=|\mu|$ 是 $\boldsymbol{A}$ 的特征值，而 y 是 $\boldsymbol{A}$ 的正特征向量。

下面证明(2)。只要证明除 $\rho(\boldsymbol{A})$ 外，$\boldsymbol{A}$ 不可能还有其他特征值 λ 能满足 $|\lambda|=\rho(\boldsymbol{A})$。

不妨假设 λ 是 $\boldsymbol{A}$ 的特征值，且满足 $|\lambda|=\rho(\boldsymbol{A})$，相应的特征向量为 $\boldsymbol{u}=(u_1,\cdots,u_n)^{\mathrm{T}}$，则

$$\boldsymbol{A}\boldsymbol{u}=\lambda\boldsymbol{u},\tag{7.1.9}$$

令 $\boldsymbol{v}=(|u_1|,\cdots,|u_n|)^{\mathrm{T}}$，重复上面证明(1)的讨论可得

$$\boldsymbol{A}\boldsymbol{v}=\rho(\boldsymbol{A})\boldsymbol{v},\tag{7.1.10}$$

而由式(7.1.9)可得

$$\lambda u_i=\sum_{j=1}^{n}a_{ij}u_j,j=1,\cdots,n,$$

从而

$$\rho(\boldsymbol{A})|u_i|=\left|\sum_{j=1}^{n}a_{ij}u_j\right|。\tag{7.1.11}$$

将式(7.1.10)代入式(7.1.11)得

$$\left|\sum_{j=1}^{n}a_{ij}u_j\right|=\sum_{j=1}^{n}a_{ij}|u_j|,i=1,\cdots,n,$$

由于 $a_{ij}>0$，则上式表明所有的 u_j 有相同的辐角 φ，即

$$u_j=|u_j|\mathrm{e}^{\mathrm{i}\varphi},\ \mathrm{i}=\sqrt{-1},j=1,\cdots,n,$$

其中 φ 是不依赖于 j 的常数。于是 $\boldsymbol{u}=\mathrm{e}^{\mathrm{i}\varphi}\boldsymbol{v}$，这表明 $\boldsymbol{u},\boldsymbol{v}$ 只差一个非零常数因子 $\mathrm{e}^{\mathrm{i}\varphi}$，故 $\boldsymbol{u}$ 也是 $\boldsymbol{A}$ 对应于特征值 $\rho(\boldsymbol{A})$ 的特征向量，即

$$\boldsymbol{A}\boldsymbol{u}=\rho(\boldsymbol{A})\boldsymbol{u},\tag{7.1.12}$$

由式(7.1.9)和式(7.1.12)可得 $\lambda=\rho(\boldsymbol{A})$。

最后证明(3)。令 $\boldsymbol{B}=\rho^{-1}(\boldsymbol{A})\boldsymbol{A}=(b_{ij})$，则 $\boldsymbol{B}>\boldsymbol{O}$，且 $\rho(\boldsymbol{B})=1$。欲证明(3)，只需证明 1 是 $\boldsymbol{B}$ 的单特征值即可，或者说，在 $\boldsymbol{B}$ 的若尔当标准形中对应于特征值 1 的只有一个一阶若尔当块。

根据结论(1)知，存在向量 $\boldsymbol{y}=(y_1,\cdots,y_n)^{\mathrm{T}}>\boldsymbol{0}$，使得

$$\boldsymbol{B}\boldsymbol{y}=\boldsymbol{y},\tag{7.1.13}$$

从而对任何正整数 k 都有

$$\boldsymbol{B}^k\boldsymbol{y}=\boldsymbol{y}。\tag{7.1.14}$$

令 $y_s=\max_i y_i>0$，$y_t=\min_i y_i>0$，则由式(7.1.14)可得

$$y_s\geqslant y_i=\sum_{l=1}^{n}b_{il}^{(k)}y_l\geqslant b_{ij}^{(k)}y_j\geqslant b_{ij}^{(k)}y_t,$$

其中 $b_{ij}^{(k)}$ 表示 $\boldsymbol{B}^k$ 的(i,j)位置上的元素，从而有 $b_{ij}^{(k)}\leqslant\dfrac{y_s}{y_t}$，这表明对所有 $k>1$，$b_{ij}^{(k)}$ 是有界的。

假若 $\boldsymbol{B}$ 的若尔当标准形中有一个对应于特征值 1 的若尔当块的阶数大于 1，不妨设其为 2，则存在可逆矩阵 $\boldsymbol{P}$ 使得

$$\boldsymbol{B}=\boldsymbol{P}\begin{pmatrix}1 & 1 & & & \\ 0 & 1 & & & \\ & & \boldsymbol{J}_1(\lambda_1) & & \\ & & & \ddots & \\ & & & & \boldsymbol{J}_m(\lambda_m)\end{pmatrix}\boldsymbol{P}^{-1},$$

其中 $\boldsymbol{J}_i(\lambda_i)=\begin{pmatrix}\lambda_i & 1 & & \\ & \lambda_i & \ddots & \\ & & \ddots & 1\\ & & & \lambda_i\end{pmatrix}$，

并且 $|\lambda_i|<1(i=1,\cdots,m)$，则对 $k\geqslant1$ 有

$$\boldsymbol{B}^k=\boldsymbol{P}\begin{pmatrix}1 & k & & & \\ & 1 & & & \\ & & \boldsymbol{J}_1^k(\lambda_1) & & \\ & & & \ddots & \\ & & & & \boldsymbol{J}_m^k(\lambda_m)\end{pmatrix}\boldsymbol{P}^{-1},$$

这与 $b_{ij}^{(k)}$ 有界相矛盾，故 $\boldsymbol{B}$ 的若尔当标准形中对应于特征值 1 的若尔当块是一阶的。

下面证明 $\boldsymbol{B}$ 的若尔当标准形中对应于特征值 1 的一阶若尔当块只有一个。设 $\boldsymbol{B}$ 的若尔当标准形为

$$\boldsymbol{J}=\begin{pmatrix}\boldsymbol{E}_r & & & \\ & \boldsymbol{J}_1(\lambda_1) & & \\ & & \ddots & \\ & & & \boldsymbol{J}_l(\lambda_l)\end{pmatrix},$$

其中 $\boldsymbol{E}_r$ 为 r 阶单位矩阵，且 $|\lambda_i|<1(i=1,2,\cdots,l)$。

如果 $r>1$，令 $\boldsymbol{C}=\boldsymbol{J}-\boldsymbol{E}$，所以，有 $\dim(N(\boldsymbol{C}))=n-\operatorname{rank}(\boldsymbol{C})=r$，由于 $\boldsymbol{B}$ 与 $\boldsymbol{J}$ 相似，故 $\dim(N(\boldsymbol{B}-\boldsymbol{E}))=r$。因为 $r>1$，所以除向量 $\boldsymbol{y}$ 满

足式(7.1.13)外，必然还有另一向量 $\boldsymbol{z}=(z_1,\cdots,z_n)^{\mathrm{T}}\in\mathbb{R}^n$ 满足

$$\boldsymbol{Bz}=\boldsymbol{z}, \tag{7.1.15}$$

并且 $\boldsymbol{z}$ 与 $\boldsymbol{y}$ 线性无关，令

$$\tau=\max_i\left(\frac{z_i}{y_i}\right)=\frac{z_j}{y_j}, \tag{7.1.16}$$

则有 $\tau\boldsymbol{y}\geqslant\boldsymbol{z}$，且不可能取等号，于是 $\boldsymbol{B}(\tau\boldsymbol{y}-\boldsymbol{z})>\boldsymbol{0}$。

利用式(7.1.13)和式(7.1.15)，上式可写成

$$\tau\boldsymbol{y}-\boldsymbol{z}>\boldsymbol{0},$$

写出上式的第 j 个分量，则有

$$\tau>\frac{z_j}{y_j},$$

这与式(7.1.16)中 τ 的定义相矛盾，故 $r=1$。

推论　正矩阵 $\boldsymbol{A}$ 的"模等于 $\rho(\boldsymbol{A})$"的特征值是唯一的。

但是，以上结论对一般的非负矩阵未必成立。例如，4 阶非负矩阵

$$\boldsymbol{A}=\begin{pmatrix}0&3&0&0\\3&0&0&0\\0&0&3&0\\0&0&0&2\end{pmatrix},$$

容易验证 $\rho(\boldsymbol{A})=3$ 是 $\boldsymbol{A}$ 的特征值，与它对应的特征向量为 $\boldsymbol{x}=(\alpha,\alpha,\beta,0)^{\mathrm{T}}$，其中 α,β 可取正数。但 $\rho(\boldsymbol{A})=3$ 并不是 $\boldsymbol{A}$ 的单特征值(实际为二重)，而且没有对应于特征值 $\rho(\boldsymbol{A})=3$ 的正特征向量。同时，还可看出 $\boldsymbol{A}$ 还有异于 $\rho(\boldsymbol{A})$ 的特征值 $\lambda=-3$，使得 $\rho(\boldsymbol{A})=|\lambda|$，即 $\boldsymbol{A}$ 的"模等于 $\rho(\boldsymbol{A})$"的特征值并不唯一。佩龙定理有许多重要应用，一个漂亮而有效的应用是，利用对角占优非负矩阵的谱半径和主对角元可以得到矩阵的特征值包含的区域。

定理 7.1.5　设 $\boldsymbol{A}=(a_{ij})_{n\times n},\boldsymbol{B}=(b_{ij})_{n\times n}\in\mathbb{R}^{n\times n}$ 为非负矩阵，$|a_{ij}|\leqslant b_{ij},i,j=1,2,\cdots,n$，则

$$\lambda(\boldsymbol{A})\subset\bigcup_{i=1}^{n}\{z\in\boldsymbol{C}\,|\,|z-a_{ii}|\leqslant\rho(\boldsymbol{B})-b_{ii}\}。 \tag{7.1.17}$$

证　可以假定 $\boldsymbol{B}>\boldsymbol{O}$，事实上，若 $\boldsymbol{B}$ 中有元素为零，考虑 $\boldsymbol{B}_\varepsilon=(b_{ij}+\varepsilon)_{n\times n}$，其中 $\varepsilon>0$，则 $\boldsymbol{B}_\varepsilon>\boldsymbol{O}$，且

$$\lim_{\varepsilon\to0}(\rho(\boldsymbol{B}_\varepsilon)-(b_{ii}+\varepsilon))=\rho(\boldsymbol{B})-b_{ii}。$$

由佩龙定理，存在正向量

$$\boldsymbol{x}=(x_1,x_2,\cdots,x_n)^{\mathrm{T}},$$

使得

$$\boldsymbol{Bx}=\rho(\boldsymbol{B})\boldsymbol{x},$$

因而

$$\sum_{\substack{j=1\\j\neq i}}^{n}|a_{ij}|x_j\leqslant\sum_{\substack{j=1\\j\neq i}}^{n}b_{ij}x_j=\rho(\boldsymbol{B})x_i-b_{ii}x_i,i=1,2,\cdots,n,$$

于是

$$\frac{1}{x_i}\sum_{\substack{j=1\\j\neq i}}^{n}|a_{ij}|x_j\leqslant\rho(B)-b_{ii},$$

从而式(7.1.17)成立。

对于正矩阵还有如下的性质，这个结果在数理经济学中有直接的应用。

定理 7.1.6 设 $\boldsymbol{A}\in\mathbb{R}^{n\times n}$，如果 $\boldsymbol{A}>\boldsymbol{O}$，$\boldsymbol{x}$ 是 $\boldsymbol{A}$ 的对应于特征值 $\rho(\boldsymbol{A})$ 的正特征向量，又 $\boldsymbol{y}$ 是 $\boldsymbol{A}^{\mathrm{T}}$ 的对应于特征值 $\rho(\boldsymbol{A})$ 的任一正特征向量，则

$$\lim_{m\to\infty}[\rho(\boldsymbol{A})^{-1}\boldsymbol{A}]^m=(\boldsymbol{y}^{\mathrm{T}}\boldsymbol{x})^{-1}\boldsymbol{x}\boldsymbol{y}^{\mathrm{T}}。\tag{7.1.18}$$

证 记 $\boldsymbol{B}=\rho(\boldsymbol{A})^{-1}\boldsymbol{A}$，则 $\boldsymbol{B}>\boldsymbol{O}$。由定理 7.1.4 及其证明过程知，$\rho(\boldsymbol{B})=1$ 是 $\boldsymbol{B}$ 的单特征值，并且在 $\boldsymbol{B}$ 的若尔当标准形中对应于特征值 1 只有一个一阶若尔当块，因此 $\boldsymbol{B}$ 的标准形为

$$\boldsymbol{J}=\begin{pmatrix}1 & & & \\ & J_1(\lambda_1) & & \\ & & \ddots & \\ & & & J_l(\lambda_l)\end{pmatrix},$$

其中 λ_i 是 $\boldsymbol{B}$ 的特征值，且 $|\lambda_i|<1(i=1,\cdots,l)$。于是 $\lim\limits_{m\to\infty}\boldsymbol{B}^m$ 存在，记 $\lim\limits_{m\to\infty}\boldsymbol{B}^m=\boldsymbol{P}$。由于

$$\boldsymbol{P}=\lim_{m\to\infty}\boldsymbol{B}^m=\boldsymbol{B}\lim_{m\to\infty}\boldsymbol{B}^{m-1}=\boldsymbol{BP},$$

记 $\boldsymbol{P}=(\boldsymbol{p}_1,\cdots,\boldsymbol{p}_n)$，$\boldsymbol{p}_i\in\mathbb{R}^n(i=1,\cdots,n)$，则有 $\boldsymbol{Bp}_i=\boldsymbol{p}_i,i=1,\cdots,n$。

上式说明 $\boldsymbol{p}_1,\cdots,\boldsymbol{p}_n$ 都是 $\boldsymbol{B}$ 对应于特征值 1 的特征向量(若 $\boldsymbol{p}_i\neq\boldsymbol{0}$)。因为 $\boldsymbol{B}$ 的特征值 $\rho(\boldsymbol{B})=1$ 是单特征值，且 $\boldsymbol{x}$ 也是 $\boldsymbol{B}$ 对应于特征值 $\rho(\boldsymbol{B})=1$ 的正特征向量，所以 $\boldsymbol{p}_i(i=1,\cdots,n)$ 都与 $\boldsymbol{x}$ 线性相关，不妨记为 $\boldsymbol{p}_i=\boldsymbol{q}_i\boldsymbol{x}(i=1,\cdots,n)$，并记 $\boldsymbol{Q}=(\boldsymbol{q}_1,\cdots,\boldsymbol{q}_n)^{\mathrm{T}}$，则 $\boldsymbol{P}=(\boldsymbol{p}_1,\cdots,\boldsymbol{p}_n)=(\boldsymbol{q}_1\boldsymbol{x},\cdots,\boldsymbol{q}_n\boldsymbol{x})=\boldsymbol{x}\boldsymbol{Q}^{\mathrm{T}}$，因为 $\boldsymbol{y}$ 是 $\boldsymbol{A}^{\mathrm{T}}$ 对应于特征值 $\rho(\boldsymbol{A})$ 的正特征向量，则 $\boldsymbol{y}$ 是 $\boldsymbol{B}^{\mathrm{T}}$ 对应于特征值 1 的正特征向量。

于是$(\boldsymbol{B}^{\mathrm{T}})^m\boldsymbol{y}=\boldsymbol{y}$，从而$\boldsymbol{y}^{\mathrm{T}}=\boldsymbol{y}^{\mathrm{T}}\boldsymbol{P}=\boldsymbol{y}^{\mathrm{T}}\boldsymbol{x}\boldsymbol{Q}^{\mathrm{T}}$。显然$\boldsymbol{y}^{\mathrm{T}}\boldsymbol{x}\neq\boldsymbol{0}$，则$\boldsymbol{Q}^{\mathrm{T}}=(\boldsymbol{y}^{\mathrm{T}}\boldsymbol{x})^{-1}\boldsymbol{y}^{\mathrm{T}}$，从而有$\lim\limits_{m\to\infty}[\rho(\boldsymbol{A})^{-1}\boldsymbol{A}]^m=\boldsymbol{P}=\boldsymbol{x}\boldsymbol{Q}^{\mathrm{T}}=(\boldsymbol{y}^{\mathrm{T}}\boldsymbol{x})^{-1}\boldsymbol{x}\boldsymbol{y}^{\mathrm{T}}$。

7.1.2 不可约非负矩阵

下面将佩龙定理推广到更一般的非负矩阵上，首先介绍不可约矩阵的概念。

在线性代数中，我们知道要对调矩阵 $\boldsymbol{A}$ 的第 i,j 两行(列)，相当于将 $\boldsymbol{A}$ 左(右)乘如下的矩阵：

$$\boldsymbol{E}_{i,j}=\begin{pmatrix}1&&&&&&\\&\ddots&&&&&\\&&0&\cdots&1&&\\&&\vdots&\ddots&\vdots&&\\&&1&\cdots&0&&\\&&&&&\ddots&\\&&&&&&1\end{pmatrix}_{n\times n}\tag{7.1.19}$$

其中，$\boldsymbol{E}_{i,j}$称为对调矩阵。如要对 $\boldsymbol{A}$ 进行一系列的对调两行(列)，把一系列对调矩阵的乘积记为 $\boldsymbol{P}$，则它的每一行和每一列都只有某个元素为1，其余元素为0，则称矩阵 $\boldsymbol{P}$ 为置换矩阵。显然，置换矩阵是可逆的，且有 $\boldsymbol{P}^{-1}=\boldsymbol{P}^{\mathrm{T}}$。

定义 7.1.2(可约与不可约矩阵)　设$\boldsymbol{A}\in\mathbb{R}^{n\times n}(n\geqslant2)$，若存在 n 阶置换矩阵 $\boldsymbol{P}$，使得

$$\boldsymbol{PAP}^{\mathrm{T}}=\begin{pmatrix}\boldsymbol{A}_{11}&\boldsymbol{A}_{12}\\\boldsymbol{O}&\boldsymbol{A}_{22}\end{pmatrix},\tag{7.1.20}$$

其中$\boldsymbol{A}_{11}$为 r 阶矩阵，$\boldsymbol{A}_{22}$为 $n-r$ 阶方阵$(1\leqslant r<n)$，则称 $\boldsymbol{A}$ 为可约矩阵，否则称 $\boldsymbol{A}$ 为不可约矩阵。$\boldsymbol{A}$ 为可约矩阵，即 $\boldsymbol{A}$ 可经过若干行列重排(指 $\boldsymbol{A}$ 经过两行交换的同时进行相应两列的交换)化为式(7.1.20)。

显然，如果 $\boldsymbol{A}$ 的所有元素都非零，则 $\boldsymbol{A}$ 为不可约矩阵。另外，一阶方阵(非零矩阵)、正矩阵都是不可约的。

例 7.1.1　设有矩阵

$$\boldsymbol{A}=\begin{pmatrix}b_1&c_1&&&\\a_2&b_2&c_2&&\\&\ddots&\ddots&\ddots&\\&&a_{n-1}&b_{n-1}&c_{n-1}\\&&&a_n&b_n\end{pmatrix},$$

其中 a_i, b_i, c_i 都不为零，即三对角矩阵，

$$B=\begin{pmatrix} 4 & -1 & -1 & 0 \\ -1 & 4 & 0 & -1 \\ -1 & 0 & 4 & -1 \\ 0 & -1 & -1 & 4 \end{pmatrix}。$$

由于它们无论怎样行列重排，都不能形成左下角为零矩阵而对角线是两个低阶的方阵 $\boldsymbol{A}_{11}$ 和 $\boldsymbol{A}_{22}$，所以 $\boldsymbol{A}$ 和 $\boldsymbol{B}$ 都是不可约矩阵。

可约的概念来源于线性方程组的求解问题。一个线性方程组的系数矩阵是可约的，表明该方程组可通过适当调整方程和未知数的次序，化为两个低阶的方程组来求解。即如果线性方程组

$$\boldsymbol{Ax}=\boldsymbol{b}$$

的系数矩阵 $\boldsymbol{A}$ 可约时，则可找到置换矩阵 $\boldsymbol{P}$ 使得 $\boldsymbol{A}$ 化为

$$\boldsymbol{PAP}^{\mathrm{T}}=\begin{pmatrix} \boldsymbol{A}_{11} & \boldsymbol{A}_{12} \\ \boldsymbol{O} & \boldsymbol{A}_{22} \end{pmatrix},$$

于是原方程组可化为

$$\boldsymbol{PAP}^{\mathrm{T}}(\boldsymbol{Px})=\boldsymbol{Pb}。$$

依次记 $\boldsymbol{y}=\boldsymbol{Px}=(\boldsymbol{y}_1^{\mathrm{T}},\boldsymbol{y}_2^{\mathrm{T}})^{\mathrm{T}}$ 和 $\hat{\boldsymbol{B}}=\boldsymbol{Pb}=(\hat{\boldsymbol{b}}_1^{\mathrm{T}},\hat{\boldsymbol{b}}_2^{\mathrm{T}})^{\mathrm{T}}$，就有

$$\begin{cases} \boldsymbol{A}_{11}\boldsymbol{y}_1+\boldsymbol{A}_{12}\boldsymbol{y}_2=\hat{\boldsymbol{b}}_1, \\ \boldsymbol{A}_{22}\boldsymbol{y}_2=\hat{\boldsymbol{b}}_2, \end{cases}$$

于是方程组化为两个独立的低阶方程组，比直接解原方程组要方便、简单。

同样，$\boldsymbol{A}$ 的特征多项式也化为两个低阶矩阵的特征多项式的乘积。

从定义 7.1.2 直接可直接得到如下定理。

定理 7.1.7 设 $\boldsymbol{A}\in\mathbb{R}^{n\times n}$，则

(1) $\boldsymbol{A}$ 为不可约矩阵的充分必要条件是 $\boldsymbol{A}^{\mathrm{T}}$ 为不可约矩阵；

(2) 如果 $\boldsymbol{A}$ 是不可约非负矩阵，$\boldsymbol{B}$ 是 n 阶非负矩阵，则 $\boldsymbol{A}+\boldsymbol{B}$ 是不可约非负矩阵。

对于一个给定的矩阵，直接根据定义 7.1.2 判断是否可约，绝非易事，因为 n 阶矩阵共有 $n!$ 个置换矩阵，逐一去尝试是不可能的。下面给出一个判断非负矩阵是否可约的办法。

定理 7.1.8 $n(\geqslant 2)$ 阶非负矩阵 $\boldsymbol{A}$ 不可约的充分必要条件是存在正整数 $s\leqslant n-1$，使得

$$(\boldsymbol{E}+\boldsymbol{A})^s>\boldsymbol{O}。$$

证　必要性。这只需要证明对任意向量 $\boldsymbol{y}\geqslant\boldsymbol{0}(\boldsymbol{y}\neq\boldsymbol{0})$ 都有不等式

$$(\boldsymbol{E}+\boldsymbol{A})^{n-1}\boldsymbol{y}>\boldsymbol{O}。$$

我们首先证明在条件 $\boldsymbol{y}\geqslant\boldsymbol{0}$ 与 $\boldsymbol{y}\neq\boldsymbol{0}$ 下，向量 $\boldsymbol{z}=(\boldsymbol{E}+\boldsymbol{A})\boldsymbol{y}$ 中零坐标的个数小于向量 $\boldsymbol{y}$ 中零坐标的个数。假若相反，那么 $\boldsymbol{y}$ 与 $\boldsymbol{z}$ 有相同的零坐标个数(因为 $\boldsymbol{z}$ 的零坐标个数不会多于 $\boldsymbol{y}$ 的零坐标个数)。所以，不失一般性，设

$$\boldsymbol{y}=\begin{pmatrix}\boldsymbol{u}\\\boldsymbol{0}\end{pmatrix},\quad \boldsymbol{z}=\begin{pmatrix}\boldsymbol{v}\\\boldsymbol{0}\end{pmatrix},\quad \boldsymbol{u},\boldsymbol{v}>\boldsymbol{0},$$

这里列向量 $\boldsymbol{u},\boldsymbol{v}$ 有相同维数。又令

$$\boldsymbol{A}=\begin{pmatrix}\boldsymbol{A}_{11} & \boldsymbol{A}_{12}\\\boldsymbol{A}_{21} & \boldsymbol{A}_{22}\end{pmatrix},$$

则有

$$\begin{pmatrix}\boldsymbol{u}\\\boldsymbol{0}\end{pmatrix}+\begin{pmatrix}\boldsymbol{A}_{11} & \boldsymbol{A}_{12}\\\boldsymbol{A}_{21} & \boldsymbol{A}_{22}\end{pmatrix}\begin{pmatrix}\boldsymbol{u}\\\boldsymbol{0}\end{pmatrix}=\begin{pmatrix}\boldsymbol{v}\\\boldsymbol{0}\end{pmatrix},$$

因此得 $\boldsymbol{A}_{21}\boldsymbol{u}=\boldsymbol{0}$。又因 $\boldsymbol{u}>\boldsymbol{0}$，故有 $\boldsymbol{A}_{21}=\boldsymbol{0}$，这与 $\boldsymbol{A}$ 为不可约矩阵相矛盾，所以 $\boldsymbol{z}$ 与 $\boldsymbol{y}$ 有相同的零坐标个数是不可能的。从而证明了向量 $\boldsymbol{z}$ 的零坐标个数小于向量 $\boldsymbol{y}$ 的零坐标个数。

上述结果表明：向量 $\boldsymbol{y}(\boldsymbol{0}\leqslant\boldsymbol{y}\neq\boldsymbol{0})$ 每用 $\boldsymbol{E}+\boldsymbol{A}$ 左乘一次，其零坐标个数至少减少一个。因此得

$$(\boldsymbol{E}+\boldsymbol{A})^{n-1}\boldsymbol{y}>\boldsymbol{0}。$$

充分性。设有 $(\boldsymbol{E}+\boldsymbol{A})^{s}>\boldsymbol{O}$，如果 $\boldsymbol{A}$ 是可约的，则存在置换矩阵 $\boldsymbol{P}$，使得

$$\boldsymbol{P}(\boldsymbol{E}+\boldsymbol{A})\boldsymbol{P}^{\mathrm{T}}=\begin{pmatrix}\boldsymbol{A}_{11}+\boldsymbol{E}^{(1)} & \boldsymbol{A}_{12}\\\boldsymbol{O} & \boldsymbol{A}_{22}+\boldsymbol{E}^{(2)}\end{pmatrix}=\begin{pmatrix}\widetilde{\boldsymbol{A}}_{11} & \boldsymbol{A}_{12}\\\boldsymbol{O} & \widetilde{\boldsymbol{A}}_{22}\end{pmatrix},$$

对任意正整数，都有

$$\boldsymbol{P}(\boldsymbol{E}+\boldsymbol{A})^{k}\boldsymbol{P}^{\mathrm{T}}=\begin{pmatrix}\widetilde{\boldsymbol{A}}_{11} & \boldsymbol{A}_{12}\\\boldsymbol{O} & \widetilde{\boldsymbol{A}}_{22}\end{pmatrix}^{k},$$

故对所有的上述 k 值，有

$$(\boldsymbol{E}+\boldsymbol{A})^{k}=\boldsymbol{P}^{\mathrm{T}}\begin{pmatrix}\widetilde{\boldsymbol{A}}_{11} & \boldsymbol{A}_{12}\\\boldsymbol{O} & \widetilde{\boldsymbol{A}}_{22}\end{pmatrix}^{k}\boldsymbol{P}。$$

此等式表明无论正整数 k 为何值，$(\boldsymbol{E}+\boldsymbol{A})^{k}$ 中永远有零元素，因此 $(\boldsymbol{E}+\boldsymbol{A})^{s}>\boldsymbol{O}$ 是不可能的。这就证明了 $\boldsymbol{A}$ 不可能是可约的。

例如，非负矩阵

$$\boldsymbol{A}=\begin{pmatrix}1&1&0\\1&1&1\\0&1&1\end{pmatrix}$$

是不可约的。因为 $s=3-1=2$ 时，即有

$$(\boldsymbol{E}+\boldsymbol{A})^2=\begin{pmatrix}2&1&0\\1&2&1\\0&1&2\end{pmatrix}^2=\begin{pmatrix}5&4&1\\4&6&4\\1&4&5\end{pmatrix}>\boldsymbol{O}。$$

在前面，我们证明了正矩阵的佩龙定理，而正矩阵是不可约非负矩阵的一种特殊情形。1912 年，弗罗贝尼乌斯把上述定理推广到不可约非负矩阵上。

定理 7.1.9（佩龙-弗罗贝尼乌斯） 设 $\boldsymbol{A}\in\mathbb{R}^{n\times n}$ 是不可约非负矩阵，则

（1）$\boldsymbol{A}$ 有一正实特征值恰等于它的谱半径 $\rho(\boldsymbol{A})$，并且存在正向量 $\boldsymbol{x}\in\mathbb{R}^n$，使得 $\boldsymbol{A}\boldsymbol{x}=\rho(\boldsymbol{A})\boldsymbol{x}$；

（2）$\rho(\boldsymbol{A})$ 是 $\boldsymbol{A}$ 的单特征值；

（3）当 $\boldsymbol{A}$ 的任意元素（一个或多个）增加时，$\rho(\boldsymbol{A})$ 增加。

证 （1）令 k 为任一正整数，$\boldsymbol{B}_k=\boldsymbol{A}+\frac{1}{k}\boldsymbol{I}$，其中 $\boldsymbol{I}$ 为所有元素均为 1 的 n 阶矩阵，则对 $k=1,2,\cdots$ 有

$$\boldsymbol{O}\leqslant\boldsymbol{A}<\boldsymbol{B}_{k+1}<\boldsymbol{B}_k。$$

由定理 7.1.3 的推论 1 得

$$\rho(\boldsymbol{A})<\rho(\boldsymbol{B}_{k+1})<\rho(\boldsymbol{B}_k)$$

数列 $\rho(\boldsymbol{B}_k)$ 单调下降且有下界，故它有极限。令 $\lim\limits_{k\to\infty}\rho(\boldsymbol{B}_k)=\lambda$，则

$$\rho(\boldsymbol{A})\leqslant\lambda。\tag{7.1.21}$$

因为 $\boldsymbol{B}_k>\boldsymbol{O}$，则由定理 7.1.4（佩龙定理）知，存在向量 $\boldsymbol{y}_k=(y_1^{(k)},\cdots,y_n^{(k)})^{\mathrm{T}}>\boldsymbol{0}$，使得

$$\boldsymbol{B}_k\boldsymbol{y}_k=\rho(\boldsymbol{B}_k)\boldsymbol{y}_k。\tag{7.1.22}$$

令

$$\boldsymbol{x}_j^{(k)}=\left(\sum_{i=1}^{n}(y_i^{(k)})^2\right)^{-\frac{1}{2}}\cdot y_j^{(k)},\quad \boldsymbol{x}_k=(x_1^{(k)},\cdots,x_n^{(k)})^{\mathrm{T}},$$

则 $\boldsymbol{x}_k>\boldsymbol{0}$，并且 $\|\boldsymbol{x}\|_2=1$，同时有

$$\boldsymbol{B}_k\boldsymbol{x}_k=\rho(\boldsymbol{B}_k)\boldsymbol{x}_k。$$

令 $S=\{\boldsymbol{x}\geqslant\boldsymbol{0}\mid\|\boldsymbol{x}\|_2=1,\boldsymbol{x}\in\mathbb{R}^n\}$，则 S 是 $\mathbb{R}^n$ 中的有界闭集。因为 $\{\boldsymbol{x}_k\}\in S$，所以在 $\{\boldsymbol{x}_k\}$ 中存在一个收敛的子序列 $\{\boldsymbol{x}_{k_m}\}$，即

$$\lim_{m\to\infty}\boldsymbol{x}_{k_m}=\boldsymbol{x}\in S,$$

因为

$$\lambda \boldsymbol{x}=\lim_{m\to\infty}\rho(\boldsymbol{B}_{k_m})\lim_{m\to\infty}\boldsymbol{x}_{k_m}=\lim_{m\to\infty}(\rho(\boldsymbol{B}_{k_m})\boldsymbol{x}_{k_m})=\lim_{m\to\infty}(\boldsymbol{B}_{k_m}\boldsymbol{x}_{k_m})=\boldsymbol{A}\boldsymbol{x},$$

于是 $\boldsymbol{x}\neq\boldsymbol{0}$ 且 $\boldsymbol{x}\geqslant\boldsymbol{0}$ 是 $\boldsymbol{A}$ 对应于特征值 λ 的特征向量。由于 $\lambda\leqslant\rho(\boldsymbol{A})$，再由式(7.1.21)得

$$\lambda=\rho(\boldsymbol{A}), \tag{7.1.23}$$

也就是说 $\rho(\boldsymbol{A})$ 是 $\boldsymbol{A}$ 的特征值，且有

$$\boldsymbol{A}\boldsymbol{x}=\rho(\boldsymbol{A})\boldsymbol{x}, \tag{7.1.24}$$

其中 $\boldsymbol{x}\geqslant\boldsymbol{0}$，且 $\boldsymbol{x}\neq\boldsymbol{0}$。

下面证明 $\rho(\boldsymbol{A})>0$ 和 $\boldsymbol{x}>\boldsymbol{0}$。设 $\alpha=\min\limits_{1\leqslant i\leqslant n}\sum\limits_{j=1}^{n}a_{ij}$，构造 n 阶实矩阵 $\boldsymbol{B}=(b_{ij})$：若 $\alpha=0$，令 $\boldsymbol{B}=\boldsymbol{0}$；若 $\alpha>0$，令 $(b_{ij})=\alpha a_{ij}\left(\sum\limits_{j=1}^{n}a_{ij}\right)^{-1}$，则 $\boldsymbol{O}\leqslant\boldsymbol{B}\leqslant\boldsymbol{A}$，并且 $\sum\limits_{j=1}^{n}b_{ij}=\alpha(i=1,\cdots,n)$，即 $\boldsymbol{B}$ 的每一行之和是常数 α，故 $\|\boldsymbol{B}\|_\infty=\alpha$。令 $\boldsymbol{x}=(1,\cdots,1)^{\mathrm{T}}$，则 $\boldsymbol{B}\boldsymbol{x}=\boldsymbol{\alpha}\boldsymbol{x}=\|\boldsymbol{B}\|_\infty\boldsymbol{x}$，这说明 $\boldsymbol{x}$ 是 $\boldsymbol{B}$ 对应于特征值 $\|\boldsymbol{B}\|_\infty$ 的特征向量。又因为对任意相容矩阵范数 $\|\cdot\|$ 有 $\rho(\boldsymbol{B})\leqslant\|\boldsymbol{B}\|$，故 $\rho(\boldsymbol{B})=\|\boldsymbol{B}\|_\infty=\boldsymbol{\alpha}$。再由定理 7.1.3 的推论 1 得 $\rho(\boldsymbol{B})\leqslant\rho(\boldsymbol{A})$，则有

$$\rho(\boldsymbol{A})\geqslant\|\boldsymbol{B}\|_\infty=\alpha>0,$$

因此，$\rho(\boldsymbol{A})$ 是 $\boldsymbol{A}$ 的正特征值。

显然，$1+\rho(\boldsymbol{A})$ 是 $\boldsymbol{E}+\boldsymbol{A}$ 的特征值，即存在非负向量 $\boldsymbol{x}\in\mathbb{R}^n$，且 $\boldsymbol{x}\neq\boldsymbol{0}$，使得 $(\boldsymbol{E}+\boldsymbol{A})\boldsymbol{x}=(1+\rho(\boldsymbol{A}))\boldsymbol{x}$，从而有 $(\boldsymbol{E}+\boldsymbol{A})^{n-1}\boldsymbol{x}=(1+\rho(\boldsymbol{A}))^{n-1}\boldsymbol{x}$。从定理 7.1.7 可知 $(\boldsymbol{E}+\boldsymbol{A})^{n-1}>0$，而由定理 7.1.2(7) 有 $(\boldsymbol{E}+\boldsymbol{A})^{n-1}\boldsymbol{x}>\boldsymbol{0}$。因此 $\boldsymbol{x}=(1+\rho(\boldsymbol{A}))^{1-n}(\boldsymbol{E}+\boldsymbol{A})^{n-1}\boldsymbol{x}>\boldsymbol{0}$，这就说明特征向量 $\boldsymbol{x}$ 是正的。故(1)得证。

为了证明(2)，采用反证法。如果 $\rho(\boldsymbol{A})$ 是 $\boldsymbol{A}$ 的重特征值，则 $1+\rho(\boldsymbol{A})=\rho(\boldsymbol{E}+\boldsymbol{A})$ 是 $\boldsymbol{E}+\boldsymbol{A}$ 的重特征值，从而 $(1+\rho(\boldsymbol{A}))^{n-1}=(\rho(\boldsymbol{E}+\boldsymbol{A}))^{n-1}=\rho((\boldsymbol{E}+\boldsymbol{A})^{n-1})$ 是 $(\boldsymbol{E}+\boldsymbol{A})^{n-1}$ 的重特征值。另一方面，因为 $(\boldsymbol{E}+\boldsymbol{A})^{n-1}>\boldsymbol{0}$(正矩阵)，由定理 7.1.4 知 $\rho((\boldsymbol{E}+\boldsymbol{A})^{n-1})$ 是 $(\boldsymbol{E}+\boldsymbol{A})^{n-1}$ 的单特征值。这个矛盾说明 $\rho(\boldsymbol{A})$ 是 $\boldsymbol{A}$ 的单特征值。

(3) 由定理 7.1.3 推论 1 即得。

例 7.1.2　对于不可约非负矩阵

$$\boldsymbol{A}=\begin{pmatrix}1&2&0\\2&1&3\\0&2&1\end{pmatrix},$$

其谱半径 $\rho(\boldsymbol{A})=1+\sqrt{10}$ 就是它的一个正的单特征值，而属于

$\rho(\boldsymbol{A})$的正特征向量是$(2,\sqrt{10},2)^{\mathrm{T}}$。并且，"模等于$\rho(\boldsymbol{A})$"的特征值$1+\sqrt{10}$也只有一个。

值得提出的是，对于一般不可约非负矩阵$\boldsymbol{A}$，佩龙-弗罗贝尼乌斯定理并不能保证$\boldsymbol{A}$的"模等于$\rho(\boldsymbol{A})$"的特征值是唯一的。下面通过一个简单的例子来说明。

例 7.1.3 设

$$\boldsymbol{A}=\begin{pmatrix}0&1&0&\cdots&0\\0&0&1&\cdots&0\\\vdots&\vdots&\vdots&&\vdots\\0&0&0&\cdots&1\\1&0&0&\cdots&0\end{pmatrix}_{n\times n},$$

不难验证$\boldsymbol{A}$是不可约非负矩阵，它的几个特征值是

$$\lambda_j=\mathrm{e}^{\mathrm{i}\cdot\frac{j\pi}{n}},j=0,1,\cdots,n-1,$$

从而它的特征值的模都等于谱半径$\rho(\boldsymbol{A})=1$。

注 n阶非负不可约矩阵$\boldsymbol{A}$的"模等于$\rho(\boldsymbol{A})$"的m个不同特征值可以表示为

$$\lambda_j=\rho(\boldsymbol{A})\mathrm{e}^{\mathrm{i}\frac{2j\pi}{n}},j=0,1,\cdots,m-1,$$

也就是说，它们"均匀"地分布在以原点为圆心，$\rho(\boldsymbol{A})$为半径的圆周上。(证明从略)

例 7.1.4 设

$$\boldsymbol{A}=\begin{pmatrix}0&0&1&0\\0&0&1&1\\0&1&0&0\\1&1&0&0\end{pmatrix},$$

则$\boldsymbol{A}$是不可约非负矩阵，它的特征值是

$$\lambda_{1,2}=\pm\sqrt{1+\sqrt{2}},\lambda_{3,4}=\pm\mathrm{i}\sqrt{\sqrt{2}-1}。$$

定理 7.1.10 设$\boldsymbol{A}=(a_{ij})_{n\times n}$为不可约非负矩阵，则有

$$\sum_{j=1}^{n}a_{ij}=\rho(\boldsymbol{A}),i=1,2,\cdots,n, \tag{7.1.25}$$

或者

$$\min_{1\leqslant i\leqslant n}\sum_{j=1}^{n}a_{ij}<\rho(\boldsymbol{A})<\max_{1\leqslant i\leqslant n}\sum_{j=1}^{n}a_{ij}。\tag{7.1.26}$$

证 若$\boldsymbol{A}$的每行元素之和均等于μ，令$\boldsymbol{\xi}=(1,1,\cdots,1)^{\mathrm{T}}$，则有$\boldsymbol{A\xi}=\mu\boldsymbol{\xi}$，所以$\mu$为$\boldsymbol{A}$的一个特征值，因而$\mu\leqslant\rho(\boldsymbol{A})$。另一方面，由

盖尔圆定理，有某个 i，$1\leqslant i\leqslant n$，使得 $|\rho(\boldsymbol{A})-a_{ii}|\leqslant\sum_{\substack{j=1\\j\neq i}}^{n}a_{ij}$，所以 $\rho(\boldsymbol{A})\leqslant a_{ii}+\sum_{\substack{j=1\\j\neq i}}^{n}a_{ij}=\mu$，因此 $\mu=\rho(\boldsymbol{A})$，这时式(7.1.25)成立。现在假设 $\boldsymbol{A}$ 的各行之和不全相同，则可以用减小(或增加)$\boldsymbol{A}$ 的某些正元素的方法得到一个不可约非负矩阵 $\boldsymbol{B}=(b_{ij})_{n\times n}$(或 $\boldsymbol{C}=(c_{ij})_{n\times n}$)，使得

$$\sum_{j=1}^{n}b_{ij}=a=\min_{1\leqslant i\leqslant n}\sum_{j=1}^{n}a_{ij},\sum_{j=1}^{n}c_{ij}=b=\max_{1\leqslant k\leqslant n}\sum_{j=1}^{n}a_{kj}1\leqslant i\leqslant n,$$

因而 $\rho(\boldsymbol{B})=a,\rho(\boldsymbol{C})=b$。因 $\boldsymbol{B}\leqslant\boldsymbol{A}\leqslant\boldsymbol{C}$，由定理 7.1.3 的推论 1 知 $\rho(\boldsymbol{B})\leqslant\rho(\boldsymbol{A})\leqslant\rho(\boldsymbol{C})$。

如果 $\rho(\boldsymbol{A})=\rho(\boldsymbol{C})$，即 $\rho(\boldsymbol{A})=\max\limits_{1\leqslant k\leqslant n}\sum_{j=1}^{n}a_{kj}=b$，因 $\boldsymbol{A}$ 为不可约非负矩阵，所以由定理 7.1.9 知 $\boldsymbol{A}$ 有正的对应于特征值 $\rho(\boldsymbol{A})$ 的特征向量 $\boldsymbol{y}=(y_1,y_2,\cdots,y_n)^{\mathrm{T}}$。

因此

$$\boldsymbol{Ay}=\rho(\boldsymbol{A})\boldsymbol{y}=b\boldsymbol{y},$$

即

$$\sum_{j=1}^{n}a_{ij}y_j=by_i,\qquad 1\leqslant i\leqslant n,$$

设 $y_{i1}=y_{i2}=\cdots=y_{is}=\max\{y_1,y_2,\cdots,y_n\}$ 则可设

$$\{y_1,y_2,\cdots,y_n\}=\{y_{i1},y_{i2},\cdots,y_{is}\}\cup\{y_{j1},y_{j2},\cdots,y_{jt}\}。$$

显然 $s+t=n$。若 $s<n$ 则因

$$\sum_{j=1}^{n}a_{i_kj}y_j=by_{i_k},k=1,2,\cdots,s,$$

所以

$$by_{i_k}=\sum_{j=1}^{n}a_{i_kj}y_j\leqslant\sum_{j=1}^{n}a_{i_kj}y_{i_k}\leqslant by_{i_k},k=1,2,\cdots,s,$$

因此

$$\sum_{j=1}^{n}a_{i_kj}y_j=\sum_{j=1}^{n}a_{i_kj}y_{i_k},k=1,2,\cdots,s。\tag{7.1.27}$$

这说明

$$a_{i_kj_1}=a_{i_kj_2}=\cdots=a_{i_kj_t}=0,k=1,2,\cdots,s。$$

否则的话，式(7.1.27)等号不成立。因此推出，$\boldsymbol{A}$ 的第 $i_1,i_2,\cdots,i_s$ 行中，除第 $i_1,i_2,\cdots,i_s$ 列外，其余各列元素均为零。因此，$\boldsymbol{A}$ 为可约的，与 $\boldsymbol{A}$ 为不可约非负矩阵矛盾，所以 $s=n$，这说明 $\boldsymbol{y}=c(1,1,\cdots,1)^{\mathrm{T}}$ 对某个 $c\in\mathbb{R},c\neq 0$ 成立。

因此

$$\sum_{j=1}^{n} a_{ij}=b,1\leqslant i\leqslant n,$$

这与 $\boldsymbol{A}$ 的各行之和不全相同的假设相矛盾，因此 $\rho(\boldsymbol{A})\neq b$。同样可证 $\rho(\boldsymbol{A})\neq a$，于是

$$a<\rho(\boldsymbol{A})<b。$$

推论 $\boldsymbol{A}$ 为不可约非负矩阵，则对任意给定的正向量 $\boldsymbol{x}=(x_1,x_2,\cdots,x_n)^{\mathrm{T}}$，或者有

$$\frac{1}{x_i}\sum_{j=1}^{n} a_{ij}x_j=\rho(\boldsymbol{A}),i=1,2,\cdots,n, \tag{7.1.28}$$

或者有

$$\min_{1\leqslant i\leqslant n}\left(\frac{1}{x_i}\sum_{j=1}^{n} a_{ij}x_j\right)<\rho(\boldsymbol{A})<\max_{1\leqslant i\leqslant n}\left(\frac{1}{x_i}\sum_{j=1}^{n} a_{ij}x_j\right)。\tag{7.1.29}$$

证　给定 $\boldsymbol{x}=(x_1,x_2,\cdots x_n)^{\mathrm{T}}>\boldsymbol{0}$ 令 $\boldsymbol{D}=\mathbf{diag}(x_1,x_2,\cdots,x_n)$，将定理 7.1.10 应用于非负不可约矩阵 $\boldsymbol{B}=\boldsymbol{D}^{-1}\boldsymbol{A}\boldsymbol{D}$，便得到推论的结论。

7.1.3 素矩阵与循环矩阵

为了探讨非负矩阵进一步分类的问题，引进一类介于不可约非负矩阵与正矩阵之间的矩阵——素矩阵与循环矩阵。素矩阵有多种不同的定义方式，这里采用按谱半径的重数来定义，另外的方式作为性质。

定义 7.1.3 设 $\boldsymbol{A}$ 是 n 阶非负矩阵，且有 m 个特征值的模均等于谱半径 $\rho(\boldsymbol{A})$，则当 $m=1$ 时，就称方阵 $\boldsymbol{A}$ 为素矩阵(或本原矩阵)；当 $m>1$ 时，则称 $\boldsymbol{A}$ 是循环矩阵(或非素矩阵)。m 统称为 $\boldsymbol{A}$ 的非素性指标。

例如，前面例 7.1.2 中的 $\boldsymbol{A}$ 是一个素矩阵，而例 7.1.3 及例 7.1.4 中的 $\boldsymbol{A}$ 分别是指标为 n 和 2 的循环矩阵。

又如，正矩阵都是素矩阵，但反之不真。

由定义 7.1.3 即得如下结论。

定理 7.1.11 设 $\boldsymbol{A},\boldsymbol{B}$ 均为 n 阶非负矩阵，并且 $\boldsymbol{A}$ 是素矩阵，则

(1) $\boldsymbol{A}^{\mathrm{T}}$ 也是素矩阵；

(2) 对任一正整数 k，$\boldsymbol{A}^k$ 也是素矩阵；

(3) $\boldsymbol{A}+\boldsymbol{B}$ 也是素矩阵。

定理 7.1.12　非负矩阵 $\boldsymbol{A}$ 是素矩阵（本原矩阵）的充分必要条件是，存在某个正整数 k，使得 $\boldsymbol{A}^k>\boldsymbol{O}$。

证明略。

例如，非负矩阵

$$\boldsymbol{A}=\begin{pmatrix}0 & 2\\ 1 & 1\end{pmatrix},\quad \boldsymbol{B}=\begin{pmatrix}0 & 1 & 1\\ 1 & 0 & 0\\ 1 & 1 & 1\end{pmatrix}$$

都是素矩阵，因为可以验证 $\boldsymbol{A}^2>\boldsymbol{O},\boldsymbol{B}^4>\boldsymbol{O}$。

类似可以证明，对于素矩阵 $\boldsymbol{A}$，佩龙定理以及定理 7.1.6 的结论仍然成立。

例如，对于一个非负素矩阵 $\boldsymbol{A}$，除特征值 $\rho(\boldsymbol{A})$ 外，其余特征值的模都小于 $\rho(\boldsymbol{A})$。（正矩阵也有这个性质，但对不可约非负矩阵这个结论不再成立，见例 7.1.3。）

本节最后要注意的是，前面介绍的佩龙-弗罗贝尼乌斯定理不能照搬到可约非负矩阵上。但是，由于任一非负矩阵 $\boldsymbol{A}\geqslant\boldsymbol{O}$ 都可表示成不可约的正矩阵序列 $\{\boldsymbol{A}_m\}$ 的极限：

$$\boldsymbol{A}=\lim_{m\to\infty}\boldsymbol{A}_m,\ \forall\,\boldsymbol{A}_m>\boldsymbol{O},\tag{7.1.30}$$

所以不可约非负矩阵的某些性质，在较弱的形式下，对于可约非负矩阵亦能成立。下面我们把这种较弱的形式，不加证明地用定理表述如下：

定理 7.1.13　设 $\boldsymbol{A}\in\mathbb{R}^{n\times n}$ 为非负矩阵，则有结论：

（1）$\rho(\boldsymbol{A})$ 是 $\boldsymbol{A}$ 的特征值，且属于 $\rho(\boldsymbol{A})$ 的特征向量可取作非负的，即存在不为零的非负向量 $\boldsymbol{x}$，使得 $\boldsymbol{A}\boldsymbol{x}=\rho(\boldsymbol{A})\boldsymbol{x}$（注意，这里 $\rho(\boldsymbol{A})$ 和 $\boldsymbol{x}$ 不一定是正的）；

（2）$\boldsymbol{A}$ 的特征值可分成若干组，每组中的特征值模都相等，而且“均匀”地分布在以原点为圆心的某一圆周上（注意，这里 $\boldsymbol{A}$ 的所有特征值的模不超过即小于或等于 $\rho(\boldsymbol{A})$）。

7.2 随机矩阵与双随机矩阵

这里介绍一类重要的非负矩阵——随机矩阵，并简要介绍随机矩阵的一些性质以及它的应用背景。

定义 7.2.1　设 $\boldsymbol{A}=(a_{ij})\in\mathbb{R}^{n\times n}$ 是非负矩阵，如果 $\boldsymbol{A}$ 的每一行上的元素之和都等于 1，即

$$\sum_{j=1}^{n} a_{ij}=1, i=1,2,\cdots,n, \tag{7.2.1}$$

则称 $\boldsymbol{A}$ 为随机矩阵；如果 $\boldsymbol{A}$ 还满足

$$\sum_{i=1}^{n} a_{ij}=1, j=1,2,\cdots,n, \tag{7.2.2}$$

则称 $\boldsymbol{A}$ 为双随机矩阵。

$\boldsymbol{A}$ 之所以称为随机矩阵，是因为 $\boldsymbol{A}$ 的每一行可以看成有 n 个点的样本空间上的离散概率分布。这样的矩阵常常出现在城市间的人口流动模型、马尔可夫(Markov)链的研究及经济学和运筹学等领域的各种数学模型问题中。

随机矩阵是一类特殊的非负矩阵，因此上节所述的非负矩阵的各种概念和结果，对随机矩阵也适用。下面考虑随机矩阵的一些特殊性质。

定理 7.2.1 设 $\boldsymbol{A}\in\mathbb{R}^{n\times n}$ 是随机矩阵，则有

$$\rho(\boldsymbol{A})=1。 \tag{7.2.3}$$

证 因为 $\boldsymbol{A}$ 是随机矩阵，所以 $\boldsymbol{A}$ 的每一行元素之和为 1，则 $\|\boldsymbol{A}\|_\infty=1$。令 $\boldsymbol{x}=(1,\cdots,1)^{\mathrm{T}}$，显然 $\boldsymbol{Ax}=\boldsymbol{x}=\|\boldsymbol{A}\|_\infty\boldsymbol{x}$，即 $\boldsymbol{x}$ 是 $\boldsymbol{A}$ 对应于特征值 $\|\boldsymbol{A}\|_\infty$ 的特征向量，而 $\rho(\boldsymbol{A})\leqslant\|\boldsymbol{A}\|_\infty$，同时又有 $\|\boldsymbol{A}\|_\infty\leqslant\rho(\boldsymbol{A})$，故得 $\rho(\boldsymbol{A})=\|\boldsymbol{A}\|_\infty=1$。

从以上证明可知，n 阶随机矩阵 $\boldsymbol{A}$ 有特征值 1，并有相应的特征向量 $\boldsymbol{x}=(1,\cdots,1)^{\mathrm{T}}$；反之，如果 n 阶非负矩阵 $\boldsymbol{A}$ 有特征值 1，且对应于 1 的特征向量为 $\boldsymbol{x}=(1,\cdots,1)^{\mathrm{T}}$，则 $\boldsymbol{A}$ 是随机矩阵。于是得到如下定理：

定理 7.2.2 n 阶非负矩阵 $\boldsymbol{A}$ 是随机矩阵的充分必要条件是 $\boldsymbol{x}=(1,\cdots,1)^{\mathrm{T}}\in\mathbb{R}^n$ 为 $\boldsymbol{A}$ 对应于特征值 1 的特征向量，即 $\boldsymbol{Ax}=\boldsymbol{x}$。

容易验证，同阶随机矩阵的积仍是随机矩阵。

由定理 7.1.10 可知，随机矩阵 $\boldsymbol{A}$ 的谱半径 $\rho(\boldsymbol{A})=1$，具有正的谱半径以及对应的正特征向量的非负矩阵与随机矩阵之间存在着密切关系。

定理 7.2.3 设 n 阶非负矩阵 $\boldsymbol{A}$ 的谱半径 $\rho(\boldsymbol{A})>0$，且有 $\boldsymbol{x}=(x_1,\cdots,x_n)^{\mathrm{T}}>\boldsymbol{0}$，则矩阵 $\boldsymbol{A}$ 能相似于数 $\rho(\boldsymbol{A})$ 与某个随机矩阵 $\boldsymbol{P}$ 的乘积，即

$$A=D(\rho(A)P)D^{-1}, \tag{7.2.4}$$

其中 $D=\mathbf{diag}(x_1,\cdots,x_n)$。即 $(D^{-1}AD)/\rho(A)$ 是随机矩阵。

证　因为

$$\sum_{j=1}^{n} a_{ij}x_j=\rho(A)x_i, i=1,\cdots,n, \tag{7.2.5}$$

引入对角矩阵

$$D=\mathbf{diag}(x_1, \cdots, x_n)$$

及矩阵

$$P=\frac{1}{\rho(A)}D^{-1}AD,$$

则

$$p_{ij}=\frac{1}{\rho(A)}x_i^{-1}a_{ij}x_j\geqslant 0, \quad i,j=1, \cdots, n,$$

则由式(7.2.5)可得

$$\sum_{j=1}^{n} p_{ij}=1, i=1,\cdots,n,$$

即 P 是随机矩阵，且有 $A=D(\rho(A)P)D^{-1}$。

随机矩阵在随机过程中有着重要的应用。设某个过程或系统可能出现 n 个随机事件 $S_1,\cdots,S_n$，且在时间序列 $t_0,t_1,t_2,\cdots$ 的每一瞬间，这些事件有一个且只有一个能够出现。

如果在时刻 $t_{k-1}(k\geqslant 1)$ 处于事件 S_i 则下一时刻 t_k 将以概率 $p_{ij}(k)$ 转移到事件 $S_j(i,j=1,\cdots,n;k=1,2,\cdots)$。若对所有 $k\geqslant 1$ 概率 $p_{ij}(k)$ 与 k 无关，则称这个过程为纯马尔可夫链。当给出了条件概率矩阵 $\boldsymbol{p}=(p_{ij})_{n\times n}$ 时，显然满足 $p_{ij}\geqslant 0, \sum_{j=1}^{n} p_{ij}=1, \ i,j=1,2,\cdots,n$，即 $\boldsymbol{p}$ 是随机矩阵，我们称之为该过程的转移矩阵。

在实际应用中常要考虑到随机矩阵 A 的幂序列 $\{A^m\}$ 的收敛性，由于 A 的谱半径 $\rho(A)=1$，且 A 的任一模等于 1 的特征值所对应的若尔当块都是一阶的，故有如下结果。

定理 7.2.4　设 A 为不可约随机矩阵，则极限 $\lim\limits_{m\to\infty}A^m$ 存在的充分必要条件是 A 为本原矩阵。

下面简单考虑一下随机矩阵在齐次马尔可夫链中的应用。

设某个过程可能出现 n 个状态 $S_1,S_2,\cdots,S_n$，假如过程从状态 S_i 转移到状态 S_i 的概率 a_{ij} 只依赖于这两个状态，则称该过程为有限马尔可夫过程。令 $A=(a_{ij})_{n\times n}$，则 $a_{ij}\geqslant 0$，且 $\sum_{i=1}^{n}a_{ij}=1$，即 A 为随机矩阵，称 A 为该过程的转移矩阵。用$(A,p^{(0)})$表示某个有限齐次马尔可夫过程，其中 $A=(a_{ij})_{n\times n}$ 为转移矩阵，$p^{(0)}=(p_1^{(0)},p_2^{(0)},\cdots,p_n^{(0)})^{\mathrm{T}}$ 为初始(概率)分布向量，$p_j^{(0)}$ 表示过程初始处在状态 S_j 的概率，$1\leqslant j\leqslant n$。设 $p^{(k)}=(p_1^{(k)},p_2^{(k)},\cdots,p_n^{(k)})^{\mathrm{T}}$ 为第 k 个(概率)分布向量，其中 $p_j^{(k)}$ 为过程在第 k 步后处在状态 S_j 的概率，$1\leqslant j\leqslant n$。显然 $p_j^{(k)}\geqslant 0$，且 $\sum_{j=1}^{n}p_j^{(k)}=1$。由假定，有 $p_j^{(k)}=\sum_{i=1}^{n}a_{ij}p_i^{(k-1)}$，$1\leqslant j\leqslant n,k=1,2,\cdots$，

因此有
$$p^{(k)}=A^{\mathrm{T}}p^{(k-1)},k=1,2,\cdots,$$
因而
$$p^{(k)}=(A^{\mathrm{T}})^{k}p^{(0)}=(A^{k})^{\mathrm{T}}p^{(0)},k=1,2,\cdots。\tag{7.2.6}$$

在马尔可夫链的研究中，一个重要问题是讨论当 $k\to\infty$ 时，$p^{(k)}$ 的变换趋势。由式(7.2.6)可知，这主要取决于 A^{k} 的变化趋势。

例 7.2.1 设非洲某民族现有 1800 人，居住在 A,B,C 三个部落的人数分别为 200 人，600 人，1000 人，假定每年每个部落的所有人分为相等的两半分别迁往其他两个部落，试问一年、两年以及无限长久之后，该民族在三个部落的人口分布情况？

解 设 $p^{(k)}=(p_1^{(k)},p_2^{(k)},\cdots,p_n^{(k)})^{\mathrm{T}}$ 为 k 年后分布在三个部落的人口比率向量，其中 $p_1^{(k)},p_2^{(k)},p_3^{(k)}$ 分别为 k 年后分布在 A,B,C 三个部落的人口比率。

设 $p^{(0)}=(p_1^{(0)},p_2^{(0)},\cdots,p_n^{(0)})^{\mathrm{T}}$ 为初始人口分布比率向量。由假定，有
$$p^{(0)}=(p_1^{(0)},p_2^{(0)},p_3^{(0)})^{\mathrm{T}}=\left(\frac{1}{9},\frac{1}{3},\frac{5}{9}\right)^{\mathrm{T}},$$
过程的转移矩阵为
$$A=\begin{pmatrix}0 & \frac{1}{2} & \frac{1}{2}\\ \frac{1}{2} & 0 & \frac{1}{2}\\ \frac{1}{2} & \frac{1}{2} & 0\end{pmatrix},$$
因此
$$p^{(k)}=(A^{k})^{\mathrm{T}}p^{(0)}=A^{k}p^{(0)},k=1,2,\cdots,$$
令 $k=1$，则

$$p^{(1)}=\begin{pmatrix}0&\frac{1}{2}&\frac{1}{2}\\\frac{1}{2}&0&\frac{1}{2}\\\frac{1}{2}&\frac{1}{2}&0\end{pmatrix}\begin{pmatrix}\frac{1}{9}\\\frac{1}{3}\\\frac{5}{9}\end{pmatrix}=\begin{pmatrix}\frac{4}{9}\\\frac{1}{3}\\\frac{2}{9}\end{pmatrix},$$

$k=2$，则

$$p^{(2)}=\begin{pmatrix}0&\frac{1}{2}&\frac{1}{2}\\\frac{1}{2}&0&\frac{1}{2}\\\frac{1}{2}&\frac{1}{2}&0\end{pmatrix}\begin{pmatrix}\frac{4}{9}\\\frac{1}{3}\\\frac{2}{9}\end{pmatrix}=\begin{pmatrix}\frac{5}{18}\\\frac{1}{3}\\\frac{7}{18}\end{pmatrix},$$

故一年后分布在 A，B，C 三部落的人数分别为 800 人，600 人，400 人；两年后分布在 A，B，C 三部落的人数分别为 500 人，600 人，700 人。

由于 $\boldsymbol{E}+\boldsymbol{A}>\boldsymbol{O}$，故由定理 7.1.8，$\boldsymbol{A}$ 为不可约非负矩阵，计算得

$$\boldsymbol{A}^2=\begin{pmatrix}\frac{1}{2}&\frac{1}{4}&\frac{1}{4}\\\frac{1}{4}&\frac{1}{2}&\frac{1}{4}\\\frac{1}{4}&\frac{1}{4}&\frac{1}{2}\end{pmatrix}>\boldsymbol{O},$$

所以由定理 7.1.12 知 $\boldsymbol{A}$ 为本原矩阵（素矩阵）。再由定理 7.2.4 知 $\lim\limits_{k\to\infty}\boldsymbol{A}^k$ 存在，因为

$$|\lambda\boldsymbol{E}-\boldsymbol{A}|=(\lambda-1)\left(\lambda+\frac{1}{2}\right)^2,$$

所以 $\boldsymbol{A}$ 有特征值 $\lambda_1=1,\lambda_2=-\frac{1}{2}$。分别解齐次方程组

$$(\lambda_1\boldsymbol{E}-\boldsymbol{A})\boldsymbol{x}=\boldsymbol{0}\text{ 和 }(\lambda_2\boldsymbol{E}-\boldsymbol{A})\boldsymbol{x}=\boldsymbol{0}$$

得相互正交的特征向量为

$$\boldsymbol{\xi}_1=\frac{1}{\sqrt{3}}\begin{pmatrix}1\\1\\1\end{pmatrix},\ \boldsymbol{\xi}_2=\frac{1}{\sqrt{2}}\begin{pmatrix}1\\-1\\0\end{pmatrix},\ \boldsymbol{\xi}_3=\frac{1}{\sqrt{6}}\begin{pmatrix}1\\1\\-2\end{pmatrix},$$

令 $\boldsymbol{P}=(\boldsymbol{\xi}_1,\boldsymbol{\xi}_2,\boldsymbol{\xi}_3)$，则

$$\boldsymbol{A}=\boldsymbol{P}\begin{pmatrix}1&&\\&\frac{1}{2}&\\&&-\frac{1}{2}\end{pmatrix}\boldsymbol{P}^{-1},$$

所以
$$A^k=P\begin{pmatrix}1&&\\&\left(\frac{1}{2}\right)^k&\\&&\left(-\frac{1}{2}\right)^k\end{pmatrix}P^{-1},$$

因此
$$\lim_{k\to\infty}A^k=\begin{pmatrix}\frac{1}{\sqrt{3}}&\frac{1}{\sqrt{2}}&\frac{1}{\sqrt{6}}\\\frac{1}{\sqrt{3}}&-\frac{1}{\sqrt{2}}&\frac{1}{\sqrt{6}}\\\frac{1}{\sqrt{3}}&0&-\frac{2}{\sqrt{6}}\end{pmatrix}\begin{pmatrix}1&&\\&0&\\&&0\end{pmatrix}\begin{pmatrix}\frac{1}{\sqrt{3}}&\frac{1}{\sqrt{3}}&\frac{1}{\sqrt{3}}\\\frac{1}{\sqrt{2}}&-\frac{1}{\sqrt{2}}&0\\\frac{1}{\sqrt{6}}&\frac{1}{\sqrt{6}}&-\frac{2}{\sqrt{6}}\end{pmatrix}=\frac{1}{3}\begin{pmatrix}1&1&1\\1&1&1\\1&1&1\end{pmatrix},$$

于是
$$\lim_{k\to\infty}p^{(k)}=(\lim_{k\to\infty}(A^k)^{\mathrm{T}})p^{(0)}=(\lim_{k\to\infty}A^k)p^{(0)}$$
$$=\frac{1}{3}\begin{pmatrix}1&1&1\\1&1&1\\1&1&1\end{pmatrix}\begin{pmatrix}\frac{1}{9}\\\frac{1}{3}\\\frac{5}{9}\end{pmatrix}=\begin{pmatrix}\frac{1}{3}\\\frac{1}{3}\\\frac{1}{3}\end{pmatrix},$$

因此在无限年后分布在 A,B,C 三部落的人数分别为 600 人，600 人，600 人。

双随机矩阵是一类特殊的随机矩阵，因而它具有随机矩阵的所有性质，并且还有如下结果。

定理 7.2.5　设 $A\in\mathbb{R}^{n\times n}$ 是双随机矩阵，则有：

(1) $\rho(A)=1$，且 $x=(1,\cdots,1)^{\mathrm{T}}$ 是 A 与 A^{T} 对应于特征值 1 的特征向量；

(2) $\|A\|_2\geqslant 1$。

7.3 单调矩阵

本节简要介绍一类矩阵 A，其特点是它的逆矩阵 A^{-1} 是非负的矩阵——单调矩阵，并说明它在求解线性方程组中的应用。

定义 7.3.1　设 $A\in\mathbb{R}^{n\times n}$，如果它的逆矩阵 $A^{-1}\geqslant O$，则称 A 为单调矩阵。

例如，矩阵

$$A=\begin{pmatrix}1 & -\frac{1}{2} & \frac{1}{8}\\ 0 & 1 & -\frac{1}{2}\\ 0 & 0 & 1\end{pmatrix}$$

的逆矩阵为

$$A^{-1}=\begin{pmatrix}1 & \frac{1}{2} & \frac{1}{8}\\ 0 & 1 & \frac{1}{2}\\ 0 & 0 & 1\end{pmatrix}\geqslant O,$$

故 A 为单调矩阵。

下面给出 20 世纪 50 年代由卡拉茨(Collatz)提出的判别矩阵 A 为单调矩阵的一个充分必要条件，它可作为单调矩阵概念的等价条件。

定理 7.3.1　设 $A\in\mathbb{R}^{n\times n}$，则 A 为单调矩阵的充分必要条件是：可从 $Ax\geqslant 0$ 推出 $x\geqslant 0$，这里 x 是列向量。

证　必要性：如果 A 是单调矩阵，则 $A^{-1}\geqslant O$。若 $Ax\geqslant 0$，则必有 $A^{-1}(Ax)\geqslant 0$，所以 $x\geqslant 0$。

充分性：反之，若可从 $Ax\geqslant 0$ 推出 $x\geqslant 0$，则 A 非奇异。事实上，设 $Ax=0$ 有解 $\tilde{x}$，即 $A\tilde{x}=0$，于是 $A\tilde{x}\geqslant 0$，由假设知 $\tilde{x}\geqslant 0$；再由 $A(-\tilde{x})=-A\tilde{x}=0$，又可推得 $-\tilde{x}\geqslant 0$，故只能 $\tilde{x}=0$，从而 $Ax=0$ 仅有零解，故 A 非奇异，即 A^{-1} 存在。

从单调矩阵的定义可推知：若 A 是单调矩阵，则 A 是非奇异的。于是线性方程组 $Ax=b$ 有唯一解 $\tilde{x}=(\tilde{x}_1,\cdots,\tilde{x}_n)^{\mathrm{T}}$，并有如下结果。

定理 7.3.2　设 A 为单调矩阵，若能找到向量 $x'=(x_1',\cdots,x_n')^{\mathrm{T}}$ 和 $x''=(x_1'',\cdots,x_n'')^{\mathrm{T}}$，分别使 $Ax'\leqslant b, Ax''\geqslant b$，则有估计式

$$x'\leqslant\tilde{x}\leqslant x''\qquad(7.3.1)$$

或

$$x_i'\leqslant\tilde{x}_i\leqslant x_i'', i=1,2,\cdots,n。\qquad(7.3.2)$$

证　由于 $Ax'\leqslant b$，因此，$Ax'-b\leqslant 0$，又 A 是单调矩阵，即有 $A^{-1}\geqslant 0$，于是有

$$A^{-1}(Ax'-b)\leqslant 0,$$

即

$$\boldsymbol{x}'-\boldsymbol{A}^{-1}\boldsymbol{b}\leqslant\boldsymbol{0}。$$

由 $\tilde{\boldsymbol{x}}=\boldsymbol{A}^{-1}\boldsymbol{b}$，便得 $\boldsymbol{x}'\leqslant\tilde{\boldsymbol{x}}$。类似地，有 $\boldsymbol{x}''\geqslant\tilde{\boldsymbol{x}}$。

式(7.3.1)的意义在于：当找到满足 $\boldsymbol{A}\boldsymbol{x}'\leqslant\boldsymbol{b}$ 的向量 $\boldsymbol{x}'$，便直接得到 $\boldsymbol{x}'\leqslant\tilde{\boldsymbol{x}}$，即 $\boldsymbol{x}'$ 为解向量 $\tilde{\boldsymbol{x}}$ 的下界。同样，只要找到满足 $\boldsymbol{A}\boldsymbol{x}''\geqslant\boldsymbol{b}$ 的 $\boldsymbol{x}''$，便知 $\boldsymbol{x}''$ 是 $\tilde{\boldsymbol{x}}$ 的上界。

作为式(7.3.1)的应用，考虑线性方程组

$$\begin{cases}x_1-\dfrac{1}{4}x_2-\dfrac{1}{4}x_3=0.6,\\-\dfrac{1}{4}x_1+x_2-\dfrac{1}{4}x_4=0.6,\\-\dfrac{1}{4}x_1+x_3-\dfrac{1}{4}x_4=0.6,\\-\dfrac{1}{4}x_2-\dfrac{1}{4}x_3+x_4=0.66,\end{cases}\tag{7.3.3}$$

其系数矩阵 $\boldsymbol{A}$ 的逆矩阵是

$$\boldsymbol{A}^{-1}=\begin{pmatrix}\dfrac{7}{6}&\dfrac{2}{6}&\dfrac{2}{6}&\dfrac{1}{6}\\\dfrac{2}{6}&\dfrac{7}{6}&\dfrac{1}{6}&\dfrac{2}{6}\\\dfrac{2}{6}&\dfrac{1}{6}&\dfrac{7}{6}&\dfrac{2}{6}\\\dfrac{1}{6}&\dfrac{2}{6}&\dfrac{2}{6}&\dfrac{7}{6}\end{pmatrix}\geqslant\boldsymbol{O},$$

若取 $\boldsymbol{x}'=(1.2,1.2,1.2,1.2)^{\mathrm{T}}$ 容易计算出

$$\boldsymbol{A}\boldsymbol{x}'=(0.6,0.6,0.6,0.6)^{\mathrm{T}},$$

于是

$$\boldsymbol{A}\boldsymbol{x}'\leqslant\boldsymbol{b}=(0.6,0.6,0.6,0.66)^{\mathrm{T}}$$

成立，故原方程组的解的下界为 $\tilde{x}_i\geqslant1.2(i=1,2,3,4)$。实际上，该方程组的精确解为

$$\tilde{\boldsymbol{x}}=(1.21,1.22,1.22,1.27)^{\mathrm{T}}。$$

7.4 M 矩阵与 H 矩阵

1937 年，奥斯乔斯基(Ostrowski)发现了一类具有特殊构造的矩阵，其非对角元素 $a_{ij}\leqslant0(i\neq j)$，即这种矩阵 $\boldsymbol{A}$ 都可以表示成 $\boldsymbol{A}=s\boldsymbol{E}-\boldsymbol{B}$，且 $s>0,\boldsymbol{B}\geqslant\boldsymbol{O}$，故这种矩阵与非负矩阵有一定的联系，称为闵可夫斯基(Minkowski)矩阵，简称 M 矩阵。随后，数学家与经济学家将矩阵 $\boldsymbol{A}$ 推广到复矩阵，在 M 矩阵的基础上又提出了 H

矩阵的概念。M 矩阵和 H 矩阵在偏微分方程的有限差分法、经济学中的投入产出法、运筹学中的线性余问题及概率统计的马尔可夫过程等很多领域都具有重要的应用。

本节先介绍 M 矩阵及其基本性质，再简要介绍 H 矩阵的概念。

7.4.1 M 矩阵

定义 7.4.1　设 $\boldsymbol{A}\in\mathbb{R}^{n\times n}$ 且可表示为

$$\boldsymbol{A}=s\boldsymbol{E}-\boldsymbol{B},s>0,\boldsymbol{B}\geqslant\boldsymbol{O},\tag{7.4.1}$$

若 $s\geqslant\rho(\boldsymbol{B})$ 则称 $\boldsymbol{A}$ 为 M 矩阵；若 $s>\rho(\boldsymbol{B})$，则称 $\boldsymbol{A}$ 为非奇异 M 矩阵。

例 7.4.1

$$\boldsymbol{A}=\begin{pmatrix}1 & -\frac{1}{2} & 0\\ 0 & 1 & -\frac{1}{2}\\ 0 & 0 & 1\end{pmatrix}$$

是一个非奇异 M 矩阵，因为 $\boldsymbol{A}=2\boldsymbol{E}-\boldsymbol{B}$，其中 $s=2>0$，

$$\boldsymbol{B}=\begin{pmatrix}1 & \frac{1}{2} & 0\\ 0 & 1 & \frac{1}{2}\\ 0 & 0 & 1\end{pmatrix}\geqslant\boldsymbol{O},$$

且 $\rho(\boldsymbol{B})=1$，$s>\rho(\boldsymbol{B})$。

从此例可看出，M 矩阵不一定是对称矩阵，而且从后面的定理 7.4.2(4) 中可以发现，M 矩阵的对角元素 a_{ii} 总是正的。为了进一步讨论 M 矩阵的性质，引入所谓 Z 型矩阵的概念。

设 $\boldsymbol{A}=(a_{ij})_{n\times n}$，且

$$a_{ij}\leqslant 0,\quad i\neq j,i,j=1,2,\cdots,n,\tag{7.4.2}$$

则称 $\boldsymbol{A}$ 为 Z 型矩阵。全体 n 阶 Z 型矩阵的集合用记号 $Z^{n\times n}$ 表示。显然，M 矩阵是 Z 型矩阵的特殊情况。

下面先给出非奇异 M 矩阵的一些特性。

定理 7.4.1　设 $\boldsymbol{A}\in Z^{n\times n}$ 为非奇异 M 矩阵，且 $\boldsymbol{D}\in Z^{n\times n}$ 满足 $\boldsymbol{D}\geqslant\boldsymbol{A}$，则

(1) $\boldsymbol{A}^{-1}$ 与 $\boldsymbol{D}^{-1}$ 存在，且 $\boldsymbol{A}^{-1}\geqslant\boldsymbol{D}^{-1}\geqslant\boldsymbol{O}$；

(2) $\boldsymbol{D}$ 的每个实特征值均为正数；

(3) $\det\boldsymbol{D}\geqslant\det\boldsymbol{A}>0$。

证 (1) 由假设有

$$\boldsymbol{A}=s\boldsymbol{E}-\boldsymbol{B},\ \boldsymbol{B}\geqslant\boldsymbol{O},\ s>\rho(\boldsymbol{B}),$$

对任意给定的实数 $\omega\leqslant 0$，考察矩阵

$$\boldsymbol{C}=\boldsymbol{A}-\omega\boldsymbol{E}=(s-\omega)\boldsymbol{E}-\boldsymbol{B},$$

由于 $s-\omega>\rho(\boldsymbol{B})$，故 $\boldsymbol{C}$ 也是非奇异 M 矩阵。这表明非奇异 M 矩阵的每一个实特征值必为正数。由于 $\boldsymbol{D}\in Z^{n\times n}$，故存在足够小的正数 ε，使得

$$\boldsymbol{P}=\boldsymbol{E}-\varepsilon\boldsymbol{D}\geqslant\boldsymbol{O}。$$

因为 $\boldsymbol{D}\geqslant\boldsymbol{A}$，所以 $\boldsymbol{Q}=\boldsymbol{E}-\varepsilon\boldsymbol{A}\geqslant\boldsymbol{E}-\varepsilon\boldsymbol{D}=\boldsymbol{P}\geqslant\boldsymbol{O}$。由定理 7.1.11 知 $\rho(\boldsymbol{Q})$ 为 $\boldsymbol{Q}$ 的非负特征值，故有

$$\det[(1-\rho(\boldsymbol{Q}))\boldsymbol{E}-\varepsilon\boldsymbol{A}]=\det[(\boldsymbol{Q}-\rho(\boldsymbol{Q}))\boldsymbol{E}]=0,$$

由此可知 $\dfrac{1}{\varepsilon}(1-\rho(\boldsymbol{Q}))$ 为 $\boldsymbol{A}$ 的实特征值。由于上面已证非奇异 M 矩阵的特征值必为正数，所以 $1-\rho(\boldsymbol{Q})>0$，于是 $0\leqslant\rho(\boldsymbol{Q})<1$。又由于

$$(\varepsilon\boldsymbol{A})^{-1}=(1-\boldsymbol{Q})^{-1}=\boldsymbol{E}+\boldsymbol{Q}+\boldsymbol{Q}^2+\cdots\geqslant\boldsymbol{O},$$

从而有 $\boldsymbol{A}^{-1}\geqslant\boldsymbol{O}$，又由定理 7.1.2(5)有

$$\boldsymbol{O}\leqslant\boldsymbol{P}^k\leqslant\boldsymbol{Q}^k,\ k=1,2,\cdots,$$

而由定理 7.1.3 推论 1 得 $\rho(\boldsymbol{P})\leqslant\rho(\boldsymbol{Q})<1$，于是有

$$(\boldsymbol{E}-\boldsymbol{P})^{-1}=(\varepsilon\boldsymbol{D})^{-1}=\boldsymbol{E}+\boldsymbol{P}+\boldsymbol{P}^2+\cdots\leqslant(\varepsilon\boldsymbol{A})^{-1},$$

得 $\boldsymbol{A}^{-1}\geqslant\boldsymbol{D}^{-1}\geqslant\boldsymbol{O}$，即(1)得证。

(2) 任取 $\alpha\leqslant 0$，则 $\boldsymbol{D}-\alpha\boldsymbol{E}\geqslant\boldsymbol{A}$，由(1)得 $\boldsymbol{D}-\alpha\boldsymbol{E}$ 非奇异，因而 $\boldsymbol{D}$ 的所有实特征值为正数，于是(2)得证。

(3) 由上面的分析，只需证明：若 $\boldsymbol{A}\in Z^{n\times n}$ 的所有实特征值为正数，且 $\boldsymbol{D}\in Z^{n\times n}$ 满足 $\boldsymbol{D}\geqslant\boldsymbol{A}$，则(3)成立。

事实上，对矩阵的阶数 n 应用归纳法。当 $n=1$ 时，(3)显然成立。设 $\boldsymbol{A}_1,\boldsymbol{D}_1$ 分别是 $\boldsymbol{A}$ 和 $\boldsymbol{D}$ 的前 $n-1$ 行、前 $n-1$ 列构成的矩阵，则 $\boldsymbol{A}_1,\boldsymbol{D}_1$ 都属于 $Z^{(n-1)\times(n-1)}$，且 $\boldsymbol{A}_1\leqslant\boldsymbol{D}_1$。

由于矩阵

$$\widetilde{\boldsymbol{A}}=\begin{pmatrix}\boldsymbol{A}_1 & \boldsymbol{0}\\ \boldsymbol{0} & a_{nn}\end{pmatrix}\in Z^{n\times n},$$

满足 $\boldsymbol{A}\leqslant\widetilde{\boldsymbol{A}}$，故由(2)知，$\widetilde{\boldsymbol{A}}$ 的所有实特征值为正数，因而 $\boldsymbol{A}_1$ 的所有实特征值亦为正数。按归纳法假设，即有 $\det(\boldsymbol{D}_1)\geqslant\det(\boldsymbol{A}_1)>0$，而由(1)知 $\boldsymbol{A}^{-1}\geqslant\boldsymbol{D}^{-1}\geqslant\boldsymbol{O}$，于是

$$(\boldsymbol{A}^{-1})_{n,n}\geqslant(\boldsymbol{D}^{-1})_{n,n}\geqslant\boldsymbol{O}$$

(这里 $(\boldsymbol{A}^{-1})_{n,n}$ 表示 $\boldsymbol{A}^{-1}$ 的 (n,n) 元素)，即

$$(\boldsymbol{A}^{-1})_{n,n}=\frac{\det(\boldsymbol{A}_1)}{\det(\boldsymbol{A})}\geqslant\frac{\det(\boldsymbol{D}_1)}{\det(\boldsymbol{D})}=(\boldsymbol{D}^{-1})_{n,n}\geqslant 0,$$

因此 $|\boldsymbol{A}|>0$，$|\boldsymbol{D}|>0$，并利用归纳假设得

$$\det(\boldsymbol{D})\geqslant\det(\boldsymbol{A})\det(\boldsymbol{D}_1)/\det(\boldsymbol{A}_1)\geqslant\det(\boldsymbol{A})>0。$$

从上述定理的证明可见，若 $\boldsymbol{A},\boldsymbol{D}\in Z^{n\times n}$，且 $\boldsymbol{A}\leqslant\boldsymbol{D}$，则 $\boldsymbol{A}$ 为非奇异 M 矩阵蕴含着 $\boldsymbol{D}$ 也是非奇异 M 矩阵，且有 $\det(\boldsymbol{D})\geqslant\det(\boldsymbol{A})>0$，这个结论在许多实际问题中十分有用。

此外，若定理 7.4.1 中的假设“非奇异 M 矩阵”改换成“$\boldsymbol{A}$ 的每个实特征值都是正数”，则此定理的结论(1)~(3)仍然成立。

下面的定理是非奇异 M 矩阵的一个基本定理，它提供了非奇异 M 矩阵的多种等价条件。

定理 7.4.2　设 $\boldsymbol{A}\in Z^{n\times n}$，则以下各命题彼此等价：

(1) $\boldsymbol{A}$ 为非奇异 M 矩阵；

(2) 若 $\boldsymbol{B}\in Z^{n\times n}$ 且 $\boldsymbol{B}\geqslant\boldsymbol{A}$，则 $\boldsymbol{B}$ 非奇异；

(3) $\boldsymbol{A}$ 的任意主子矩阵的每一个实特征值为正数；

(4) $\boldsymbol{A}$ 的所有主子式为正数；

(5) 对每个 $k(1\leqslant k\leqslant n)$，$\boldsymbol{A}$ 的所有 k 阶主子式之和为正数；

(6) $\boldsymbol{A}$ 的每一个实特征值为正数；

(7) 存在 $\boldsymbol{A}$ 的一种分裂 $\boldsymbol{A}=\boldsymbol{P}-\boldsymbol{Q}$，使得 $\boldsymbol{P}^{-1}\geqslant\boldsymbol{O},\boldsymbol{Q}\geqslant\boldsymbol{O}$ 且 $\rho(\boldsymbol{P}^{-1}\boldsymbol{Q})<1$；

(8) $\boldsymbol{A}$ 非奇异，且 $\boldsymbol{A}^{-1}\geqslant\boldsymbol{O}$。

证　(1)⇒(2)。由定理 7.4.1(3)即得。

(2)⇒(3)。设 $\boldsymbol{A}^{(k)}$ 是 $\boldsymbol{A}$ 的任一 k 阶主子矩阵，K 表示 $\boldsymbol{A}^{(k)}$ 在 $\boldsymbol{A}$ 中的行(列)序数集，λ 是 $\boldsymbol{A}^{(k)}$ 的任一实特征值。下面用反证法证明 $\lambda>0$。

若不然，$\lambda\leqslant 0$，定义矩阵 $\boldsymbol{B}=(b_{ij})\in Z^{n\times n}$ 如下：

$$b_{ij}=\begin{cases}a_{ii}-\lambda, & i=j,\\ a_{ij}, & i\neq j,i,j\in K,\\ 0, & i\neq j,i,j\notin K,\end{cases}$$

则 $\boldsymbol{B}\geqslant\boldsymbol{A}$，并且由(2)知矩阵 $\boldsymbol{B}$ 非奇异。另一方面，记 $\boldsymbol{B}^{(k)}=\boldsymbol{A}^{(k)}-\lambda\boldsymbol{E}$，因为 λ 是 $\boldsymbol{A}$ 的特征值，则 $\det(\boldsymbol{B}^{(k)})=0$，从而 $\det(\boldsymbol{B})=\det(\boldsymbol{B}^{(k)})\prod_{i\notin K}b_{ii}=0$。这与 $\boldsymbol{B}$ 非奇异矛盾，故 $\lambda>0$。

(3)⇒(4)。因为实方阵的复特征值成共轭对出现，所以实方阵的所有非零特征值的乘积为正数。由(3)知 $\boldsymbol{A}$ 的任一主子矩阵

的实特征值均为正数。

(4)⇒(5)。显然成立。

(5)⇒(6)。由行列式展开定理得

$$\det(\boldsymbol{A}-\lambda\boldsymbol{E})=(-\lambda)^n+b_1(-\lambda)^{n-1}+\cdots+b_n, \tag{7.4.3}$$

其中 b_k 是 $\boldsymbol{A}$ 的所有 k 阶主子式之和。

由(5)知 $b_k>0(k=1,\cdots,n)$，因此式(7.4.2)不可能有非正的实根，即 $\boldsymbol{A}$ 的所有实特征值均为正数。

(6)⇒(1)。设 $\boldsymbol{A}=s\boldsymbol{E}-\boldsymbol{B}, s>0$ 且 $\boldsymbol{B}\geqslant\boldsymbol{O}$，则 $s-\rho(\boldsymbol{B})$ 为 $\boldsymbol{A}$ 的实特征值，由(6)知它是正数，即 $s>\rho(\boldsymbol{B})$。因此 $\boldsymbol{A}$ 为非奇异 M 矩阵。

(1)⇒(7)。取 $\boldsymbol{P}=s\boldsymbol{E}, \boldsymbol{Q}=\boldsymbol{B}$，并且 $s, \boldsymbol{B}$ 满足

$$\boldsymbol{A}=s\boldsymbol{E}-\boldsymbol{B}, s>\rho(\boldsymbol{B}), \boldsymbol{B}\geqslant\boldsymbol{O},$$

则 $\boldsymbol{P}^{-1}\geqslant\boldsymbol{O}, \boldsymbol{Q}\geqslant\boldsymbol{O}$ 并且 $\rho(\boldsymbol{P}^{-1}\boldsymbol{Q})=\rho\left(\frac{1}{s}\boldsymbol{B}\right)=\frac{1}{s}\rho(\boldsymbol{B})<1$。

(7)⇒(8)。由(7)得 $\boldsymbol{A}=\boldsymbol{P}(\boldsymbol{E}-\boldsymbol{C})$ 其中 $\boldsymbol{C}=\boldsymbol{P}^{-1}\boldsymbol{Q}$。因为 $\rho(\boldsymbol{C})<1$，则有

$$\boldsymbol{A}^{-1}=(\boldsymbol{E}-\boldsymbol{C})^{-1}\boldsymbol{P}^{-1}=(\boldsymbol{E}+\boldsymbol{C}+\boldsymbol{C}^2+\cdots)\boldsymbol{P}^{-1}$$

所以从 $\boldsymbol{C}=\boldsymbol{P}^{-1}\boldsymbol{Q}\geqslant\boldsymbol{O}$ 得 $\boldsymbol{A}^{-1}\geqslant\boldsymbol{O}$。

(8)⇒(1)。记 $\boldsymbol{A}^{-1}=\boldsymbol{G}=(g_{ij})$，由(8)知 $\boldsymbol{G}\geqslant\boldsymbol{O}$。由于 $\boldsymbol{AG}=\boldsymbol{E}$ 故 $\sum\limits_{j=1}^{n}a_{ij}g_{ji}=1(i=1,2,\cdots,n)$。

又因为 $a_{ij}\leqslant 0$，$g_{ji}\geqslant 0(i\neq j)$，则

$$a_{ii}g_{ii}=1-\sum_{j\neq i}^{n}a_{ij}g_{ji}\geqslant 1, i=1,2,\cdots,n,$$

由 $g_{ii}\geqslant 0$ 及上式得

$$a_{ii}>0, g_{ii}>0, i=1,2,\cdots,n。$$

令 $s\geqslant\max\limits_{1\leqslant i\leqslant n}|a_{ii}|$ 则 $\boldsymbol{B}=s\boldsymbol{E}-\boldsymbol{A}\geqslant\boldsymbol{O}$。由定理 7.1.1. 知，$\rho(\boldsymbol{B})$ 是 $\boldsymbol{B}$ 的特征值，并且有相应的非负特征向量 $\boldsymbol{x}\geqslant\boldsymbol{0}$，于是从 $\boldsymbol{Bx}=\rho(\boldsymbol{B})\boldsymbol{x}$ 得

$$\boldsymbol{Ax}=(s-\rho(\boldsymbol{B}))\boldsymbol{x},$$

由于 $\boldsymbol{A}$ 可逆，所以 $s\neq\rho(\boldsymbol{B})$。从而

$$\boldsymbol{A}^{-1}\boldsymbol{x}=\frac{1}{s-\rho(\boldsymbol{B})}\boldsymbol{x}。$$

因为 $\boldsymbol{A}^{-1}\geqslant\boldsymbol{O}, \boldsymbol{x}\geqslant\boldsymbol{0}$ 且 $\boldsymbol{x}\neq\boldsymbol{0}$，所以 $s>\rho(\boldsymbol{B})$，故 $\boldsymbol{A}$ 是非奇异 M 矩阵。

例 7.4.2 设

$$\boldsymbol{A}=\begin{pmatrix}2&-1&0\\-1&2&-1\\0&-1&2\end{pmatrix},$$

显然，$A\in Z^{3\times 3}$，又因为 $\det A\neq 0$，A 是非奇异的，而且

$$A^{-1}=\frac{1}{4}\begin{pmatrix}3&2&1\\2&4&2\\1&2&3\end{pmatrix}>0,$$

所以 A 符合定理 7.4.2(8)，故 A 是非奇异 M 矩阵。

同时，A 可表示为 $A=sE-B,s=2$，

$$B=\begin{pmatrix}0&1&0\\1&0&1\\0&1&0\end{pmatrix},$$

B 的特征值是$\sqrt{2},0,-\sqrt{2}$；$\rho(B)=\sqrt{2}<2=s$，则 A 符合定义 7.4.1，故是非奇异 M 矩阵。

由此可见，非奇异 M 矩阵等价的定义各有所长，可根据情况适当选择。

从下面的例子可以看到，非奇异 M 矩阵之和不一定是非奇异 M 矩阵。

例 7.4.3　设

$$A=\begin{pmatrix}0.5&-1\\0&0.5\end{pmatrix},\quad B=\begin{pmatrix}0.5&0\\-1&0.5\end{pmatrix},$$

容易验证 A 和 B 都是 M 矩阵，但 $A+B$ 是奇异的。

定理 7.4.3　设 $A\in Z^{n\times n}$是对称的，则 A 为非奇异 M 矩阵的充分必要条件是 A 为正定矩阵。

证　根据定理 7.4.2(4)，$A\in Z^{n\times n}$ 为非奇异 M 矩阵等价于 A 的所有主子式为正数；而在 A 是实对称的条件下可知，A 的所有主子式为正数等价于 A 是正定的。

定理 7.4.4　设 $A,B\in\mathbb{R}^{n\times n}$是非奇异 M 矩阵，则 AB 为非奇异 M 矩阵的充分必要条件是 $AB\in Z^{n\times n}$。

证明从略，留作练习。

以上讨论了非奇异 M 矩阵的一些基本性质，但一般 M 矩阵与非奇异 M 矩阵在应用中几乎同等重要。但由于一般的 M 矩阵(尤其是奇异 M 矩阵)研究的难度大，故其理论比起非奇异 M 矩阵来要弱一些。为此，我们将不加证明地介绍一般 M 矩阵的一些特性。

定理 7.4.5　设 $A\in Z^{n\times n}$，则以下各命题等价：

(1) A 为非奇异 M 矩阵；

(2) 对每个 $\varepsilon>0$, $\boldsymbol{A}+\varepsilon\boldsymbol{E}$ 是非奇异 M 矩阵；

(3) $\boldsymbol{A}$ 的任意主子矩阵的每一个实特征值非负；

(4) $\boldsymbol{A}$ 的所有主子式非负；

(5) 对每个 $k(1\leqslant k\leqslant n)$，$\boldsymbol{A}$ 的所有 k 阶主子式之和为非负实数；

(6) $\boldsymbol{A}$ 的每一个实特征值非负。

对于 $\boldsymbol{A}$ 是不可约的奇异 M 矩阵也有如下定理。

定理 7.4.6 设 $\boldsymbol{A}$ 为不可约的奇异 M 矩阵，则

(1) $\operatorname{rank}\boldsymbol{A}=n-1$；

(2) 存在正向量 $\boldsymbol{x}>\boldsymbol{0}$，使得 $\boldsymbol{A}\boldsymbol{x}=\boldsymbol{0}$；

(3) $\boldsymbol{A}$ 的所有真主子矩阵为非奇异 M 矩阵，特别有 $a_{ii}>0(1\leqslant i\leqslant n)$；

(4) 对任意 $\boldsymbol{x}\in\mathbb{R}^n$，若 $\boldsymbol{A}\boldsymbol{x}\geqslant\boldsymbol{0}$ 则 $\boldsymbol{A}\boldsymbol{x}=\boldsymbol{0}$。

7.4.2 H 矩阵

下面将 n 阶方阵 $\boldsymbol{A}$ 推广到复矩阵，且利用 $\boldsymbol{A}$ 中的元素取模构造出一个新的比较矩阵，记为 $\boldsymbol{H}(\boldsymbol{A})$，如果 $\boldsymbol{H}(\boldsymbol{A})$ 是非奇异的 M 矩阵，则定义 $\boldsymbol{A}$ 为 H 矩阵。

定义 7.4.2 设 $\boldsymbol{A}=(a_{ij})\in\mathbb{C}^{n\times n}$，并设

$$\boldsymbol{H}(\boldsymbol{A})=(m_{ij})\in\mathbb{R}^{n\times n},$$

其中

$$m_{ij}=\begin{cases}|a_{ij}|, & j=i,\\ -|a_{ij}|, & j\neq i,\end{cases}\quad i,j=1,\cdots,n, \tag{7.4.4}$$

$\boldsymbol{H}(\boldsymbol{A})$ 称为 $\boldsymbol{A}$ 的比较矩阵。

定义 7.4.3 设 $\boldsymbol{A}\in\mathbb{C}^{n\times n}$，如果 $\boldsymbol{A}$ 的比较矩阵 $\boldsymbol{H}(\boldsymbol{A})$ 是非奇异的 M 矩阵，则称 $\boldsymbol{A}$ 为非奇异 H 矩阵，简称 H 矩阵。

下面给出 H 矩阵的一些性质。

定理 7.4.7 设 $\boldsymbol{A},\boldsymbol{B}\in\mathbb{C}^{n\times n}$，$\boldsymbol{A}$ 是非奇异的 M 矩阵，$\boldsymbol{H}(\boldsymbol{B})\geqslant\boldsymbol{A}$，则

(1) $\boldsymbol{B}$ 是 H 矩阵；

(2) $\boldsymbol{B}$ 是非奇异的，且 $\boldsymbol{A}^{-1}\geqslant|\boldsymbol{B}^{-1}|\geqslant 0$；

(3) $|\det\boldsymbol{B}|\geqslant\det\boldsymbol{A}>0$。

证　这一定理是将 M 矩阵的定理 7.4.1 的基本结果推广至复矩阵 $\boldsymbol{B}$。

（1）从定理 7.4.1(2)知 $\boldsymbol{H}(\boldsymbol{B})$ 的每个实特征值为正数，再由定理 7.4.2(6)知 $\boldsymbol{H}(B)$ 是非奇异的 M 矩阵。从而由定义 7.4.3 推知 $\boldsymbol{B}$ 是 H 矩阵。

（2）现在取对角酉矩阵

$$\boldsymbol{D}=\mathbf{diag}(\overline{b_{11}}/|b_{11}|,\cdots,\overline{b_{nn}}/|b_{nn}|),$$

则 $\boldsymbol{DB}$ 的主对角元素是正数

$$|b_{11}|,\cdots,|b_{nn}|,$$

从非奇异 M 矩阵的定义知，可将 $\boldsymbol{A}$ 表示为

$$\boldsymbol{A}=s\boldsymbol{E}-\boldsymbol{P},\boldsymbol{P}\geqslant\boldsymbol{O},s>\rho(\boldsymbol{P}),$$

并令

$$\boldsymbol{R}=s\boldsymbol{E}-\boldsymbol{DB},$$

由于

$$|\boldsymbol{R}|=\begin{pmatrix} |s-|b_{11}|| & |b_{12}| & \cdots & |b_{1n}| \\ |b_{21}| & |s-|b_{22}|| & \cdots & |b_{2n}| \\ \vdots & \vdots & & \vdots \\ |b_{n1}| & |b_{n2}| & \cdots & |s-|b_{nn}|| \end{pmatrix}$$

$$\leqslant\boldsymbol{P}+\boldsymbol{A}-H(\boldsymbol{B})\leqslant\boldsymbol{P},$$

由定理 7.1.3 知

$$\rho(\boldsymbol{R})\leqslant(\rho|(\boldsymbol{R})|)\leqslant\rho(\boldsymbol{P})<s$$

因此 $\boldsymbol{DB}=s\boldsymbol{E}-\boldsymbol{R}$ 可逆，故 $\boldsymbol{B}$ 非奇异，而且

$$|\boldsymbol{B}^{-1}|=|(\boldsymbol{DB})^{-1}|=|s^{-1}(\boldsymbol{E}-s^{-1}\boldsymbol{R})^{-1}|$$

$$=\left|\sum_{k=0}^{\infty}s^{-k-1}\boldsymbol{R}^k\right|\leqslant\sum_{k=0}^{\infty}\frac{1}{s^{k+1}}\boldsymbol{P}^k=\boldsymbol{A}^{-1}。$$

（3）仿照定理 7.4.1(3)的推导，可得

$$\frac{\det(\boldsymbol{A}_{11})}{\det(\boldsymbol{A})}=(\boldsymbol{A}^{-1})_{n,n}\geqslant(\boldsymbol{B}^{-1})_{n,n}=\frac{\det(\boldsymbol{B}_{11})}{\det(\boldsymbol{B})},$$

从而 $|\det\boldsymbol{B}|\geqslant\det\boldsymbol{A}$。

定理 7.4.8　设 $\boldsymbol{A}\in\mathbb{C}^{n\times n}$，则有如下性质：

（1）$\boldsymbol{H}(\boldsymbol{A})\in Z^{n\times n}$，$\boldsymbol{H}(\boldsymbol{A})=\boldsymbol{A}$ 的充分必要条件是 $\boldsymbol{A}\in Z^{n\times n}$；

（2）$\boldsymbol{H}(\boldsymbol{A})$ 可表示为非负对角矩阵与具有零对角的非负矩阵之差：

$$\boldsymbol{H}(\boldsymbol{A})=|\mathbf{diag}(a_{11},\cdots,a_{nn})|-[|\boldsymbol{A}|-|\mathbf{diag}(a_{11},\cdots,a_{nn})|] \tag{7.4.5}$$

这里 $|A|=[|a_{ij}|]$，$|X|\equiv[|x_{ij}|]$ 表示矩阵 $A=(a_{ij})\in\mathbb{C}^{n\times n}$，$X=(x_{ij})\in\mathbb{C}^{n\times n}$ 的逐个元素取绝对值后的矩阵；

(3) A 为 M 矩阵的充分必要条件是 $H(A)=A$，且 A 为 H 矩阵。

(4) 若 A 是 M 矩阵，则式(7.4.5)成为

$$A=\mathbf{diag}(a_{11},\cdots,a_{nn})-[\mathbf{diag}(a_{11},\cdots,a_{nn})-A] \tag{7.4.6}$$

此表示式可供替代定义中的表示式 $A=sE-B$。

7.5 T 矩阵与汉克尔矩阵

本节将主要介绍 T 矩阵[特普利茨(Toeplitz)矩阵]与汉克尔(Hankel)矩阵及其一些性质。

在数据处理、有限单元法、概率统计以及滤波理论等广泛的科学技术领域里，常常遇到如下 n 阶矩阵：

$$A=\begin{pmatrix} a_0 & a_{-1} & a_{-2} & \cdots & a_{-n+1} \\ a_1 & a_0 & a_{-1} & \cdots & a_{-n+2} \\ a_2 & a_1 & a_0 & \cdots & a_{-n+3} \\ \vdots & \vdots & \vdots & & \vdots \\ a_{n-2} & a_{n-3} & a_{n-4} & \cdots & a_{-1} \\ a_{n-1} & a_{n-2} & a_{n-3} & \cdots & a_0 \end{pmatrix}, \tag{7.5.1}$$

其中位于任一条平行于主对角线的直线上的元素完全相同，这样的矩阵称为特普利茨矩阵，简称 T 矩阵。

T 矩阵的表达式(7.5.1)也可简记为

$$A=(a_{i-j})_{i,j=1}^{n}。$$

20 世纪 60 年代以来，有关 T 矩阵的快速算法已有相当的发展。60 年代中期，特伦奇(Trench)提出了 T 矩阵的快速求逆算法。几年后，左哈(Zohar)进一步讨论了特伦奇的算法，把对称正定条件减弱为强非奇异(指所有顺序主子矩阵非奇异)，这样就把通常求逆的计算量(或计算复杂性)从 $O(n^3)$ 级减少为 $O(n^2)$ 级。60 年代末还出现了以 T 矩阵为系数矩阵的线性方程组快速数值解法(不通过求逆)。至于一般 T 矩阵特征值的快速算法还较少见。

T 矩阵的性质不易探讨，因此人们很早就把兴趣集中到了与 T 矩阵联系密切的矩阵或特殊的 T 矩阵的研究上。例如，具有以下形式的 $n+1$ 阶矩阵：

$$
\boldsymbol{H}_{n+1}=\begin{pmatrix} a_0 & a_1 & a_2 & \cdots & a_n \\ a_1 & a_2 & a_3 & \cdots & a_{n+1} \\ a_2 & a_3 & a_4 & \cdots & a_{n+2} \\ \vdots & \vdots & \vdots & & \vdots \\ a_n & a_{n+1} & a_{n+2} & \cdots & a_{2n} \end{pmatrix}=(a_{i+j})_{i,j=0}^{n}, \quad (7.5.2)
$$

其中沿着所有平行于副对角线的直线上的元素相同。这样的矩阵称为汉克尔矩阵。

汉克尔矩阵在用最小二乘法求数据的多项式拟合曲线问题中，有着广泛的应用。

设$(x_i,y_i)(i=1,2,\cdots,m)$是一组观测数据，其中节点 x_i 互异，寻找一个 n 次非零多项式

$$
f(x)=\mu_0+\mu_1 x+\cdots+\mu_n x^n n\leqslant m
$$

使得

$$
S(\mu_0,\mu_1,\cdots,\mu_n)=\sum_{i=1}^{m}[y_i-f(x_i)]^2=\sum_{i=1}^{m}(y_i-\sum_{j=0}^{n}\mu_j x_i^j)^2
$$

达到最小。由高等数学多元函数求极值问题可知，$(\mu_0,\mu_1,\cdots,\mu_n)$是极值点的必要条件为

$$
\frac{\partial S}{\partial \mu_k}=-2\sum_{i=1}^{m}x_i^k(y_i-\sum_{j=0}^{n}\mu_j x_i^j)=0,k=0,1,\cdots,n, \quad (7.5.3)
$$

记

$$
a_k=\sum_{i=1}^{m}x_i^j,\beta_k=\sum_{i=1}^{m}x_i^k y_i,
$$

则由式(7.5.3)得

$$
\sum_{j=0}^{n}a_{k+j}\mu_j=\beta_k, \quad k=0,1,\cdots,n, \quad (7.5.4)
$$

写成矩阵形式即为

$$
\boldsymbol{H}_{n+1}\boldsymbol{u}=\boldsymbol{b}, \quad (7.5.5)
$$

其中 $\boldsymbol{H}_{n+1}$是形如式(7.5.2)的汉克尔矩阵，$\boldsymbol{u}=(\mu_0,\mu_1,\cdots,\mu_n)^{\mathrm{T}}$，$\boldsymbol{b}=(\beta_0,\beta_1,\cdots,\beta_n)^{\mathrm{T}}$。可见问题转化为求解以汉克尔矩阵为系数矩阵的线性方程组问题。

汉克尔矩阵有如下的性质：

定理 7.5.1　汉克尔矩阵 $\boldsymbol{H}_{n+1}$是非奇异的。

证　利用反证法，若 $\det\boldsymbol{H}_{n+1}=0$，则式(7.5.4)的齐次方程组

$$
\sum_{j=0}^{n}a_{k+j}\mu_j=0, \quad k=0,1,\cdots,n,
$$

有非零解。将上面方程组中第 k 个方程乘以 μ_k，然后对所有 k 求和，便得

$$
\begin{aligned}
0 &= \sum_{k=0}^{n}\mu_k\left(\sum_{j=0}^{n}a_{k+j}\,\mu_j\right)=\sum_{k=0}^{n}\mu_k\sum_{j=0}^{n}\mu_j\sum_{i=1}^{m}x_i^{k+j}\\
&=\sum_{i=1}^{m}\left(\sum_{k=0}^{n}\mu_k x_i^k\right)\left(\sum_{j=0}^{n}\mu_j x_i^j\right)\\
&=\sum_{i=1}^{m}\left(\sum_{j=0}^{n}\mu_j x_i^j\right)^2=\sum_{i=1}^{m}f^2(x_i),
\end{aligned}
$$

据此就有

$$f(x_1)=f(x_2)=\cdots=f(x_m)=0,$$

又因 $m>n$ 故 $f(x)\equiv 0$，与假设 $f(x)\neq 0$ 矛盾。

可以直接验证，T 矩阵与汉克尔矩阵是可以相互转化的。事实上，设 T 矩阵为 $\boldsymbol{A}$，汉克尔矩阵为 $\boldsymbol{H}_{n+1}$，则用矩阵

$$\boldsymbol{J}=\begin{pmatrix} & & 1\\ & \iddots & \\ 1 & & \end{pmatrix} \tag{7.5.6}$$

乘矩阵 $\boldsymbol{H}_{n+1}$，其结果 $\boldsymbol{J}\boldsymbol{H}_{n+1}$ 或 $\boldsymbol{H}_{n+1}\boldsymbol{J}$ 都是 T 矩阵，且有

$$(\boldsymbol{J}\boldsymbol{H}_{n+1})^{\mathrm{T}}=\boldsymbol{H}_{n+1}\boldsymbol{J}, \tag{7.5.7}$$

反之，用 $\boldsymbol{J}$ 乘 T 矩阵 $\boldsymbol{A}$，则 $\boldsymbol{J}\boldsymbol{A}$ 或 $\boldsymbol{A}\boldsymbol{J}$ 都是汉克尔矩阵。从而，可把对 T 矩阵的研究转化为对汉克尔矩阵的研究。

数学家与数学家精神 7

数学分析的传承人——卡尔·龙格

卡尔·龙格(Carl Runge，1856—1927)，德国数学家、物理学家、光谱学家。1880 年，他获得了柏林大学的数学博士学位，是被誉为“现代分析之父”的卡尔·魏尔斯特拉斯的学生。1886 年，他成为汉诺威大学的教授。在数值分析学中，他是龙格-库塔(Runge-Kutta)法的共同发明者与共同命名者，龙格-库塔法是用于模拟常微分方程的解的重要的一类隐式或显式迭代法。这些技术由数学家卡尔·龙格和马丁·威尔海姆·库塔于 1900 年左右发明。龙格-库塔法具有精度高、收敛、稳定(在一定条件下)、计算过程中可以改变步长、不需要计算高阶导数等优点。

我国著名数学家、数学教育家——柯召

柯召(1910—2002)，字惠棠，浙江温岭人，数学家、中国科学院资深院士。1931 年，柯召进入清华大学算学系；1933 年，以

优异成绩毕业。1935 年，他考上了中英庚款的公费留学生，去英国曼彻斯特大学深造，在导师莫德尔（Mordell）的指导下研究二次型，在表示二次型为线性型平方和的问题上，取得优异成绩，回国后先后任教于重庆大学、四川大学。1953 年，他调回四川大学任教直至退休。在这 40 余年间，他以满腔的热情投入教学和科研工作，为国家培养了许多优秀数学人材，在科研上硕果累累。与此同时，他还先后担任了四川大学教务长、副校长、校长、数学研究所所长等职，努力提高教学质量，积极开展基础理论研究，发展应用数学，培养了一批高水平的人才。其研究领域涉及数论、组合数学与代数学，在二次型、不定方程领域获众多优秀成果。柯召关于卡特兰问题的研究成果被国际数学界称为“柯氏定理”；另外他与数学家孙琦在数论方面的研究成果被国际上称为“柯-孙猜想”。

习题 7

1. 设 n 阶矩阵 $\boldsymbol{A}=(a_{ij})$ 为非负矩阵，且是非奇异的，问逆矩阵 $\boldsymbol{A}^{-1}=\boldsymbol{B}=(b_{ij})$ 满足

$$b_{ij}\geqslant 0, i\neq j, \boldsymbol{B}\geqslant \boldsymbol{O}$$

的条件是什么？

2. 设 $\boldsymbol{A}$ 为 n 阶实矩阵，$\boldsymbol{x},\boldsymbol{y}$ 是 n 维向量，证明：

（1）如果 $\boldsymbol{A}>\boldsymbol{O},\boldsymbol{x}\geqslant\boldsymbol{0}$，且 $\boldsymbol{x}\neq\boldsymbol{0}$，则 $\boldsymbol{Ax}>\boldsymbol{0}$；

（2）如果 $\boldsymbol{A}>\boldsymbol{O},\boldsymbol{x}\geqslant\boldsymbol{y}$，则 $\boldsymbol{Ax}>\boldsymbol{Ay}$；

（3）如果对所有 $\boldsymbol{x}\geqslant\boldsymbol{0}$ 都有 $\boldsymbol{Ax}\geqslant\boldsymbol{0}$，则 $\boldsymbol{A}\geqslant\boldsymbol{O}$。

3. 证明：设 $\boldsymbol{A}\in\mathbb{R}^{n\times n}$，若 $\boldsymbol{A}>\boldsymbol{O}$，则 $\boldsymbol{A}$ 是素矩阵，但反之未必。

4. 设 $\boldsymbol{A}$ 是 n 阶非负素矩阵，证明 $\rho(\boldsymbol{A})>\boldsymbol{O}$。

5. 设 $\boldsymbol{A}$ 是 n 阶不可约非负对称矩阵，证明：$\boldsymbol{A}$ 是素矩阵的充分必要条件是 $\boldsymbol{A}+\rho(\boldsymbol{A})\boldsymbol{E}$ 非奇异。

6. 设 $\boldsymbol{A}=\begin{pmatrix}7&2&2\\2&1&1\\4&2&2\end{pmatrix}$，求 $\rho(\boldsymbol{A})$ 和 $\lim\limits_{n\to\infty}[\rho(\boldsymbol{A})^{-1}\boldsymbol{A}]^{n}$。

7. 设 $\boldsymbol{A}$ 是 n 阶不可约非负矩阵，证明：如果 $a_{ii}>0(i=1,2,\cdots,n)$，则 $\boldsymbol{A}^{n-1}>\boldsymbol{O}$。

8. 设矩阵 $\boldsymbol{A}$ 的逆矩阵 $\boldsymbol{A}^{-1}$ 是单调矩阵，问 $\boldsymbol{A}$ 是怎样的矩阵？

9. 设 $\boldsymbol{A}\in\mathbb{R}^{n\times n}$ 是正随机矩阵，证明：$\boldsymbol{A}$ 的谱半径 $\rho(\boldsymbol{A})=1$。

10. 设矩阵 $\boldsymbol{A}$ 和它的逆矩阵 $\boldsymbol{A}^{-1}$ 都是 M 矩阵，问 $\boldsymbol{A}$ 是怎样的矩阵？

11. 矩阵 $\boldsymbol{A}=(a_{ij})_{n\times n}$ 为 M 矩阵的充分必要条件是 $a_{ii}>0,a_{ij}\leqslant 0(i\neq j)$ 以及 $\rho(\boldsymbol{B})<1$，这个结论是否正确？这里 $\boldsymbol{B}=\boldsymbol{E}-\boldsymbol{D}^{-1}\boldsymbol{A}$，而 $\boldsymbol{D}=\mathbf{diag}(a_{11},\cdots,a_{nn})$。

12. 设矩阵 $\boldsymbol{A}$ 和 $\boldsymbol{B}$ 都是 M 矩阵，问 $\boldsymbol{A}+\boldsymbol{B}$ 是否为 M 矩阵？

13. 设 $\boldsymbol{A}$ 是 n 阶非奇异 M 矩阵，$\boldsymbol{x}$ 是 n 维列向量，证明：若 $\boldsymbol{Ax}\geqslant\boldsymbol{0}$，则 $\boldsymbol{x}\geqslant\boldsymbol{0}$。

14. 证明：设 $\boldsymbol{A}\in\mathbb{R}^{n\times n}$ 是对称矩阵，则 $\boldsymbol{A}$ 为非奇异 M 矩阵的充分必要条件是 $\boldsymbol{A}$ 为正定矩阵。

15. 证明：设 $\boldsymbol{A},\boldsymbol{B}\in\mathbb{R}^{n\times n}$ 是 M 矩阵，则 $\boldsymbol{AB}$ 为 M 矩阵的充分必要条件是 $\boldsymbol{AB}\in\mathbb{R}^{n\times n}$。特别地，若 $\boldsymbol{A},\boldsymbol{B}\in\mathbb{R}^{2\times 2}$ 是 M 矩阵，则 $\boldsymbol{AB}$ 为 M 矩阵。

轨道上的交通

第 8 章 矩阵在工程中的应用

随着科技的发展，矩阵的应用无处不在，矩阵的渗透会越来越深入。矩阵作为一门独立的理论和工具，在各个领域发挥着越来越重要的作用。本章列举矩阵应用的若干实例，旨在启发读者举一反三，学有所用。

8.1 静态系统的奇异值分解

以电子器件为例，我们来考虑静态系统的奇异值分解。假定某电子器件的电压 v 和电流 i 之间存在下列关系（即静态系统模型）：

$$\underbrace{\begin{pmatrix}1 & -1 & 0 & 0\\0 & 0 & 1 & 1\end{pmatrix}}_{F}\begin{pmatrix}v_1\\v_2\\i_1\\i_2\end{pmatrix}=\begin{pmatrix}0\\0\end{pmatrix},\tag{8.1.1}$$

矩阵的元素 F 限定取 v_1,v_2,i_1,i_2 的允许值。

如果所用的电压和电流测量装置具有相同的精度（比如 1%），那么我们就可以很容易检测任何一组测量值是或不是式(8.1.1)在期望的精度范围内的解。假定用各种方法得到另外一个矩阵表达式

$$\begin{pmatrix}1 & -1 & 10^6 & 10^6\\0 & 0 & 1 & 1\end{pmatrix}\begin{pmatrix}v_1\\v_2\\i_1\\i_2\end{pmatrix}=\begin{pmatrix}0\\0\end{pmatrix}。\tag{8.1.2}$$

显然，只有当电流测量非常精确时，一组 v_1,v_2,i_1,i_2 的测量值才会以合适的精度满足式(8.1.2)；而对于电流测量有 1%测量误差的一般情况，式(8.1.2)与静态系统模型(8.1.1)是大相径庭的；式(8.1.1)给出的电压关系为 $v_1-v_2=0$，而由于 $i_1+i_2=0.01$ 的测量误差，式(8.1.2)给出的电压关系则是 $v_1-v_2+10^4=0$。然而，从代

数的角度看，式(8.1.1)和式(8.1.2)是完全等价的。因此，我们希望能够有某些技巧来比较几种代数等价的模型表示，以确定哪一个是我们所希望的、适用一般而不是特殊情况的通用静态系统模型。解决这个问题的基本数学工具就是奇异值分解。

更一般地，我们考虑 n 个电阻的静态系统方程

$$\boldsymbol{F}\begin{pmatrix}\boldsymbol{v}\\ \boldsymbol{i}\end{pmatrix}=\boldsymbol{0}。\tag{8.1.3}$$

式中，$\boldsymbol{F}$ 是一个 $m\times n$ 矩阵。为了简化表示，我们将一些不变的补偿项撤去了。这样一种表达式是非常通用的，它可以来自某些物理装置(例如线性化的物理方程)和网络方程。矩阵 $\boldsymbol{F}$ 对数据的精确部分和非精确部分的作用可以利用奇异值分解来进行分析。令 $\boldsymbol{F}$ 的奇异值分解为

$$\boldsymbol{F}=\boldsymbol{U}^{\mathrm{T}}\boldsymbol{\Sigma}\boldsymbol{V},\tag{8.1.4}$$

于是，精确部分和非精确部分的各个分量被矩阵 $\boldsymbol{F}$ 的奇异值 σ_1，$\sigma_2,\cdots,\sigma_r,0,\cdots,0$ 做不同的大小改变。如果式(8.1.3)是物理装置设计的准确规格，那么矩阵 $\boldsymbol{F}$ 的奇异值分解将提供一个代数等价，但在数值上是最可靠的设计方程。注意到 $\boldsymbol{U}$ 是一正交矩阵，所以由式(8.1.3)和式(8.1.4)有

$$\boldsymbol{\Sigma}\boldsymbol{V}\begin{pmatrix}\boldsymbol{v}\\ \boldsymbol{i}\end{pmatrix}=\boldsymbol{0},\tag{8.1.5}$$

若将对角矩阵 $\boldsymbol{\Sigma}$ 分块为

$$\boldsymbol{\Sigma}=\begin{pmatrix}\boldsymbol{\Sigma}_1 & \boldsymbol{O}\\ \boldsymbol{O} & \boldsymbol{O}\end{pmatrix},$$

并将正交矩阵 $\boldsymbol{V}$ 作相应的分块，即

$$\boldsymbol{V}=\begin{pmatrix}\boldsymbol{A} & \boldsymbol{B}\\ \boldsymbol{C} & \boldsymbol{D}\end{pmatrix},$$

其中，$(\boldsymbol{A},\boldsymbol{B})$ 是 $\boldsymbol{V}$ 最上面的 r 行，则式(8.1.5)可以写作

$$\begin{pmatrix}\boldsymbol{\Sigma}_1 & \boldsymbol{O}\\ \boldsymbol{O} & \boldsymbol{O}\end{pmatrix}\begin{pmatrix}\boldsymbol{A} & \boldsymbol{B}\\ \boldsymbol{C} & \boldsymbol{D}\end{pmatrix}\begin{pmatrix}\boldsymbol{v}\\ \boldsymbol{i}\end{pmatrix}=\boldsymbol{0},$$

从而，可以得到与式(8.1.3)在代数上等价，但在数值上是最可靠的表达式

$$(\boldsymbol{A},\boldsymbol{B})\begin{pmatrix}\boldsymbol{v}\\ \boldsymbol{i}\end{pmatrix}=\boldsymbol{0}。\tag{8.1.6}$$

如果式(8.1.3)是物理装置的不精确模型，则对角矩阵的对角线上就不会出现零奇异值。这时，我们就不能够直接使用式(8.1.6)。在这种情况下，我们需要对模型进行修正，方法是令所有奇异值

$\sigma_s,\sigma_{s+1},\cdots$等于零，其中，$s$ 是满足$\dfrac{\sigma_s}{\sigma_1}$小于矩阵 $\boldsymbol{F}$ 的元素所允许的精确度(即物理装置的测量精确度)的最小整数。于是，式(8.1.6)中的$(\boldsymbol{A},\boldsymbol{B})$修正为 $\boldsymbol{V}$ 的最上面 $s-1$ 行。有关结果表明，这样一种修正可以使参数的变化限制在预先设定的误差范围内。

现在考虑一个多端对的电阻器(电阻、电导、混合参数、传导和散射等)的不同表达式，目的是寻找一个尽可能最优的表达式。例如，使用端对坐标 x 和 y 时，电阻器多端对的显式表示则为

$$\boldsymbol{y}=\boldsymbol{\varLambda x},\begin{pmatrix}\boldsymbol{y}\\\boldsymbol{x}\end{pmatrix}=\boldsymbol{\varOmega}\begin{pmatrix}\boldsymbol{v}\\\boldsymbol{i}\end{pmatrix}。\tag{8.1.7}$$

通过选择合适的坐标变换 $\boldsymbol{\varOmega}$，就可以得到电阻、电导、任意混合参数或传导的表达式。于是，矩阵 $\boldsymbol{\varLambda}$ 的条件数就代表从 $\boldsymbol{x}$ 到 $\boldsymbol{y}$ 的信噪比放大倍数的上限。如果 $\boldsymbol{\varLambda}$ 可逆，则该条件数也是从 $\boldsymbol{y}$ 到 $\boldsymbol{x}$ 的信噪比放大倍数的上限。因此，不同的表达式就可以根据它们的条件数进行排队。这就使得所有参数化表达式一目了然。显然，最优的情况是条件数 $\mathrm{cond}(\boldsymbol{\varLambda})=1$ 或 $\boldsymbol{\varLambda}$ 是一正交矩阵(包含一比例因子)。一个自然会问的问题是，任何一个多端对的电阻器是否有一个最优的表达式？也就是说，是否存在使得 $\mathrm{cond}(\boldsymbol{\varLambda})=1$ 的正交矩阵 $\boldsymbol{\varLambda}$？为此，让我们来看一个 n 维 n 端对的电阻器的隐含表达式

$$\boldsymbol{F}\begin{pmatrix}\boldsymbol{v}\\\boldsymbol{i}\end{pmatrix}=\boldsymbol{0},\mathrm{rank}(\boldsymbol{F})=n,\tag{8.1.8}$$

应用 $\boldsymbol{F}$ 的奇异值分解式(8.1.4)，即可得到式(8.1.6)，其中，$r=n$。选择正交坐标变换

$$\begin{pmatrix}\boldsymbol{y}\\\boldsymbol{x}\end{pmatrix}=\underbrace{\begin{pmatrix}\dfrac{\boldsymbol{E}}{\sqrt{2}}&\dfrac{\boldsymbol{E}}{\sqrt{2}}\\-\dfrac{\boldsymbol{E}}{\sqrt{2}}&\dfrac{\boldsymbol{E}}{\sqrt{2}}\end{pmatrix}\begin{pmatrix}\boldsymbol{A}&\boldsymbol{B}\\\boldsymbol{C}&\boldsymbol{D}\end{pmatrix}}_{\boldsymbol{\varOmega}}\begin{pmatrix}\boldsymbol{v}\\\boldsymbol{i}\end{pmatrix},\tag{8.1.9}$$

这样一来，就可以利用 $\boldsymbol{\varOmega}$ 的正交性 $\boldsymbol{\varOmega}^{-1}=\boldsymbol{\varOmega}^{\mathrm{T}}$，将隐含表达式(8.1.6)表示成

$$(\boldsymbol{A},\ \boldsymbol{B})\begin{pmatrix}\boldsymbol{v}\\\boldsymbol{i}\end{pmatrix}=(\boldsymbol{A},\ \boldsymbol{B})\begin{pmatrix}\boldsymbol{A}^{\mathrm{T}}&\boldsymbol{C}^{\mathrm{T}}\\\boldsymbol{B}^{\mathrm{T}}&\boldsymbol{D}^{\mathrm{T}}\end{pmatrix}\begin{pmatrix}\dfrac{\boldsymbol{E}}{\sqrt{2}}&-\dfrac{\boldsymbol{E}}{\sqrt{2}}\\\dfrac{\boldsymbol{E}}{\sqrt{2}}&\dfrac{\boldsymbol{E}}{\sqrt{2}}\end{pmatrix}\begin{pmatrix}\boldsymbol{x}\\\boldsymbol{y}\end{pmatrix}$$

$$=(\boldsymbol{E},\ \boldsymbol{O})\begin{pmatrix}\dfrac{\boldsymbol{E}}{\sqrt{2}}&-\dfrac{\boldsymbol{E}}{\sqrt{2}}\\\dfrac{\boldsymbol{E}}{\sqrt{2}}&\dfrac{\boldsymbol{E}}{\sqrt{2}}\end{pmatrix}\begin{pmatrix}\boldsymbol{x}\\\boldsymbol{y}\end{pmatrix}=\boldsymbol{0},$$

即有

$$\left(\frac{\boldsymbol{E}}{\sqrt{2}},-\frac{\boldsymbol{E}}{\sqrt{2}}\right)\begin{pmatrix}\boldsymbol{y}\\ \boldsymbol{x}\end{pmatrix}=\boldsymbol{0}\Rightarrow \boldsymbol{y}=\boldsymbol{x}, \qquad (8.1.10)$$

于是，可以得出结论：利用式(8.1.4)的奇异值分解可以得到式(8.1.9)的正交变换，而通过此正交变换，即可得到一个在数值上最优的显式关系 $\boldsymbol{y}=\boldsymbol{x}$。

8.2 图像压缩

奇异值分解在图像处理中有着重要应用。假定一幅图像有 $n\times n$ 个像素，如果将这 n^2 个数据一起传送，往往会显得数据量太大。因此，我们希望能够改为传送另外一些比较少的数据，并且在接收端还能够利用这些传送的数据重构原图像。

不妨用 $n\times n$ 矩阵 $\boldsymbol{A}$ 表示要传送的原 $n\times n$ 个像素。假定对矩阵 $\boldsymbol{A}$ 进行奇异值分解，便得到 $\boldsymbol{A}=\boldsymbol{U\Sigma V}^{\mathrm{T}}$，其中，奇异值按照从大到小的顺序排列。如果从中选择 k 个大奇异值以及与这些奇异值对应的左和右奇异向量逼近原图像，便可以共使用 $k(2n+1)$ 个数值代替原来的 $n\times n$ 个图像数据。这 $k(2n+1)$ 个被选择的新数据是矩阵 $\boldsymbol{A}$ 的前 k 个奇异值、$n\times n$ 左奇异向量矩阵 $\boldsymbol{U}$ 的前 k 列和 $n\times n$ 右奇异向量矩阵 $\boldsymbol{V}$ 的前 k 列的元素。

比率

$$\rho=\frac{n^2}{k(2n+1)} \qquad (8.2.1)$$

称为图像的压缩比。显然，被选择的大奇异值的个数 k 应该满足条件 $k(2n+1)<n^2$，即 $k<\frac{n^2}{2n+1}$。因此，在传送图像的过程中，无须传送 $n\times n$ 个原始数据，而只需要传送 $k(2n+1)$ 个有关奇异值和奇异向量的数据即可。在接收端，在接收到奇异值 $\sigma_1,\sigma_2,\cdots,\sigma_k$ 以及左奇异向量 $\boldsymbol{u}_1,\boldsymbol{u}_2,\cdots,\boldsymbol{u}_k$ 和右奇异向量 $\boldsymbol{v}_1,\boldsymbol{v}_2,\cdots,\boldsymbol{v}_k$ 后，即可通过截尾的奇异值分解公式

$$\hat{\boldsymbol{A}}=\sum_{i=1}^{k}\sigma_i\boldsymbol{u}_i\boldsymbol{v}_i^{\mathrm{T}} \qquad (8.2.2)$$

重构出原图像。

一个容易理解的事实是：若 k 值偏小，即压缩比 ρ 偏大，则重构的图像的质量有可能不能令人满意。反之，过大的 k 值又会导致压缩比过小，从而降低图像压缩和传送的效率。因此，需要根据不同种类的图像，选择合适的压缩比，以兼顾图像传送效率

和重构质量。

例 8.2.1(基于 SVD 的图像压缩) 对于一幅用 $m\times n$ 的像素矩阵 $\boldsymbol{A}$ 表示的图像(如人造卫星的大部分图片为 512×512 像素，包含 262144 个数据)，如果传送所有 mn 个数据，显然数据量太大。因此我们希望在传输之前，对数据进行压缩，这样就可以传送少一些的数据，当然在接收端必须能够重构原图像。如果从矩阵 $\boldsymbol{A}$ 的 SVD 中选择 k 个奇异三元组$(\sigma_i, u_i, v_i)(i=1,2,\cdots,k)$来逼近原图像，即用$(m+n+1)k$ 个数据代替像素矩阵 $\boldsymbol{A}$。那么在接收端，可得 $\boldsymbol{A}_k=\sum_{i=1}^{k}\sigma_i\boldsymbol{u}_i\boldsymbol{v}_i^{\mathrm{T}}$。由于 $\boldsymbol{A}_k\approx\boldsymbol{A}$，从而在接收端可近似地重构出原图像。此时，图像的压缩比为 $\rho=\dfrac{mn}{(m+n+1)k}$，其倒数称为图像的压缩率。显然，实际使用时可根据不同的需要选择适当的 k 值。当 $k=20$ 时，已基本能够重构原来的图像，此时传送数据$(200+320+1)\times20=10420$(个)，压缩率约为 0.1628，非常低。

当然，要特别说明的是，上面这种图像压缩技术并不是一种特别有效的技术。

既然讲到特征抽取，我们必须指出，PCA 也可用于图像压缩。具体算法大致如下：先使用 PCA 方法处理一个图像序列，提取其中的主元。然后根据主元的排序去除其中次要的分量，再变换回原空间，则图像序列因为维数降低会得到很大的压缩。这种压缩算法仍然是有损的压缩算法，但同时它又保持了其中最“重要”的信息。

我们不能不对 SVD 与 PCA 做些比较。事实上，两者都依赖于正交分解。在 SVD 方法中用以求解特征值问题的矩阵是 $\boldsymbol{X}\boldsymbol{X}^{\mathrm{T}}$，而在 PCA 中则是相关矩阵 $\boldsymbol{R}$。由于 $\boldsymbol{R}$ 通常无法确定，因此通常用样本矩阵构造出它的近似$\dfrac{1}{n}\boldsymbol{X}\boldsymbol{X}^{\mathrm{T}}$。显然，$\lim\limits_{n\to\infty}\dfrac{1}{n}\boldsymbol{X}\boldsymbol{X}^{\mathrm{T}}=\boldsymbol{R}$。这说明 SVD 与 PCA 间存在渐近关系。

8.3 矩阵的低秩逼近及其应用

设矩阵 $\boldsymbol{A}\in F^{m\times n}$ 的秩为 r，其 SVD 为 $\boldsymbol{A}=\boldsymbol{U\Sigma V}^{\mathrm{H}}$，其中 $\boldsymbol{U}=(\boldsymbol{u}_1, \boldsymbol{u}_2,\cdots,\boldsymbol{u}_n)$，$\boldsymbol{V}=(\boldsymbol{v}_1,\boldsymbol{v}_2,\cdots,\boldsymbol{v}_n)$。将对角矩阵 $\boldsymbol{\Sigma}$ 分解为 $\boldsymbol{\Sigma}=\boldsymbol{\Sigma}_1+\boldsymbol{\Sigma}_2+\cdots+\boldsymbol{\Sigma}_n$，这里 $\boldsymbol{\Sigma}=\sigma_iE_{ij}\in F^{m\times n}$，且 $\sigma_1\geqslant\sigma_2\geqslant\cdots\geqslant\sigma_r>0$，则

$$\begin{aligned}\boldsymbol{A}&=\boldsymbol{U\Sigma V}^{\mathrm{H}}=\boldsymbol{U\Sigma}_1\boldsymbol{V}^{\mathrm{H}}+\boldsymbol{U\Sigma}_2\boldsymbol{V}^{\mathrm{H}}+\cdots+\boldsymbol{U\Sigma}_r\boldsymbol{V}^{\mathrm{H}}\\&=\sigma_1\boldsymbol{u}_1\boldsymbol{v}_1^{\mathrm{H}}+\sigma_2\boldsymbol{u}_2\boldsymbol{v}_2^{\mathrm{H}}+\cdots+\sigma_r\boldsymbol{u}_r\boldsymbol{v}_r^{\mathrm{H}}\\&=\sigma_1\boldsymbol{E}_1+\sigma_2\boldsymbol{E}_2+\cdots+\sigma_r\boldsymbol{E}_r,\end{aligned}\tag{8.3.1}$$

其中，$E_i = u_i v_i \in F^{m\times n}$，显然对 $i=1,2,\cdots,r$，都有 $\text{rank}(E_i)=1$，即矩阵 E_i 是秩 1 矩阵，因此式(8.3.1)也被称为矩阵 A 的秩 1 分解。

秩 1 分解让我们想到上一章提到的各种谱分解。从动态的眼光来看，若记

$$A_k = \sigma_1 E_1 + \sigma_2 E_2 + \cdots + \sigma_k E_k,$$

显然，随着 k 的递增，A_k 应该逐渐接近 A。不仅如此，对某个固定的 k(这仿佛递增过程中的突然定格)，在所有秩为 k 的矩阵中，A_k 离矩阵 A 的"距离"最近，也即矩阵 A_k 是矩阵 A 的最佳秩 k 逼近(best rank k approximation)，或者换句话说，包含 A 中的"能量"最多的秩 k 矩阵是 A_k。

定理 8.3.1　设矩阵 $A \in F^{m\times n}$ 的秩为 r，其 SVD 为 $A=U\Sigma V^{\mathrm{H}}$，$U=(u_1,u_2,\cdots,u_n)$，$V=(v_1,v_2,\cdots,v_n)$，$\sigma_1 \geqslant \sigma_2 \geqslant \cdots \geqslant \sigma_r > 0$ 为 A 的非零奇异值。对任意 $1 \leqslant k \leqslant r$，记

$U_k=(u_1,u_2,\cdots,u_k), V_k=(v_1,v_2,\cdots,v_k), \Sigma_k=\sigma_1 E_{11}+\sigma_2 E_{22}+\cdots+\sigma_k E_{kk}$，

且 $k=r$ 时，规定 $\sigma_{k+1}=0$。若令

$$A_k=\sigma_1 u_1 v_1^{\mathrm{H}}+\sigma_2 u_2 v_2^{\mathrm{H}}+\cdots+\sigma_k u_k v_k^{\mathrm{H}}=U_k \Sigma_k V_k^{\mathrm{H}},$$

则

(1) $\min\limits_{\text{rank}(B)=k} \|A-B\|_2 = \|A-A_k\|_2 = \sigma_{k+1}$；

(2) $\min\limits_{\text{rank}(B)=k} \|A-B\|_1 = \|A-A_k\|_1 = \sigma_{k+1}$；

(3) $\min\limits_{r(B)=k} \|A-B\|_F^2 = \|A-A_k\|_F^2 = \sigma_{k+1}^2+\sigma_{k+2}^2+\cdots+\sigma_r^2$。

证　(1) 显然 $k=r$ 时，$A_k=A$，结论成立。下设 $1 \leqslant k \leqslant r$。

由 $U^{\mathrm{H}} A_k V = \Sigma_k = \sigma_1 E_{11}+\sigma_2 E_{22}+\cdots+\sigma_k E_{kk}$ 可知，

$$U^{\mathrm{H}}(A-A_k)V=\Sigma_k=\sigma_{k+1}E_{k+1,k+1}+\sigma_{k+2}E_{k+2,k+2}+\cdots+\sigma_r E_{rr}=\begin{pmatrix}\Sigma_{r/k} & O \\ O & O\end{pmatrix} \in F^{m\times n},$$

其中，$\Sigma_{r/k}=\mathbf{diag}(0,\cdots,0,\sigma_{k+1},\cdots,\sigma_r)$，所以

$$\|A-A_k\| = \|U^{\mathrm{H}}(A-A_k)V\|_2 = \sigma_{k+1}。$$

对任意秩 k 矩阵 $B \in F^{m\times n}$，可知存在单位正交向量组 $x_1, x_2,\cdots,x_{n-k} \in \mathbb{C}^n$，使得

$$N(B)=\text{span}(x_1,x_2,\cdots,x_{n-k}),$$

因此，存在 2 范数单位向量 z，使得 $z \in N(B) \cap \text{span}(v_1,v_2,\cdots,v_{k+1}) \neq \{\mathbf{0}\}$。否则

$$\dim N(B)+\dim\text{span}(v_1,v_2,\cdots,v_{k+1})=n+1,$$

这在维数上显然是不可能的。

令 $z=t_1 v_1+t_2 v_2+\cdots+t_{k+1}v_{k+1}$，则对 $j=k+2,\cdots,r$，有 $\sigma_j u_j v_j^{\mathrm{H}} z=$

$\sigma_j \boldsymbol{u}_j \boldsymbol{0}=\boldsymbol{0}$。因此，

$$\begin{aligned}\boldsymbol{A}\boldsymbol{z} &= \sigma_1 \boldsymbol{u}_1 \boldsymbol{v}_1^{\mathrm{H}} \boldsymbol{z} + \sigma_2 \boldsymbol{u}_2 \boldsymbol{v}_2^{\mathrm{H}} \boldsymbol{z} + \cdots + \sigma_r \boldsymbol{u}_r \boldsymbol{v}_r^{\mathrm{H}} \boldsymbol{z} \\ &= \sigma_1 \boldsymbol{u}_1 \boldsymbol{v}_1^{\mathrm{H}} \boldsymbol{z} + \sigma_2 \boldsymbol{u}_2 \boldsymbol{v}_2^{\mathrm{H}} \boldsymbol{z} + \cdots + \sigma_{k+1} \boldsymbol{u}_{k+1} \boldsymbol{v}_{k+1}^{\mathrm{H}} \boldsymbol{z} \\ &= \sigma_1 (\boldsymbol{v}_1^{\mathrm{H}} \boldsymbol{z}) \boldsymbol{u}_1 + \sigma_2 (\boldsymbol{v}_2^{\mathrm{H}} \boldsymbol{z}) \boldsymbol{u}_2 + \cdots + \sigma_{k+1} (\boldsymbol{v}_{k+1}^{\mathrm{H}} \boldsymbol{z}) \boldsymbol{u}_{k+1} \\ &= \sigma_1 t_1 \boldsymbol{u}_1 + \sigma_2 t_2 \boldsymbol{u}_2 + \cdots + \sigma_{k+1} t_{k+1} \boldsymbol{u}_{k+1},\end{aligned}$$

注意到 $\boldsymbol{B}\boldsymbol{z}=\boldsymbol{0}$ 且 $\|\boldsymbol{z}\|_2=1$，从而

$$\begin{aligned}\|\boldsymbol{A}-\boldsymbol{B}\|_2^2 &= \max_{\|\boldsymbol{z}\|_2=1} \|(\boldsymbol{A}-\boldsymbol{B})\boldsymbol{z}\|_2^2 \geqslant \|(\boldsymbol{A}-\boldsymbol{B})\boldsymbol{z}\|_2^2 = \|\boldsymbol{A}\boldsymbol{z}\|_2^2 \\ &= \sigma_1^2 t_1^2 + \sigma_2^2 t_2^2 + \cdots + \sigma_{k+1}^2 t_{k+1}^2 \geqslant \sigma_{k+1}^2 (t_1^2 + t_2^2 + \cdots + t_{k+1}^2) \\ &= \sigma_{k+1}^2 \|\boldsymbol{z}\|_2^2 = \sigma_{k+1}^2。\end{aligned}$$

(2)和(3)的证明与(1)类似，略去。证毕。

从几何上看，用 σ_1、σ_2 为长、短轴做成的椭圆是所有椭圆中离矩阵 $\boldsymbol{A}$ 对应的超椭圆“距离”最近的；如果使用 σ_1、σ_2、σ_3 为轴做成椭球体，则得到所有椭球体中离矩阵 $\boldsymbol{A}$ 对应的超椭圆“距离”最近的椭球；…，按这种方式，第 r 步之后，就得到了 $\boldsymbol{A}$ 的全部信息。但即使执行到了第 r 步，我们也只利用了 $r+nr+nr=(2n+1)r$ 个数据，即矩阵的奇异值和对应的左右奇异向量。这种思想可应用于图像压缩和泛函分析等不同的领域之中。

8.4 离散 K-L 变换

在许多信号处理和模式识别应用中，常常需要将随机信号的观测样本用另外一组数(或系数)表示，同时使这种新的表示具有某些所希望的性质。例如，对于编码而言，希望信号可以用少数系数表示，同时这些系数集中了原信号的功率。又如，对于最优滤波，则希望变换后的样本统计不相关，这样就可以降低滤波器的复杂度，或者提高信噪比。实现上述目标的通用做法是将信号展开成正交基函数的线性组合，使得信号相对于基函数的各个分量不会相互干扰。

如果根据信号观测样本的协方差矩阵适当选择正交基函数，就有可能在所有正交基函数中，获得具有最小均方误差的信号表示。在均方误差最小的意义上，这样一种信号表示是最优的信号表示，它在随机信号的分析与编码中具有重要的意义和应用。这种信号变换是卡洛南(Karhunen)和洛伊(Loeve)针对连续随机信号提出的，称为卡洛南-洛伊变换，简称卡-洛变换，又称 K-L 变换。后来，霍特林(Hotelling)把它推广到离散随机信号，所以也称霍特林变换。不过，在大多数文献中，仍习惯称为离散 K-L 变换。

令 $\boldsymbol{x}=(x_1,\cdots,x_M)^{\mathrm{T}}$ 是一个零均值的随机向量，其自相关矩阵 $\boldsymbol{R}_x=E\{\boldsymbol{x}\boldsymbol{x}^{\mathrm{H}}\}$。现在，希望使用线性变换

$$\boldsymbol{w}=\boldsymbol{Q}^{\mathrm{H}}\boldsymbol{x}, \tag{8.4.1}$$

其中，$\boldsymbol{Q}$ 是一酉矩阵，即 $\boldsymbol{Q}^{-1}=\boldsymbol{Q}^{\mathrm{H}}$。于是，原随机信号向量 $\boldsymbol{x}$ 可以用线性正交变换矩阵 $\boldsymbol{Q}$ 表示成 $\boldsymbol{w}$ 的线性组合，即

$$\boldsymbol{x}=\boldsymbol{Q}\boldsymbol{w}=\sum_{i=1}^{M} w_i\boldsymbol{q}_i,\quad \boldsymbol{q}_i^{\mathrm{H}}\boldsymbol{q}_j=0, i\neq j。 \tag{8.4.2}$$

为了减小变换后的系数 w_i 的个数，假定在式(8.4.2)中只使用 $\boldsymbol{w}$ 的前 m 个系数 $w_1,\cdots,w_m(m=1,\cdots,M)$ 逼近随机信号向量 $\boldsymbol{x}$，即

$$\hat{\boldsymbol{x}}=\sum_{i=1}^{m} w_i\boldsymbol{q}_i,\quad 1\leqslant m\leqslant M, \tag{8.4.3}$$

于是，随机信号向量的 m 阶逼近的误差由

$$\boldsymbol{e}_m=\boldsymbol{x}-\hat{\boldsymbol{x}}=\sum_{i=1}^{M} w_i\boldsymbol{q}_i-\sum_{i=1}^{m} w_i\boldsymbol{q}_i=\sum_{i=m+1}^{M} w_i\boldsymbol{q}_i \tag{8.4.4}$$

给出。由此可以得到均方误差

$$E_m=E\{\boldsymbol{e}_m^{\mathrm{H}}\boldsymbol{e}_m\}=\sum_{i=m+1}^{M}\boldsymbol{q}_i^{\mathrm{H}}E\{|w_i|^2\}\boldsymbol{q}_i=\sum_{i=m+1}^{M}E\{|w_i|^2\}\boldsymbol{q}_i^{\mathrm{H}}\boldsymbol{q}_i。 \tag{8.4.5}$$

由 $w_i=\boldsymbol{q}_i^{\mathrm{H}}\boldsymbol{x}$ 易知 $E\{|w_i|^2\}=\boldsymbol{q}_i^{\mathrm{H}}\boldsymbol{R}_x\boldsymbol{q}_i$。若进一步约束 $\boldsymbol{q}_i^{\mathrm{H}}\boldsymbol{q}_i=1$，则式(8.4.5)表示的均方误差可以重新写为

$$E_m=\sum_{i=m+1}^{M}E\{|w_i|^2\}=\sum_{i=m+1}^{M}\boldsymbol{q}_i^{\mathrm{H}}\boldsymbol{R}_x\boldsymbol{q}_i, \tag{8.4.6}$$

约束条件为

$$\boldsymbol{q}_i^{\mathrm{H}}\boldsymbol{q}_i=1, i=m+1,m+2,\cdots,M。$$

为了使均方误差最小化，使用拉格朗日乘子法构造代价函数

$$J=\sum_{i=m+1}^{M}\boldsymbol{q}_i^{\mathrm{H}}\boldsymbol{R}_x\boldsymbol{q}_i+\sum_{i=m+1}^{M}\lambda_i(1-\boldsymbol{q}_i^{\mathrm{H}}\boldsymbol{q}_i),$$

令 $\dfrac{\partial J}{\partial \boldsymbol{q}_i^*}=\boldsymbol{0}, i=m+1,m+2,\cdots,M$，即

$$\frac{\partial J}{\partial \boldsymbol{q}_i^*}\left[\sum_{i=m+1}^{M}\boldsymbol{q}_i^{\mathrm{H}}\boldsymbol{R}_x\boldsymbol{q}_i+\sum_{i=m+1}^{M}\lambda_i(1-\boldsymbol{q}_i^{\mathrm{H}}\boldsymbol{q}_i)\right]=\boldsymbol{R}_x\boldsymbol{q}_i-\lambda_i\boldsymbol{q}_i=\boldsymbol{0}, i=m+1,m+2,\cdots,M, \tag{8.4.7}$$

即得

$$\boldsymbol{R}_x\boldsymbol{q}_i=\lambda_i\boldsymbol{q}_i,\quad i=m+1,m+2,\cdots,M, \tag{8.4.8}$$

这一变换称为 K-L 变换。

上述讨论说明，当使用式(8.4.3)逼近一个随机信号向量 $\boldsymbol{x}$ 时，为了使逼近的均方误差为最小，应该选择信号自相关矩阵

R_x 的前 m 个特征向量作为正交基构造代价函数。换言之，式(8.4.3)中用作随机信号向量的正交基应该是 $\boldsymbol{R}_x$ 的前 m 个特征向量。

令 $M\times M$ 自相关矩阵 $\boldsymbol{R}_x$ 的特征值分解为

$$\boldsymbol{R}_x=\sum_{i=1}^{M}\lambda_i\boldsymbol{u}_i\boldsymbol{u}_i^{\mathrm{H}}, \tag{8.4.9}$$

因此，式(8.4.3)中被选择的正交基为 $\boldsymbol{g}_i=\boldsymbol{u}_i$，$i=1,2,\cdots,m$。

如果自相关矩阵 $\boldsymbol{R}_x$ 只有 K 个大特征值，并且其他 M-K 个特征值可以忽略，则式(8.4.3)中信号逼近的阶数应该取 $m=K$，从而得到信号的 K 阶离散 K-L 展开式

$$\hat{x}=\sum_{i=1}^{K}w_iu_i, \tag{8.4.10}$$

其中，$w_i(i=1,2,\cdots,K)$ 是 $K\times1$ 向量

$$\boldsymbol{w}=U_1^{\mathrm{H}}\boldsymbol{x} \tag{8.4.11}$$

的第 i 个元素。式中，$\boldsymbol{U}_1=(u_1,\cdots,u_K)$ 由自相关矩阵中与 K 个大特征值对应的特征向量组成。此时，K 阶离散 K-L 展开的均方误差为

$$E_K=\sum_{i=K+1}^{M}\boldsymbol{u}_i^{\mathrm{H}}\boldsymbol{R}_x\boldsymbol{u}_i=\sum_{i=k+1}^{M}\boldsymbol{u}_i^{\mathrm{H}}\left(\sum_{i=k+1}^{M}\lambda_j\boldsymbol{u}_j\boldsymbol{u}_j^{\mathrm{H}}\right)\boldsymbol{u}_i=\sum_{i=K+1}^{M}\lambda_i, \tag{8.4.12}$$

由于 $\lambda_i(i=K+1,2,\cdots,M)$ 都是自相关矩阵 $\boldsymbol{R}_x$ 的次特征值，均方误差 E_K 很小。

如果原数据 $x_1,\cdots,x_M$ 是需要发送的 M 个数据，在发送端直接发送这些数据，会带来两个问题：这些数据很容易被他人接收；在很多情况下，数据长度 M 可能很大。例如，一幅图像需要先按行转换为数据，然后将各行的数据合成一个很长的数据段。利用离散 K-L 展开，则可以避免直接发送原数据的这两个缺陷。假定需要发送的图像或者语音信号的 M 个离散样本为 $x_c(0),x_c(1),\cdots,x_c(M-1)$，其中，$M$ 很大。如果分析给定数据 $x_c(0),x_c(1),\cdots,x_c(M-1)$ 的自相关矩阵，并确定其大特征值的个数 K，就可以得到 K 个线性变换系数 $w_1,\cdots,w_K$ 和 K 个正交的特征向量 $\boldsymbol{u}_1,\cdots,\boldsymbol{u}_K$。这样，就只需要在发送端发送 K 个系数 $w_1,\cdots,w_K$。如果在接收端有这 K 个特征向量的信息，则可利用

$$\hat{\boldsymbol{x}}=\sum_{i=1}^{K}w_i\boldsymbol{u}_i \tag{8.4.13}$$

重构被发送的 M 个数据 $x_c(i),i=0,1,\cdots,M-1$。

将 M 个信号数据 $x_c(0),x_c(1),\cdots,x_c(M-1)$ 变换成 K 个系数 $w_1,\cdots,w_K$ 的过程称为信号编码或数据压缩；而从这 K 个系数重

构 M 个信号数据的过程则称为信号解码。图 8.4.1 画出了信号编码和解码的原理图。

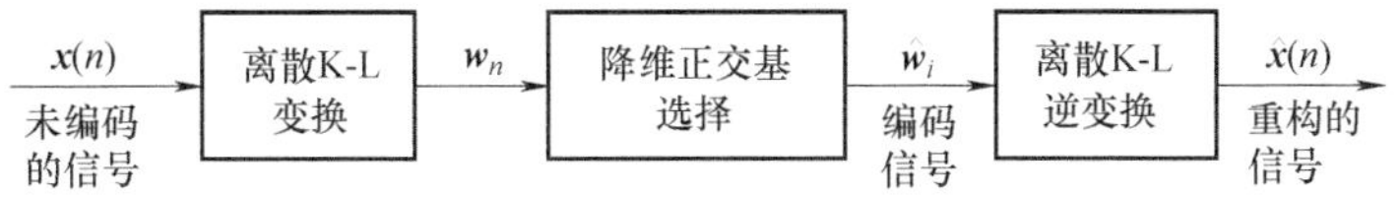

图 8.4.1　利用离散 K-L 变换的信号编码和解码原理图

比率 M/K 称为压缩比。若 K 比 M 小得多时，即可得到大的压缩比。显然，经过离散 K-L 变换对原数据进行编码后，不仅可以大大压缩发射数据的长度，而且即使 K 个编码系数被他人接收，由于没有 K 个特征向量的信息，他人也难以准确重构原数据。

8.5　矩阵在控制论中的应用

在控制系统理论中，常需讨论定常线性系统

$$\begin{cases}\dfrac{\mathrm{d}\boldsymbol{x}(t)}{\mathrm{d}t}=\boldsymbol{A}x(t)+\boldsymbol{B}u(t),\\ \boldsymbol{y}(t)=\boldsymbol{C}\boldsymbol{x}(t)\end{cases}\tag{8.5.1}$$

其中 $\boldsymbol{A}$ 为系统的系数矩阵；$\boldsymbol{B}$ 为系统的输入矩阵；$\boldsymbol{C}$ 为系统的输出矩阵；$\boldsymbol{A}\in\mathbb{C}^{n\times n}$，$\boldsymbol{B}\in\mathbb{C}^{n\times m}$，$\boldsymbol{C}\in\mathbb{C}^{s\times n}$ 均是常系数矩阵；$\boldsymbol{x}(t)=(x_1(t),x_2(t),\cdots,x_n(t))^{\mathrm{T}}$ 称为该系统在时刻 t 的状态向量；$\boldsymbol{u}(t)=(u_1(t),u_2(t),\cdots,u_m(t))^{\mathrm{T}}$ 称为该系统在时刻 t 的输入向量或控制向量；$\boldsymbol{y}(t)=(y_1(t),y_2(t),\cdots,y_s(t))^{\mathrm{T}}$ 称为该系统在时刻 t 的输出向量或观测向量。

定常线性系统(8.5.1)是控制论中最基本的模型，简称为系统$(\boldsymbol{A},\boldsymbol{B},\boldsymbol{C})$。要控制该系统，需要了解系统的状态 $\boldsymbol{x}(t)$。但在一般情况下，无法直接测量到 $\boldsymbol{x}(t)$，需要通过观测向量 $\boldsymbol{y}(t)$ 反过来判断它。能否通过观测向量确定出系统的全部状态，称为可观测性问题；掌握了系统的状态后，能否控制系统使其达到预期目的，称为可控制性问题；分析系统能否正常工作的问题称为系统的稳定性问题和可检测性问题。

8.5.1　系统的可观测性

定义 8.5.1　对于定常线性系统，若在有限时间区间$[0,t_1]$能通过观测系统的输出 $y(t)$ 反而唯一地确定初始状态 $\boldsymbol{x}(0)$，则称该系统是完全能观测的。

定理 8.5.1 系统$(\boldsymbol{A},\boldsymbol{B},\boldsymbol{C})$完全能观测$\Leftrightarrow n$ 阶对称方阵

$$\boldsymbol{M}(0,t_1)=\int_0^{t_1}\mathrm{e}^{\boldsymbol{A}^{\mathrm{H}}t}\boldsymbol{C}^{\mathrm{H}}\boldsymbol{C}\mathrm{e}^{\boldsymbol{A}t}\mathrm{d}t$$

为非奇异矩阵。其中$\boldsymbol{A}^{\mathrm{H}},\boldsymbol{C}^{\mathrm{H}}$ 分别是$\boldsymbol{A}$，$\boldsymbol{C}$ 的共轭转置。

定理 8.5.2 系统$(\boldsymbol{A},\boldsymbol{B},\boldsymbol{C})$完全能观测$\Leftrightarrow$矩阵

$$\boldsymbol{M}=\begin{pmatrix}\boldsymbol{C}\\ \boldsymbol{CA}\\ \vdots\\ \boldsymbol{CA}^{n-1}\end{pmatrix}$$

的秩为 n，$\boldsymbol{M}$ 称为能观测矩阵。

例 8.5.1 设某系统的状态方程和输出方程分别为

$$\begin{cases}\dfrac{\mathrm{d}\boldsymbol{x}(t)}{\mathrm{d}t}=\begin{pmatrix}1 & 1\\ 1 & -1\end{pmatrix}\boldsymbol{x}(t)+\begin{pmatrix}2 & -1\\ 0 & 1\end{pmatrix}\boldsymbol{u}(t),\\ \boldsymbol{y}(t)=\begin{pmatrix}1 & -1\\ 2 & -2\end{pmatrix}\boldsymbol{x}(t),\end{cases}$$

试判断该系统的能观测性。

解 该系统的能观测矩阵为

$$\boldsymbol{M}=\begin{pmatrix}\boldsymbol{C}\\ \boldsymbol{CA}\end{pmatrix}=\begin{pmatrix}1 & -1\\ 2 & -2\\ 0 & 2\\ 0 & 4\end{pmatrix},$$

因为$\boldsymbol{M}$ 的秩为 2，说明系统是完全能观测的。

8.5.2 系统的能控性

定义 8.5.2 对于定常线性系统，若在有限时间区间$[0,t_1]$内存在着输入 $u(t)(0\leqslant t\leqslant t_1)$，能使系统从初始状态 $\boldsymbol{x}(0)$转移到 $\boldsymbol{x}(t)=\boldsymbol{0}$，则称此状态 $\boldsymbol{x}(\boldsymbol{0})$是完全能控的。

定理 8.5.3 系统$(\boldsymbol{A},\boldsymbol{B},\boldsymbol{C})$完全能控$\Leftrightarrow n$ 阶对称方阵

$$\boldsymbol{W}(0,t_1)=\int_0^{t_1}\mathrm{e}^{-\boldsymbol{A}}\boldsymbol{B}\boldsymbol{B}^{\mathrm{H}}\mathrm{e}^{-\boldsymbol{A}^{\mathrm{H}}t}\mathrm{d}t$$

为非奇异矩阵。其中$\boldsymbol{A}^{\mathrm{H}}$，$\boldsymbol{B}^{\mathrm{H}}$ 分别是$\boldsymbol{A}$，$\boldsymbol{B}$ 的共轭转置。

定理 8.5.4 设$\boldsymbol{A}\in\mathbb{R}^{n\times n}$，$\boldsymbol{B}\in\mathbb{R}^{n\times m}$，则下列命题等价：

(1) $(\boldsymbol{A},\boldsymbol{B})$可控；

（2）对任意的 $t>0$，格拉姆矩阵

$$\boldsymbol{W}(t)=\int_0^t \mathrm{e}^{\boldsymbol{A}\tau}\boldsymbol{B}\boldsymbol{B}^{\mathrm{T}}\mathrm{e}^{-\boldsymbol{A}^{\mathrm{T}}\tau}\mathrm{d}\tau$$

是正定的；

（3）对任意的 $t>0$，若 $v\in\mathbb{R}^n$ 使得 $\boldsymbol{v}^{\mathrm{T}}\mathrm{e}^{\boldsymbol{A}\tau}\boldsymbol{B}=\boldsymbol{0}$，对所有的 $\tau\in[0,t]$成立，则必有 $v=0$；

（4）可控性矩阵

$$\boldsymbol{G}=(\boldsymbol{B},\boldsymbol{A}\boldsymbol{B},\cdots,\boldsymbol{A}^{n-1}\boldsymbol{B})$$

是行满秩的；

（5）对一切的 $\lambda\in\lambda(\boldsymbol{A})$，有 $\mathrm{rank}[\boldsymbol{A}-\lambda\boldsymbol{E},\boldsymbol{B}]=n$；

（6）对一切的 $\mu\in\mathbb{R}$ 和 $\boldsymbol{v}\in\mathbb{R}^n$，满足 $\boldsymbol{v}^{\mathrm{T}}\boldsymbol{A}=\mu\boldsymbol{v}^{\mathrm{T}}$ 和 $\boldsymbol{v}^{\mathrm{T}}\boldsymbol{B}=\boldsymbol{0}$，则有 $\boldsymbol{v}=\boldsymbol{0}$。

根据定理 8.5.4 可得：

推论　设 $\boldsymbol{A}\in\mathbb{R}^{n\times n}$，$\boldsymbol{B}\in\mathbb{R}^{n\times m}$，则有

（1）对任意的非奇异矩阵 $\boldsymbol{T}\in\mathbb{R}^{n\times n}$ 和 $\boldsymbol{G}\in\mathbb{R}^{m\times m}$，$(\boldsymbol{A},\boldsymbol{B})$可控$\Leftrightarrow$$(\boldsymbol{T}^{-1}\boldsymbol{A}\boldsymbol{T},\boldsymbol{T}^{-1}\boldsymbol{B}\boldsymbol{G})$可控。

（2）若 $\boldsymbol{A}$，$\boldsymbol{B}$ 有如下形状的分块：

$$\boldsymbol{A}=\begin{pmatrix}\boldsymbol{A}_{11} & \boldsymbol{A}_{12}\\ \boldsymbol{O} & \boldsymbol{A}_{22}\end{pmatrix},\ \boldsymbol{B}=\begin{pmatrix}\boldsymbol{B}_1\\ \boldsymbol{B}_2\end{pmatrix},$$

其中 $\boldsymbol{A}_{22}\in\mathbb{R}^{k\times k}$，则$(\boldsymbol{A},\boldsymbol{B})$可控蕴含着$(\boldsymbol{A}_{22},\boldsymbol{B}_2)$可控；

（3）对任意的 $\boldsymbol{F}\in\mathbb{R}^{m\times n}$，$(\boldsymbol{A},\boldsymbol{B})$可控$\Leftrightarrow$$(\boldsymbol{A}+\boldsymbol{B}\boldsymbol{F},\boldsymbol{B})$可控。

推论(1)中的两个系统称为等价系统，即有相同的可控性；(2)表明一个可控系统的子系统是可控的；(3)表明反馈控制不改变系统的可控性。

例 8.5.2　已知

$$\boldsymbol{A}=\begin{pmatrix}2 & -2 & 1\\ 1 & 1 & 0\\ -1 & 3 & -1\end{pmatrix},\ \boldsymbol{B}=\begin{pmatrix}2 & 1\\ 1 & 0\\ -1 & -1\end{pmatrix},$$

试判断系统$(\boldsymbol{A},\boldsymbol{B},\boldsymbol{C})$是否完全能控？

解　由于系统$(\boldsymbol{A},\boldsymbol{B},\boldsymbol{C})$有三个状态变量、两个输入，利用定理 8.5.4(4)来判断，得

$$\boldsymbol{W}=\begin{pmatrix}2 & 1 & 1 & 1 & -2 & 0\\ 1 & 0 & 3 & 1 & 4 & 2\\ -1 & -1 & 2 & 0 & 6 & 2\end{pmatrix}\to\begin{pmatrix}0 & 1 & -5 & -1 & -10 & -4\\ 1 & 0 & 3 & 1 & 4 & 2\\ 0 & -1 & 5 & 1 & 10 & 4\end{pmatrix}\to$$

$$\begin{pmatrix}0 & 1 & -5 & -1 & -6 & -4\\ 1 & 0 & 3 & 1 & 4 & 2\\ 0 & 0 & 0 & 0 & 0 & 0\end{pmatrix}$$

因为 $\boldsymbol{W}$ 的秩为 2，说明系统$(\boldsymbol{A},\boldsymbol{B},\boldsymbol{C})$不是完全能控的。

定义 8.5.3 设自由系统

$$\dot{\boldsymbol{x}} \in \boldsymbol{A}\boldsymbol{x}, \tag{8.5.2}$$

若对于任意给定的 $\boldsymbol{x}_0 \in \mathbb{R}^n$，该系统对应的 $\boldsymbol{x}(t)=\boldsymbol{x}_0$ 的解满足 $\lim\limits_{t\to\infty}\boldsymbol{x}(t)=\boldsymbol{0}$，则称系统(8.5.2)是渐近稳定的，简称稳定的。

定理 8.5.5 自由稳定系统(8.5.2)渐近稳定$\Leftrightarrow\boldsymbol{A}$ 的特征值的实部均为负数，即

$$\lambda(\boldsymbol{A})\subset\{z\in\mathbb{C}\mid \mathrm{Re}z<0\}。 \tag{8.5.3}$$

设 $\boldsymbol{A}\in\mathbb{R}^{n\times n}$，若 $\boldsymbol{A}$ 满足式(8.5.3)，则称 $\boldsymbol{A}$ 为稳定矩阵。

下面介绍状态反馈控制。

令

$$\boldsymbol{u}(t)=\boldsymbol{F}\boldsymbol{x}(t), \tag{8.5.4}$$

其中 $\boldsymbol{F}\in\mathbb{R}^{m\times n}$ 称为反馈矩阵。将式(8.5.4)代入式(8.5.1)的第一个方程，得

$$\frac{\mathrm{d}\boldsymbol{x}}{\mathrm{d}t}=(\boldsymbol{A}+\boldsymbol{B}\boldsymbol{F})\boldsymbol{x}, \tag{8.5.5}$$

其中 $\boldsymbol{A}+\boldsymbol{B}\boldsymbol{F}$ 称为闭环系统的状态矩阵。

定义 8.5.4 对系统(8.5.1)，若存在 $\boldsymbol{F}\in\mathbb{R}^{m\times n}$，使得 $\boldsymbol{A}+\boldsymbol{B}\boldsymbol{F}$ 为稳定矩阵，则称该系统是可稳定的；如果$(\boldsymbol{A}^{\mathrm{T}},\boldsymbol{C}^{\mathrm{T}})$是可稳定的，则称系统(8.5.1)是可检测的。

定理 8.5.6 $(\boldsymbol{A},\boldsymbol{B})$可稳定$\Leftrightarrow$若 $\lambda\in\{z\in\mathbb{C}\mid\mathrm{Re}z\geqslant0\}$ 和 $\boldsymbol{x}\in\mathbb{C}^n$ 满足 $\boldsymbol{x}^{\mathrm{T}}\boldsymbol{A}=\lambda\boldsymbol{x}^{\mathrm{T}}$ 和 $\boldsymbol{x}^{\mathrm{T}}\boldsymbol{B}=\boldsymbol{0}$，则必有 $\boldsymbol{x}=\boldsymbol{0}$。

推论 $(\boldsymbol{C},\boldsymbol{A})$可检测$\Leftrightarrow$若 $\lambda\in\{z\in\mathbb{C}\mid\mathrm{Re}z\geqslant0\}$ 和 $\boldsymbol{x}\in\mathbb{C}^n$ 满足 $\boldsymbol{A}\boldsymbol{x}=\lambda\boldsymbol{x}$ 和 $\boldsymbol{C}\boldsymbol{x}=\boldsymbol{0}$，则必有 $\boldsymbol{x}=\boldsymbol{0}$。

8.6 矩阵在信息编码中的应用

1929 年，希尔通过矩阵理论对传递信息进行了加密处理，提出了密码史上著名的希尔加密算法，下面介绍该算法的基本思想。

第一步，加密。

假定 26 个字母与数字之间有以下一一对应关系：

$$\begin{matrix} A & B & \cdots & Y & Z \\ 1 & 2 & \cdots & 25 & 26 \end{matrix}$$

若要发出信息：action，需要利用矩阵乘法给出加密方法及加密后得到的密文。将单词从左到右，每 3 个字母分为一组，并将对应的 3 个整数排成三维的列向量。使用上述代码，则此信息的编码是：1，3，20，9，15，14，可以写成两个向量

$$\boldsymbol{b}_1=\begin{pmatrix}1\\3\\20\end{pmatrix},\ \boldsymbol{b}_2=\begin{pmatrix}9\\15\\14\end{pmatrix},$$

或者写成一个矩阵(编码矩阵)

$$\boldsymbol{B}=\begin{pmatrix}1 & 9\\3 & 15\\20 & 14\end{pmatrix},$$

任选一个三阶的可逆矩阵，譬如

$$\boldsymbol{A}=\begin{pmatrix}1 & 2 & 3\\1 & 1 & 2\\0 & 1 & 2\end{pmatrix},$$

将要发出的信息(编码矩阵)左乘 $\boldsymbol{A}$ 对其加密，变成密文矩阵

$$\boldsymbol{AB}=\begin{pmatrix}1 & 2 & 3\\1 & 1 & 2\\0 & 1 & 2\end{pmatrix}\begin{pmatrix}1 & 9\\3 & 15\\20 & 14\end{pmatrix}=\begin{pmatrix}67 & 81\\44 & 52\\43 & 43\end{pmatrix}=\boldsymbol{C}。$$

第二步，解密。

收到信息 $\boldsymbol{C}$ 后，可予以解密($\boldsymbol{A}$ 的逆矩阵是事先约定的，称为解密的密钥)，即用

$$\boldsymbol{A}^{-1}=\begin{pmatrix}0 & 1 & -1\\2 & -2 & -1\\-1 & 1 & 1\end{pmatrix}$$

从密码中恢复明码，得到明文矩阵

$$\boldsymbol{A}^{-1}\boldsymbol{C}=\begin{pmatrix}0 & 1 & -1\\2 & -2 & -1\\-1 & 1 & 1\end{pmatrix}\begin{pmatrix}67 & 81\\44 & 52\\43 & 43\end{pmatrix}=\begin{pmatrix}1 & 9\\3 & 15\\20 & 14\end{pmatrix},$$

反过来查表，即可得到信息：action。

注 1：选择不同的 $\boldsymbol{A}$(密钥)，可得到不同的密文。

注 2：在假设中也可以将单词从左到右，每 4 个字母分为一组，并将对应的 4 个整数排成四维的列向量，不足四个字母时用 0

补上。

譬如，信息：action，可以写成

$$\boldsymbol{b}_1=\begin{pmatrix}1\\3\\20\\9\end{pmatrix},\ \boldsymbol{b}_2=\begin{pmatrix}15\\14\\0\\0\end{pmatrix},$$

编码矩阵

$$\boldsymbol{B}=\begin{pmatrix}1&15\\3&14\\20&0\\9&0\end{pmatrix},$$

密钥

$$\boldsymbol{A}=\begin{pmatrix}1&2&3&4\\0&1&2&3\\0&0&1&2\\0&0&0&1\end{pmatrix},\ \boldsymbol{A}^{-1}=\begin{pmatrix}1&-2&1&0\\0&1&-2&1\\0&0&1&-2\\0&0&0&1\end{pmatrix},$$

密文矩阵

$$\boldsymbol{AB}=\begin{pmatrix}1&2&3&4\\0&1&2&3\\0&0&1&2\\0&0&0&1\end{pmatrix}\begin{pmatrix}1&15\\3&14\\20&0\\9&0\end{pmatrix}=\begin{pmatrix}103&43\\70&14\\38&0\\9&0\end{pmatrix}=\boldsymbol{C},$$

明文矩阵

$$\boldsymbol{A}^{-1}\boldsymbol{C}=\begin{pmatrix}1&-2&1&0\\0&1&-2&1\\0&0&1&-2\\0&0&0&1\end{pmatrix}\begin{pmatrix}103&43\\70&14\\38&0\\9&0\end{pmatrix}=\begin{pmatrix}1&15\\3&14\\20&0\\9&0\end{pmatrix},$$

反过来查表，即可得到信息：action。

数学家与数学家精神 8

我国计算数学的奠基人和开拓者——冯康

冯康(1920—1993)，我国计算数学的奠基人和开拓者。在大学期间，他曾同时攻读电机系、物理系和数学系的课程，1944 年毕业于国立中央大学物理系，研究领域有拓扑群、广义函数、应用数学、计算数学、科学与工程计算。他建立了广义函数的泛函对偶定理与“广义梅林变换”“基于变分原理的差分格式”，独立于西方创始了有限元方法，提出了自然边界归化和超奇异积分方程理论，发展了有限元边界元自然耦合方法；“论差分格式与辛几何”，系统地首创辛几何计算方法、动力系统及其工程应用的交叉性研究新领域。他主持的“有限元方法”，获 1982 年国家自然科学奖二等奖；“地震勘探数值方法”，获 1987 年国家科技进步奖二等奖；“哈密尔顿系统的辛几何算法”，获 1997 年国家自然科学奖一等奖。

运筹学的领军者——袁亚湘

袁亚湘（1960 至今），1982 年本科毕业于湘潭大学数学系，1986 年博士毕业于剑桥大学并在剑桥大学菲茨威廉姆学院从事专职研究；1988 年回国，进入中国科学院计算中心工作。他长期从事运筹学研究并取得了系统成果，在信赖域法、拟牛顿法、非线性共轭梯度法等方面做出了重要贡献，在信赖域法算法设计和收敛性分析方面所做的工作是开创性的。在拟牛顿方法的理论研究方面，他和美国科学家合作证明了一类拟牛顿方法的全局收敛性，这是非线性规划算法理论在 20 世纪 80 年代最重要的成果之一。他和学生戴彧虹合作提出的“戴-袁方法”被认为是非线性共轭梯度法四个主要方法之一。他还首创性地提出了用信赖域方法和传统的线搜索方法的结合来构造新的计算方法，开创了利用非二次模型信息构造二次模型子问题的方法，提出了非拟牛顿方法。现为中国科学院院士、发展中国家科学院院士、巴西科学院通讯院士，美国工业与应用数学会会士、美国数学学会首届会士。现任中国数学会理事长、国际工业与应用数学联合会主席、全国政协常委、中国科协副主席。

科技让通讯更便捷

参 考 文 献

[1] 李继根，张新发. 矩阵分析与计算[M]. 武汉：武汉大学出版社，2013.

[2] 张贤达. 矩阵分析与应用[M]. 2 版. 北京：清华大学出版社，2013.

[3] 方保镕，周继东，李医民. 矩阵论[M]. 2 版. 北京：清华大学出版社，2013.

[4] LAY D C. Linear algebra and its applications[M]. 4th ed. Boston：Pearson Education Inc，2012.

[5] STRANG G. Linear algebra and its applications[M]. 4th ed. San Dieg：Thomson Learning Inc，2008.

[6] 王震，惠小健. 线性代数[M]. 北京：机械工业出版社，2021.

[7] 惠小健，王震，卢鸿艳，等. 线性代数[M]. 北京：中国水利水电出版社，2021.

[8] STEWART G W. Matrix algorithms，Volume Ⅱ：eigen Systems[M]. Philadelphia：SIAM，2001.

[9] 蔺小林，侯再恩，任小红，等. 线性代数[M]. 北京：高等教育出版社，2013.

[10] GOLUB G H，VAN LOAN C F. Matrix computations[M]. 3rd ed. Baltimore：The Johns Hopkins University Press，1996.

[11] 同济大学数学系. 线性代数[M]. 6 版. 北京：高等教育出版社，2014.

[12] WATKINS D S. Fundamentals of matrix computations[M]. 2nd ed. New York：John Wiley and Sons，2002.

[13] 金小庆，魏益民. 数值线性代数及其应用[M]. 北京：科学出版社，2004.

[14] 程云鹏. 矩阵论[M]. 西安：西北工业大学出版社，1989.

[15] 黄有度，狄成恩，朱士信. 矩阵论及其应用[M]. 合肥：中国科学技术大学出版社，1995.

[16] 徐仲，张凯院，陆全，等. 矩阵论简明教程. [M]. 2 版. 西安：西北工业大学出版社，2011.

[17] 戴华. 矩阵论[M]. 北京：科学出版社，2001.

[18] 孙继广. 矩阵扰动分析[M]. 2 版. 北京：科学出版社，2001.

[19] 徐树方. 矩阵计算的理论与方法[M]. 北京：北京大学出版社，1995.

[20] 徐树方. 控制论中的矩阵计算[M]. 北京：高等教育出版社，2011.

[21] 徐树方，高立，张平文. 数值线性代数[M]. 北京：北京大学出版社，2000.

[22] 李庆扬，王能超，易大义. 数值分析[M]. 5 版. 北京：清华大学出版社，2008.

[23] 陈景良，陈向晖. 特殊矩阵[M]. 北京：清华大学出版社，2001.

[24] 魏丰，史荣昌，闫晓霞，等. 矩阵分析学习指导[M]. 北京：北京理工大学出版社，2005.

[25] 蒋尔雄. 矩阵计算[M]. 北京：科学出版社，2008.

[26] 李乃成，梅立泉. 数值分析[M]. 西安：西安交通大学出版社，2011.

[27] KLEINER I. A history of abstract algebra[M]. Boston：Birkhauser，2007.

[28] HARTFIEL D J. Matrix theory and application with MATLAB[M]. Florida：CRC Press LLC，2001.

[29] 刘学质. 线性代数的数学思想方法[M]. 北京：中国铁道出版社，2006.

[30] 曾祥金，张亮. 矩阵分析简明教程[M]. 北京：科学出版社，2010.

[31] 何晓波. 数学家的故事[M]. 成都：四川大学出版社，2015.